U0245602

STM32F10X 系列 ARM 微控制器入门与提高

沈建良　贾玉坤　周芬芬　陈　晨　编著

北京航空航天大学出版社

内 容 简 介

本书以引导读者快速全面掌握 STM32 系列嵌入式微控制器为目的,由浅入深地带领大家进入 STM32 的世界,详细介绍了涉及编程的 STM32 系列嵌入式微控制器的内部结构和外围接口的特点与性能。在此基础上,又介绍了 IAR EWARM 和 Keil MDK 集成开发环境编译器。书中穿插大量的实例程序,并在最后一章给出了 4 个高级综合实例,涉及硬件设计、软件开发、操作系统的移植以及以太网和 GSM 的应用,这些实例程序全部用 C 语言编写,且全部已在 IAR EWARM 集成开发环境上编译通过。本书配光盘 1 张,包含书中全部实例程序的源代码以及一些相关的学习资料。

本书非常适合 STM32F10X 嵌入式微控制器的初学者,以及有一定嵌入式应用基础的电子工程技术人员参考,也可作为高等院校电子信息、自动控制等专业的教学和科研开发参考书。

图书在版编目(CIP)数据

STM32F10X 系列 ARM 微控制器入门与提高 / 沈建良等编著
. --北京 :北京航空航天大学出版社,2013.1
ISBN 978 - 7 - 5124 - 1035 - 0

Ⅰ. ①S… Ⅱ. ①沈… Ⅲ. ①微控制器 Ⅳ.
①TP332.3

中国版本图书馆 CIP 数据核字(2012)第 295526 号

STM32F10X 系列 ARM 微控制器入门与提高
沈建良 贾玉坤 周芬芬 陈 晨 编著
责任编辑 李松山
*
北京航空航天大学出版社出版发行

北京市海淀区学院路 37 号(邮编 100191) http://www.buaapress.com.cn
发行部电话:(010)82317024 传真:(010)82328026
读者信箱: emsbook@gmail.com 邮购电话:(010)82316936
涿州市新华印刷有限公司印装 各地书店经销
*
开本:710×1 000 1/16 印张:25.5 字数:543 千字
2013 年 1 月第 1 版 2013 年 1 月第 1 次印刷 印数:3 000 册
ISBN 978 - 7 - 5124 - 1035 - 0 定价:59.00 元(含光盘 1 张)

前　言

　　Cortex-M3 是 ARM 公司基于 ARM V7 架构的新型芯片内核。它是市场上现有的最小、能耗最低、最节能的 32 位 ARM 处理器。Cortex-M3 采用了哈佛结构，拥有独立的指令总线和数据总线，可以让取指与数据访问并行不悖。STM32F107X 系列嵌入式处理器是意法半导体有限公司（STMicroelectronics，ST）推出的一款 32 位基于 ARM Cortex-M3 内核的嵌入式处理器；本书介绍的 STM32F107VCT6 处理器是意法半导体有限公司全新推出的一款互连型嵌入式处理器，其拥有全速 USB（OTG）接口和以太网接口，内部集成了 256 KB Flash 的存储器和 64 KB SRM 以及丰富强大的硬件接口电路，它的运行频率最高可达 72 MHz，并带有硬件乘除法；同时意法半导体有限公司还为该系列嵌入式处理器提供固件库，固件库覆盖了所有外围模块以及设备驱动等，使得用户在没有深入学习 STM32 处理器的情况下，也能够使用自如，节省了用户的许多宝贵时间，同时也为初学者提供了更多方便。

　　本书以引导读者快速全面掌握 STM32 系列嵌入式处理器为目的，由浅入深地带领大家进入 STM32 的世界，详细介绍了涉及编程的 STM32 系列嵌入式处理器的内部结构和外围接口的特点与性能。在此基础上，又介绍了 IAR EWARM 和 Keil MDK 集成开发环境编译器。书中穿插大量的实例程序，并在最后一章给出了 4 个高级综合实例，涉及硬件设计、软件开发、操作系统的移植以及以太网和 GSM 的应用，这些实例程序全部用 C 语言编写，且全部已在 IAR EWARM 集成开发环境上编译通过。

　　本书分为 5 章。第 1 章简单介绍了 Cortex-M3 系列 ARM 处理器的一般应用，即性能、特点、内部结构以及该处理器的优势。第 2 章详细介绍了 STM32 系列嵌入式处理器的内部存储器和总线结构以及其启动配置等，帮助读者初步了解 STM32 系列嵌入式处理器的整体架构。第 3 章详细介绍了 STM32 系列嵌入式处理器的各个外部功能模块，涉及编程的 STM32 嵌入式处理器的外部结构和内部寄存器，以帮助读者全面理解和掌握（本章参考了意法半导体有限公司的 STM32Fxxx 参考手册 RM0008）。第 4 章详细介绍了两款主流的 STM32 嵌入式处理器的 C 语言集成开发环境 IAR EWARM 和 Keil MDK，然后结合 STM32F107VCT6 嵌入式处理器介绍了 STM32F107 开发板上的硬件资源；本书所附程序均是在 IAR EWARM 集成开发环境下开发的。第 5 章是 STM32 系列嵌入式处理器的高级实例部分，也是本书的重点所在,主要包括简易 MP3 播放器的设计、μC/OS II 嵌入式实时操作系统的移植、以太网以及 GSM 的应用等。该章介绍的一些设计思路和代码,读者可以直接使用,但是更希望它们能对读者起到抛砖引玉的作用,使读者能更深入地理解和掌握 STM32 系列嵌入式处理器的特性,举一反三,从而设计出更灵活、更可靠的系统和方案,本章涉及的程序源代码均是在 STM32F107 开发板的硬件环境以及 IAR EWARM 软件环境下开发的。

本书非常适合于 STM32F10x 嵌入式处理器的初学者,以及有一定嵌入式应用基础的电子工程技术人员,也可作为高等院校电子信息、自动控制等专业大中专院校的教学和科研开发参考书。由于本书还涉及了目前工程领域的相关内容,故也使本书成为 STM32F10X 嵌入式处理器应用领域工程技术人员非常有用的参考书。本书配光盘 1 张,包含书中全部实例程序的源代码以及一些相关的学习资料。本书实例程序可以到官方网站下载。

本书第 1~3 章由沈建良、贾玉坤、周芬芬共同完成;第 4 章由贾玉坤主笔;第 5 章由沈建良、贾玉坤、周芬芬、陈晨共同完成。全书由沈建良负责审阅,赵蓉、杨海燕、吴英、陈硕、楼一兵、杨碧波、周海军、程城远、徐乐俊、徐慧鑫、安平等负责校订,在此表示深深的谢意!

由于作者的经验和水平有限,加上时间仓促,书中难免有疏漏和不足之处,敬请广大读者批评指正。

沈建良

2013 年 1 月

目　录

STM32F10X系列ARM微控制器入门与提高

## 第 1 章

ARM 及 Cortex-M3 处理器概述

Cortex-M3 是一个 32 位的核,是市场上现有的最小、能耗最低、最节能的 ARM 处理器。Cortex-M3 大大简化了编程的复杂性,集高性能、低功耗、低成本于一体。它是为在微控制系统、工业控制系统、汽车车身系统和无线网络等对功耗和成本要求高的嵌入式应用领域实现高系统性能而设计的。Cortex-M3 采用了哈佛结构,拥有独立的指令总线和数据总线,可以让取指与数据访问并行不悖。本章简单介绍了 Cortex-M3 系列 ARM 处理器的一般应用,即性能、特点、内部结构以及该处理器的优势。

1.1 ARM 处理器简介

ARM(Advanced RISC Machine)是一个公司的名称,也是一类微处理器的通称,还是一种技术的名称。ARM 公司是专门从事基于 RISC 技术芯片设计开发的公司,作为知识产权供应商,本身不直接从事芯片生产,靠转让设计许可由合作公司生产各具特色的芯片,世界各大半导体生产商从 ARM 公司购买其设计的 ARM 微处理器核,根据各自不同的应用领域,加入适当的外围电路,从而形成自己的 ARM 微处理器芯片进入市场。目前,全世界有几十家大的半导体公司都使用 ARM 公司的授权,因此既使得 ARM 技术获得更多的第三方工具、制造、软件的支持,又使整个系统成本降低,使产品更容易进入市场被消费者所接受,更具竞争力。

ARM 处理器一般具有如下特点:

➢ 体积小、低功耗、低成本、高性能;

➢ 支持 Thumb(16 位)/ARM(32 位)双指令集,能很好地兼容 8 位/16 位器件;

➢ 大量使用寄存器,指令执行速度更快;

➢ 大多数数据操作都在寄存器中完成;

➢ 寻址方式灵活简单,执行效率高;

➢ 指令长度固定。

ARM 架构,过去称作进阶精简指令集机器(Advanced RISC Machine),是一个 32 位精简指令集(RISC)处理器架构,其广泛地使用在许多嵌入式系统设计。当前 ARM 体系结构的扩充包括以下内容。

> Thumb:16 位指令集,用以改善代码密度;
> DSP:用于 DSP 应用的算术运算指令集;
> Jazeller:允许直接执行 Java 代码的扩充。

1.2　Cortex-M3 处理器简介

1.2.1　Cortex-M3 处理器的特点

Cortex-M3 是一款具有低功耗、少门数、短中断延时、低调试成本的 32 位标准处理器。

ARM 提供的 Cortex-M3 处理器由处理器内核、向量中断控制器(NVIC)、总线接口、调试接口和选配的存储器保护单元(MPU)与跟踪单元(ETM)等构件组成。

Cortex-M3 处理器的主要特点包括:

> 内核为哈佛结构,采用带有分支预测的 3 级指令流水线。
> 支持高效的 Thumb-2 指令子集。
> 32 位硬件乘法和除法运算。
> 内置嵌套向量中断控制器。其是 Cortex-M3 紧密耦合部分。
> 定义了统一的存储器映射。
> 支持"位带",实现原子性的单比特读写。
> 支持地址非对齐的存储器访问。
> 支持串行调试接口。
> 支持低功耗模式。

1.2.2　Cortex-M3 处理器的基本结构

Cortex-M3 基于 ARMv7 架构的 32 位处理器带有一个分级结构。其主要包括名为 CM3Core 的中心处理器内核和先进的系统外设,实现了内置的中断控制、存储器保护以及系统的调试和跟踪功能。这些外设可进行高度配置,允许 Cortex-M3 处理器处理大范围的应用并更贴近系统的需求。图 1-1 为其基本结构。

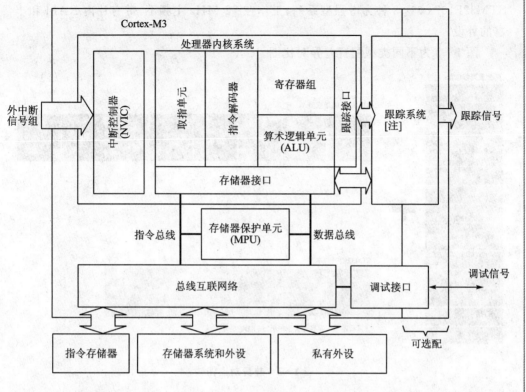

图 1 – 1　Cortex-M3 基本结构

1.3　STM32 系列处理器简介

STM32 系列给 MCU 用户带来了前所未有的自由空间,提供了全新的 32 位产品选项,结合了高性能、实时、低功耗、低电压等特性,同时保持了高集成度和易于开发的优势。

1.3.1　STM32 处理器的分类

STM32 系列处理器主要分为两个系列:增强型和基本型。增强型系列产品将 32 位微控制器世界的性能和功能引向一个更高的级别。内部的 Cortex-M3 内核工作在 72 MHz,能实现高速运算。基本型系列是 STM32 系列的入门产品,只有 16 位 MCU 的价格却具有 32 位微控制器的性能。STM32 系列微控制器丰富的外设给产品开发带来了出色的扩展能力。

STM32 系列微控制器的现有产品主要有 STM32F10x 系列,其中分为 STM32F101xx、STM32F103xx、STM32F105xx 和 STM32F107xx 4 种。STM32F101xx 系列为基本系列,工作在 36 MHz 主频下;STM32F103xx、STM32F105xx 和

STM32F107xx 这 3 种为增强型系列,工作在 72 MHz 主频下,带有片内 RAM 和丰富的外设。

图 1-2 为不同类型配置差异对比图。

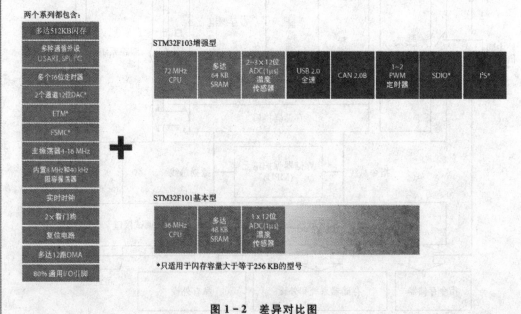

图 1-2　差异对比图

1.3.2　STM32F10x 系列处理器的内部结构

STM32F10x 系列处理器的内部结构如图 1-3 所示。

STM32F10x 系列处理器拥有丰富的外设,使其广泛应用于以下领域。

➢ 工业:可编程逻辑控制器(PLC)、变频器、打印机,扫描仪、工控网络;

➢ 建筑和安防:警报系统、可视电话、HVAC;

➢ 低功耗:血糖测量仪、电表、电池供电应用;

➢ 家电:电机控制、应用控制;

➢ 消费类:PC 外设,游戏机、数码相机、GPS 平台。

1.3.3　STM32 系列 MCU 的优势

(1) 先进的内核结构

➢ 哈佛结构。使其在 Dhrystone benchmark 上有着出色的表现,可以达到 1.25 DMIPS/MHz,而功耗仅为 0.19 mW/MHz。

➢ Thumb-2 指令集以 16 位的代码密度带来了 32 位的性能。

➢ 内置了快速的中断控制器,提供了优越的实时特性,中断间的延迟时间降到只需 6 个 CPU 周期,从低功耗模式唤醒的时间也只需 6 个 CPU 周期。

➢ 单周期乘法指令和硬件除法指令。

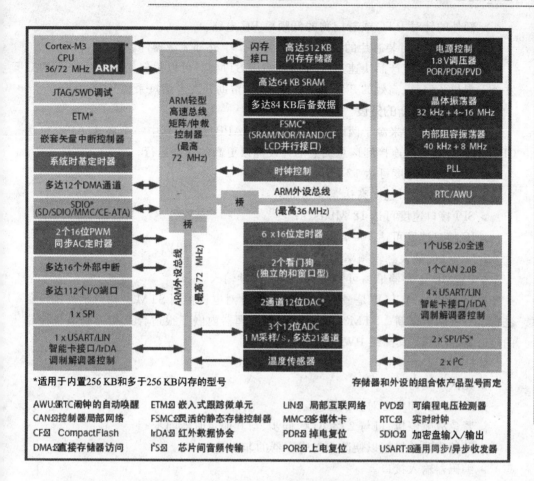

图 1 - 3　STM32F10x 系列处理器的内部结构

（2）杰出的功耗控制

高性能并非意味着高耗电。STM32 经过特殊处理，针对应用中三种主要的能耗需求进行了优化，这三种能耗需求分别是运行模式下高效率的动态耗电机制、待机状态时极低的电能消耗和电池供电时的低电压工作能力。为此，STM32 提供了三种低功耗模式和灵活的时钟控制机制，用户可以根据自己所需的耗电/性能要求进行合理的优化。

（3）最大程度的集成整合

➢ STM32 内嵌电源监控器，减少对外部期间的需求，包括上电复位、低电压检测、掉电检测和自带时钟的看门狗定时器。

➢ 使用一个主晶振可以驱动整个系统。低成本的 4～16 MHz 晶振即可驱动 CPU、USB 以及所有外设，使用内嵌 PLL 产生多种频率，可以为内部实时时钟选择 32 kHz 的晶振。

➢ 内嵌出厂前调校的 8 MHz RC 振荡电路，可以作为主时钟源。

➤ 额外的针对 RTC 或看门狗的低频率 RC 电路。

➤ LQPF 100 封装芯片的最小系统只需要 7 个外部无源器件。

易于开发,可使产品快速进入市场。使用 STM32,可以很轻松地完成产品的开发,ST 提供了完整、高效的开发工具和库函数,帮助开发者缩短系统开发时间。

(4) 出众及创新的外设

STM32 的优势来源于两路高级外设总线(APB)结构,其中一个高速 APB(可达 CPU 的运行频率),连接到该总线上的外设能以更高的速度运行。

➤ USB 接口速度可达 12 Mbits/s;

➤ USART 接口速度高达 4.5 Mbits/s;

➤ SPI 接口速度可达 18 Mbits/s;

➤ IC 接口速度可达 400 kHz;

➤ GPIO 的最大翻转频率为 18 MHz;

➤ PWMD 定时器最高可使用 72 MHz 时钟输入。

电机控制在 MCU 中是最为常见的应用,针对电机控制 STM32 对片上外围设备进行了一些功能创新。STM32 增强型系列处理器内嵌了很适合三相无刷电机控制的定时器和 ADC,其高级 PWM 定时器提供:

➤ 6 路 PWM 输出;

➤ 死区产生;

➤ 边沿对齐和中心对称波形;

➤ 紧急故障停机、可与 2 路 ADC 同步、与其他定时器同步;

➤ 可编程防范机制以便防止对寄存器的非法写入;

➤ 编码器输入接口。

1.3.4　STM32 处理器开发工具

目前世界上已有多种支持 STM32 系列微控制器的开发工具,如表 1-1 所列。

表 1-1　STM32 系列微控制器的开发工具

供应商	IDE	可支持的编译器	在线调试仿真器	说　明
Altium/ Tasking	EDE	TASKING C/C++	Tantino、Tanto、J-Link	EDE 开发环境,Tasking VX 编译器,通过 JTAG 调试/ 编程
Green Hills Software	MULTI	Green Hills	Green Hills Probe	复合开发环境,GHS C/C++ 编译器和 Green Hill 探头 (USB 或以太网/JTAG)

续表 1-1

供应商	IDE	可支持的编译器	在线调试仿真器	说　明
Hitex	HITOP5	GUN C/C++、Tasking、ARM 和 IAR	面向 Cortex 和 Tantino	HiTOP5 开发环境，Tasking VX 编译器和 Tantino（USB/JTAG）
IAR	EWARM	IAR 的 ISO C/C++和拓展嵌入式 C++	AnbyICE、ARM RealViewICE、J-Link、MacraigorWiggler 和其他基于 RDI 的 JTAG 接口	EWARM 开发环境，IAR C/C++编译器和 J-Link（USB/JTAG）
Keil	uVision3	ARM RVDS、Keil C/C++、GUN C/C++	Keil ULink、Hitex Tanto、iSYSTEM iC3000、NohauEMUL-ARM	uVision3 软件的 RealView MDK，ARM C/C++编译器和 ULINK（USB/JTAG）
Raisonance	RIDE	GUN C/C++	RLink	RIDE 开发环境，GNU C/C++编译器和 RLink（USB/JTAG）
Rowley	Cross—Works	GUN C/C++	CrossConnect、Macraigor Wiggler、IAR、J-Link	CrossStudio 软件的 Cross-Works，GNU C/C++编译器和 CrossConnect（JTAG）

随着开发工具的不断完善与提高，还会有很多新的开发工具面世，到时用户可以查询官方网站，本书所有例程采用 IAR 来演示。

1.3.5　ARM Cortex-M3 的优势

对于系统和软件开发，Cortex-M3 处理器具有以下优势。
➢ 小的处理器内核、系统和存储器，可降低器件成本；
➢ 完整的电源管理，低功耗；
➢ 突出的处理器性能，可满足挑战性的应用需求；
➢ 快速的中断处理，满足高速、临界的控制应用；
➢ 可选的存储器保护单元（MPU），提供平台级的安全性；
➢ 增强的系统调试功能，可加快开发进程；
➢ 没有汇编代码要求，简化系统开发；
➢ 宽广的适用范围，从超低成本微控制器到高性能。

Cortex-M3 处理器在高性能内核基础上，集成了多种系统外设，可以满足不同应用对成本和性能的要求。处理器是全部可综合、高度可定制的（包括物理中断、系统调试等），Cortex-M3 还有一个可选的细粒度（fine-granularity）的存储器保护单元（MPU）和一个嵌入式跟踪宏单元（ETM）。

第2章

STM32 系列微控制器存储器和总线结构

本章详细介绍了 STM32 系列嵌入式处理器的内部存储器和总线结构以及其启动配置等,帮助读者初步了解 STM32 系列嵌入式处理器的整体架构,带领读者步入 STM32 的世界。

2.1 系统结构

系统的主要部分包括以下内容。

5 个驱动单元:Cortex-M3 内核指令总线(I-bus)、数据总线(D-bus)、系统总线(S-bus)、GP-DMA(通用 DMA)、以太网 DMA。

3 个被动单元:内部 SRAM、内部闪存存储器、AHB 到 APB 桥(AHB2APBx)(该桥用来连接所有的 APB 设备)。这些部分通过一个多级的 AHB 总线构架相互连接,如图 2-1 所示。

ICode 总线:该总线将 Cortex-M3 内核的指令总线与闪存存储器指令接口相连接。指令预取操作在该总线上进行。

DCode 总线:该总线将 Cortex-M3 内核的 DCode 总线与闪存存储器的数据接口相连接(常量加载和调试访问)。

系统总线:该总线将 Cortex-M3 内核的系统总线(外设总线)连接到一个总线矩阵,总线矩阵协调着内核和 DMA 间的访问。

DMA 总线:该总线将 DMA 的 AHB 主机接口连接到一个总线矩阵,总线矩阵协调着 CPU 的 DCode 和 DMA 到 SRAM、闪存和外设的访问。

总线矩阵:此总线矩阵协调内核系统总线和 DMA 主控总线之间的访问仲裁。此仲裁利用轮换算法。此总线矩阵由 3 个驱动部件(CPU 的 DCode、系统总线和 DMA 总线)和 3 个被动部件(闪存存储器接口、SRAM 和 AHB2APB 桥)构成。

为了允许 DMA 访问,AHB 外设通过一个总线矩阵连接到系统总线。AHB/APB 桥(APB)2 个 AHB/APB 桥在 AHB 和 2 个 APB 总线之间提供完全同步的连接。APB1 被限制在 36 MHz,APB2 工作在全速状态(根据设备的不同可以达到72 MHz)。

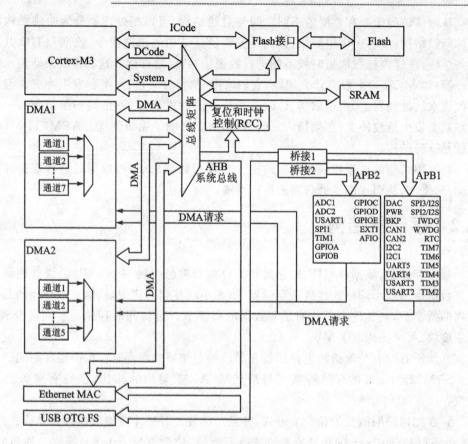

图 2-1　系统结构

STM32F10xxx 与 ARM7 内核一样,采用适合于微控制器应用的三级流水线,但增加了分支预测功能。现代处理器大多采用指令预取和流水线技术,以提高处理器的指令执行速度。流水线处理器在正常执行指令时,如果碰到分支(跳转)指令,由于指令执行的顺序可能会发生变化,指令预取队列和流水线中的部分指令就可能作废,而需要从新的地址重新取指、执行,这样就会使流水线"断流",处理器性能因此而受到影响。特别是现代 C 语言程序,经编译器优化生成的目标代码中,分支指令所占的比例可达 10%～20%,对流水线处理器的影响会更大。为此,现代高性能流水线处理器中一般都加入了分支预测部件,就是在处理器从存储器预取指令时,当遇到分支(跳转)指令时,能自动预测跳转是否会发生,再从预测的方向进行取指,从而提供给流水线连续的指令流,流水线就可以不断地执行有效指令,保证了其性能的发挥。

STM32F10xxx 内核的预取部件具有分支预测功能,可以预取分支目标地址的指令,使分支延时减少到一个时钟周期。

从内核访问指令和数据的不同空间与总线结构,可以把处理器分为哈佛结构和普林斯顿结构(或冯·诺伊曼结构)。冯·诺伊曼结构的机器指令、数据和 I/O 共用一条总线,这样内核在取指时就不能进行数据读写,反之亦然。这在传统的非流水线处理器(如 MCS51)上没有什么问题,它们取指、执行分时进行,不会发生冲突。但在现代流水线处理器上,由于取指、译码和执行是同时进行的(不是同一条指令),一条总线就会发生总线冲突,必须插入延时等待,从而影响了系统性能。ARM7TDMI 内核就是这种结构。

而哈佛结构的处理器采用独立的指令总线和数据总线,可以同时进行取指和数据读/写操作,从而提高了处理器的运行性能。

2.2　存储器结构

程序存储器、数据存储器、寄存器和 I/O 端口被组织到一个 4 GB 的线性地址空间。数据字节以小端格式存放在存储器中,在小端存储格式中,低地址中存放的是字数据的低字节,高地址中存放的是字数据的高字节。可访问的存储器空间被分成 8 个主要块,每个块为 512 MB。

其他所有没有分配给片上存储器和外设的存储器空间都是保留的地址空间。

STM32F10xxx 的存储器系统与从传统 ARM 架构的相比,已经有突破性的改变:

> 存储器映射改变为预定义形式,并且严格规定好哪个位置使用哪条总线。
> STM32F10xxx 的存储器系统支持所谓的"位带"(bit-band)操作。通过它,实现了对单一比特的原子操作。但位带操作仅适用于一些特殊的存储器区域中。
> STM32F10xxx 的存储器系统支持非对齐访问和互斥访问。这两个特性是直到 v7M 时才出来的。最后,STM32F10xxx 的存储器系统支持 both 小端配置和大端配置。

2.3　存储器映射

图 2-2 展示了 STM32F10x 的内存映射,表 2-1 为内存映射地址,若需要更为详细的外设寄存器的映射,请参考手册相关的章节。

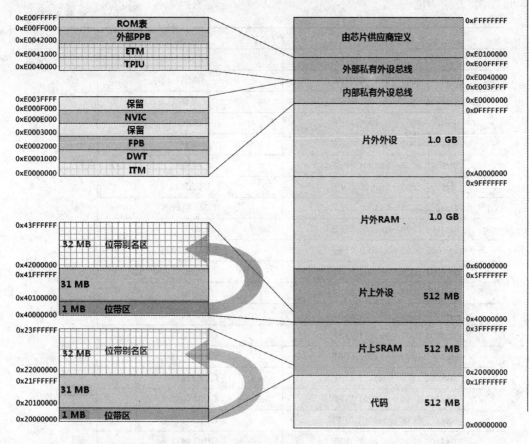

图 2-2　内存映射

表 2-1　内存映射寄存器起止地址

起始地址	外　设	总　线
0x5000 0000～0x5003 FFFF	USB OTG 全速	AHB
0x4003 0000～0x4FFF FFFF	保留	
0x4002 8000～0x4002 9FFF	以太网	
0x4002 3400～0x4002 3FFF	保留	
0x4002 3000～0x4002 33FF	CRC	
0x4002 2000～0x4002 23FF	闪存存储器接口	AHB
0x4002 1400～0x4002 1FFF	保留	
0x4002 1000～0x4002 13FF	复位和时钟控制(RCC)	
0x4002 0800～0x4002 0FFF	保留	

起始地址	外　设	总　线
0x4002 0400~0x4002 07FF	DMA2	AHB
0x4002 0000~0x4002 03FF	DMA1	
0x4001 8400~0x4001 7FFF	保留	
0x4001 8000~0x4001 83FF	SDIO	
0x4001 4000~0x4001 7FFF	保留	
0x4001 3C00~0x4001 3FFF	ADC3	
0x4001 3800~0x4001 3BFF	USART1	
0x4001 3400~0x4001 37FF	TIM8 定时器	
0x4001 3000~0x4001 33FF	SPI1	
0x4001 2C00~0x4001 2FFF	TIM1 定时器	
0x4001 2800~0x4001 2BFF	ADC2	
0x4001 2400~0x4001 27FF	ADC1	
0x4001 2000~0x4001 23FF	GPIO 端口 G	APB2
0x4001 2000~0x4001 23FF	GPIO 端口 F	
0x4001 1800~0x4001 1BFF	GPIO 端口 E	
0x4001 1400~0x4001 17FF	GPIO 端口 D	
0x4001 1000~0x4001 13FF	GPIO 端口 C	
0X4001 0C00~0x4001 0FFF	GPIO 端口 B	
0x4001 0800~0x4001 0BFF	GPIO 端口 A	
0x4001 0400~0x4001 07FF	EXTI	
0x4001 0000~0x4001 03FF	AFIO	
0x4000 7800~0x4000 FFFF	保留	
0x4000 7400~0x4000 77FF	DAC	
0x4000 7000~0x4000 73FF	电源控制(PWR)	
0x4000 6C00~0x4000 6FFF	后备寄存器(BKP)	
0x4000 6800~0x4000 6BFF	bxCAN2	
0x4000 6400~0x4000 67FF	bxCAN1	APB1
0x4000 6000~0x4000 63FF	USB/CAN 共享的 SRAM	
0x4000 5C00~0x4000 5FFF	USB 全速设备寄存器	
0x4000 5800~0x4000 5BFF	I2C2	
0x4000 5400~0x4000 57FF	I2C1	
0x4000 5000~0x4000 53FF	UART5	

续表 2-1

起始地址	外　设	总　线
0x4000 4C00～0x4000 4FFF	UART4	
0x4000 4800～0x4000 4BFF	USART3	
0x4000 4400～0x4000 47FF	USART2	
0x4000 4000～0x4000 3FFF	保留	
0x4000 3C00～0x4000 3FFF	SPI3/I2S3	
0x4000 3800～0x4000 3BFF	SPI2/I2S3	
0x4000 3400～0x4000 37FF	保留	
0x4000 3000～0x4000 33FF	独立看门狗（IWDG）	
0x4000 2C00～0x4000 2FFF	窗口看门狗（WWDG）	APB1
0x4000 2800～0x4000 2BFF	RTC	
0x4000 1800～0x4000 27FF	保留	
0x4000 1400～0x4000 17FF	TIM7 定时器	
0x4000 1000～0x4000 13FF	TIM6 定时器	
0x4000 0C00～0x4000 0FFF	TIM5 定时器	
0x4000 0800～0x4000 0BFF	TIM4 定时器	
0x4000 0400～0x4000 07FF	TIM3 定时器	
0x4000 0000～0x4000 03FF	TIM2 定时器	

　　Cortex-M3 规定的存储器空间的粗线条使用分区映射，这有利于软件在各种 Cortex-M3 芯片间的移植。可寻址的 4GB 空间使用划分如图 2-1 在 0x2000_0000～ 0xDFFF_FFFF 的 4 个区域（片上 SRAM、片上外设、片外 RAM 和片外外设）以及 0xE010_0000～0xFFFF_FFFF 的区域都是通过 Cortex-M3 的系统总线访问的，包 括所有的数据传送、取指和数据访问。在 0x0000_0000～0x1FFF_FFFF 的代码区有 2 条总线连接处理器内核，ICode 总线负责代码区的取指操作，DCode 总线负责代码 区的数据访问操作。

　　程序和数据存储器位于代码、片内 SRAM 和片外 RAM 区域，每个区域最大为 512MB。程序可以在代码区，内部 SRAM 区以及外部 RAM 区中执行。但是因为指 令区总线与数据区总线是分开的，把程序放到代码区可以使取指和数据访问使用各 自的总线，提高运行速度。

　　STM32F10xxx 存储空间的一些位置用于调试组件等私有外设，这个地址段被 称为"私有外设区"。私有外设区的组件包括：

➤ 闪存地址重载及断点单元（FPB）；

➤ 数据观察点单元（DWT）；

➤ 仪器化跟踪宏单元（ITM）；

> 嵌入式跟踪宏单元(ETM)；
> 跟踪端口接口单元(TPIU)；
> ROM 表。

2.3.1　位　段

Cortex-M3 存储器映像包括两个位段(bit-band)区。这两个位段区将别名存储器区中的每个字映射到位段存储器区的一个位，在别名存储区写入一个字具有对位段区的目标位执行读－改－写操作的相同效果。

在 STM32F10xxx 中，外设寄存器和 SRAM 都被映射到一个位段区中，这允许执行单一的位段的写和读操作。下面的映射公式给出了别名区中的每个字是如何对应位带区的相应位的：

bit_word_addr ＝ bit_band_base＋(byte_offset×32)＋(bit_number×4)

其中：

bit_word_addr 是别名存储器区中字的地址，它映射到某个目标位。

bit_band_base 是别名区的起始地址。

byte_offset 是包含目标位的字节在位段里的序号。

bit_number 是目标位所在位置(0~31)。

下面的例子说明如何映射别名区中 SRAM 地址为 0x20000300 的字节中的位 2：

0x22006008＝0x22000000＋(0x300×32)＋(2×4)

对 0x22006008 地址的写操作与对 SRAM 中地址 0x20000300 字节的位 2 执行读－改－写操作有着相同的效果。读 0x22006008 地址返回 SRAM 中地址 0x20000300 字节的位 2 的值(0x01 或 0x00)。

位段操作有什么优越性呢？最简单的就是通过 GPIO 的引脚来单独控制每个LED 的点亮与熄灭。另外，也对操作串行接口器件提供了很大的方便。总之，位带操作对硬件 I/O 密集型的底层程序最有用处。对于大范围使用位标志的系统程序来说，位带机制也是一大好处。

位带操作还能用来化简跳转的判断，现在只需从位带别名区读取状态位和比较并跳转两步，这使代码更简洁，这只是位带操作优越性的初等体现；位带操作还有一个重要的好处是在多任务中，用于实现共享资源在任务间的"互锁"访问。多任务的共享资源必须满足一次只有一个任务访问它，即所谓的"原子操作"。

2.3.2　嵌入式闪存

闪存存储器接口的特性为：
> 带预取缓冲器的读接口(每字为 2×64 位)；
> 选择字节加载器；

➢ 闪存编程/擦除操作；

➢ 访问/写保护。

STM32F107VCT6 属于互联型产品，其闪存模块内存组织如表 2 - 2 所列。

表 2 - 2 　 互联型产品闪存模块的组织

模 块	名 称	地 址	大小/B
主存储块	页 0	0x0800 0000～0x0800 07FF	2K
	页 1	0x0800 0800～0x0800 0FFF	2K
	页 2	0x0800 1000～0x0800 17FF	2K
	页 3	0x0800 1800～0x0800 1FFF	2K
	...	...	...
	页 127	0x0803 F800～0x0803 FFFF	2K
信息块	系统存储器	0x1FFF B000～0x1FFF F7FF	18K
	选择字节	0x1FFF F800～0x1FFF F80F	16
闪存存储器、接口寄存器	FLASH_ACR	0x4002 2000～0x4002 2003	4
	FALSH_KEYR	0x4002 2004～0x4002 2007	4
	FLASH_OPTKEYR	0x4002 2008～0x4002 200B	4
	FLASH_SR	0x4002 200C～0x4002 200F	4
	FLASH_CR	0x4002 2010～0x4002 2013	4
	FLASH_AR	0x4002 2014～0x4002 2017	4
	保留	0x4002 2018～0x4002 201B	4
	FLASH_OBR	0x4002 201C～0x4002 201F	4
	FLASH_WRPR	0x4002 2020～0x4002 2023	4

　　闪存的指令和数据访问是通过 AHB 总线完成的。预取模块是用于通过 ICode 总线读取指令的。仲裁是作用在闪存接口，并且 DCode 总线上的数据访问优先。读访问可以有以下配置选项。

➢ 等待时间：可以随时更改的用于读取操作的等待状态的数量。

➢ 预取缓冲区（2 个 64 位）：在每一次复位以后被自动打开，由于每个缓冲区的大小（64 位）与闪存的带宽相同，因此只需通过一次读闪存的操作即可更新整个缓冲区的内容。由于预取缓冲区的存在，CPU 可以工作在更高的主频。CPU 每次取指最多为 32 位的字，取一条指令时，下一条指令已经在缓冲区中等待。

➢ 半周期：用于功耗优化。

闪存编程一次可以写入 16 位（半字）。

闪存擦除操作可以按页面擦除或完全擦除（全擦除）。全擦除不影响信息块。

为了确保不发生过度编程,闪存编程和擦除控制器块是由一个固定的时钟控制的。写操作(编程或擦除)结束时可以触发中断。仅当闪存控制器接口时钟开启时,此中断可以用来从 WFI 模式退出。

2.3.3　存储器的各种访问属性

STM32F10xxx 除定义了存储器映射之外,还为存储器的访问规定了 4 种属性,分别是:

> 可否缓冲(Bufferable);

> 可否缓存(Cacheable);

> 可否执行(Executable);

> 可否共享(Sharable)。

如果配置了 MPU,则可以通过它配置不同的存储区,并且覆盖缺省的访问属性。STM32F10xxx 片内没有配备缓存,也没有缓存控制器,但是允许在外部添加缓存。通常,如果提供了外部内存,芯片制造商还要附加一个内存控制器,它可以根据可否缓存的设置,来管理对片内和片外 RAM 的访问操作。地址空间可以通过另一种方式分为 8 个 512 MB 等份。

2.4　启动配置

在 STM32F10xx 中,可以通过 BOOT[1：0]引脚选择 3 种不同启动模式,如表 2 - 3 所列。

表 2 - 3　STM32F10xx 启动设置

启动模式选择引脚		启动模式	说　明
BOOT1	BOOT0		
X	0	主闪存存储器	主闪存存储器被选为启动区域
0	1	系统存储器	系统存储器被选为启动区域
1	1	内置 SRAM	内置 SRAM 被选为启动区域

在系统复位后,SYSCLK 的第 4 个上升沿,BOOT 引脚的值将被锁存。用户可以通过设置 BOOT1 和 BOOT0 引脚的状态,来选择在复位后的启动模式。

在从待机模式退出时,BOOT 引脚的值将被重新锁存,因此在待机模式下 BOOT 引脚应保持为需要的启动配置。在启动延迟之后,CPU 从地址 0x0000 0000 获取堆栈顶的地址,并从启动存储器的 0x0000 0004 指示的地址开始执行代码。

因为固定的存储器映像,代码区始终从地址 0x0000 0000 开始(通过 ICode 和 DCode 总线访问),而数据区(SRAM)始终从地址 0x2000 0000 开始(通过系统总线访问）。Cortex-M3 的 CPU 始终从 ICode 总线获取复位向量,即启动仅适合于从代码区开始(典型地从 Flash 启动)。STM32F10xxx 微控制器实现了一个特殊的机制,系统可以不仅仅从 Flash 存储器或系统存储器启动,还可以从内置 SRAM 启动。

　　根据选定的启动模式,主闪存存储器、系统存储器或 SRAM 可以按照以下方式访问。

> 从主闪存存储器启动:主闪存存储器被映射到启动空间(0x0000 0000),但仍然能够在它原有的地址(0x0800 0000)访问它,即闪存存储器的内容可以在两个地址区域访问,即 0x0000 0000 或 0x0800 0000。

> 从系统存储器启动:系统存储器被映射到启动空间(0x0000 0000),但仍然能够在它原有的地址(互联型产品原有地址为 0x1FFF B000,其他产品原有地址为 0x1FFF F000)访问它。

> 从内置 SRAM 启动:只能在 0x2000 0000 开始的地址区访问 SRAM。

第 **3** 章

STM32 系列微控制器外部模块

本章详细介绍了 STM32 系列嵌入式处理器的各个外部功能模块,涉及编程的 STM32 嵌入式处理器的外部结构和内部寄存器,以帮助读者全面理解和掌握其编程应用方法(本章参考了意法半导体有限公司的 STM32Fxxx 参考手册 RM0008)。

3.1 电源控制

3.1.1 电源控制系统功能描述

STM32 的工作电压为 $2.0 \sim 3.6$ V(V_{DD}),通过内置的电压调节器提供所需的 1.8 V 电源。当主电源供应 V_{DD} 被关掉后,实时时钟(RTC)和备份寄存器可以从 V_{BAT} 上获得工作所需的电压。为了提高转换的精确度,ADC 使用一个独立的电源供电,过滤和屏蔽来自印刷电路板上的毛刺干扰。

➤ ADC 的电源引脚为 V_{DDA};

➤ 独立的电源地 V_{SSA}。

如果有 V_{REF} 一引脚(根据封装而定),它必须连接到 V_{SSA}。使用电池或其他电源连接到 V_{BAT} 脚上,当 V_{DD} 断电时,可以保存备份寄存器的内容和维持 RTC 的功能。如图 3-1 所示电源框图,需要注意的是 V_{DDA} 和 V_{SSA} 必须分别接到 V_{DD} 和 V_{SS} 上。

STM32 处理器复位后电压调节器总是使能的。根据应用方式它以 3 种不同的模式工作。

➤ 运转模式:调节器以正常功耗模式提供 1.8 V 电源(内核、内存和外设)。

➤ 停止模式:调节器以低功耗模式提供 1.8 V 电源,以保存寄存器和 SRAM 的内容。

➤ 待机模式:调节器停止供电。除了备用电路和备份域外,寄存器和 SRAM 的内容全部丢失。

在系统或电源复位以后,微控制器处于运行状态。当 CPU 不需继续运行时,可以利用多种低功耗模式来节省功耗。例如,等待某个外部事件时,用户需要根据最低电源消耗、最快速启动时间和可用的唤醒源等条件,选定一个最佳的低功耗模式。

STM32F10xxx 系列处理器有 3 种低功耗模式。

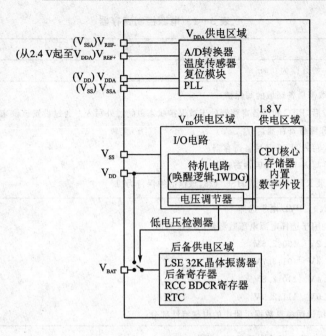

图 3-1　电源框图

> 睡眠模式：Cortex-M3 内核停止，所有外设包括 Cortex-M3 核心的外设（如 NVIC、系统时钟（SysTick）等仍在运行）；
> 停止模式：所有的时钟都已停止；
> 待机模式：1.8 V 电源关闭。

此外，在运行模式下，可以通过以下方式中的一种降低功耗：

> 降低系统时钟；
> 关闭 APB 和 AHB 总线上未被使用的外设时钟。

3.1.2　电源控制寄存器

1. 电源控制寄存器(PWR_CR)

该寄存器的地址偏移为 0x00，复位值为 0x0000 0000（从待机模式唤醒时清除）（图 3-2、表 3-1）。

31	30	29	28	27	26	25	24	23	22	21	20	19	18	17	16
保留															

15	14	13	12	11	10	9	8	7	6	5	4	3	2	1	0
保留							DBP	PLS[2:0]			PVDE	CSBF	CWUF	PDDS	LPDS
							rw	rw	rw	rw	rw	rc_w1	rc_w1	rw	rw

图 3-2　电源控制寄存器

表 3 - 1　电源控制寄存器

位	描　　述
位 31:9	保留。始终读为 0
位 8	DBP:取消后备区域的写保护 在复位后,RTC 和后备寄存器处于被保护状态以防意外写入。通过设置该位来允许或禁止写入 RTC 和后备寄存器。 0:禁止写入 RTC 和后备寄存器 1:允许写入 RTC 和后备寄存器 注:如果 RTC 的时钟是 HSE/128,该位必须保持为'1'
位 7:5	PLS[2:0]:PVD电平选择 这些位用于选择电源电压监测器的电压阀值 000:2.2V　100:2.6V 001:2.3V　101:2.7V 010:2.4V　110:2.8V 011:2.5V　111:2.9V 注:详细说明参见数据手册中的电气特性部分
位 4	PVDE:电源电压监测器(PVD)使能 0:禁止 PVD 1:开启 PVD
位 3	CSBF:清除待机位 始终读出为 0 0:无功效 1:清除 SBF 待机位(写)
位 2	CWUF:清除唤醒位 始终读出为 0 0:无功效 1:2 个系统时钟周期后清除 WUF 唤醒位(写)
位 1	PDDS:掉电深睡眠 与 LPDS 位协同操作 0:当 CPU 进入深睡眠时进入停机模式,调压器的状态由 LPDS 位控制。 1:CPU 进入深睡眠时进入待机模式
位 0	LPDS:深睡眠下的低功耗 PDDS=0 时,与 PDDS 位协同操作 0:在停机模式下电压调压器开启 1:在停机模式下电压调压器处于低功耗模式

2. 电源控制/状态寄存器(PWR_CSR)

该寄存器的地址偏移为 0x04,复位值为 0x0000 0000(从待机模式唤醒时不被清除)，与标准的 APB 读相比，读此寄存器需要额外的 APB 周期（图 3-3、表 3-2）。

31	30	29	28	27	26	25	24	23	22	21	20	19	18	17	16
保留															

15	14	13	12	11	10	9	8	7	6	5	4	3	2	1	0
保留								EWUP	保留					PVDO	SBF	WUF
								rw							r	r	r

图 3-3　电源控制/状态寄存器

表 3-2　电源控制/状态寄存器

位	描　述
位 31:9	保留。始终读为 0
位 8	EWUP：使能 WKUP 引脚 0：WKUP 引脚为通用 I/O。WKUP 引脚上的事件不能将 CPU 从待机模式唤醒 1：WKUP 引脚用于将 CPU 从待机模式唤醒，WKUP 引脚被强置为输入下拉的配置（WKUP 引脚上的上升沿将系统从待机模式唤醒） 注：在系统复位时清除这一位
位 7:3	保留。始终读为 0
位 2	PVDO：PVD 输出 当 PVD 被 PVDE 位使能后该位才有效 0：V_{DD}/V_{DDA} 高于由 PLS[2:0]选定的 PVD 阀值 1：V_{DD}/V_{DDA} 低于由 PLS[2:0]选定的 PVD 阀值 注：在待机模式下 PVD 被停止。因此，待机模式后或复位后，直到设置 PVDE 位之前，该位为 0
位 1	SBF：待机标志 该位由硬件设置，并只能由 POR/PDR（上电/掉电复位）或设置电源控制寄存器（PWR_CR）的 CSBF 位清除。 0：系统不在待机模式 1：系统进入待机模式
位 0	WUF：唤醒标志 该位由硬件设置，并只能由 POR/PDR（上电/掉电复位）或设置电源控制寄存器（PWR_CR）的 CWUF 位清除。 0：没有发生唤醒事件 1：在 WKUP 引脚上发生唤醒事件或出现 RTC 闹钟事件 注：当 WKUP 引脚已经是高电平时，在（通过设置 EWUP 位）使能 WKUP 引脚时，会检测到一个额外的事件

3.2　复位和时钟控制

3.2.1　复　位

STM32F10xxx 支持 3 种复位形式:系统复位、电源复位和备份区域复位。系统复位除了时钟控制器的 RCC_CSR 寄存器中的复位标志位和备份区域中的寄存器以外,系统复位将复位所有寄存器至它们的复位状态。

当发生以下任一事件时,产生一个系统复位:

➢ NRST 引脚上的低电平(外部复位);

➢ 窗口看门狗计数终止(WWDG 复位);

➢ 独立看门狗计数终止(IWDG 复位);

➢ 软件复位(SW 复位);

➢ 低功耗管理复位。

可通过查看 RCC_CSR 控制状态寄存器中的复位状态标志位识别复位事件来源。

在以下两种情况下可产生低功耗管理复位。

(1) 在进入待机模式时产生低功耗管理复位:

通过将用户选择字节中的 nRST_STDBY 位置 1 将使能该复位。这时,即使执行了进入待机模式的过程,系统将被复位而不是进入待机模式。

(2) 在进入停止模式时产生低功耗管理复位:

通过将用户选择字节中的 nRST_STOP 位置 1 将使能该复位。这时,即使执行了进入停机模式的过程,系统将被复位而不是进入停机模式。

当以下事件发生时,将产生电源复位:

(1) 上电/掉电复位(POR/PDR 复位)。

(2) 从待机模式中返回。

电源复位将复位除了备份区域外的所有寄存器。复位源将最终作用 RESET 引脚,并在复位过程中保持低电平。复位入口矢量被固定在地址 0x0000_0004。芯片内部的复位信号会在 NRST 引脚上输出,脉冲发生器保证每一个复位源都能有至少 20 μs 的脉冲延时;当 NRST 引脚被拉低产生外部复位时,将产生复位脉冲。图 3-4 为复位电路。

备份域复位:备份区域拥有两个专门的复位,它们只影响备份区域。当以下事件发生时,将产生备份区域复位。

➢ 软件复位,备份区域复位可由设置备份域控制寄存器 (RCC_BDCR) 中 BDRST 位产生。

➢ 在 V_{DD} 和 V_{BAT} 两者掉电的前提下,V_{DD} 或 V_{BAT} 上电将引发备份区域复位。

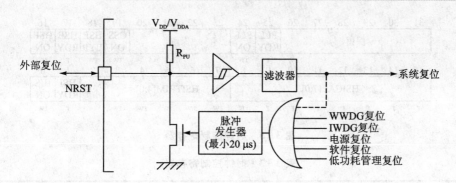

图 3-4　复位电路

3.2.2　时　钟

系统时钟（SYSCLK）可由 3 种不同的时钟源来驱动：

➢ HSI 振荡器时钟。

➢ HSE 振荡器时钟。

➢ PLL 时钟。

HSI 时钟信号由内部 8 MHz 的 RC 振荡器产生，可直接作为系统时钟或在 2 分频后作为 PLL 输入。HSI RC 振荡器能够在不需要任何外部器件的条件下提供系统时钟。它的启动时间比 HSE 晶体振荡器短。然而，即使在校准之后它的时钟频率精度仍较差。

HSE 时钟：高速外部时钟信号由以下两种时钟源产生：

➢ HSE 外部晶体/陶瓷谐振器。

➢ HSE 用户外部时钟。

为了减少时钟输出的失真和缩短启动稳定时间，晶体/陶瓷谐振器和负载电容器必须尽可能地靠近振荡器引脚。负载电容值必须根据所选择的振荡器来调整。

内部 PLL 可以用来倍频 HSI RC 的输出时钟或 HSE 晶体输出时钟。PLL 的设置必须在其被激活前完成。一旦 PLL 被激活，这些参数就不能被改动。如果 PLL 中断在时钟中断寄存器里被允许，当 PLL 准备就绪时，可产生中断申请。如果需要在应用中使用 USB 接口，PLL 必须被设置为输出 48 MHz 或 72 MHz 时钟，用于提供 48 MHz 的 USBCLK 时钟。

3.2.3　RCC 寄存器描述

1. 时钟控制寄存器（RCC_CR）（图 3-5、表 3-3）

偏移地址：x00。

复位值：0x000 XX83，X 代表未定义。

访问：无等待状态，字、半字和字节访问。

23

31	30	29	28	27	26	25	24	23	22	21	20	19	18	17	16
保留						PLL RDY	PLL ON	保留				CSS ON	HSE BYP	HSE RDY	HSE ON
						r	rw					rw	rw	rw	rw

15	14	13	12	11	10	9	8	7	6	5	4	3	2	1	0
HSICAL[7:0]								HSITRIM[4:0]					保留	HSI RDY	HIS ON
r	r	r	r	r	r	r	r	r	rw	rw	rw	rw	r	r	rw

图 3 - 5　时钟控制寄存器

表 3 - 3　时钟控制寄存器

位	描　述
位 31:26	保留,始终读为 0
位 25	PLLRDY:PLL 时钟就绪标志(PLL clock ready flag) PLL 锁定后由硬件置'1' 0:PLL 未锁定 1:PLL 锁定
位 24	PLLON:PLL 使能(PLL enable) 由软件置'1'或清零 当进入待机和停止模式时,该位由硬件清零。当 PLL 时钟被用作或被选择将要作为系统时钟时,该位不能被清零 0:PLL 关闭 1:PLL 使能
位 23:20	保留,始终读为 0
位 19	CSSON:时钟安全系统使能(clock security system enable) 由软件置'1'或清零以使能时钟监测器 0:时钟监测器关闭 1:如果外部 4～16 MHz 振荡器就绪,时钟监测器开启
位 18	HSEBYP:外部高速时钟旁路(external high-speed clock bypass) 在调试模式下由软件置'1'或清零来旁路外部晶体振荡器。只有在外部 4～16 MHz 振荡器关闭的情况下才能写入该位 0:外部 4～16 MHz 振荡器没有旁路 1:外部 4～16 MHz 外部晶体振荡器被旁路
位 17	HSERDY:外部高速时钟就绪标志(external high-speed clock ready flag) 由硬件'1'来指示外部 4～16 MHz 振荡器已经稳定。在 HSEON 位清零后,该位需要 6 个外部 4～25 MHz 振荡器周期清零 0:外部 4～16 MHz 振荡器没有就绪 1:外部 4～16 MHz 振荡器就绪

位	描　述
位 16	HSEON:外部高速时钟使能(external high-speed clock enable) 由软件置'1'或清零 当进入待机和停止模式时,该位由硬件清零,关闭 4～16 MHz 外部振荡器。当外部 4～16 MHz 振荡器被用作或被选择将要作为系统时钟时,该位不能被清零 0:HSE 振荡器关闭 1:HSE 振荡器开启
位 15:8	HSICAL[7:0]:内部高速时钟校准(internal high-speed clock calibration) 在系统启动时,这些位被自动初始化
位 7:3	HSITRIM[4:0]:内部高速时钟调整(internal high-speed clock trimming) 由软件写入来调整内部高速时钟,它们被叠加在 HSICAL[5:0]数值上。 这些位在 HSICAL[7:0]的基础上,让用户可以输入一个调整数值,根据电压和温度的变化调整内部 HSI RC 振荡器的频率 默认数值为 16,可以把 HSI 调整到 8 MHz±1%;每步 HSICAL 的变化调整约 40 kHz
位 2	保留,始终读为 0
位 1	HSIRDY:内部高速时钟就绪标志(internal high-speed clock ready flag) 由硬件置'1'来指示内部 8 MHz 振荡器已经稳定。在 HSION 位清零后,该位需要 6 个内部 8 MHz 振荡器周期清零 0:内部 8 MHz 振荡器没有就绪 1:内部 8 MHz 振荡器就绪
位 0	HSION:内部高速时钟使能(internal high-speed clock enable) 由软件置'1'或清零 当从待机和停止模式返回或用作系统时钟的外部 4～16 MHz 振荡器发生故障时,该位由硬件置'1'来启动内部 8 MHz 的 RC 振荡器。当内部 8 MHz 振荡器被直接或间接地用作或被选择将要作为系统时钟时,该位不能被清零 0:内部 8 MHz 振荡器关闭 1:内部 8 MHz 振荡器开启

2. 时钟配置寄存器(RCC_CFGR)

该移地址:0x04。

复位值:0x0000 0000。

访问:0～2 个等待周期,字、半字和字节访问,只有当访问发生在时钟切换时,才会插入 1 或 2 个等待周期(图 3-6、表 3-4)。

31	30	29	28	27	26	25	24	23	22	21	20	19	18	17	16
保留					MCO[2:0]			保留	USB PRE	PLLMUL[3:0]				PLL XTPRE	PLL SRC
r					rw	rw	rw		rw	rw	rw	rw	rw	rw	rw
15	14	13	12	11	10	9	8	7	6	5	4	3	2	1	0
ADCPRE[1:0]		PPRE2[2:0]			PPRE1[2:0]			HPRE[3:0]				SWS[1:0]		SW[1:0]	
rw	rw	rw	rw	rw	rw	rw	rw	rw	rw	rw	rw	r	r	rw	rw

图 3-6 时钟配置寄存器(RCC_CFGR)

表 3-4 时钟配置寄存器(RCC_CFGR)

位	描 述
位 31:27	保留,始终读为 0
位 26:24	MCO:微控制器时钟输出(microcontroller clock output) 由软件置'1'或清零 0xx:没有时钟输出 100:系统时钟(SYSCLK)输出 101:内部 RC 振荡器时钟(HSI)输出 110:外部振荡器时钟(HSE)输出 111:PLL 时钟 2 分频后输出 注意:①该时钟输出在启动和切换 MCO 时钟源时可能会被截断; ②在系统时钟作为输出至 MCO 引脚时,请保证输出时钟频率不超过 50 MHz(I/O 口最高频率)
位 22	USBPRE:USB 预分频(USB prescaler) 由软件置'1'或清'0'来产生 48 MHz 的 USB 时钟。在 RCC_APB1ENR 寄存器中使能 USB 时钟之前,必须保证该位已经有效。如果 USB 时钟被使能,该位不能被清零 0:PLL 时钟 1.5 倍分频作为 USB 时钟 1:PLL 时钟直接作为 USB 时钟
位 21:18	PLLMUL:PLL 倍频系数(PLL multiplication factor) 由软件设置来确定 PLL 倍频系数。只有在 PLL 关闭的情况下才可被写入。 注意:PLL 的输出频率不能超过 72 MHz 0000:PLL 2 倍频输出 1000:PLL 10 倍频输出 0001:PLL 3 倍频输出 1001:PLL 11 倍频输出 0010:PLL 4 倍频输出 1010:PLL 12 倍频输出 0011:PLL 5 倍频输出 1011:PLL 13 倍频输出 0100:PLL 6 倍频输出 1100:PLL 14 倍频输出 0101:PLL 7 倍频输出 1101:PLL 15 倍频输出 0110:PLL 8 倍频输出 1110:PLL 16 倍频输出 0111:PLL 9 倍频输出 1111:PLL 16 倍频输出
位 17	PLLXTPRE:HSE 分频器作为 PLL 输入(HSE divider for PLL entry) 由软件置'1'或清'0'来分频 HSE 后作为 PLL 输入时钟。只能在关闭 PLL 时才能写入此位 0:HSE 不分频 1:HSE 2 分频

位	描 述
位 16	PLLSRC:PLL 输入时钟源（PLL entry clock source） 由软件置'1'或清'0'来选择 PLL 输入时钟源。只能在关闭 PLL 时才能写入此位 0:HSI 振荡器时钟经 2 分频后作为 PLL 输入时钟 1:HSE 时钟作为 PLL 输入时钟
位 15:14	ADCPRE[1:0]:ADC 预分频（ADC prescaler） 由软件置'1'或清'0'来确定 ADC 时钟频率 00:PCLK2 2 分频后作为 ADC 时钟 01:PCLK2 4 分频后作为 ADC 时钟 10:PCLK2 6 分频后作为 ADC 时钟 11:PCLK2 8 分频后作为 ADC 时钟
位 13:11	PPRE2[2:0]:高速 APB 预分频（APB2）（APB high-speed prescaler（APB2）） 由软件置'1'或清'0'来控制高速 APB2 时钟（PCLK2）的预分频系数 0xx:HCLK 不分频 100:HCLK 2 分频 101:HCLK 4 分频 110:HCLK 8 分频 111:HCLK 16 分频
位 10:8	PPRE1[2:0]:低速 APB 预分频（APB1）（APB low-speed prescaler（APB1）） 由软件置'1'或清'0'来控制低速 APB1 时钟（PCLK1）的预分频系数 警告:软件必须保证 APB1 时钟频率不超过 36 MHz 0xx:HCLK 不分频 100:HCLK 2 分频 101:HCLK 4 分频 110:HCLK 8 分频 111:HCLK 16 分频
位 7:4	HPRE[3:0]：AHB 预分频（AHB Prescaler） 由软件置'1'或清'0'来控制 AHB 时钟的预分频系数 0xxx:SYSCLK 不分频 1000:SYSCLK 2 分频 1100:SYSCLK 64 分频 1001:SYSCLK 4 分频 1101:SYSCLK 128 分频 1010:SYSCLK 8 分频 1110:SYSCLK 256 分频 1011:SYSCLK 16 分频 1111:SYSCLK 512 分频 注意:当 AHB 时钟的预分频系数大于 1 时,必须开启预取缓冲器

续表 3-4

位	描　述
位 3:2	SWS[1:0]:系统时钟切换状态（system clock switch status） 由硬件置'1'或清'0'来指示哪一个时钟源被作为系统时钟 00:HSI 作为系统时钟 01:HSE 作为系统时钟 10:PLL 输出作为系统时钟 11:不可用
位 1:0	SW[1:0]:系统时钟切换（system clock switch） 由软件置'1'或清'0'来选择系统时钟源 在从停止或待机模式中返回时或直接或间接作为系统时钟的 HSE 出现故障时,由硬件强制选择 HSI 作为系统时钟（如果时钟安全系统已经启动） 00:HSI 作为系统时钟 01:HSE 作为系统时钟 10:PLL 输出作为系统时钟 11:不可用

3.3　实时时钟(RTC)

3.3.1　功能描述

1. RTC 简介

实时时钟是一个独立的定时器。RTC 模块拥有一组连续计数的计数器,在相应软件配置下,可提供时钟日历的功能。修改计数器的值可以重新设置系统当前的时间和日期。RTC 模块和时钟配置系统处于后备区域,即在系统复位或从待机模式唤醒后,RTC 的设置和时间维持不变。系统复位后对后备寄存器和 RTC 的访问被禁止,这是为了防止对后备区域(BKP)的意外写操作。执行以下操作将使能对后备寄存器 RTC 的访问:

➢ 设置寄存器 RCC_APB1ENR 的 PWREN 和 BKPEN 位,使能电源和后备接口时钟;

➢ 设置寄存器 PWR_CR 的 DBP 位,使能对后备寄存器和 RTC 的访问。

2. RTC 主要特性

➢ 可编程的预分频系数:分频系数最高为 2^{20};

➢ 32 位的可编程计数器,可用于较长时间段的测量;

➢ 2 个分离的时钟:用于 APB1 接口的 PCLK1 和 RTC 时钟。

➢ RTC 有以下 3 种时钟源:

- HSE 时钟除以 128；
- SE 振荡器时钟；
- LSI 振荡器时钟。

➤ 2 个独立的复位类型：

- APB1 接口由系统复位；
- RTC 核心包括预分频器、闹钟、计数器和分频器，只能由后备域复位。

➤ 3 个专门的可屏蔽中断：

- 闹钟中断，用来产生一个软件可编程的闹钟中断；
- 秒中断，用来产生一个可编程的周期性中断信号；
- 溢出中断，指示内部可编程计数器溢出并回转为 0 的状态。

3. RTC 框图

如图 3-7 所示，RTC 主要由两部分组成：一部分用来和 APB1 总线相连。此单元还包含一组 16 位寄存器，可通过 APB1 总线对其进行读写操作。APB1 接口由 APB1 总线时钟驱动，用来与 APB1 总线接口。另一部分由一组可编程计数器组成，分成两个主要模块。第一个模块是 RTC 的预分频模块，它可编程产生最长为 1 s 的

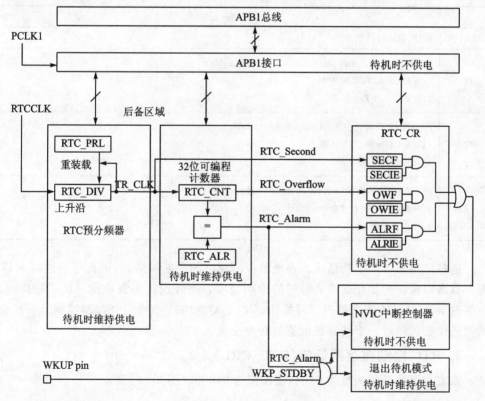

图 3-7　RTC 简化框图

RTC 时间基准 TR_CLK。RTC 的预分频模块包含了一个 20 位的可编程分频器。如果在 RTC_CR 寄存器中设置了相应的允许位,则在每个 TR_CLK 周期中 RTC 产生一个中断。第二个模块是一个 32 位的可编程计数器,可被初始化为当前的系统时间。系统时间按 TR_CLK 周期累加并与存储在 RTC_ALR 寄存器中的可编程时间相比较,如果 RTC_CR 控制寄存器中设置了相应允许位,比较匹配时将产生一个闹钟中断。

3.3.2　RTC 寄存器描述

1. RTC 控制寄存器高位(RTC_CRH)

该寄存器的址偏移量为 0x00,复位值为 0x0000(图 3-8、表 3-5)。

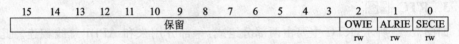

图 3-8　RTC 控制寄存器高位(RTC_CRH)

表 3-5　RTC 控制寄存器高位(RTC_CRH)

位	描　　述
位 15:3	保留,被硬件强制为 0
位 2	OWIE:允许溢出中断位(overflow interrupt enable) 0:屏蔽(不允许)溢出中断 1:允许溢出中断
位 1	ALRIE:允许闹钟中断(alarm interrupt enable) 0:屏蔽(不允许)闹钟中断 1:允许闹钟中断
位 0	SECIE:允许秒中断(second interrupt enable) 0:屏蔽(不允许)秒中断 1:允许秒中断

　　这些位用来屏蔽中断请求。系统复位后所有的中断被屏蔽,因此可通过写 RTC 寄存器来确保在初始化后没有挂起的中断请求。当外设正在完成前一次写操作时,不能对 RTC_CRH 寄存器进行写操作。RTC 功能由这个控制寄存器控制。一些位的写操作必须经过一个特殊的配置过程来完成。

2. RTC 控制寄存器低位(RTC_CRL)

该寄存器的偏移地址为 0x04,复位值为 0x0020(图 3-9、表 3-6)。

15	14	13	12	11	10	9	8	7	6	5	4	3	2	1	0
				保留						RTOFF	CNF	RSF	OWF	ALRF	SECF
										r	rw	rc w0	rc w0	rc w0	rc w0

图 3 - 9　RTC 控制寄存器低位(RTC_CRL)

表 3 - 6　RTC 控制寄存器低位(RTC_CRL)

位	描　述
位 15:6	保留,被硬件强制为 0
位 5	RTOFF:RTC 操作关闭(RTC operation OFF) RTC 模块利用此位来指示对其寄存器进行的最后一次操作的状态,指示操作是否完成。若此位为'0',则表示无法对任何的 RTC 寄存器进行写操作。此位为只读位。 0:上一次对 RTC 寄存器的写操作仍在进行 1:上一次对 RTC 寄存器的写操作已经完成
位 4	CNF:配置标志(configuration flag) 此位必须由软件置'1'以进入配置模式,从而允许向 RTC_CNT、RTC_ALR 或 RTC_PRL 寄存器写入数据。只有当此位在被置'1'并重新由软件清'0'后,才会执行写操作 0:退出配置模式(开始更新 RTC 寄存器) 1:进入配置模式
位 3	RSF:寄存器同步标志(registers synchronized flag) 每当 RTC_CNT 寄存器和 RTC_DIV 寄存器由软件更新或清'0'时,此位由硬件置'1'。在 APB1 复位后,或 APB1 时钟停止后,此位必须由软件清'0'。要进行任何的读操作之前,用户程序必须等待此位被硬件置'1',以确保 RTC_CNT、RTC_ALR 或 RTC_PRL 已经被同步 0:寄存器尚未被同步 1:寄存器已经被同步
位 2	OWF:溢出标志(overflow flag) 当 32 位可编程计数器溢出时,此位由硬件置'1'。如果 RTC_CRH 寄存器中 OWIE=1,则产生中断。此位只能由软件清'0'。对此位写'1'是无效的 0:无溢出 1:32 位可编程计数器溢出
位 1	ALRF:闹钟标志(alarm flag) 当 32 位可编程计数器达到 RTC_ALR 寄存器所设置的预定值,此位由硬件置'1'。如果 RTC_CRH 寄存器中 ALRIE=1,则产生中断。此位只能由软件清'0'。对此位写'1'是无效的 0:无闹钟 1:有闹钟
位 0	SECF:秒标志(second flag) 当 32 位可编程预分频器溢出时,此位由硬件置'1',同时 RTC 计数器加 1。因此,此标志为分辨率可编程的 RTC 计数器提供一个周期性的信号(通常为 1 s)。如果 RTC_CRH 寄存器中 SECIE=1,则产生中断。此位只能由软件清除。对此位写'1'是无效的 0:秒标志条件不成立 1:秒标志条件成立

3. RTC 预分频装载寄存器(RTC_PRLH /RTC_PRLL)

预分频装载寄存器用来保存 RTC 预分频器的周期计数值。它们受 RTC_CR 寄存器的 RTOFF 位保护,仅当 RTOFF 值为 1 时允许进行写操作。该寄存器的偏移地址为 0x08,复位值为 0x0000(图 3-10、表 3-7)。

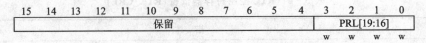

图 3-10　RTC 预分频装载寄存器高位(RTC_PRLH)

表 3-7　RTC 预分频装载寄存器高位(RTC_PRLH)

位	描　述
位 15:4	保留,被硬件强制为 0
位 3:0	PRL[19:16]:RTC 预分频装载值高位(RTC prescaler reload value high) 根据以下公式,这些位应用来定义计数器的时钟频率: $f_{\text{TR\_CLK}} = f_{\text{RTCCLK}}/(\text{PRL[19:0]}+1)$ 注:不推荐使用 0 值,否则无法正确产生 RTC 中断和标志位

4. RTC 预分频器余数寄存器(RTC_DIVH / RTC_DIVL)

在 TR_CLK 的每个周期中,RTC 预分频器中计数器的值都会被重新设置。用户可通过读取 RTC_DIV 寄存器,以获得预分频计数器的当前值,而不停止分频计数器的工作,从而获得精确的时间测量。此寄存器是只读寄存器,其值在 RTC_PRL 或 RTC_CNT 寄存器中的值发生改变后,由硬件重新装载。

RTC 预分频器余数寄存器高位(RTC_DIVH),该寄存器的偏移地址为 0x10,复位值为 0x0000(图 3-11、表 3-8)。

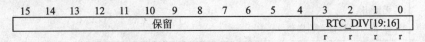

图 3-11　RTC 预分频器余数寄存器高位(RTC_DIVH)

表 3-8　RTC 预分频器余数寄存器高位(RTC_DIVH)

位	描　述
位 15:4	保留
位 3:0	RTC_DIV[19:16]:RTC 时钟分频器余数高位 (RTC clock divider high)

RTC 预分频器余数寄存器低位(RTC_DIVL):

该寄存器的偏移地址为 0x14,复位值为 0x8000(图 3-12、表 3-9)。

15	14	13	12	11	10	9	8	7	6	5	4	3	2	1	0
						RTC_DIV[15:0]									
r	r	r	r	r	r	r	r	r	r	r	r	r	r	r	r

图 3 – 12　RTC 预分频器余数寄存器低位(RTC_DIVL)

表 3 – 9　RTC 预分频器余数寄存器低位(RTC_DIVL)

位	描　述
位 15:0	RTC_DIV[15:0]:RTC 时钟器余数低位（RTC clock divider low）

5. RTC 计数器寄存器(RTC_CNTH/RTC_CNTL)

RTC 核有一个 32 位可编程的计数器,可以通过两个 16 位的寄存器访问。计数器以预分频器产生的 TR_CLK 时间基准为参考进行计数。RTC_CNT 寄存器用来存放计数器的计数值。他们受 RTC_CR 的位 RTOFF 写保护,仅当 RTOFF 值为 1 时允许写操作。在高或低位寄存器上的写操作,能够直接装载到相应的可编程计数器,并且重新装载 RTC 预分频器。当进行读操作时,直接返回计数器内的计数值。

RTC 计数器寄存器高位(RTC_CNTH),该寄存器的偏移地址为 0x18,复位值为 0x0000(图 3 – 13、表 3 – 10)。

15	14	13	12	11	10	9	8	7	6	5	4	3	2	1	0
						RTC_CNT[31:16]									
rw	rw	rw	rw	rw	rw	rw	rw	rw	rw	rw	rw	rw	rw	rw	rw

图 3 – 13　RTC 计数器寄存器高位(RTC_CNTH)

表 3 – 10　RTC 计数器寄存器高位(RTC_CNTH)

位	描　述
位 15:0	RTC_CNT[31:16]:RTC 计数器高位(RTC counter high) 可通过读 RTC_CNTH 寄存器来获得 RTC 计数器当前值的高位部分。要对此寄存器进行写操作前,必须先进入配置模式

RTC 计数器寄存器低位(RTC_CNTL),该寄存器的偏移地址为 0x1C,复位值为 0x0000(图 3 – 14、表 3 – 11)。

15	14	13	12	11	10	9	8	7	6	5	4	3	2	1	0
						RTC_CNT[15:0]									
rw	rw	rw	rw	rw	rw	rw	rw	rw	rw	rw	rw	rw	rw	rw	rw

图 3 – 14　RTC 计数器寄存器低位(RTC_CNTL)

表 3 - 11　RTC 计数器寄存器低位(RTC_CNTL)

位	描　述
位 15:0	RTC_CNT[15:0]:RTC 计数器低位 可通过读 RTC_CNTL 寄存器来获得 RTC 计数器当前值的低位部分。要对此寄存器进行写操作,必须先进入配置模式

3.4　通用和复用 I/O 口(GPIO 和 AFIO)

3.4.1　I/O 口功能描述

　　每个 GPI/O 端口有两个 32 位配置寄存器,两个 32 位数据寄存器(GPIOx_IDR 和 GPIOx_ODR),一个 32 位置位/复位寄存器(GPIOx_BSRR),一个 16 位复位寄存器(GPIOx_BRR)和一个 32 位锁定寄存器(GPIOx_LCKR)。

　　根据数据手册中列出的每个 I/O 端口的特定硬件特征,GPI/O 端口的每个位可以由软件分别配置成多种模式。

　　➢ 输入浮空;

　　➢ 输入上拉;

　　➢ 输入下拉;

　　➢ 模拟输入;

　　➢ 开漏输出;

　　➢ 推挽式输出;

　　➢ 推挽式复用功能;

　　➢ 开漏复用功能。

　　每个 I/O 端口位可以自由编程,然而 I/O 端口寄存器必须按 32 位字被访问。GPIOx_BSRR 和 GPIOx_BRR 寄存器允许对任何 GPIO 寄存器的读/更改的独立访问;这样,在读和更改访问之间产生 IRQ 时不会发生危险。

　　通用 I/O(GPIO)复位期间和刚复位后,复用功能未开启,I/O 端口被配置成浮空输入模式(CNFx[1:0]=01b,MODEx[1:0]=00b)。复位后,JTAG 引脚被置于输入上拉或下拉模式。

　　➢ PA15:JTDI 置于上拉模式。

　　➢ PA14:JTCK 置于下拉模式。

　　➢ PA13:JTMS 置于上拉模式。

　　➢ PB4:JNTRST 置于上拉模式。

　　当作为输出配置时,写到输出数据寄存器上的值输出到相应的 I/O 引脚。可以以推挽模式或开漏模式使用输出驱动器。输入数据寄存器在每个 APB2 时钟周期捕捉 I/O 引脚上的数据。所有 GPIO 引脚有一个内部弱上拉和弱下拉，当配置为输入时，它们可以被激活也可以被断开。

单独的位设置或位清除，当对 GPIOx_ODR 的个别位编程时，软件不需要禁止中断：在单次 APB2 写操作中，可以只更改一个或多个位。这是通过对"置位/复位寄存器"中想要更改的位写 1 来实现的。没被选择的位将不被更改。

外部中断/唤醒线，所有端口都有外部中断能力。为了使用外部中断线，端口必须配置成输入模式。

3.4.2　I/O 寄存器描述

1.端口配置低寄存器(GPIOx_CRL)(x＝A..E)

该寄存器的偏移地址为 0x00，复位值为 0x4444 4444(图 3 - 15、表 3 - 12)。

31	30	29	28	27	26	25	24	23	22	21	20	19	18	17	16
CNF7[1:0]		MODE7[1:0]		CNF6[1:0]		MODE6[1:0]		CNF5[1:0]		MODE5[1:0]		CNF4[1:0]		MODE4[1:0]	
rw	rw	rw	rw	rw	rw	rw	rw	rw	rw	rw	rw	rw	rw	rw	rw

15	14	13	12	11	10	9	8	7	6	5	4	3	2	1	0
CNF3[1:0]		MODE3[1:0]		CNF2[1:0]		MODE2[1:0]		CNF1[1:0]		MODE1[1:0]		CNF0[1:0]		MODE0[1:0]	
rw	rw	rw	rw	rw	rw	rw	rw	rw	rw	rw	rw	rw	rw	rw	rw

图 3 - 15　端口配置低寄存器(GPIOx_CRL)

表 3 - 12　端口配置低寄存器(GPIOx_CRL)

位	描　述
位 31:30 27:26 23:22 19:18 15:14 11:10 7:6 3:2	CNFy[1:0]:端口 x 配置位(y = 0…7)(Port x configuration bits) 软件通过这些位配置相应的 I/O 端口 在输入模式(MODE[1:0]＝00): 00:模拟输入模式 01:浮空输入模式(复位后的状态) 10:上拉/下拉输入模式 11:保留 在输出模式(MODE[1:0]＞00): 00:通用推挽输出模式 01:通用开漏输出模式 10:复用功能推挽输出模式 11:复用功能开漏输出模式

位	描　述
位 29:28 25:24 21:20 17:16 13:12 9:8 5:4 1:0	MODEy[1:0]:端口 x 的模式位(y = 0…7)(Port x mode bits) 软件通过这些位配置相应的 I/O 端口 00:输入模式(复位后的状态) 01:输出模式,最大速度 10 MHz 10:输出模式,最大速度 2 MHz 11:输出模式,最大速度 50 MHz

2. 端口配置高寄存器(GPIOx_CRH)(x=A..E)

该寄存器的偏移地址为 0x04,复位值为 0x4444 4444(图 3 - 16、表 3 - 13)。

31	30	29	28	27	26	25	24	23	22	21	20	19	18	17	16
CNF15[1:0]		MODE15[1:0]		CNF14[1:0]		MODE14[1:0]		CNF13[1:0]		MODE13[1:0]		CNF12[1:0]		MODE12[1:0]	
rw	rw	rw	rw	rw	rw	rw	rw	rw	rw	rw	rw	rw	rw	rw	rw
15	14	13	12	11	10	9	8	7	6	5	4	3	2	1	0
CNF11[1:0]		MODE11[1:0]		CNF10[1:0]		MODE10[1:0]		CNF9[1:0]		MODE9[1:0]		CNF8[1:0]		MODE8[1:0]	
rw	rw	rw	rw	rw	rw	rw	rw	rw	rw	rw	rw	rw	rw	rw	rw

图 3 - 16　端口配置高寄存器(GPIOx_CRH)

表 3 - 13　端口配置高寄存器(GPIOx_CRH)

位	描　述
位 31:30 27:26 23:22 19:18 15:14 11:10 7:6 3:2	CNFy[1:0]:端口 x 配置位(y = 0…7)(Port x configuration bits) 软件通过这些位配置相应的 I/O 端口 在输入模式(MODE[1:0]=00): 00:模拟输入模式 01:浮空输入模式(复位后的状态) 10:上拉/下拉输入模式 11:保留 在输出模式(MODE[1:0]>00): 00:通用推挽输出模式 01:通用开漏输出模式 10:复用功能推挽输出模式 11:复用功能开漏输出模式
位 29:28 25:24 21:20 17:16 13:12 9:8 5:4 1:0	MODEy[1:0]:端口 x 的模式位(y = 0…7)(Port x mode bits) 软件通过这些位配置相应的 I/O 端口 00:输入模式(复位后的状态) 01:输出模式,最大速度 10 MHz 10:输出模式,最大速度 2 MHz 11:输出模式,最大速度 50 MHz

3. 端口输入数据寄存器(GPIOx_IDR) (x＝A..E)

该寄存器的地址偏移为 0x08,复位值为 0x0000 XXXX(图 3－17、表 3－14)。

31	30	29	28	27	26	25	24	23	22	21	20	19	18	17	16
保留															

15	14	13	12	11	10	9	8	7	6	5	4	3	2	1	0
IDR15	IDR14	IDR13	IDR12	IDR11	IDR10	IDR9	IDR8	IDR7	IDR6	IDR5	IDR4	IDR3	IDR2	IDR1	IDR0
r	r	r	r	r	r	r	r	r	r	r	r	r	r	r	r

图 3－17　端口输入数据寄存器(GPIOx_IDR)

表 3－14　端口输入数据寄存器(GPIOx_IDR)

位	描　述
位 31:16	保留,始终读为 0
位 15:0	IDRy[15:0]:端口输入数据(y ＝ 0…15) (Port input data) 这些位只读并只能以字(16 位)的形式读出。读出的值为对应 I/O 口的状态

4. 端口输出数据寄存器(GPIOx_ODR) (x＝A··E)

该寄存器的地址偏移为 0Ch,复位值为 0x0000 0000(图 3－18、表 3－15)。

31	30	29	28	27	26	25	24	23	22	21	20	19	18	17	16
保留															

15	14	13	12	11	10	9	8	7	6	5	4	3	2	1	0
ODR15	ODR14	ODR13	ODR12	ODR11	ODR10	ODR9	ODR8	ODR7	ODR6	ODR5	ODR4	ODR3	ODR2	ODR1	ODR0
rw	rw	rw	rw	rw	rw	rw	rw	rw	rw	rw	rw	rw	rw	rw	rw

图 3－18　端口输出数据寄存器(GPIOx_ODR)

表 3－15　端口输出数据寄存器(GPIOx_ODR)

位	描　述
位 31:16	保留,始终读为 0
位 15:0	ODRy[15:0]:端口输出数据(y ＝ 0…15) (Port output data) 这些位可读、可写并只能以字(16 位)的形式操作 注:对 GPIOx_BSRR(x ＝ A…E),可以分别对各个 ODR 位进行独立的设置/清除

5. 端口位设置/清除寄存器(GPIOx_BSRR) (x＝A··E)

该寄存器的地址偏移为 0x10,复位值为 0x0000 0000(图 3－19、表 3－16)。

31	30	29	28	27	26	25	24	23	22	21	20	19	18	17	16
BR15	BR14	BR13	BR12	BR11	BR10	BR9	BR8	BR7	BR6	BR5	BR4	BR3	BR2	BR1	BR0
w	w	w	w	w	w	w	w	w	w	w	w	w	w	w	w
15	14	13	12	11	10	9	8	7	6	5	4	3	2	1	0
BS15	BS14	BS13	BS12	BS11	BS10	BS9	BS8	BS7	BS6	BS5	BS4	BS3	BS2	BS1	BS0
w	w	w	w	w	w	w	w	w	w	w	w	w	w	w	w

图 3-19　端口位设置/清除寄存器(GPIOx_BSRR)

表 3-16　端口位设置/清除寄存器(GPIOx_BSRR)

位	描　述
位 31:16	BRy:清除端口 x 的位 y (y = 0···15) (Port x Reset bit y) 这些位只能写入并只能以字(16 位)的形式操作 0:对对应的 ODRy 位不产生影响 1:清除对应的 ODRy 位为 0 注:如果同时设置了 BSy 和 BRy 的对应位,BSy 位起作用
位 15:0	BSy:设置端口 x 的位 y (y = 0···15) (Port x Set bit y) 这些位只能写入并只能以字(16 位)的形式操作 0:对对应的 ODRy 位不产生影响 1:设置对应的 ODRy 位为 1

6. 端口位清除寄存器(GPIOx_BRR) (x=A··E)

该寄存器的地址偏移为 0x14,复位值为 0x0000 0000(图 3-20、表 3-17)。

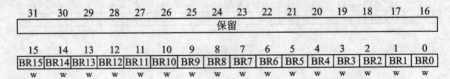

31	30	29	28	27	26	25	24	23	22	21	20	19	18	17	16
保留															
15	14	13	12	11	10	9	8	7	6	5	4	3	2	1	0
BR15	BR14	BR13	BR12	BR11	BR10	BR9	BR8	BR7	BR6	BR5	BR4	BR3	BR2	BR1	BR0
w	w	w	w	w	w	w	w	w	w	w	w	w	w	w	w

图 3-20　端口位清除寄存器(GPIOx_BRR)

表 3-17　端口位清除寄存器(GPIOx_BRR)

位	描　述
位 31:16	保留
位 15:0	BRy:清除端口 x 的位 y (y = 0···15) (Port x Reset bit y) 这些位只能写入并只能以字(16 位)的形式操作 0:对对应的 ODRy 位不产生影响 1:清除对应的 ODRy 位为 0

7. 端口配置锁定寄存器(GPIOx_LCKR) (x=A··E)

当执行正确的写序列设置了位 16(LCKK)时,该寄存器用来锁定端口位的配置。位[15:0]用于锁定 GPIO 端口的配置。在规定的写入操作期间,不能改变 LCKP[15:0]。当对相应的端口位执行 LOCK 序列后,在下次系统复位之前将不能再更改端口位的配置。每个锁定位锁定控制寄存器中相应的 4 个位。

该寄存器的地址偏移为 0x18,复位值为 0x0000 0000(图 3－21、表 3－18)。

31	30	29	28	27	26	25	24	23	22	21	20	19	18	17	16
保留															LCKK
															rw

15	14	13	12	11	10	9	8	7	6	5	4	3	2	1	0
LCK15	LCK14	LCK13	LCK12	LCK11	LCK10	LCK9	LCK8	LCK7	LCK6	LCK5	LCK4	LCK3	LCK2	LCK1	LCK0
rw	rw	rw	rw	rw	rw	rw	rw	rw	rw	rw	rw	rw	rw	rw	rw

图 3－21　端口配置锁定寄存器(GPIOx_LCKR)

表 3－18　端口配置锁定寄存器(GPIOx_LCKR)

位	描　述
位 31:17	保留
位 16	LCKK:锁键（Lock key） 该位可随时读出,它只可通过锁键写入序列修改 0:端口配置锁键位激活 1:端口配置锁键位被激活,下次系统复位前 GPIOx_LCKR 寄存器被锁住 锁键的写入序列: 写 1→写 0→写 1→读 0→读 1 最后一个读可省略,但可以用来确认锁键已被激活 注:在操作锁键的写入序列时,不能改变 LCK[15:0]的值 操作锁键写入序列中的任何错误将不能激活锁键
位 15:0	LCKy:端口 x 的锁位 y（y = 0…15）(Port x Lock bit y) 这些位可读、可写但只能在 LCKK 位为 0 时写入 0:不锁定端口的配置 1:锁定端口的配置

3.4.3　I/O 复用功能描述及调试配置 AFIO

为了优化 64 脚或 100 脚封装的外设数目,可以把一些复用功能重新映射到其他引脚上。设置复用重映射和调试 I/O 配置寄存器实现引脚的重新映射。这时,复用功能不再映射到它们的原始分配上。把 OSC32_IN/OSC32_OUT 作为 GPIO 端口 PC14/PC15,当 LSE 振荡器关闭时,LSE 振荡器引脚 OSC32_IN/OSC32_OUT 可以分别用作 GPIO 的 PC14/PC15,LSE 功能始终优先于通用 I/O 口的功能。把 OSC_IN/OSC_OUT 引脚作为 GPIO 端口 PD0/PD1 外部振荡器引脚 OSC_IN/OSC_OUT 可以用作 GPIO 的 PD0/PD1,通过设置复用重映射和调试 I/O 配置寄存器(AFIO_MAPR)实现。

3.4.4　AFIO 寄存器描述

1. 事件控制寄存器(AFIO_EVCR)

该寄存器的地址偏移为 0x00，复位值为 0x0000 0000（图 3-22、表 3-19）。

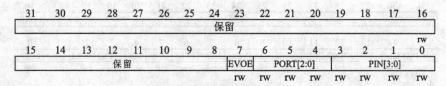

图 3-22　事件控制寄存器(AFIO_EVCR)

表 3-19　事件控制寄存器(AFIO_EVCR)

位	描　　述
位 31:8	保留
位 7	EVOE：允许事件输出(event output enable) 该位可由软件读写。当设置该位后，Cortex 的 EVENTOUT 将连接到由 PORT[2:0]和 PIN[3:0]选定的 I/O 口
位 6:4	PORT[2:0]：端口选择(port selection) 选择用于输出 Cortex 的 EVENTOUT 信号的端口： 000：选择 PA　001：选择 PB　010：选择 PC　011：选择 PD 100：选择 PE
位 3:0	PIN[3:0]：引脚选择(x＝A…E) (Pin selection) 选择用于输出 Cortex 的 EVENTOUT 信号的引脚： 0000：选择 Px0　　0001：选择 Px1　0010：选择 Px2　0011：选择 Px3 0100：选择 Px4　　0101：选择 Px5　0110：选择 Px6　0111：选择 Px7 1000：选择 Px8　　1001：选择 Px9　1010：选择 Px10 1011：选择 Px11 1100：选择 Px12　1101：选择 Px13 1110：选择 Px14 1111：选择 Px15

2. 复用重映射和调试 I/O 配置寄存器(AFIO_MAPR)

该寄存器的地址偏移为 0x04，复位值为 0x0000 0000（图 3-23、表 3-20）。

1	30	29	28	27	26	25	24	23	22	21	20	19	18	17	16
保留					SWJ_CFG[2:0]			保留			ADC2_E TRGREG REMAP	ADC2_E TRGINJ REMAP	ADC1_E TRGREG REMAP	ADC1_E TRGINJ REMAP	TIM5CH 4_IREM AP
					w	w	w								rw

5	14	13	12	11	10	9	8	7	6	5	4	3	2	1	0
PD01_ REMAP	CAN_REMAP [1:0]		TIM4_ REMAP	TIM3_REMAP [1:0]		TIM2_REMAP [1:0]		TIM1_REMAP [1:0]		USART3_RE MAP[1:0]		USART2 REMAP	USART1 REMAP	I2C1_ REMAP	SPI1_ REMAP
w	rw	rw	rw	rw	rw	rw	rw	rw	rw	rw	rw	rw	rw	rw	rw

图 3-23　复用重映射和调试 I/O 配置寄存器(AFIO_MAPR)

表 3 – 20　复用重映射和调试 I/O 配置寄存器（AFIO_MAPR）

位	描　述
位 31:27	保留
位 26:24	SWJ_CFG[2:0]：串行线 JTAG 配置（serial wire JTAG configuration） 这些位只可由软件写（读这些位，将返回未定义的数值），用于配置 SWJ 和跟踪复用功能的 I/O 口。SWJ（串行线 JTAG）支持 JTAG 或 SWD 访问 Cortex 的调试端口。系统复位后的默认状态是启用 SWJ，但没有跟踪功能，这种状态下可以通过 JTMS/JTCK 脚上的特定信号选择 JTAG 或 SW（串行线）模式 000：完全 SWJ（JTAG−DP ＋ SW−DP）：复位状态； 001：完全 SWJ（JTAG−DP ＋ SW−DP）但没有 NJTRST； 010：关闭 JTAG−DP，启用 SW−DP 100：关闭 JTAG−DP，关闭 SW−DP 其他组合：无作用
位 23:21	保留
位 20	ADC2_ETRGREG_REMAP：ADC2 规则转换外部触发重映射（ADC 2 external trigger regular conversion remapping） 该位可由软件置'1'或置'0'。它控制与 ADC2 规则转换外部触发相连的触发输入。当该位置'0'时，ADC2 规则转换外部触发与 EXTI11 相连；当该位置'1'时，ADC2 规则转换外部触发与 TIM8_TRGO 相连
位 19	ADC2_ETRGINJ_REMAP：ADC2 注入转换外部触发重映射（ADC 2 external trigger injected conversion remapping） 该位可由软件置'1'或置'0'。它控制与 ADC2 注入转换外部触发相连的触发输入。当该位置'0'时，ADC2 注入转换外部触发与 EXTI15 相连；当该位置'1'时，ADC2 注入转换外部触发与 TIM8 通道 4 相连
位 18	ADC1_ETRGREG_REMAP：ADC1 规则转换外部触发重映射（ADC 1 external trigger regular conversion remapping） 该位可由软件置'1'或置'0'。它控制与 ADC2 规则转换外部触发相连的触发输入。当该位置'0'时，ADC1 规则转换外部触发与 EXTI11 相连；当该位置'1'时，ADC1 规则转换外部触发与 TIM8_TRGO 相连
位 17	ADC1_ETRGINJ_REMAP：ADC1 注入转换外部触发重映射（ADC 1 External trigger injected conversion remapping） 该位可由软件置'1'或置'0'。它控制与 ADC2 注入转换外部触发相连的触发输入。当该位置'0'时，ADC2 注入转换外部触发与 EXTI15 相连；当该位置'1'时，ADC1 注入转换外部触发与 TIM8 通道 4 相连
位 16	TIM5CH4_IREMAP：TIM5 通道 4 内部重映射（TIM5 channel4 internal remap） 该位可由软件置'1'或置'0'。它控制 TIM5 通道 4 内部映像。当该位置'0'时，TIM5_CH4 与 PA3 相连；当该位置'1'时，LSI 内部振荡器与 TIM5_CH4 相连，目的是对 LSI 进行校准

位	描　述
位 15	PD01_REMAP:端口 D0/端口 D1 映像到 OSC_IN/OSC_OUT(Port D0/Port D1 mapping on OSC _IN/OSC_OUT) 该位可由软件置'1'或置'0'。它控制 PD0 和 PD1 的 GPIO 功能映像。当不使用主振荡器 HSE 时(系统运行于内部的 8 MHz 阻容振荡器),PD0 和 PD1 可以映像到 OSC_IN 和 OSC_OUT 引脚。此功能只能适用于 36、48 和 64 引脚的封装(PD0 和 PD1 出现在 100 脚和 144 脚的封装上,不必重映像) 0:不进行 PD0 和 PD1 的重映像 1:PD0 映像到 OSC_IN,PD1 映像到 OSC_OUT
位 14:13	CAN_REMAP[1:0]:CAN 复用功能重映像(CAN alternate function remapping) 这些位可由软件置'1'或置'0',在只有单个 CAN 接口的产品上控制复用功能 CAN_RX 和 CAN _TX 的重映像 00:CAN_RX 映像到 PA11,CAN_TX 映像到 PA12 01:未用组合 10:CAN_RX 映像到 PB8,CAN_TX 映像到 PB9(不能用于 36 脚的封装) 11:CAN_RX 映像到 PD0,CAN_TX 映像到 PD1
位 12	TIM4_REMAP:定时器 4 的重映像(TIM4 remapping) 该位可由软件置'1'或置'0',控制将 TIM4 的通道 1~4 映射到 GPIO 端口上 0:没有重映像(TIM4_CH1/PB6,TIM4_CH2/PB7,TIM4_CH3/PB8,TIM4_CH4/PB9) 1:完全映像(TIM4_CH1/PD12,TIM4_CH2/PD13,TIM4_CH3/PD14,TIM4_CH4/PD15) 注:重映像不影响在 PE0 上的 TIM4_ETR
位 11:10	TIM3_REMAP[1:0]:定时器 3 的重映像(TIM3 remapping) 这些位可由软件置'1'或置'0',控制定时器 3 的通道 1~4 在 GPIO 端口的映像 00:没有重映像(CH1/PA6,CH2/PA7,CH3/PB0,CH4/PB1) 01:未用组合 10:部分映像(CH1/PB4,CH2/PB5,CH3/PB0,CH4/PB1) 11:完全映像(CH1/PC6,CH2/PC7,CH3/PC8,CH4/PC9) 注:重映像不影响在 PD2 上的 TIM3_ETR
位 9:8	TIM2_REMAP[1:0]:定时器 2 的重映像(TIM2 remapping) 这些位可由软件置'1'或置'0',控制定时器 2 的通道 1~4 和外部触发(ETR)在 GPIO 端口的映像 00:没有重映像(CH1/ETR/PA0,CH2/PA1,CH3/PA2,CH4/PA3) 01:部分映像(CH1/ETR/PA15,CH2/PB3,CH3/PA2,CH4/PA3) 10:部分映像(CH1/ETR/PA0,CH2/PA1,CH3/PB10,CH4/PB11) 11:完全映像(CH1/ETR/PA15,CH2/PB3,CH3/PB10,CH4/PB11)

位	描　述
位 7:6	TIM1_REMAP[1:0]:定时器 1 的重映像(TIM1 remapping) 这些位可由软件置'1'或置'0',控制定时器 1 的通道 1～4、1N～3N、外部触发(ETR)和刹车输入(BKIN)在 GPIO 端口的映像。 00:没有重映像(ETR/PA12,CH1/PA8,CH2/PA9,CH3/PA10,CH4/PA11,BKIN/PB12 CH1N/PB13,CH2N/PB14,CH3N/PB15) 01:部分映像(ETR/PA12,CH1/PA8,CH2/PA9,CH3/PA10,CH4/PA11,BKIN/PA6 CH1N/PA7,CH2N/PB0,CH3N/PB1) 10:未用组合 11:完全映像(ETR/PE7,CH1/PE9,CH2/PE11,CH3/PE13,CH4/PE14,BKIN/PE15, CH1N/PE8,CH2N/PE10,CH3N/PE12)
位 5:4	USART3_REMAP[1:0]:USART3 的重映像(USART3 remapping) 这些位可由软件置'1'或置'0',控制 USART3 的 CTS、RTS、CK、TX 和 RX 复用功能在 GPIO 端口的映像 00:没有重映像(TX/PB10,RX/PB11,CK/PB12,CTS/PB13,RTS/PB14) 01:部分映像(TX/PC10,RX/PC11,CK/PC12,CTS/PB13,RTS/PB14) 10:未用组合 11:完全映像(TX/PD8,RX/PD9,CK/PD10,CTS/PD11,RTS/PD12)
位 3	USART2_REMAP:USART2 的重映像(USART2 remapping) 这些位可由软件置'1'或置'0',控制 USART2 的 CTS、RTS、CK、TX 和 RX 复用功能在 GPIO 端口的映像 0:没有重映像(CTS/PA0,RTS/PA1,TX/PA2,RX/PA3,CK/PA4) 1:重映像(CTS/PD3,RTS/PD4,TX/PD5,RX/PD6,CK/PD7)
位 2	USART1_REMAP:USART1 的重映像(USART1 remapping) 该位可由软件置'1'或置'0',控制 USART1 的 TX 和 RX 复用功能在 GPIO 端口的映像 0:没有重映像(TX/PA9,RX/PA10) 1:重映像(TX/PB6,RX/PB7)
位 1	I2C1_REMAP:I2C1 的重映像(I2C1 remapping) 该位可由软件置'1'或置'0',控制 I2C1 的 SCL 和 SDA 复用功能在 GPIO 端口的映像 0:没有重映像(SCL/PB6,SDA/PB7) 1:重映像(SCL/PB8,SDA/PB9)
位 0	SPI1_REMAP:SPI1 的重映像 该位可由软件置'1'或置'0',控制 SPI1 的 NSS、SCK、MISO 和 MOSI 复用功能在 GPIO 端口的映像 0:没有重映像(NSS/PA4,SCK/PA5,MISO/PA6,MOSI/PA7) 1:重映像(NSS/PA15,SCK/PB3,MISO/PB4,MOSI/PB5)

3. 外部中断配置寄存器 1(AFIO_EXTICR1)

该寄存器的地址偏移为 0x08,复位值为 0x0000(图 3 - 24、表 3 - 21)。

31	30	29	28	27	26	25	24	23	22	21	20	19	18	17	16
保留															rw

15	14	13	12	11	10	9	8	7	6	5	4	3	2	1	0
EXTI3[3:0]				EXTI2[3:0]				EXTI1[3:0]				EXTI0[3:0]			
rw	rw	rw	rw	rw	rw	rw	rw	rw	rw	rw	rw	rw	rw	rw	rw

图 3 - 24　外部中断配置寄存器 1(AFIO_EXTICR1)

表 3 - 21　外部中断配置寄存器 1(AFIO_EXTICR1)

位	描　述
位 31:16	保留
位 15:0	EXTIx[3:0]:EXTIx 配置(x = 0… 3)(EXTI x configuration) 这些位可由软件读写,用于选择 EXTIx 外部中断的输入源 0000:PA[x]引脚 0100:PE[x]引脚 0001:PB[x]引脚 0101:PF[x]引脚 0010:PC[x]引脚 0110:PG[x]引脚 0011:PD[x]引脚

4. 外部中断配置寄存器 2(AFIO_EXTICR2)

该寄存器的地址偏移为 0x0C,复位值为 0x0000(图 3 - 25、表 3 - 22)。

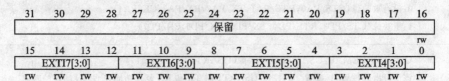

31	30	29	28	27	26	25	24	23	22	21	20	19	18	17	16
保留															rw

15	14	13	12	11	10	9	8	7	6	5	4	3	2	1	0
EXTI7[3:0]				EXTI6[3:0]				EXTI5[3:0]				EXTI4[3:0]			
rw	rw	rw	rw	rw	rw	rw	rw	rw	rw	rw	rw	rw	rw	rw	rw

图 3 - 25　外部中断配置寄存器 2(AFIO_EXTICR2)

表 3 - 22　外部中断配置寄存器 2(AFIO_EXTICR2)

位	描　述
位 31:16	保留
位 15:0	EXTIx[3:0]:EXTIx 配置(x = 4… 7)(EXTI x configuration) 这些位可由软件读写,用于选择 EXTIx 外部中断的输入源 0000:PA[x]引脚 0100:PE[x]引脚 0001:PB[x]引脚 0101:PF[x]引脚 0010:PC[x]引脚 0110:PG[x]引脚 0011:PD[x]引脚

5. 外部中断配置寄存器 3(AFIO_EXTICR3)

该寄存器的地址偏移为 0x10,复位值为 0x0000(图 3 - 26、表 3 - 23)。

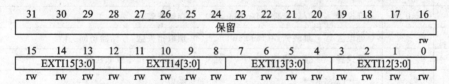

图 3 - 26　外部中断配置寄存器 3(AFIO_EXTICR3)

表 3 - 23　外部中断配置寄存器 3(AFIO_EXTICR3)

位	描　述
位 31:16	保留
位 15:0	EXTIx[3:0]:EXTIx 配置(x = 8… 11) (EXTI x configuration) 这些位可由软件读写,用于选择 EXTIx 外部中断的输入源 0000:PA[x]引脚 0100:PE[x]引脚 0001:PB[x]引脚 0101:PF[x]引脚 0010:PC[x]引脚 0110:PG[x]引脚 0011:PD[x]引脚

6. 外部中断配置寄存器 4(AFIO_EXTICR4)

该寄存器的地址偏移为 0x14,复位值为 0x0000(图 3 - 27、表 3 - 24)。

图 3 - 27　外部中断配置寄存器 4(AFIO_EXTICR4)

表 3 - 24　外部中断配置寄存器 4(AFIO_EXTICR4)

位	描　述
位 31:16	保留
位 15:0	EXTIx[3:0]:EXTIx 配置(x = 12… 15) (EXTI x configuration) 这些位可由软件读写,用于选择 EXTIx 外部中断的输入源 0000:PA[x]引脚 0100:PE[x]引脚 0001:PB[x]引脚 0101:PF[x]引脚 0010:PC[x]引脚 0110:PG[x]引脚 0011:PD[x]引脚

3.5　中断系统

3.5.1　嵌套向量中断控制器(NVIC)

嵌套向量中断控制器 NVIC 的特性：

➢ 68 个可屏蔽中断通道；

➢ 16 个可编程的优先等级；

➢ 低延迟的异常和中断处理；

➢ 电源管理控制；

➢ 系统控制寄存器的实现。

嵌套向量中断控制器(NVIC)和处理器核的接口紧密相连,可以实现低延迟的中断处理和高效地处理晚到的中断(表 3 - 25)。

表 3 - 25　中断向量表

位　置	优先级	类　型	名　　称	说　明
—	—	—		保留
	−3	固定	Reset	复位
	−2	固定	NMI	不可屏蔽中断 RCC 时钟安全系统(CSS)连接到 NMI 向量
	−1	固定	硬件失效(HardFault)	所有类型的失效
	0	可设置	存储管理(MemManage)	存储器管理
	1	可设置	总线错误(BusFault)	预取指失败,存储器访问失败
	2	可设置	错误应用	未定义的指令或非法状态
—	—	—		保留
	3	可设置	SVCall	通过 SWI 指令的系统服务调用
	4	可设置	调试监控	调试监控器
—	—	—		保留
	5	可设置	PendSV	可挂起的系统服务
	6	可设置	SysTick	系统嘀嗒定时器
0	7	可设置	WWDG	窗口定时器中断
1	8	可设置	PVD	连到 EXTI 的电源电压检测(PVD)中断
2	9	可设置	TAMPER	侵入检测中断
3	10	可设置	RTC	实时时钟(RTC)全局中断
4	11	可设置	FLASH	闪存全局中断
5	12	可设置	RCC	复位和时钟控制(RCC)中断

位　置	优先级	类　型	名　　称	说　　明
6	13	可设置	EXTI0	EXTI 线 0 中断
7	14	可设置	EXTI1	EXTI 线 1 中断
8	15	可设置	EXTI2	EXTI 线 2 中断
9	16	可设置	EXTI3	EXTI 线 3 中断
10	17	可设置	EXTI4	EXTI 线 4 中断
11	18	可设置	DMA1 通道 1	DMA1 通道 1 全局中断
12	19	可设置	DMA1 通道 2	DMA1 通道 2 全局中断
13	20	可设置	DMA1 通道 3	DMA1 通道 3 全局中断
14	21	可设置	DMA1 通道 4	DMA1 通道 4 全局中断
15	22	可设置	DMA1 通道 5	DMA1 通道 5 全局中断
16	23	可设置	DMA1 通道 6	DMA1 通道 6 全局中断
17	24	可设置	DMA1 通道 7	DMA1 通道 7 全局中断
18	25	可设置	ADC1_2	ADC1 和 ADC2 全局中断
19	26	可设置	CAN1_TX	CAN1 发送中断
20	27	可设置	CAN1_RX0	CAN1 接收 0 中断
21	28	可设置	CAN1_RX1	CAN1 接收 1 中断
22	29	可设置	CAN_SCE	CAN1 SCE 中断
23	30	可设置	EXTI9_5	EXTI 线[9:5]中断
24	31	可设置	TIM1_BRK	TIM1 刹车中断
25	32	可设置	TIM1_UP	TIM1 更新中断
26	33	可设置	TIM1_TRG_COM	TIM1 触发和通信中断
27	34	可设置	TIM1_CC	TIM1 捕获比较中断
28	35	可设置	TIM2	TIM2 全局中断
29	36	可设置	TIM3	TIM3 全局中断
30	37	可设置	TIM4	TIM4 全局中断
31	38	可设置	I2C1_EV	I^2C1 事件中断
32	39	可设置	I2C1_ER	I^2C1 错误中断
33	40	可设置	I2C2_EV	I^2C2 事件中断
34	41	可设置	I2C2_ER	I^2C2 错误中断
35	42	可设置	SPI1	SPI1 全局中断
36	43	可设置	SPI2	SPI2 全局中断
37	44	可设置	USART1	USART1 全局中断
38	45	可设置	USART2	USART2 全局中断

STM32F10X系列ARM微控制器入门与提高

位　置	优先级	类　型	名　称	说　明
39	46	可设置	USART3	USART3 全局中断
40	47	可设置	EXTI15_10	EXTI 线[15:10]中断
41	48	可设置	RTCAlarm	连到 EXTI 的 RTC 闹钟中断
42	49	可设置	OTG_FS_WKUP 唤醒	连到 EXTI 的全速 USB OTG 唤醒中断
—	—	可设置	—	保留
50	57	可设置	TIM5	TIM5 全局中断
51	58	可设置	SPI3	SPI3 全局中断
52	59	可设置	UART4	UART4 全局中断
53	60	可设置	UART5	UART5 全局中断
54	61	可设置	TIM6	TIM6 全局中断
55	62	可设置	TIM7	TIM7 全局中断
56	63	可设置	DMA2 通道 1	DMA2 通道 1 全局中断
57	64	可设置	DMA2 通道 2	DMA2 通道 2 全局中断
58	65	可设置	DMA2 通道 3	DMA2 通道 3 全局中断
59	66	可设置	DMA2 通道 4	DMA2 通道 4 全局中断
60	67	可设置	DMA2 通道 5	DMA2 通道 5 全局中断
61	68	可设置	ETH	以太网全局中断
62	69	可设置	ETH_WKUP	连到 EXTI 的以太网唤醒中断
63	70	可设置	CAN2_TX	CAN2 发送中断
64	71	可设置	CAN2_RX0	CAN2 接收 0 中断
65	72	可设置	CAN2_RX1	CAN2 接收 1 中断
66	73	可设置	CAN2_SCE	CAN2 的 SCE 中断
67	74	可设置	OTG_FS	全速的 USB OTG 全局中断

3.5.2　外部中断/事件控制器(EXTI)

EXTI 控制器的主要特征如下：

➢ 每个中断/事件都有独立的触发和屏蔽；

➢ 每个中断线都有专用的状态位；

➢ 支持多达 20 个软件的中断/事件请求；

➢ 检测脉冲宽度低于 APB2 时钟宽度的外部信号。

图 3 - 28 所示为外部中断事件内部结构框图。

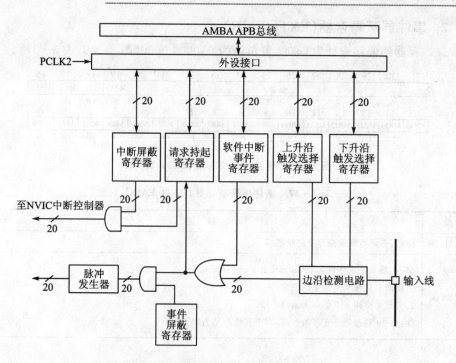

图 3 - 28　外部中断/事件控制器框图

3.5.3　EXTI 寄存器

1. 中断屏蔽寄存器(EXTI_IMR)

该寄存器的偏移地址为 0x00,复位值为 0x0000 0000(图 3 - 29、表 3 - 26)。

31	30	29	28	27	26	25	24	23	22	21	20	19	18	17	16
保留												MR19	MR18	MR17	MR16
												rw	rw	rw	rw

15	14	13	12	11	10	9	8	7	6	5	4	3	2	1	0
MR15	MR14	MR13	MR12	MR11	MR10	MR9	MR8	MR7	MR6	MR5	MR4	MR3	MR2	MR1	MR0
rw	rw	rw	rw	rw	rw	rw	rw	rw	rw	rw	rw	rw	rw	rw	rw

图 3 - 29　中断屏蔽寄存器(EXTI_IMR)

表 3 - 26　中断屏蔽寄存器(EXTI_IMR)

位	描　述
位 31:20	保留,必须始终保持为复位状态(0)
位 19:0	MRx:线 x 上的中断屏蔽(interrupt mask on line x) 0:屏蔽来自线 x 上的中断请求 1:开放来自线 x 上的中断请求 注:位 19 只适用于互联型产品,对于其他产品为保留位

2. 事件屏蔽寄存器(EXTI_EMR)

该寄存器的偏移地址为 0x04,复位值为 0x0000 0000(图 3 - 30、表 3 - 27)。

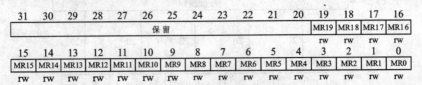

图 3 - 30　事件屏蔽寄存器(EXTI_EMR)

表 3 - 27　事件屏蔽寄存器(EXTI_EMR)

位	描　述
位 31:20	保留,必须始终保持为复位状态(0)
位 19:0	MRx:线 x 上的中断屏蔽(interrupt mask on line x) 0:屏蔽来自线 x 上的中断请求 1:开放来自线 x 上的中断请求 注:位 19 只适用于互联型产品,对于其他产品为保留位

3. 上升沿触发选择寄存器(EXTI_RTSR)

该寄存器的偏移地址为 0x08,复位值为 0x0000 0000(图 3 - 31、表 3 - 28)。

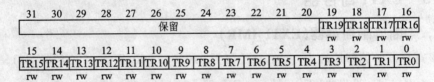

图 3 - 31　上升沿触发选择寄存器(EXTI_RTSR)

表 3 - 28　上升沿触发选择寄存器(EXTI_RTSR)

位	描　述
位 31:20	保留,必须始终保持为复位状态(0)
位 19:0	TRx:线 x 上的上升沿触发事件配置位(rising trigger event configuration bit of line x) 0:禁止输入线 x 上的上升沿触发(中断和事件) 1:允许输入线 x 上的上升沿触发(中断和事件) 注:位 19 只适用于互联型产品,对于其他产品为保留位

外部唤醒线是边沿触发的,这些线上不能出现毛刺信号。在写 EXTI_RTSR 寄存器时,在外部中断线上的上升沿信号不能被识别,挂起位也不会被置位。在同一中断线上,可以同时设置上升沿和下降沿触发。即任一边沿都可触发中断。

4. 下降沿触发选择寄存器(EXTI_FTSR)

该寄存器的偏移地址为 0x0C,复位值为 0x0000 0000(图 3-32、表 3-29)。

31	30	29	28	27	26	25	24	23	22	21	20	19	18	17	16
						保留						TR19	TR18	TR17	TR16
												rw	rw	rw	rw

15	14	13	12	11	10	9	8	7	6	5	4	3	2	1	0
TR15	TR14	TR13	TR12	TR11	TR10	TR9	TR8	TR7	TR6	TR5	TR4	TR3	TR2	TR1	TR0
rw	rw	rw	rw	rw	rw	rw	rw	rw	rw	rw	rw	rw	rw	rw	rw

图 3-32　下降沿触发选择寄存器(EXTI_FTSR)

表 3-29　下降沿触发选择寄存器(EXTI_FTSR)

位	描　述
位 31:20	保留,必须始终保持为复位状态(0)
位 19:0	TRx:线 x 上的上升沿触发事件配置位(rising trigger event configuration bit of line x) 0:禁止输入线 x 上的上升沿触发(中断和事件) 1:允许输入线 x 上的上升沿触发(中断和事件) 注:位 19 只适用于互联型产品,对于其他产品为保留位

　　外部唤醒线是边沿触发的,这些线上不能出现毛刺信号。在写 EXTI_FTSR 寄存器时,在外部中断线上的上升沿信号不能被识别,挂起位也不会被置位。在同一中断线上,可以同时设置上升沿和下降沿触发。即任一边沿都可触发中断。

5. 软件中断事件寄存器(EXTI_SWIER)

该寄存器的偏移地址为 0x10,复位值为 0x0000 0000(图 3-33、表 3-30)。

31	30	29	28	27	26	25	24	23	22	21	20	19	18	17	16
						保留						SWIE R19	SWIE R18	SWIE R17	SWIE R16
												rw	rw	rw	rw

15	14	13	12	11	10	9	8	7	6	5	4	3	2	1	0
SWIE R15	SWIE R14	SWIE R13	SWIE R12	SWIE R11	SWIE R10	SWIE R9	SWIE R8	SWIE R7	SWIE R6	SWIE R5	SWIE R4	SWIE R3	SWIE R2	SWIE R1	SWIE R0
rw	rw	rw	rw	rw	rw	rw	rw	rw	rw	rw	rw	rw	rw	rw	rw

图 3-33　软件中断事件寄存器(EXTI_SWIER)

表 3-30　软件中断事件寄存器(EXTI_SWIER)

位	描　述
位 31:20	保留,必须始终保持为复位状态(0)
位 19:0	SWIERx:线 x 上的软件中断(software interrupt on line x) 当该位为'0'时,写'1'将设置 EXTI_PR 中相应的挂起位。如果在 EXTI_IMR 和 EXTI_EMR 中允许产生该中断,则此时将产生一个中断 注:通过清除 EXTI_PR 的对应位(写入'1'),可以清除该位为'0' 注:位 19 只适用于互联型产品,对于其他产品为保留位

6. 挂起寄存器(EXTI_PR)

该寄存器的偏移地址为 0x14,复位值为 0xXXXX XXXX(图 3 - 34、表 3 - 31)。

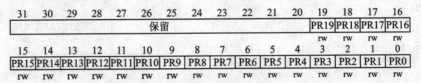

图 3 - 34　挂起寄存器(EXTI_PR)

表 3 - 31　挂起寄存器(EXTI_PR)

位	描　述
位 31:20	保留,必须始终保持为复位状态(0)
位 19:0	PRx:挂起位(pending bit) 0:没有发生触发请求 1:发生了选择的触发请求 当在外部中断线上发生了选择的边沿事件,该位被置'1'。在该位中写入'1'可以清除它,也可以通过改变边沿检测的极性清除 注:位 19 只适用于互联型产品,对于其他产品为保留位

3.6　定时系统

3.6.1　通用定时器(TIMx)

1. TIMx 简介

通用定时器由一个通过可编程预分频器驱动的 16 位自动装载计数器构成。其适用于多种场合,包括测量输入信号的脉冲长度或者产生输出波形。使用定时器预分频器和 RCC 时钟控制器预分频器,脉冲长度和波形周期可以在几微秒到几毫秒间调整。

2. TIMx 主要功能

通用 TIMx 定时器功能包括以下内容。

➢ 16 位向上、向下、向上/向下自动装载计数器。

➢ 16 位可编程(可以实时修改)预分频器,计数器时钟频率的分频系数为 1~65536 的任意数值。

➢ 使用外部信号控制定时器和定时器互连的同步电路。

➢ 支持针对定位的增量(正交)编码器和霍尔传感器电路。

➢ 触发输入作为外部时钟或者按周期的电流管理。

➢4 个独立通道：

■ 输入捕获；

■ 输出比较；

■ PWM 生成单脉冲模式输出。

➢如下事件发生时产生中断/DMA。

■ 更新：计数器向上溢出/向下溢出，计数器初始化；

■ 触发事件如计数器启动、停止、初始化或者由内部/外部触发计数；

■ 输入捕获；

■ 输出比较。

如图 3-35 所示为它的内部结构框图。

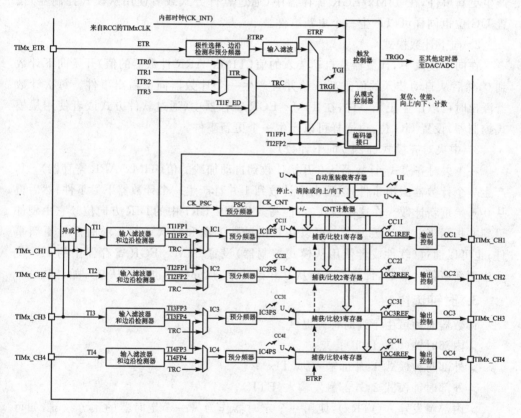

图 3-35 通用定时器框图

3.6.2 TIMx 功能描述

1. 时基单元

可编程通用定时器的主要部分是一个 16 位计数器和与其相关的自动装载寄存器。这个计数器可以向上计数、向下计数或者向上、向下双向计数。此计数器时钟由

预分频器分频得到。计数器、自动装载寄存器和预分频器寄存器可以由软件读写,在计数器运行时仍可以读写。时基单元包含:

> 计数器寄存器(TIMx_CNT);
> 预分频器寄存器(TIMx_PSC);
> 自动装载寄存器(TIMx_ARR)。

2. 计数器模式

1) 向上计数模式

在向上计数模式中,计数器从 0 计数到自动加载值(TIMx_ARR 计数器的内容),然后重新从 0 开始计数并且产生一个计数器溢出事件。每次计数器溢出时可以产生更新事件,在 TIMx_EGR 寄存器中(通过软件方式或者使用从模式控制器)设置 UG 位也同样可以产生一个更新事件。

2) 向下计数模式

在向下模式中,计数器从自动装入的值(TIMx_ARR 计数器的值)开始向下计数到 0,然后从自动装入的值重新开始并且产生一个计数器向下溢出事件。每次计数器溢出时可以产生更新事件,在 TIMx_EGR 寄存器中(通过软件方式或者使用从模式控制器)设置 UG 位,也同样可以产生一个更新事件。

3) 中央对齐模式(向上/向下计数)

在中央对齐模式,计数器从 0 开始计数到自动加载的值(TIMx_ARR 寄存器)-1,产生一个计数器溢出事件,然后向下计数到 1 并且产生一个计数器下溢事件;然后再从 0 开始重新计数。在这个模式,不能写入 TIMx_CR1 中的 DIR 方向位。它由硬件更新并指示当前的计数方向。可以在每次计数上溢和每次计数下溢时产生更新事件;也可以通过(软件或者使用从模式控制器)设置 TIMx_EGR 寄存器中的 UG 位产生更新事件。然后,计数器重新从 0 开始计数,预分频器也重新从 0 开始计数。

3. 时钟选择

计数器时钟可由下列时钟源提供。

> 内部时钟(CK_INT);
> 外部时钟模式 1:外部输入脚(TIx);
> 外部时钟模式 2:外部触发输入(ETR);
> 内部触发输入(ITRx):使用一个定时器作为另一个定时器的预分频器,如可以配置一个定时器 Timer1 而作为另一个定时器 Timer2 的预分频器。

4. PWM 输入模式

该模式是输入捕获模式的一个特例,除下列区别外,操作与输入捕获模式相同:

> 2 个 ICx 信号被映射至同一个 TIx 输入。
> 这 2 个 ICx 信号为边沿有效,但是极性相反。
> 其中一个 TIxFP 信号被作为触发输入信号,而从模式控制器被配置成复位

模式。

　　例如,需要测量输入到 TI1 上的 PWM 信号的长度(TIMx_CCR1 寄存器)和占空比(TIMx_CCR2 寄存器),具体步骤如下(取决于 CK_INT 的频率和预分频器的值)。

> 选择 TIMx_CCR1 的有效输入:置 TIMx_CCMR1 寄存器的 CC1S=01(选择 TI1)。
> 选择 TI1FP1 的有效极性(用来捕获数据到 TIMx_CCR1 中和清除计数器):置 CC1P=0(上升沿有效)。
> 选择 TIMx_CCR2 的有效输入:置 TIMx_CCMR1 寄存器的 CC2S=10(选择 TI1)。
> 选择 TI1FP2 的有效极性(捕获数据到 TIMx_CCR2):置 CC2P=1(下降沿有效)。
> 选择有效的触发输入信号:置 TIMx_SMCR 寄存器中的 TS=101(选择 TI1FP1)。
> 配置从模式控制器为复位模式:置 TIMx_SMCR 中的 SMS=100。
> 使能捕获:置 TIMx_CCER 寄存器中 CC1E=1 且 CC2E=1。

5. PWM 模式

　　脉冲宽度调制模式可以产生一个由 TIMx_ARR 寄存器确定频率、由 TIMx_CCRx寄存器确定占空比的信号。

　　在 TIMx_CCMRx 寄存器中的 OCxM 位写入'110'(PWM 模式 1)或'111'(PWM 模式 2),能够独立地设置每个 OCx 输出通道产生一路 PWM。必须设置 TIMx_CCMRx 寄存器 OCxPE 位以使能相应的预装载寄存器,最后还要设置 TIMx_CR1寄存器的 ARPE 位,(在向上计数或中心对称模式中)使能自动重装载的预装载寄存器。

　　仅当发生一个更新事件时,预装载寄存器才能被传送到影子寄存器,因此在计数器开始计数之前,必须通过设置 TIMx_EGR 寄存器中的 UG 位来初始化所有的寄存器。OCx 的极性可以通过软件在 TIMx_CCER 寄存器中的 CCxP 位设置,它可以设置为高电平有效或低电平有效。TIMx_CCER 寄存器中的 CCxE 位控制 OCx 输出使能。详见 TIMx_CCERx 寄存器的描述。

6. 单脉冲模式

　　单脉冲模式(OPM)是前述众多模式的一个特例。这种模式允许计数器响应一个激励,并在一个程序可控的延时之后,产生一个脉宽可程序控制的脉冲。

　　可以通过从模式控制器启动计数器,在输出比较模式或者 PWM 模式下产生波形。设置 TIMx_CR1 寄存器中的 OPM 位将选择单脉冲模式,这样可以让计数器自动地在产生下一个更新事件 UEV 时停止。

仅当比较值与计数器的初始值不同时,才能产生一个脉冲。启动之前(当定时器正在等待触发)必须如下配置。

向上计数方式:$CNT < CCRx \leqslant ARR$(特别地,$0 < CCRx$);

向下计数方式:$CNT > CCRx$。

3.6.3 TIMx 寄存器描述

1. 控制寄存器 1(TIMx_CR1)

该寄存器的偏移地址为 0x00,复位值为 0x0000(图 3-36、表 3-32)。

15	14	13	12	11	10	9	8	7	6	5	4	3	2	1	0
保留						CKD[1:0]		ARPE	CMS[1:0]		DIR	OPM	URS	UDIS	CEN
						rw	rw	rw	rw	rw	rw	rw	rw	rw	rw

图 3-36 控制寄存器 1(TIMx_CR1)

表 3-32 控制寄存器 1(TIMx_CR1)

位	描述
位 15:10	保留,始终读为 0
位 9:8	CKD[1:0]:时钟分频因子(clock division) 定义在定时器时钟(CK_INT)频率与数字滤波器(ETR,TIx)使用的采样频率之间的分频比例。 00:t_{DTS} $= t_{CK\_INT}$ 01:t_{DTS} $= 2 \times t_{CK\_INT}$ 10:t_{DTS} $= 4 \times t_{CK\_INT}$ 11:保留
位 7	ARPE:自动重装载预装载允许位(auto-reload preload enable) 0:TIMx_ARR 寄存器没有缓冲 1:TIMx_ARR 寄存器被装入缓冲器
位 6:5	CMS[1:0]:选择中央对齐模式(center-aligned mode selection) 00:边沿对齐模式。计数器依据方向位(DIR)向上或向下计数 01:中央对齐模式 1。计数器交替地向上和向下计数。配置为输出的通道(TIMx_CCMRx 寄存器中 CCxS=00)的输出比较中断标志位,只在计数器向下计数时被设置 10:中央对齐模式 2。计数器交替地向上和向下计数。配置为输出的通道(TIMx_CCMRx 寄存器中 CCxS=00)的输出比较中断标志位,只在计数器向上计数时被设置 11:中央对齐模式 3。计数器交替地向上和向下计数。配置为输出的通道(TIMx_CCMRx 寄存器中 CCxS=00)的输出比较中断标志位,在计数器向上和向下计数时均被设置 注:在计数器开启时(CEN=1),不允许从边沿对齐模式转换到中央对齐模式

位	描　述
位 4	DIR:方向（Direction） 0:计数器向上计数 1:计数器向下计数 注:当计数器配置为中央对齐模式或编码器模式时,该位为只读
位 3	OPM:单脉冲模式(one pulse mode) 0:在发生更新事件时,计数器不停止 1:在发生下一次更新事件(清除 CEN 位)时,计数器停止
位 2	URS:更新请求源(update request source) 软件通过该位选择 UEV 事件的源 0:如果使能了更新中断或 DMA 请求,则下述任一事件产生更新中断或 DMA 请求: ■ 计数器溢出/下溢 ■ 设置 UG 位 ■ 从模式控制器产生的更新 1:如果使能了更新中断或 DMA 请求,则只有计数器溢出/下溢才产生更新中断或 DMA 请求
位 1	UDIS:禁止更新(update disable) 软件通过该位允许/禁止 UEV 事件的产生 0:允许 UEV。更新(UEV)事件由下述任一事件产生: ■ 计数器溢出/下溢 ■ 设置 UG 位 ■ 从模式控制器产生的更新 具有缓存的寄存器被装入它们的预装载值(译注:更新影子寄存器) 1:禁止 UEV。不产生更新事件,影子寄存器(ARR,PSC,CCRx)保持它们的值 如果设置了 UG 位或从模式控制器发出了一个硬件复位,则计数器和预分频器被重新初始化
位 0	CEN:使能计数器 0:禁止计数器 1:使能计数器 注:在软件设置了 CEN 位后,外部时钟、门控模式和编码器模式才能工作。触发模式可以自动地通过硬件设置 CEN 位。在单脉冲模式下,当发生更新事件时,CEN 被自动清除

2. 控制寄存器 2(TIMx_CR2)

该寄存器的偏移地址为 0x04,复位值为 0x0000(图 3 - 37、表 3 - 33)。

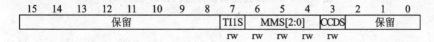

图 3 - 37　控制寄存器 2(TIMx_CR2)

STM32F10X系列ARM微控制器入门与提高

58

表 3-33　控制寄存器 2(TIMx_CR2)

位	描　述
位 15:8	保留,始终读为 0
位 7	TI1S:TI1 选择 (TI1 selection) 0:TIMx_CH1 引脚连到 TI1 输入 1:TIMx_CH1、TIMx_CH2 和 TIMx_CH3 引脚经异或后连到 TI1 输入
位 6:4	MMS[2:0]:主模式选择(master mode selection) 这 3 位用于选择在主模式下送到从定时器的同步信息(TRGO)。可能的组合如下。 000:复位——TIMx_EGR 寄存器的 UG 位被用于作为触发输出(TRGO)。如果是触发输入产生的复位(从模式控制器处于复位模式),则 TRGO 上的信号相对于实际的复位会有一个延迟 001:使能——计数器使能信号 CNT_EN 被用于作为触发输出(TRGO)。有时需要在同一时间启动多个定时器或控制在一段时间内使能从定时器。计数器使能信号是通过 CEN 控制位和门控模式下的触发输入信号的逻辑或产生。当计数器使能信号受控于触发输入时,TRGO 上会有一个延迟,除非选择了主/从模式 010:更新——更新事件被选为触发输入(TRGO)。例如,一个主定时器的时钟可以被用作一个从定时器的预分频器 011:比较脉冲——在发生一次捕获或一次比较成功时,当要设置 CC1IF 标志时(即使它已经为高),触发输出送出一个正脉冲(TRGO) 100:比较——OC1REF 信号被用于作为触发输出(TRGO) 101:比较——OC2REF 信号被用于作为触发输出(TRGO) 110:比较——OC3REF 信号被用于作为触发输出(TRGO) 111:比较——OC4REF 信号被用于作为触发输出(TRGO)
位 3	CCDS:捕获/比较的 DMA 选择 0:当发生 CCx 事件时,送出 CCx 的 DMA 请求 1:当发生更新事件时,送出 CCx 的 DMA 请求
位 2:0	保留,始终读为 0

3. 从模式控制寄存器(TIMx_SMCR)

该寄存器的偏移地址为 0x08,复位值为 0x0000(图 3-38、表 3-34)。

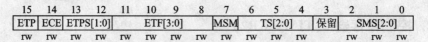

图 3-38　从模式控制寄存器(TIMx_SMCR)

表 3 - 34　从模式控制寄存器(TIMx_SMCR)

位	描　述
位 15	ETP:外部触发极性(external trigger polarity) 该位选择是用 ETR 还是 ETR 的反相来作为触发操作 0:ETR 不反相,高电平或上升沿有效 1:ETR 被反相,低电平或下降沿有效
位 14	ECE:外部时钟使能位(external clock enable) 该位启用外部时钟模式 2 0:禁止外部时钟模式 2 1:使能外部时钟模式 2。计数器由 ETRF 信号上的任意有效边沿驱动 注 1:设置 ECE 位与选择外部时钟模式 1 并将 TRGI 连到 ETRF(SMS=111 和 TS=111)具有相同功效 注 2:下述从模式可以与外部时钟模式 2 同时使用,复位模式、门控模式和触发模式;但是,这时 TRGI 不能连到 ETRF(TS 位不能是 '111') 注 3:外部时钟模式 1 和外部时钟模式 2 同时被使能时,外部时钟的输入是 ETRF
位 13:12	ETPS[1:0]:外部触发预分频(external trigger prescaler) 外部触发信号 ETRP 的频率必须最多是 CK_INT 频率的 1/4。当输入较快的外部时钟时,可以使用预分频降低 ETRP 的频率 00:关闭预分频 01:ETRP 频率除以 2 10:ETRP 频率除以 4 11:ETRP 频率除以 8
位 11:8	ETF[3:0]:外部触发滤波(external trigger filter) 这些位定义了对 ETRP 信号采样的频率和对 ETRP 数字滤波的带宽。实际上,数字滤波器是一个事件计数器,它记录到 N 个事件后会产生一个输出的跳变。 0000:无滤波器,以 f_{DTS}采样　　　　1000:采样频率 $f_{SAMPLING}=f_{DTS}/8,N=6$ 0001:采样频率 $f_{SAMPLING}=f_{CK\_INT},N=2$　1001:采样频率 $f_{SAMPLING}=f_{DTS}/8,N=8$ 0010:采样频率 $f_{SAMPLING}=f_{CK\_INT},N=4$　1010:采样频率 $f_{SAMPLING}=f_{DTS}/16,N=5$ 0011:采样频率 $f_{SAMPLING}=f_{CK\_INT},N=8$　1011:采样频率 $f_{SAMPLING}=f_{DTS}/16,N=6$ 0100:采样频率 $f_{SAMPLING}=f_{DTS}/2,N=6$　1100:采样频率 $f_{SAMPLING}=f_{DTS}/16,N=8$ 0101:采样频率 $f_{SAMPLING}=f_{DTS}/2,N=8$　1101:采样频率 $f_{SAMPLING}=f_{DTS}/32,N=5$ 0110:采样频率 $f_{SAMPLING}=f_{DTS}/4,N=6$　1110:采样频率 $f_{SAMPLING}=f_{DTS}/32,N=6$ 0111:采样频率 $f_{SAMPLING}=f_{DTS}/4,N=8$　1111:采样频率 $f_{SAMPLING}=f_{DTS}/32,N=8$
位 7	MSM:主/从模式(master/slave mode) 0:无作用 1:触发输入(TRGI)上的事件被延迟了,以允许在当前定时器(通过 TRGO)与它的从定时器间的完美同步。这对要求把几个定时器同步到一个单一的外部事件时是非常有用的

位	描　述
位 6:4	TS[2:0]:触发选择(trigger selection) 这 3 位选择用于同步计数器的触发输入 000:内部触发 0(ITR0),TIM1　100:TI1 的边沿检测器(TI1F_ED) 001:内部触发 1(ITR1),TIM2　101:滤波后的定时器输入 1(TI1FP1) 010:内部触发 2(ITR2),TIM3　110:滤波后的定时器输入 2(TI2FP2) 011:内部触发 3(ITR3),TIM4　111:外部触发输入(ETRF) 关于每个定时器中 ITRx 的细节,注:这些位只能在未用到(如 SMS=000)时被改变,以避免在改变时产生错误的边沿检测
位 3	保留,始终读为 0
位 2:0	SMS[2:0]:从模式选择(slave mode selection) 当选择了外部信号,触发信号(TRGI)的有效边沿与选中的外部输入极性相关(见输入控制寄存器和控制寄存器的说明) 000:关闭从模式—如果 CEN=1,则预分频器直接由内部时钟驱动 001:编码器模式 1—根据 TI1FP1 的电平,计数器在 TI2FP2 的边沿向上/下计数 010:编码器模式 2—根据 TI2FP2 的电平,计数器在 TI1FP1 的边沿向上/下计数 011:编码器模式 3—根据另一个信号的输入电平,计数器在 TI1FP1 和 TI2FP2 的边沿向上/下计数 100:复位模式—选中的触发输入(TRGI)的上升沿重新初始化计数器,并且产生一个更新寄存器的信号 101:门控模式—当触发输入(TRGI)为高时,计数器的时钟开启。一旦触发输入变为低,则计数器停止(但不复位)。计数器的启动和停止都是受控的 110:触发模式—计数器在触发输入 TRGI 的上升沿启动(但不复位),只有计数器的启动是受控的 111:外部时钟模式 1—选中的触发输入(TRGI)的上升沿驱动计数器 注:如果 TI1F_EN 被选为触发输入(TS=100)时,不要使用门控模式。这是因为,TI1F_ED 在每次 TI1F 变化时输出一个脉冲,然而门控模式是要检查触发输入的电平

4. DMA /中断使能寄存器(TIMx_DIER)

该寄存器的偏移地址为 0x0C,复位值为 0x0000(图 3 - 39、表 3 - 35)。

15	14	13	12	11	10	9	8	7	6	5	4	3	2	1	0
保留	TDE	保留	CC4DE	CC3DE	CC2DE	CC1DE	UDE	保留	TIE	保留	CC4IE	CC3IE	CC2IE	CC1IE	UIE
	rw		rw	rw	rw	rw	rw	rw	rw		rw	rw	rw	rw	rw

图 3 - 39　DMA/中断使能寄存器(TIMx_DIER)

60

表 3 - 35　DMA/中断使能寄存器(TIMx_DIER)

位	描　述
位 15	保留,始终读为 0
位 14	TDE:允许触发 DMA 请求(trigger DMA request enable) 0:禁止触发 DMA 请求 1:允许触发 DMA 请求
位 13	保留,始终读为 0
位 12	CC4DE:允许捕获/比较 4 的 DMA 请求(capture/compare 4 DMA request enable) 0:禁止捕获/比较 4 的 DMA 请求 1:允许捕获/比较 4 的 DMA 请求
位 11	CC3DE:允许捕获/比较 3 的 DMA 请求(capture/compare 3 DMA request enable) 0:禁止捕获/比较 3 的 DMA 请求 1:允许捕获/比较 3 的 DMA 请求
位 10	CC2DE:允许捕获/比较 2 的 DMA 请求(capture/compare 2 DMA request enable) 0:禁止捕获/比较 2 的 DMA 请求 1:允许捕获/比较 2 的 DMA 请求
位 9	CC1DE:允许捕获/比较 1 的 DMA 请求(capture/compare 1 DMA request enable) 0:禁止捕获/比较 1 的 DMA 请求 1:允许捕获/比较 1 的 DMA 请求
位 8	UDE:允许更新的 DMA 请求(update DMA request enable) 0:禁止更新的 DMA 请求 1:允许更新的 DMA 请求
位 7	保留,始终读为 0
位 6	TIE:触发中断使能(trigger interrupt enable) 0:禁止触发中断 1:使能触发中断
位 5	保留,始终读为 0
位 4	CC4IE:允许捕获/比较 4 中断(capture/compare 4 interrupt enable) 0:禁止捕获/比较 4 中断 1:允许捕获/比较 4 中断
位 3	CC3IE:允许捕获/比较 3 中断(capture/compare 3 interrupt enable) 0:禁止捕获/比较 3 中断 1:允许捕获/比较 3 中断

位	描　述
位 2	CC1IE:允许捕获/比较 2 中断(capture/compare 2 interrupt enable) 0:禁止捕获/比较 2 中断 1:允许捕获/比较 2 中断
位 1	CC1IE:允许捕获/比较 1 中断(capture/compare 1 interrupt enable) 0:禁止捕获/比较 1 中断 1:允许捕获/比较 1 中断
位 0	UIE:允许更新中断(update interrupt enable) 0:禁止更新中断 1:允许更新中断

5. 状态寄存器(TIMx_SR)

该寄存器的偏移地址为 0x10,复位值为 0x0000(图 3 - 40、表 3 - 36)。

15	14	13	12	11	10	9	8	7	6	5	4	3	2	1	0
保留			CC4 OF	CC3 OF	CC2 OF	CC1 OF	保留		TIF	保留	CC4 IF	CC3 IF	CC2 IF	CC1 IF	UIF
			rcw0	rcw0	rcw0	rcw0			rcw0		rcw0	rcw0	rcw0	rcw0	rcw0

图 3 - 40　状态寄存器(TIMx_SR)

表 3 - 36　状态寄存器(TIMx_SR)

位	描　述
位 15:13	保留,始终读为 0
位 12	CC4OF:捕获/比较 4 重复捕获标记(capture/compare 4 overcapture flag) 参见 CC1OF 描述
位 11	CC3F:捕获/比较 4 重复捕获标记(capture/compare 3overcapture flag) 参见 CC1OF 描述
位 10	CC2F:捕获/比较 2 复捕获标记(capture/compare 2overcapture flag) 参见 CC1OF 描述
位 9	CC1OF:捕获/比较 1 重复捕获标记(capture/compare 1 overcapture flag) 仅当相应的通道被配置为输入捕获时,该标记可由硬件置'1'。写'0'可清除该位 0:无重复捕获产生 1:当计数器的值被捕获到 TIMx_CCR1 寄存器时,CC1IF 的状态已经为'1'
位 8:7	保留,始终读为 0

位	描　述
位 6	TIF:触发器中断标记(trigger interrupt flag) 当发生触发事件(当从模式控制器处于除门控模式外的其他模式时,在 TRGI 输入端检测到有效边沿,或门控模式下的任一边沿)时由硬件对该位置'1'。它由软件清'0' 0:无触发器事件产生 1:触发器中断等待响应
位 5	保留,始终读为 0
位 4	CC4IF:捕获/比较 4 中断标记(capture/compare 4 interrupt flag) 参考 CC1IF 描述
位 3	CC4IF:捕获/比较 3 中断标记(capture/compare 3 interrupt flag) 参考 CC1IF 描述
位 2	CC4IF:捕获/比较 2 中断标记(capture/compare 2 interrupt flag) 参考 CC1IF 描述
位 1	CC1IF:捕获/比较 1 中断标记(capture/compare 1 interrupt flag) 如果通道 CC1 配置为输出模式: 当计数器值与比较值匹配时该位由硬件置'1',但在中心对称模式下除外(参考 TIMx_CR1 寄存器的 CMS 位)。它由软件清'0' 0:无匹配发生 1:TIMx_CNT 的值与 TIMx_CCR1 的值匹配 如果通道 CC1 配置为输入模式: 当捕获事件发生时该位由硬件置'1',它由软件清'0'或通过读 TIMx_CCR1 清'0' 0:无输入捕获产生 1:计数器值已被捕获(复制)至 TIMx_CCR1(在 IC1 上检测到与所选极性相同的边沿)
位 0	UIF:更新中断标记(update interrupt flag) 当产生更新事件时该位由硬件置'1'。它由软件清'0' 0:无更新事件产生 1:更新中断等待响应。当寄存器被更新时该位由硬件置'1': ■ TIMx_CR1 寄存器的 UDIS=0,URS=0,当 TIMx_EGR 寄存器的 UG=1 时产生更新事件(软件对计数器 CNT 重新初始化); ■ TIMx_CR1 寄存器的 UDIS=0,URS=0,当计数器 CNT 被触发事件重初始化时产生更新事件(参考同步控制寄存器的说明)

6. 事件产生寄存器(TIMx_EGR)

该寄存器的偏移地址为 0x14,复位值为 0x0000(图 3 - 41、表 3 - 37)。

15	14	13	12	11	10	9	8	7	6	5	4	3	2	1	0
									TG	保留	CC4G	CC3G	CC2G	CC1G	UG
				保留					w		w	w	w	w	w

图 3 - 41　事件产生寄存器(TIMx_EGR)

表 3 - 37　事件产生寄存器(TIMx_EGR)

位	描　述
位 15:7	保留,始终读为 0
位 6	TG:产生触发事件(trigger generation) 该位由软件置'1',用于产生一个触发事件,由硬件自动清'0' 0:无动作; 1:TIMx_SR 寄存器的 TIF=1,若开启对应的中断和 DMA,则产生相应的中断和 DMA
位 5	保留,始终读为 0
位 4	CC4G:产生捕获/比较 4 事件(capture/compare 4 generation) 参考 CC1G 描述
位 3	CC3G:产生捕获/比较 3 事件(capture/compare 3 generation) 参考 CC1G 描述
位 2	CC2G:产生捕获/比较 2 事件(capture/compare 2 generation) 参考 CC1G 描述
位 1	CC1G:产生捕获/比较 1 事件 (Capture/compare 1 generation) 该位由软件置'1',用于产生一个捕获/比较事件,由硬件自动清'0' 0:无动作; 1:在通道 CC1 上产生一个捕获/比较事件: 若通道 CC1 配置为输出: 设置 CC1IF=1,若开启对应的中断和 DMA,则产生相应的中断和 DMA 若通道 CC1 配置为输入: 当前的计数器值捕获至 TIMx_CCR1 寄存器;设置 CC1IF=1,若开启对应的中断和 DMA,则产生相应的中断和 DMA。若 CC1IF 已经为 1,则设置 CC1OF=1
位 0	UG:产生更新事件(update generation) 该位由软件置'1',由硬件自动清'0' 0:无动作; 1:重新初始化计数器,并产生一个更新事件。注意预分频器的计数器也被清'0'(但是预分频系数不变)。若在中心对称模式下或 DIR=0(向上计数)则计数器被清'0',若 DIR=1(向下计数)则计数器取 TIMx_ARR 的值

7. 捕获/比较模式寄存器 1(TIMx_CCMR1)

该寄存器的偏移地址为 0x18,复位值为 0x0000(图 3 - 42)。

15	14	13	12	11	10	9	8	7	6	5	4	3	2	1	0
OC2CE	OC2M[2:0]			OC2PE	OC2FE	CC2S[1:0]		OC1CE	OC1M[2:0]			OC1PE	OC1FE	CC1S[1:0]	
IC2F[3:0]				IC2PSC[1:0]				IC1F[3:0]				IC1PSC[1:0]			
rw	rw	rw	rw	rw	rw	rw	rw	rw	rw	rw	rw	rw	rw	rw	rw

图 3 - 42　捕获/比较模式寄存器 1(TIMx_CCMR1)

该通道可用于输入(捕获模式)或输出(比较模式),通道的方向由相应的 CCxS 定义。该寄存器其他位的作用在输入和输出模式下不同。OCxx 描述了该通道在输出模式下的功能,ICxx 描述了该通道在输入模式下的功能。因此,必须注意,同一个位在输出模式和输入模式下的功能是不同的。

输出捕获模式:捕获/比较模式寄存器(表 3 - 38)。

表 3 - 38　捕获/比较模式寄存器 1(TIMx_CCMR1)

位	描　述
位 15	OC2CE:输出比较 2 清 0 使能(output compare 2 clear enable)
位 14:12	OC2M[2:0]:输出比较 2 模式(output compare 2 mode)
位 11	OC2PE:输出比较 2 预装载使能(output compare 2 preload enable)
位 10	OC2FE:输出比较 2 快速使能(output compare 2 fast enable)
位 9:8	CC2S[1:0]:捕获/比较 2 选择(capture/Compare 2 selection) 该位定义通道的方向(输入/输出),及输入脚的选择: 00:CC2 通道被配置为输出; 01:CC2 通道被配置为输入,IC2 映射在 TI2 上; 10:CC2 通道被配置为输入,IC2 映射在 TI1 上; 11:CC2 通道被配置为输入,IC2 映射在 TRC 上。此模式仅工作在内部触发器输入被选中时(由 TIMx_SMCR 寄存器的 TS 位选择) 注:CC2S 仅在通道关闭时(TIMx_CCER 寄存器的 CC2E='0')才是可写的
位 7	OC1CE:输出比较 1 清 0 使能(output compare 1 clear enable) 0:OC1REF 不受 ETRF 输入的影响; 1:一旦检测到 ETRF 输入高电平,清除 OC1REF=0
位 6:4	OC1M[2:0]:输出比较 1 模式(output compare 1 enable) 该 3 位定义了输出参考信号 OC1REF 的动作,而 OC1REF 决定了 OC1 的值。OC1REF 是高电平有效,而 OC1 的有效电平取决于 CC1P 位 000:冻结。输出比较寄存器 TIMx_CCR1 与计数器 TIMx_CNT 间的比较对 OC1REF 不起作用。 001:匹配时设置通道 1 为有效电平。当计数器 TIMx_CNT 的值与捕获/比较寄存器 1 (TIMx_CCR1)相同时,强制 OC1REF 为高。 010:匹配时设置通道 1 为无效电平。当计数器 TIMx_CNT 的值与捕获/比较寄存器 1 (TIMx_CCR1)相同时,强制 OC1REF 为低。 011:翻转。当 TIMx_CCR1=TIMx_CNT 时,翻转 OC1REF 的电平。

位	描　述
位 6:4	100:强制为无效电平。强制 OC1REF 为低。 101:强制为有效电平。强制 OC1REF 为高。 110:PWM 模式 1一在向上计数时,一旦 TIMx_CNT<TIMx_CCR1 时通道 1 为有效电平,否则为无效电平;在向下计数时,一旦 TIMx_CNT>TIMx_CCR1 时通道 1 为无效电平(OC1REF=0),否则为有效电平(OC1REF=1)。 111:PWM 模式 2一在向上计数时,一旦 TIMx_CNT<TIMx_CCR1 时通道 1 为无效电平,否则为有效电平;在向下计数时,一旦 TIMx_CNT>TIMx_CCR1 时通道 1 为有效电平,否则为无效电平 注 1:一旦 LOCK 级别设为 3(TIMx_BDTR 寄存器中的 LOCK 位)并且 CC1S='00'(该通道配置成输出)则该位不能被修改。 注 2:在 PWM 模式 1 或 PWM 模式 2 中,只有当比较结果改变了或在输出比较模式中从冻结模式切换到 PWM 模式时,OC1REF 电平才改变
位 3	OC1PE:输出比较 1 预装载使能(output compare 1 preload enable) 0:禁止 TIMx_CCR1 寄存器的预装载功能,可随时写入 TIMx_CCR1 寄存器,并且新写入的数值立即起作用; 1:开启 TIMx_CCR1 寄存器的预装载功能,读写操作仅对预装载寄存器操作,TIMx_CCR1 的预装载值在更新事件到来时被传送至当前寄存器中 注 1:一旦 LOCK 级别设为 3(TIMx_BDTR 寄存器中的 LOCK 位)并且 CC1S='00'(该通道配置成输出)则该位不能被修改; 注 2:仅在单脉冲模式下(TIMx_CR1 寄存器的 OPM='1'),可以在未确认预装载寄存器情况下使用 PWM 模式,否则其动作不确定
位 2	OC1FE:输出比较 1 快速使能(output compare 1 fast enable) 该位用于加快 CC 输出对触发器输入事件的响应 0:根据计数器与 CCR1 的值,CC1 正常操作,即使触发器是打开的。当触发器的输入出现一个有效沿时,激活 CC1 输出的最小延时为 5 个时钟周期。 1:输入到触发器的有效沿的作用就像发生了一次比较匹配。因此,OC 被设置为比较电平而与比较结果无关。采样触发器的有效沿和 CC1 输出间的延时被缩短为 3 个时钟周期。该位只在通道被配置成 PWM1 或 PWM2 模式时起作用
位 1:0	CC1S[1:0]:捕获/比较 1 选择(capture/compare 1 selection) 这 2 位定义通道的方向(输入/输出)及输入脚的选择: 00:CC1 通道被配置为输出; 01:CC1 通道被配置为输入,IC1 映射在 TI1 上; 10:CC1 通道被配置为输入,IC1 映射在 TI2 上; 11:CC1 通道被配置为输入,IC1 映射在 TRC 上。此模式仅工作在内部触发器输入被选中时(由 TIMx_SMCR 寄存器的 TS 位选择)。 注:CC1S 仅在通道关闭时(TIMx_CCER 寄存器的 CC1E='0')才是可写的

输入捕获模式:捕获/比较模式寄存器(表 3 - 39)。

表 3 - 39　捕获/比较模式寄存器 1(TIMx_CCMR1)

位	描　述
位 15:12	IC2F[3:0]:输入捕获 2 滤波器(input capture 2 filter)
位 11:10	IC2PSC[1:0]:输入/捕获 2 预分频器(input capture 2 prescaler)
位 9:8	CC2S[1:0]:捕获/比较 2 选择(capture/compare 2 selection) 这 2 位定义通道的方向(输入/输出)及输入脚的选择: 00:CC2 通道被配置为输出; 01:CC2 通道被配置为输入,IC2 映射在 TI2 上; 10:CC2 通道被配置为输入,IC2 映射在 TI1 上; 11:CC2 通道被配置为输入,IC2 映射在 TRC 上。此模式仅工作在内部触发器输入被选中时(由 TIMx_SMCR 寄存器的 TS 位选择)。 注:CC2S 仅在通道关闭时(TIMx_CCER 寄存器的 CC2E='0')才是可写的
位 7:4	IC1F[3:0]:输入捕获 1 滤波器(input capture 1 filter) 这几位定义了 TI1 输入的采样频率及数字滤波器长度。数字滤波器由一个事件计数器组成,它记录到 N 个事件后会产生一个输出的跳变: 0000:无滤波器,以 f_{DTS} 采样　　1000:采样频率 $f_{SAMPLING}=f_{DTS}/8,N=6$ 0001:采样频率 $f_{SAMPLING}=f_{CK\_INT},N=2$　1001:采样频率 $f_{SAMPLING}=f_{DTS}/8,N=8$ 0010:采样频率 $f_{SAMPLING}=f_{CK\_INT},N=4$　1010:采样频率 $f_{SAMPLING}=f_{DTS}/16,N=5$ 0011:采样频率 $f_{SAMPLING}=f_{CK\_INT},N=8$　1011:采样频率 $f_{SAMPLING}=f_{DTS}/16,N=6$ 0100:采样频率 $f_{SAMPLING}=f_{DTS}/2,N=6$　1100:采样频率 $f_{SAMPLING}=f_{DTS}/16,N=8$ 0101:采样频率 $f_{SAMPLING}=f_{DTS}/2,N=8$　1101:采样频率 $f_{SAMPLING}=f_{DTS}/32,N=5$ 0110:采样频率 $f_{SAMPLING}=f_{DTS}/4,N=6$　1110:采样频率 $f_{SAMPLING}=f_{DTS}/32,N=6$ 0111:采样频率 $f_{SAMPLING}=f_{DTS}/4,N=8$　1111:采样频率 $f_{SAMPLING}=f_{DTS}/32,N=8$ 注:在现在的芯片版本中,当 ICxF[3:0]=1、2 或 3 时,公式中的 f_{DTS} 由 CK_INT 替代
位 3:2	IC1PSC[1:0]:输入/捕获 1 预分频器(input capture 1 prescaler) 这 2 位定义了 CC1 输入(IC1)的预分频系数。 一旦 CC1E='0'(TIMx_CCER 寄存器中),则预分频器复位。 00:无预分频器,捕获输入口上检测到的每一个边沿都触发一次捕获; 01:每 2 个事件触发一次捕获; 10:每 4 个事件触发一次捕获; 11:每 8 个事件触发一次捕获
位 1:0	CC1S[1:0]:捕获/比较 1 选择(capture/compare 1 selection) 这 2 位定义通道的方向(输入/输出)及输入脚的选择: 00:CC1 通道被配置为输出; 01:CC1 通道被配置为输入,IC1 映射在 TI1 上; 10:CC1 通道被配置为输入,IC1 映射在 TI2 上; 11:CC1 通道被配置为输入,IC1 映射在 TRC 上。此模式仅工作在内部触发器输入被选中时(由 TIMx_SMCR 寄存器的 TS 位选择)。 注:CC1S 仅在通道关闭时(TIMx_CCER 寄存器的 CC1E='0')才是可写的

8. 捕获/比较模式寄存器2(TIMx_CCMR2)

该寄存器的偏移地址为 0x1C,复位值为 0x0000(图 3-43)。

15	14	13	12	11	10	9	8	7	6	5	4	3	2	1	0
OC4CE	OC4M[2:0]			OC4PE	OC4FE	CC4S[1:0]		OC3CE	OC3M[2:0]			OC3PE	OC3FE	CC3S[1:0]	
IC4F[3:0]				IC4PSC[1:0]				IC3F[3:0]				IC3PSC[1:0]			
rw	rw	rw	rw	rw	rw	rw	rw	rw	rw	rw	rw	rw	rw	rw	rw

图 3-43　捕获/比较模式寄存器2(TIMx_CCMR2)

输出模式:捕获/比较模式寄存器2(表3-40)。

表 3-40　捕获/比较模式寄存器2(TIMx_CCMR2)

位	描　述
位 15	OC4CE:输出比较4清0使能(output compare 4 clear enable)
位 14:12	OC4M[2:0]:输出比较4模式(output compare 4 mode)
位 11	OC4PE:输出比较4预装载使能(output compare 4 preload enable)
位 10	OC4FE:输出比较4快速使能(output compare 4 fast enable)
位 9:8	CC4S[1:0]:捕获/比较4选择(capture/compare 4 selection) 这2位定义通道的方向(输入/输出)及输入脚的选择: 00:CC4 通道被配置为输出; 01:CC4 通道被配置为输入,IC4 映射在 TI4 上; 10:CC4 通道被配置为输入,IC4 映射在 TI3 上; 11:CC4 通道被配置为输入,IC4 映射在 TRC 上。此模式仅工作在内部触发器输入被选中时(由 TIMx_SMCR 寄存器的 TS 位选择)。 注:CC4S 仅在通道关闭时(TIMx_CCER 寄存器的 CC4E='0')才是可写的
位 7	OC3CE:输出比较3清0使能(output compare 3 clear enable)
位 6:4	OC3M[2:0]:输出比较3模式(output compare 3 mode)
位 3	OC3PE:输出比较3预装载使能(output compare 3 preload enable)
位 2	OC3FE:输出比较3快速使能(output compare 3 fast enable)
位 1:0	CC3S[1:0]:捕获/比较3选择(capture/compare 3 selection) 这2位定义通道的方向(输入/输出)及输入脚的选择: 00:CC3 通道被配置为输出; 01:CC3 通道被配置为输入,IC3 映射在 TI3 上; 10:CC3 通道被配置为输入,IC3 映射在 TI4 上; 11:CC3 通道被配置为输入,IC3 映射在 TRGI 上。此模式仅工作在内部触发器输入被选中时(由 TIMx_SMCR 寄存器的 TS 位选择)。 注:CC3S 仅在通道关闭时(TIMx_CCER 寄存器的 CC3E='0')才是可写的

输入捕获模式:捕获/比较模式寄存器2(表3-41)。

表 3 - 41　捕获/比较模式寄存器 2(TIMx_CCMR2)

位	描　　述
位 15:12	IC4F[3:0]:输入捕获 4 滤波器(input capture 4 filter)
位 11:10	IC4PSC[1:0]:输入/捕获 4 预分频器(input capture 4 prescaler)
位 9:8	CC4S[1:0]:捕获/比较 4 选择(capture/compare 4 selection) 这 2 位定义通道的方向(输入/输出)及输入脚的选择: 00:CC4 通道被配置为输出; 01:CC4 通道被配置为输入,IC4 映射在 TI4 上; 10:CC4 通道被配置为输入,IC4 映射在 TI3 上; 11:CC4 通道被配置为输入,IC4 映射在 TRC 上。此模式仅工作在内部触发器输入被选中时(由 TIMx_SMCR 寄存器的 TS 位选择)。 注:CC4S 仅在通道关闭时(TIMx_CCER 寄存器的 CC4E='0')才是可写的
位 7:4	IC3F[3:0]:输入捕获 3 滤波器(input capture 3 filter)
位 3:2	IC3PSC[1:0]:输入/捕获 3 预分频器(input capture 3 prescaler)
位 1:0	CC3S[1:0]:捕获/比较 3 选择(capture/compare 3 selection) 这 2 位定义通道的方向(输入/输出)及输入脚的选择: 00:CC3 通道被配置为输出; 01:CC3 通道被配置为输入,IC3 映射在 TI3 上; 10:CC3 通道被配置为输入,IC3 映射在 TI4 上; 11:CC3 通道被配置为输入,IC3 映射在 TRC 上。此模式仅工作在内部触发器输入被选中时(由 TIMx_SMCR 寄存器的 TS 位选择)。 注:CC3S 仅在通道关闭时(TIMx_CCER 寄存器的 CC3E='0')才是可写的

9. 捕获/比较使能寄存器(TIMx_CCER)

该寄存器的偏移地址为 0x20,复位值为 0x0000(图 3 - 44、表 3 - 42)。

15	14	13	12	11	10	9	8	7	6	5	4	3	2	1	0
保留		CC4P	CC4E	保留		CC3P	CC3E	保留		CC2P	CC2E	保留		CC1P	CC1E
		rw	rw			rw	rw			rw	rw			rw	rw

图 3 - 44　捕获/比较使能寄存器(TIMx_CCER)

表 3 - 42　捕获/比较使能寄存器(TIMx_CCER)

位	描　　述
位 15:14	保留,始终读为 0
位 13	CC4P:输入/捕获 4 输出极性(capture/compare 4 output polarity) 参考 CC1P 的描述
位 12	CC4E:输入/捕获 4 输出使能(capture/compare 4 output enable) 参考 CC1E 的描述

续表 3 - 42

位	描　　述
位 11:10	保留,始终读为 0
位 9	CC3P:输入/捕获 3 输出极性(capture/compare 3 output polarity) 参考 CC1P 的描述
位 8	CC3E:输入/捕获 3 输出使能(capture/compare 3 output enable) 参考 CC1E 的描述
位 7:6	保留,始终读为 0
位 5	CC2P:输入/捕获 2 输出极性(capture/compare 2 output polarity) 参考 CC1P 的描述
位 4	CC2E:输入/捕获 2 输出使能(capture/compare 2 output enable) 参考 CC1E 的描述
位 3:2	保留,始终读为 0
位 1	CC1P:输入/捕获 1 输出极性(capture/compare 1 output polarity) CC1 通道配置为输出: 0:OC1 高电平有效; 1:OC1 低电平有效。 CC1 通道配置为输入: 该位选择是 IC1 还是 IC1 的反相信号作为触发或捕获信号。 0:不反相,捕获发生在 IC1 的上升沿;当用作外部触发器时,IC1 不反相。 1:反相,捕获发生在 IC1 的下降沿;当用作外部触发器时,IC1 反相
位 0	CC1E:输入/捕获 1 输出使能(capture/compare 1 output enable) CC1 通道配置为输出: 0:关闭—OC1 禁止输出; 1:开启—OC1 信号输出到对应的输出引脚 CC1 通道配置为输入: 该位决定了计数器的值是否能捕获入 TIMx_CCR1 寄存器。 0:捕获禁止; 1:捕获使能

10. 计数器(TIMx_CNT)

该寄存器的偏移地址为 0x24,复位值为 0x0000(图 3 - 45、表 3 - 43)。

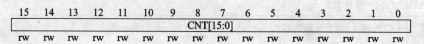

图 3 - 45　计数器(TIMx_CNT)

表 3 - 43　计数器(TIMx_CNT)

位	描　述
位 15:0	CNT[15:0]:计数器的值(counter value)

11. 预分频器(TIMx_PSC)

该寄存器的偏移地址为 0x28,复位值为 0x0000(图 3 - 46、表 3 - 44)。

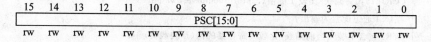

15	14	13	12	11	10	9	8	7	6	5	4	3	2	1	0
						PSC[15:0]									
rw	rw	rw	rw	rw	rw	rw	rw	rw	rw	rw	rw	rw	rw	rw	rw

图 3 - 46　预分频器(TIMx_PSC)

表 3 - 44　预分频器(TIMx_PSC)

位	描　述
位 15:0	PSC[15:0]:预分频器的值(prescaler value) 计数器的时钟频率 CK_CNT 等于 f CK_PSC /(PSC[15:0]+1)。 PSC 包含了当更新事件产生时装入当前预分频器寄存器的值

12. 自动重装载寄存器(TIMx_ARR)

该寄存器的偏移地址为 0x2C,复位值为 0x0000(图 3 - 47、表 3 - 45)。

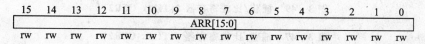

15	14	13	12	11	10	9	8	7	6	5	4	3	2	1	0
						ARR[15:0]									
rw	rw	rw	rw	rw	rw	rw	rw	rw	rw	rw	rw	rw	rw	rw	rw

图 3 - 47　自动重装载寄存器(TIMx_ARR)

表 3 - 45　自动重装载寄存器(TIMx_ARR)

位	描　述
位 15:0	ARR[15:0]:自动重装载的值(auto reload value) ARR 包含了将要传送至实际的自动重装载寄存器的数值。 详细参考 14.3.1 小节:有关 ARR 的更新和动作。 当自动重装载的值为空时,计数器不工作

13. 捕获 /比较寄存器 1(TIMx_CCR1)

该寄存器的偏移地址为 0x34,复位值为 0x0000(图 3 - 48、表 3 - 46)。

71

STM32F10X系列ARM微控制器入门与提高

15	14	13	12	11	10	9	8	7	6	5	4	3	2	1	0
CCR1[15:0]																
rw	rw	rw	rw	rw	rw	rw	rw	rw	rw	rw	rw	rw	rw	rw	rw

图 3 - 48　捕获/比较寄存器 1(TIMx_CCR1)

表 3 - 46　捕获/比较寄存器 1(TIMx_CCR1)

位	描　述
位 15:0	CCR1[15:0]:捕获/比较 1 的值(capture/compare 1 value) 若 CC1 通道配置为输出: CCR1 包含了装入当前捕获/比较 1 寄存器的值(预装载值)。 如果在 TIMx_CCMR1 寄存器(OC1PE 位)中未选择预装载特性,写入的数值会被立即传输至当前寄存器中。否则只有当更新事件发生时,此预装载值才传输至当前捕获/比较 1 寄存器中。 当前捕获/比较寄存器参与同计数器 TIMx_CNT 的比较,并在 OC1 端口上产生输出信号。若 CC1 通道配置为输入: CCR1 包含了由上一次输入捕获 1 事件(IC1)传输的计数器值

14. 捕获/比较寄存器 2(TIMx_CCR2)

该寄存器的偏移地址为 0x38,复位值为 0x0000(图 3 - 49、表 3 - 47)。

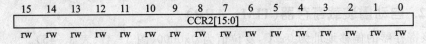

15	14	13	12	11	10	9	8	7	6	5	4	3	2	1	0
CCR2[15:0]																
rw	rw	rw	rw	rw	rw	rw	rw	rw	rw	rw	rw	rw	rw	rw	rw

图 3 - 49　捕获/比较寄存器 2(TIMx_CCR2)

表 3 - 47　捕获/比较寄存器 2(TIMx_CCR2)

位	描　述
位 15:0	CCR2[15:0]:捕获/比较 2 的值(capture/compare 2 value) 若 CC2 通道配置为输出: CCR2 包含了装入当前捕获/比较 2 寄存器的值(预装载值)。 如果在 TIMx_CCMR2 寄存器(OC2PE 位)中未选择预装载特性,写入的数值会被立即传输至当前寄存器中。否则只有当更新事件发生时,此预装载值才传输至当前捕获/比较 2 寄存器中。 当前捕获/比较寄存器参与同计数器 TIMx_CNT 的比较,并在 OC2 端口上产生输出信号。若 CC2 通道配置为输入: CCR2 包含了由上一次输入捕获 2 事件(IC2)传输的计数器值

15. 捕获/比较寄存器 3(TIMx_CCR3)

该寄存器的偏移地址为 0x3C,复位值为 0x0000(图 3 - 50、表 3 - 48)。

72

15	14	13	12	11	10	9	8	7	6	5	4	3	2	1	0
						CCR3[15:0]									
rw	rw	rw	rw	rw	rw	rw	rw	rw	rw	rw	rw	rw	rw	rw	rw

图 3-50　捕获/比较寄存器 3(TIMx_CCR3)

表 3-48　捕获/比较寄存器 3(TIMx_CCR3)

位	描　述
位 15:0	CCR3[15:0]:捕获/比较 3 的值(capture/compare 3 value) 若 CC3 通道配置为输出: CCR3 包含了装入当前捕获/比较 3 寄存器的值(预装载值)。 如果在 TIMx_CCMR3 寄存器(OC3PE 位)中未选择预装载特性,写入的数值会被立即传输至当前寄存器中。否则只有当更新事件发生时,此预装载值才传输至当前捕获/比较 3 寄存器中。 当前捕获/比较寄存器参与同计数器 TIMx_CNT 的比较,并在 OC3 端口上产生输出信号。若 CC3 通道配置为输入: CCR3 包含了由上一次输入捕获 3 事件(IC3)传输的计数器值

16. 捕获/比较寄存器 4(TIMx_CCR4)

该寄存器的偏移地址为 0x40,复位值为 0x0000(图 3-51、表 3-49)。

15	14	13	12	11	10	9	8	7	6	5	4	3	2	1	0
						CCR4[15:0]									
rw	rw	rw	rw	rw	rw	rw	rw	rw	rw	rw	rw	rw	rw	rw	rw

图 3-51　捕获/比较寄存器 4(TIMx_CCR4)

表 3-49　捕获/比较寄存器 4(TIMx_CCR4)

位	描　述
位 15:0	CCR4[15:0]:捕获/比较 4 的值(capture/compare 4 value) 若 CC4 通道配置为输出: CCR4 包含了装入当前捕获/比较 4 寄存器的值(预装载值)。 如果在 TIMx_CCMR4 寄存器(OC4PE 位)中未选择预装载特性,写入的数值会被立即传输至当前寄存器中。否则只有当更新事件发生时,此预装载值才传输至当前捕获/比较 4 寄存器中。 当前捕获/比较寄存器参与同计数器 TIMx_CNT 的比较,并在 OC4 端口上产生输出信号。若 CC4 通道配置为输入: CCR4 包含了由上一次输入捕获 4 事件(IC4)传输的计数器值

3.7　看门狗系统

3.7.1　独立看门狗(IWDG)

1. 独立看门狗简介

STM32F10xxx 内置两个看门狗,提供了更高的安全性、时间的精确性和使用的灵活性。两个看门狗设备(独立看门狗和窗口看门狗)可用来检测和解决由软件错误引起的故障;当计数器达到给定的超时值时,触发一个中断(仅适用于窗口型看门狗)或产生系统复位。独立看门狗(IWDG)由专用的低速时钟(LSI)驱动,即使主时钟发生故障它也仍然有效。窗口看门狗的时钟驱动是从 APB1 时钟分频后得到的,通过可配置的时间窗口来检测应用程序非正常的过迟或过早的操作。独立看门狗最适合应用于那些需要看门狗作为一个在主程序之外,能够完全独立工作,并且对时间精度要求较低的场合。窗口看门狗最适合那些要求看门狗在精确计时窗口起作用的应用程序。

2. 独立看门狗主要性能

➢ 自由运行的递减计数器;

➢ 时钟由独立的 RC 振荡器提供(可在停止和待机模式下工作);

➢ 看门狗被激活后,则在计数器计数至 0x000 时产生复位。

3.7.2　独立看门狗(IWDG)功能描述

在键寄存器(IWDG_KR)中写入 0xCCCC,开始启用独立看门狗;此时计数器开始从其复位值 0xFFF 递减计数。当计数器计数到末尾 0x000 时,会产生一个复位信号(IWDG_RESET)。无论何时,只要在键寄存器 IWDG_K 中写入 0xAAAA,IWDG_RLR 中的值就会被重新加载到计数器,从而避免产生看门狗复位。图 3-52 为独立看门狗框图。

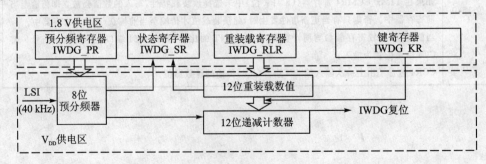

图 3-52　独立看门狗框图

3.7.3　独立看门狗(IWDG)寄存器描述

1. 键寄存器(IWDG_KR)

该寄存器的偏移地址为 0x00,复位值为 0x0000 0000(在待机模式复位)(图 3-53、表 3-50)。

图 3-53　键寄存器(IWDG_KR)

表 3-50　键寄存器(IWDG_KR)

位	描　述
位 31:16	保留,始终读为 0
位 15:0	KEY[15:0]:键值(只写寄存器,读出值为 0x0000)(key value) 软件必须以一定的间隔写入 0xAAAA,否则,当计数器为 0 时,看门狗会产生复位。写入 0x5555 表示允许访问 IWDG_PR 和 IWDG_RLR 寄存器。写入 0xCCCC,启动看门狗工作(若选择了硬件看门狗则不受此命令字限制)

2. 预分频寄存器(IWDG_PR)

该寄存器的偏移地址为 0x04,复位值为 0x0000 0000(图 3-54、表 3-51)。

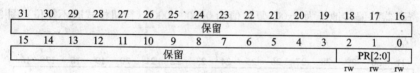

图 3-54　预分频寄存器(IWDG_PR)

表 3-51　预分频寄存器(IWDG_PR)

位	描　述
位 31:3	保留,始终读为 0
位 2:0	PR[2:0]:预分频因子(prescaler divider) 通过设置这些位来选择计数器时钟的预分频因子。要改变预分频因子,IWDG_SR 寄存器的 PVU 位必须为 0。 000:预分频因子=4　　　　100:预分频因子=64 001:预分频因子=8　　　　101:预分频因子=128 010:预分频因子=16　　　 110:预分频因子=256 011:预分频因子=32　　　 111:预分频因子=256 注意:对此寄存器进行读操作,将从 V_{DD} 电压域返回预分频值。如果写操作正在进行,则读回的值可能是无效的。因此,只有当 IWDG_SR 寄存器的 PVU 位为 0 时,读出的值才有效

3. 重装载寄存器(IWDG_RLR)

该寄存器的偏移地址为 0x08,复位值为 0x0000 0FFF(待机模式时复位)(图 3 - 55、表 3 - 52)。

图 3 - 55 重装载寄存器(IWDG_RLR)

表 3 - 52 重装载寄存器(IWDG_RLR)

位	描 述
位 31:12	保留,始终读为 0
位 11:0	RL[11:0]:看门狗计数器重装载值(watchdog counter reload value) 这些位具有写保护功能,用于定义看门狗计数器的重装载值,每当向 IWDG_KR 寄存器写入 0xAAAA 时,重装载值会被传送到计数器中。随后计数器从这个值开始递减计数。看门狗超时周期可通过此重装载值和时钟预分频值来计算。只有当 IWDG_SR 寄存器中的 RVU 位为 0 时,才能对此寄存器进行修改。 注:对此寄存器进行读操作,将从 V_{DD} 电压域返回预分频值。如果写操作正在进行,则读回的值可能是无效的。因此,只有当 IWDG_SR 寄存器的 RVU 位为 0 时,读出的值才有效

4. 状态寄存器(IWDG_SR)

该寄存器的偏移地址为 0x0C,复位值为 0x0000 0000 (待机模式时不复位)(图 3 - 56、表 3 - 53)。

31	30	29	28	27	26	25	24	23	22	21	20	19	18	17	16
							保留								
15	14	13	12	11	10	9	8	7	6	5	4	3	2	1	0
						保留								RVU	PVU
														r	r

图 3 - 56 状态寄存器(IWDG_SR)

表 3 - 53 状态寄存器(IWDG_SR)

位	描 述
位 31:2	保留
位 1	RVU:看门狗计数器重装载值更新(watchdog counter reload value update) 此位由硬件置 1,用来指示重装载值的更新正在进行中。当在 V_{DD} 域中的重装载更新结束后,此位由硬件清 0(最多需 5 个 40 kHz 的 RC 周期)。重装载值只有在 RVU 位被清 0 后才可更新

位	描　述
位 0	PVU：看门狗预分频值更新(watchdog prescaler value update) 此位由硬件置 1 用来指示预分频值的更新正在进行中。当在 V_{DD} 域中的预分频值更新结束后，此位由硬件清 0(最多需 5 个 40 kHz 的 RC 周期)。预分频值只有在 PVU 位被清 0 后才可更新

如果在应用程序中使用了多个重装载值或预分频值，则必须在 RVU 位被清除后才能重新改变预装载值，在 PVU 位被清除后才能重新改变预分频值。然而，在预分频和/或重装值更新后，不必等待 RVU 或 PVU 复位，可继续执行下面的代码(即在低功耗模式下，此写操作仍会被继续执行完成)。

3.7.4　窗口看门狗(WWDG)

1. 窗口看门狗简介

窗口看门狗通常被用来监测由外部干扰或不可预见的逻辑条件造成的应用程序背离正常的运行序列而产生的软件故障。递减计数器的值在 T6 位变成 0 前被刷新，看门狗电路在达到预置的时间周期时，会产生一个 MCU 复位。在递减计数器达到窗口寄存器数值之前，如果 7 位的递减计数器数值(在控制寄存器中)被刷新，那么也将产生一个 MCU 复位。这表明递减计数器需要在一个有限的时间窗口中被刷新。

2. 窗口看门狗主要特性

➢ 可编程的自由运行递减计数器。
➢ 如果启动了看门狗并且允许中断，当递减计数器等于 0x40 时产生早期唤醒中断(EWI)，它可以被用于重装载计数器以避免窗口看门狗复位。
➢ 条件复位：
■ 当递减计数器的值小于 0x40(若看门狗被启动)则产生复位；
■ 当递减计数器在窗口外被重新装载(若看门狗被启动)则产生复位。

3.7.5　窗口看门狗(WWDG)功能描述

窗口看门狗被启动(WWDG_CR 寄存器中的 WDGA 位被置 1)，并且当 7 位(T[6:0])递减计数器从 0x40 翻转到 0x3F(T6 位清零)时，则产生一个复位。如果软件在计数器值大于窗口寄存器中的数值时重新装载计数器，将产生一个复位。图 3－57 为窗口看门狗框图。

应用程序在正常运行过程中必须定期地写入 WWDG_CR 寄存器以防止 MCU 产生复位。只有当计数器值小于窗口寄存器的值时，才能进行写操作。储存在 WWDG_CR 寄存器中的数值必须在 0xFF 和 0xC0 之间。

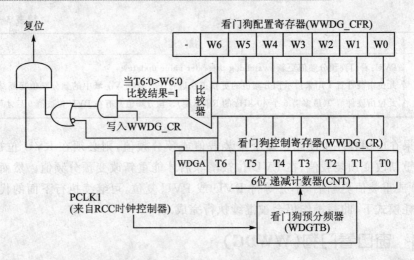

图 3 – 57　窗口看门狗框图

> 启动看门狗：在系统复位后，看门狗总是处于关闭状态，设置 WWDG_CR 寄存器的 WDGA 位能够开启看门狗，随后它不能再被关闭，除非发生复位。

> 控制递减计数器：递减计数器处于自由运行状态，即使看门狗被禁止，递减计数器仍继续递减计数。当看门狗被启用时，T6 位必须被设置，以防止立即产生一个复位。T[5:0] 位包含了看门狗产生复位之前的计时数目；复位前的延时时间在一个最小值和一个最大值之间变化，这是因为写入 WWDG_CR 寄存器时，预分频值是未知的。

配置寄存器（WWDG_CFR）中包含窗口的上限值：要避免产生复位，递减计数器必须在其值小于窗口寄存器的数值并且大于 0x3F 时被重新装载，0 描述了窗口寄存器的工作过程。另一个重装载计数器的方法是利用早期唤醒中断（EWI）。设置WWDG_CFR 寄存器中的 WEI 位开启该中断。当递减计数器到达 0x40 时，则产生此中断，相应的中断服务程序（ISR）可以用来加载计数器以防止窗口看门狗复位。在 WWDG_SR 寄存器中写 0 可以清除该中断。

3.8　控制器局域网(bxCAN)

3.8.1　控制器局域网功能描述

1. bxCAN 简介

bxCAN 是基本扩展 CAN（Basic Extended CAN）的缩写，它支持 CAN 协议2.0A 和 2.0B。它的设计目标是以最小的 CPU 负荷来高效处理大量收到的报文。同时支持报文发送的优先级要求。对于安全紧要的应用，bxCAN 提供所有支持时间触发通信模式所需的硬件功能。

2. bxCAN 主要特点

- 支持 CAN 协议 2.0A 和 2.0B 主动模式。
- 波特率最高可达 1 Mbits。
- 支持时间触发通信功能。
- 发送：3 个发送邮箱；发送报文的优先级特性可软件配置；记录发送 SOF 时刻的时间戳。
- 接收：2 个 3 级深度的接收 FIFO；14 个可变的过滤器组；标识符列表；FIFO 溢出处理方式可配置；记录接收 SOF 时刻的时间戳。
- 时间触发通信模式：禁止自动重传模式；16 位自由运行定时器；可在最后 2 个数据字节发送时间戳。
- 管理：中断可屏蔽；邮箱占用单独 1 块地址空间，便于提高软件效率。
- 双 CAN：
  - CAN1，是主 bxCAN，它负责管理在从 bxCAN 和 512 字节的 SRAM 存储器之间的通信。
  - CAN2，是从 bxCAN，它不能直接访问 SRAM 存储器。

这 2 个 bxCAN 模块共享 512 字节的 SRAM 存储器。

3. bxCAN 基本功能

在当今的 CAN 应用中，CAN 网络的节点在不断增加，并且多个 CAN 常常通过网关连接起来，因此整个 CAN 网中的报文数量（每个节点都需要处理）急剧增加。除了应用层报文外，网络管理和诊断报文也被引入。

- 这就需要一个增强的过滤机制来处理各种类型的报文。此外，应用层任务需要更多 CPU 时间，因此报文接收所需的实时响应程度需要减轻。
- 允许接收 FIFO 的方案，CPU 就可以花很长时间处理应用层任务而不会丢失报文。并且构筑在底层 CAN 驱动程序上的高层协议软件，要求跟 CAN 控制器之间有高效的接口。

4. bxCAN 工作模式

bxCAN 有 3 个主要的工作模式：初始化、正常和睡眠模式。3 种模式之间的状态转移图如图 3-58 所示。在硬件复位后，bxCAN 工作在睡眠模式以节省电能，同时 CANTX 引脚的内部上拉电阻被激活。软件通过对 CAN_MCR 寄存器的 INRQ 或 SLEEP 位置 1，可以请求 bxCAN 进入初始化或睡眠模式。一旦进入了初始化或睡眠模式，bxCAN 就对 CAN_MSR 寄存器的 INAK 或 SLAK 位置 1 来进行确认，同时内部上拉电阻被禁用。当 INAK 和 SLAK 位都为 0 时，bxCAN 就处于正常模式式。在进入正常模式前，bxCAN 必须跟 CAN 总线取得同步，为取得同步，bxCAN 要等待 CAN 总线达到空闲状态，即在 CANRX 引脚上监测到 11 个连续的隐性位。

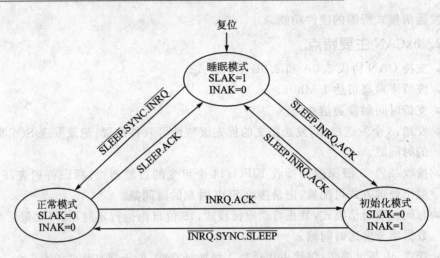

图 3 - 58　bxCAN 工作模式

➢ 初始化模式：

软件初始化应该在硬件处于初始化模式时进行。设置 CAN_MCR 寄存器的 INRQ 位为 1,请求 bxCAN 进入初始化模式,然后等待硬件对 CAN_MSR 寄存器的 INAK 位置 1 来进行确认。清除 CAN_MCR 寄存器的 INRQ 位为 0,请求 bxCAN 退出初始化模式,当硬件对 CAN_MSR 寄存器的 INAK 位清 0 就确认了初始化模式的退出。

当 bxCAN 处于初始化模式时,禁止报文的接收和发送,并且 CANTX 引脚输出隐性位(高电平)。进入初始化模式,不会改变配置寄存器。软件对 bxCAN 的初始化,至少包括位时间特性(CAN_BTR)和控制(CAN_MCR)2 个寄存器。

➢ 正常模式：

在初始化完成后,软件应该让硬件进入正常模式,以便正常地接收和发送报文。软件可以通过对 CAN_MCR 寄存器的 INRQ 位清 0,来请求从初始化模式进入正常模式,然后等待硬件对 CAN_MSR 寄存器的 INAK 位置 1 的确认。在跟 CAN 总线取得同步,即在 CANRX 引脚上监测到 11 个连续的隐性位(等效于总线空闲)后,bx-CAN 才能正常接收和发送报文。过滤器初值的设置不需要在初始化模式下进行,但必须在它处于非激活状态下完成(相应的 FACT 位为 0)。而过滤器的位宽和模式的设置,则必须在初始化模式进入正常模式前完成。

➢ 睡眠模式：

bxCAN 可以工作在低功耗的睡眠模式下。软件通过对 CAN_MCR 寄存器的 SLEEP 位置 1,来请求进入这一模式。在该模式下,bxCAN 的时钟停止了,但软件仍然可以访问邮箱寄存器。当 bxCAN 处于睡眠模式,软件必须对 CAN_MCR 寄存器的 INRQ 位置 1 并且同时对 SLEEP 位清 0,才能进入初始化模式。

➢ 测试模式：

通过对 CAN_BTR 寄存器的 SILM 和/或 LBKM 位置 1 来选择一种测试模式。只能在初始化模式下修改这 2 位。在选择了一种测试模式后,软件需要对 CAN_MCR 寄存器的 INRQ 位清 0 来真正进入测试模式。

➤ 静默模式:

通过对 CAN_BTR 寄存器的 SILM 位置 1 来选择静默模式。在静默模式下,bxCAN 可以正常地接收数据帧和远程帧,但只能发出隐性位,而不能真正发送报文。如果 bxCAN 需要发出显性位(确认位、过载标志、主动错误标志),则这些显性位在内部被接收回来从而可以被 CAN 内核检测到,同时 CAN 总线不会受到影响而仍然维持在隐性位状态。因此,静默模式通常用于分析 CAN 总线的活动,而不会对总线造成影响,因为显性位(确认位、错误帧)不会真正发送到总线上。

➤ 环回模式:

通过对 CAN_BTR 寄存器的 LBKM 位置 1 来选择环回模式。在环回模式下,bxCAN 可以接收自己发送的报文并保存在接收邮箱里。

➤ 环回静默模式:

通过对 CAN_BTR 寄存器的 LBKM 和 SILM 位同时置 1 可以选择环回静默模式。该模式可用于"热自测试",即可以像环回模式那样测试 bxCAN,但却不会影响 CANTX 和 CANRX 所连接的整个 CAN 系统。在环回静默模式下,CANRX 引脚与 CAN 总线断开,同时 CANTX 引脚被驱动到隐性位状态。

5. bxCAN 功能描述

➤ 发送处理。

发送报文的流程为:应用程序选择 1 个空置的发送邮箱;设置标识符,数据长度和待发送数据;然后对 CAN_TIxR 寄存器的 TXRQ 位置 1 来请求发送。TXRQ 位置 1 后,邮箱就不再是空邮箱;而一旦邮箱不再为空置,软件对邮箱寄存器就不再有写的权限。TXRQ 位置 1 后,邮箱马上进入挂号状态,并等待成为最高优先级的邮箱。一旦邮箱成为最高优先级的邮箱,其状态就变为预定发送状态。一旦 CAN 总线进入空闲状态,预定发送邮箱中的报文就马上被发送(进入发送状态)。一旦邮箱中的报文被成功发送后,它马上变为空置邮箱;硬件相应地对 CAN_TSR 寄存器的 RQCP 和 TXOK 位置 1 来表明一次成功发送。如果发送失败,由于仲裁引起的就对 CAN_TSR 寄存器的 ALST 位置 1,由于发送错误引起的就对 TERR 位置 1。

➤ 发送优先级。

■ 由标识符决定:当有超过 1 个发送邮箱在挂号时,发送顺序由邮箱中报文的标识符决定。根据 CAN 协议,标识符数值最低的报文具有最高的优先级。如果标识符的值相等,那么邮箱号小的报文先被发送。

■ 由发送请求次序决定:通过对 CAN_MCR 寄存器的 TXFP 位置 1,可以把发送邮箱配置为发送 FIFO。在该模式下,发送的优先级由发送请求次序决定。该模式对分段发送很有用。

➢ 中止。

通过对 CAN_TSR 寄存器的 ABRQ 位置 1,可以中止发送请求。邮箱如果处于挂号或预定状态,发送请求马上就被中止。如果邮箱处于发送状态,那么中止请求可能导致 2 种结果:

■ 如果邮箱中的报文被成功发送,那么邮箱变为空置邮箱,并且 CAN_TSR 寄存器的 TXOK 位被硬件置 1。

■ 如果邮箱中的报文发送失败了,那么邮箱变为预定状态,然后发送请求被中止,邮箱变为空置邮箱且 TXOK 位被硬件清 0。

因此,如果邮箱处于发送状态,那么在发送操作结束后,邮箱都会变为空置邮箱。

➢ 禁止自动重传模式。

该模式主要用于满足 CAN 标准中时间触发通信选项的需求。通过对 CAN_MCR 寄存器的 NART 位置 1,来让硬件工作在该模式下。在该模式下,发送操作只会执行一次。如果发送操作失败,不管是由于仲裁丢失或出错,硬件都不会再自动发送该报文。在一次发送操作结束后,硬件认为发送请求已经完成,从而对 CAN_TSR 寄存器的 RQCP 位置 1,同时发送的结果反映在 TXOK、ALST 和 TERR 位上图(3-59)。

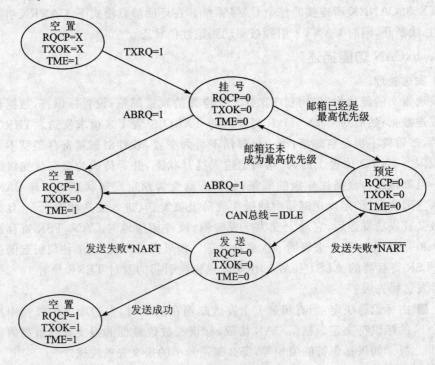

图 3-59　发送邮箱状态

➢ 时间触发通信模式。

在该模式下,CAN 硬件的内部定时器被激活,并且被用于产生(发送与接收邮箱的)时间戳,分别存储在 CAN_RDTxR/CAN_TDTxR 寄存器中。内部定时器在每个 CAN 位时间累加。内部定时器在接收和发送的帧起始位的采样点位置被采样,并生成时间戳。

➢ 接收管理。

接收到的报文被存储在 3 级邮箱深度的 FIFO 中。FIFO 完全由硬件来管理,从而节省了 CPU 的处理负荷,简化了软件并保证了数据的一致性。应用程序只能通过读取 FIFO 输出邮箱,来读取 FIFO 中最先收到的报文。

根据 CAN 协议,当报文被正确接收(直到 EOF 域的最后一位都没有错误),且通过了标识符过滤,那么该报文被认为是有效报文(图 3-60)。

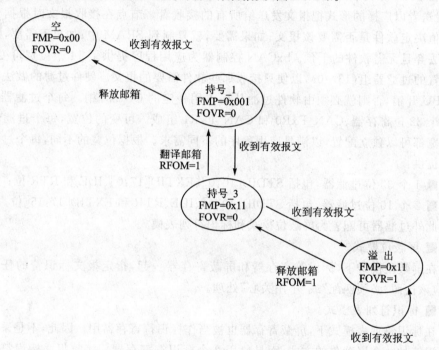

图 3-60　接收 FIFO 状态转移图

FIFO 从空状态开始,在接收到第一个有效的报文后,FIFO 状态变为挂号_1(pending_1),硬件相应地把 CAN_RFR 寄存器的 FMP[1:0]设置为 01(二进制01b)。软件可以读取 FIFO 输出邮箱来读出邮箱中的报文,然后通过对 CAN_RFR 寄存器的 RFOM 位设置 1 来释放邮箱,这样 FIFO 又变为空状态了。如果在释放邮箱的同时,又收到了一个有效的报文,那么 FIFO 仍然保留在挂号_1 状态,软件可以读取 FIFO 输出邮箱来读出新收到的报文。如果应用程序不释放邮箱,在接收到下一个有效的报文后,FIFO 状态变为挂号_2(pending_2),硬件相应地把 FMP[1:0]设置为 10(二进制 10b)。重复上面的过程,第 3 个有效的报文把 FIFO 变为挂号_3 状态(FMP[1:0]=11b)。此时,软件必须对 RFOM 位设置 1 来释放邮箱,以便 FIFO

可以有空间来存放下一个有效的报文；否则，下一个有效的报文到来时就会导致一个报文的丢失。

一旦往 FIFO 存入一个报文，硬件就会更新 FMP[1:0] 位，并且如果 CAN_IER 寄存器的 FMPIE 位为 1，那么就会产生一个中断请求。当 FIFO 变满时（即第 3 个报文被存入），CAN_RFR 寄存器的 FULL 位就被置 1，并且如果 CAN_IER 寄存器的 FFIE 位为 1，那么就会产生一个满中断请求。在溢出的情况下，FOVR 位被置 1，并且如果 CAN_IER 寄存器的 FOVIE 位为 1，那么就会产生一个溢出中断请求。

➢ 标识符过滤。

在 CAN 协议中，报文的标识符不代表节点的地址，而是跟报文的内容相关。因此，发送者以广播的形式把报文发送给所有的接收者。节点在接收报文时根据标识符的值决定软件是否需要该报文；如果需要，就复制到 SRAM 中；如果不需要，报文就被丢弃且无需软件的干预。bxCAN 控制器为应用程序提供了 14 个位宽可变的、可配置的过滤器组（13～0），以便只接收那些软件需要的报文。硬件过滤的做法节省了 CPU 开销，否则就必须由软件过滤从而占用一定的 CPU 开销。每个过滤器组 x 由 2 个 32 位寄存器、CAN_FxR0 和 CAN_FxR1 组成。可变的位宽，每个过滤器组的位宽都可以独立配置，以满足应用程序的不同需求。根据位宽的不同，每个过滤器组可提供：

■ 1 个 32 位过滤器，包括 STDID[10:0]、EXTID[17:0]、IDE 和 RTR 位；

■ 2 个 16 位过滤器，包括 STDID[10:0]、IDE、RTR 和 EXTID[17:15] 位。

此外过滤器可配置为屏蔽位模式和标识符列表模式。

■ 屏蔽位模式。

在屏蔽位模式下，标识符寄存器和屏蔽寄存器一起，指定报文标识符的任何一位，应该按照"必须匹配"或"不用关心"处理。

■ 标识符列表模式。

在标识符列表模式下，屏蔽寄存器也被当作标识符寄存器用。因此，不是采用一个标识符加一个屏蔽位的方式，而是使用 2 个标识符寄存器。接收报文标识符的每一位都必须跟过滤器标识符相同。

过滤器组位宽和模式的设置：过滤器组可以通过相应的 CAN_FMR 寄存器配置。在配置一个过滤器组前，必须通过清除 CAN_FAR 寄存器的 FACT 位，把它设置为禁用状态。通过设置 CAN_FS1R 的相应 FSCx 位，以配置一个过滤器组的位宽。通过 CAN_FMR 的 FBMx 位，可以配置对应的屏蔽/标识符寄存器的标识符列表模式或屏蔽位模式。为了过滤出一组标识符，应该设置过滤器组工作在屏蔽位模式。为了过滤出一个标识符，应该设置过滤器组工作在标识符列表模式。应用程序不用的过滤器组，应该保持在禁用状态。过滤器组中的每个过滤器都被编号为从 0 开始，到某个最大数值取决于过滤器组的模式和位宽的设置。

6. bxCAN 中断

bxCAN 占用 4 个专用的中断向量。通过设置 CAN 中断允许寄存器(CAN_IER)，每个中断源都可以单独允许和禁用(图 3 - 61)。

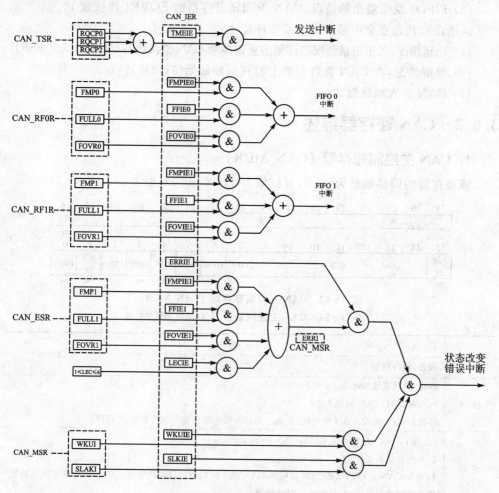

图 3 - 61　事件标志和中断产生

➢ 发送中断可由下列事件产生：

(1) 发送邮箱 0 变为空,CAN_TSR 寄存器的 RQCP0 位被置 1。

(2) 发送邮箱 1 变为空,CAN_TSR 寄存器的 RQCP1 位被置 1。

(3) 发送邮箱 2 变为空,CAN_TSR 寄存器的 RQCP2 位被置 1。

➢ FIFO0 中断可由下列事件产生：

(1) FIFO0 接收到一个新报文,CAN_RF0R 寄存器的 FMP0 位不再是 00。

(2) FIFO0 变为满的情况,CAN_RF0R 寄存器的 FULL0 位被置 1。

(3) FIFO0 发生溢出的情况,CAN_RF0R 寄存器的 FOVR0 位被置 1。

➤ FIFO1 中断可由下列事件产生：

(1) FIFO1 接收到一个新报文，CAN_RF1R 寄存器的 FMP1 位不再是 00。

(2) FIFO1 变为满的情况，CAN_RF1R 寄存器的 FULL1 位被置 1。

(3) FIFO1 发生溢出的情况，CAN_RF1R 寄存器的 FOVR1 位被置 1。

➤ 错误和状态变化中断可由下列事件产生：

(1) 出错情况，关于出错情况的详细信息请参考 CAN 错误状态寄存器(CAN_ESR)。

(2) 唤醒情况，在 CAN 接收引脚上监视到帧起始位(SOF)。

(3) CAN 进入睡眠模式。

3.8.2 CAN 寄存器描述

1. CAN 主控制寄存器 (CAN_MCR)

该寄存器的偏移地址为 0x00，复位值为 0x0001 0002(图 3-62、表 3-54)。

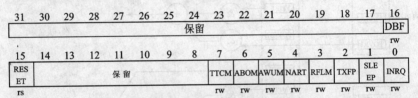

图 3-62　CAN 主控制寄存器 (CAN_MCR)

表 3-54　CAN 主控制寄存器 (CAN_MCR)

位	描　述
位 31:15	保留，硬件强制为 0
位 16	DBF：调试冻结(debug freeze) 0：在调试时，CAN 照常工作； 1：在调试时，冻结 CAN 的接收/发送。仍然可以正常地读写和控制接收 FIFO
位 15	RESET：bxCAN 软件复位 (bxCAN software master reset) 0：本外设正常工作； 1：对 bxCAN 进行强行复位，复位后 bxCAN 进入睡眠模式(FMP 位和 CAN_MCR 寄存器被初始化为其复位值)。此后硬件自动对该位清 0
位 14:8	保留，硬件强制为 0
位 7	TTCM：时间触发通信模式(time triggered communication mode) 0：禁止时间触发通信模式； 1：允许时间触发通信模式
位 6	ABOM：自动离线(Bus-Off)管理(automatic bus-off management) 该位决定 CAN 硬件在什么条件下可以退出离线状态。 0：离线状态的退出过程是，软件对 CAN_MCR 寄存器的 INRQ 位进行置 1 随后清 0 后，一旦硬件检测到 128 次 11 位连续的隐性位，则退出离线状态； 1：一旦硬件检测到 128 次 11 位连续的隐性位，则自动退出离线状态

位	描　述
位 5	AWUM:自动唤醒模式(automatic wakeup mode) 该位决定 CAN 处在睡眠模式时由硬件还是软件唤醒 0:睡眠模式通过清除 CAN_MCR 寄存器的 SLEEP 位,由软件唤醒; 1:睡眠模式通过检测 CAN 报文,由硬件自动唤醒。唤醒的同时,硬件自动对 CAN_MSR 寄存器的 SLEEP 和 SLAK 位清 0
位 4	NART:禁止报文自动重传(no automatic retransmission) 0:按照 CAN 标准,CAN 硬件在发送报文失败时会一直自动重传直到发送成功; 1:CAN 报文只被发送 1 次,不管发送的结果如何(成功、出错或仲裁丢失)
位 3	RFLM:接收 FIFO 锁定模式(receive FIFO locked mode) 0:在接收溢出时 FIFO 未被锁定,当接收 FIFO 的报文未被读出,下一个收到的报文会覆盖原有的报文; 1:在接收溢出时 FIFO 被锁定,当接收 FIFO 的报文未被读出,下一个收到的报文会被丢弃
位 2	TXFP:发送 FIFO 优先级(transmit FIFO priority) 当有多个报文同时在等待发送时,该位决定这些报文的发送顺序。 0:优先级由报文的标识符来决定; 1:优先级由发送请求的顺序来决定
位 1	SLEEP:睡眠模式请求(sleep mode request) 软件对该位置 1 可以请求 CAN 进入睡眠模式,一旦当前的 CAN 活动(发送或接收报文)结束,CAN 就进入睡眠。软件对该位清 0 使 CAN 退出睡眠模式。 当设置了 AWUM 位且在 CAN Rx 信号中检测出 SOF 位时,硬件对该位清 0。在复位后该位被置 1,即 CAN 在复位后处于睡眠模式
位 0	INRQ:初始化请求(initialization request) 软件对该位清 0 可使 CAN 从初始化模式进入正常工作模式:当 CAN 在接收引脚检测到连续的 11 个隐性位后,CAN 就达到同步,并为接收和发送数据做好准备。为此,硬件相应地对 CAN_MSR 寄存器的 INAK 位清 0。软件对该位置 1 可使 CAN 从正常工作模式进入初始化模式:一旦当前的 CAN 活动(发送或接收)结束,CAN 就进入初始化模式。相应地,硬件对 CAN_MSR 寄存器的 INAK 位置 1

2. CAN 主状态寄存器 (CAN_MSR)

该寄存器偏移地址 0x04,复位值:为 0x0000 0C02(图 3 - 63、表 3 - 55)。

图 3 - 63　CAN 主状态寄存器(CAN_MSR)

表 3 – 55　CAN 主状态寄存器 (CAN_MSR)

位	描　　述
位 31:12	保留位,硬件强制为 0
位 11	RX:CAN 接收电平 (CAN Rx signal),该位反映 CAN 接收引脚(CAN_RX)的实际电平
位 10	SAMP:上次采样值(last sample point) CAN 接收引脚的上次采样值(对应于当前接收位的值)
位 9	RXM:接收模式(receive mode),该位为 1 表示 CAN 当前为接收器
位 8	TXM:发送模式(transmit mode),该位为 1 表示 CAN 当前为发送器
位 7:5	保留位,硬件强制为 0
位 4	SLAKI:睡眠确认中断(sleep acknowledge interrupt) 当 SLKIE=1,一旦 CAN 进入睡眠模式硬件就对该位置 1,紧接着相应的中断被触发。当设置该位为 1 时,如果设置了 CAN_IER 寄存器中的 SLKIE 位,将产生一个状态改变中断。软件可对该位清 0,当 SLAK 位被清 0 时硬件也对该位清 0。 注:当 SLKIE=0,不应该查询该位,而应该查询 SLAK 位来获知睡眠状态
位 3	WKUI:唤醒中断挂号(wakeup interrupt) 当 CAN 处于睡眠状态,一旦检测到帧起始位(SOF),硬件就置该位为 1;并且如果 CAN_IER 寄存器的 WKUIE 位为 1,则产生一个状态改变中断。该位由软件清 0
位 2	ERRI:出错中断挂号(error interrupt) 当检测到错误时,CAN_ESR 寄存器的某位被置 1,如果 CAN_IER 寄存器的相应中断使能位也被置 1 时,则硬件对该位置 1;如果 CAN_IER 寄存器的 ERRIE 位为 1,则产生状态改变中断。该位由软件清 0
位 1	SLAK:睡眠模式确认 该位由硬件置 1,指示软件 CAN 模块正处于睡眠模式。该位是对软件请求进入睡眠模式的确认(对 CAN_MCR 寄存器的 SLEEP 位置 1) 当 CAN 退出睡眠模式时硬件对该位清 0(需要跟 CAN 总线同步)。这里跟 CAN 总线同步是指,硬件需要在 CAN 的 RX 引脚上检测到连续的 11 位隐性位。 注:通过软件或硬件对 CAN_MCR 的 SLEEP 位清 0,将启动退出睡眠模式的过程。有关清除 SLEEP 位的详细信息,参见 CAN_MCR 寄存器的 AWUM 位的描述
位 0	INAK:初始化确认 该位由硬件置 1,指示软件 CAN 模块正处于初始化模式。该位是对软件请求进入初始化模式确认(对 CAN_MCR 寄存器的 INRQ 位置 1)。 当 CAN 退出初始化模式时硬件对该位清 0(需要跟 CAN 总线同步)。这里跟 CAN 总线同步是指硬件需要在 CAN 的 RX 引脚上检测到连续的 11 位隐性位

3. CAN 发送状态寄存器 (CAN_TSR)

该寄存器偏移地址为 0x08,复位值为 0x1C00 0000(图 3 – 64、表 3 – 56)。

31	30	29	28	27	26	25	24	23	22	21	20	19	18	17	16
LOW2	LOW1	LOW0	TME2	TME1	TME0	CODE[1:0]		ABRQ2	保留			TERR2	ALST2	TXOK2	RQCP2
r	r	r	r	r	r	r	r	rs	res			rcw1	rcw1	rcw1	rcw1

15	14	13	12	11	10	9	8	7	6	5	4	3	2	1	0
ABRQ1	保留			TERR1	ALST1	TXOK1	RQCP1	ABRQ0	保留			TERR0	ALST0	TXOK0	RQCP0
rs	res			rcw1	rcw1	rcw1	rcw1	rs	res			rcw1	rcw1	rcw1	rcw1

图 3-64　CAN 发送状态寄存器 (CAN_TSR)

表 3-56　CAN 发送状态寄存器 (CAN_TSR)

位	描　述
位 31	LOW2:邮箱 2 最低优先级标志(lowest priority flag for mailbox 2) 当多个邮箱在等待发送报文,且邮箱 2 的优先级最低时,硬件对该位置 1
位 30	LOW1:邮箱 1 最低优先级标志(lowest priority flag for mailbox 1) 当多个邮箱在等待发送报文,且邮箱 1 的优先级最低时,硬件对该位置 1
位 29	LOW0:邮箱 0 最低优先级标志(lowest priority flag for mailbox 0) 当多个邮箱在等待发送报文,且邮箱 0 的优先级最低时,硬件对该位置 1 (注:如果只有 1 个邮箱在等待,则 LOW[2:0]被清 0)
位 28	TME2:发送邮箱 2 空(transmit mailbox 2 empty) 当邮箱 2 中没有等待发送的报文时,硬件对该位置 1
位 27	TME1:发送邮箱 1 空(transmit mailbox 1 empty) 当邮箱 1 中没有等待发送的报文时,硬件对该位置 1
位 26	TME0:发送邮箱 0 空(transmit mailbox 0 empty) 当邮箱 0 中没有等待发送的报文时,硬件对该位置 1
位 25:24	CODE[1:0]:邮箱号(mailbox code) 当有至少 1 个发送邮箱为空时,这 2 位表示下一个空的发送邮箱号。当所有的发送邮箱都为空时,这 2 位表示优先级最低的那个发送邮箱号
位 23	ABRQ2:邮箱 2 中止发送(abort request for mailbox 2) 软件对该位置 1,可以中止邮箱 2 的发送请求,当邮箱 2 的发送报文被清除时硬件对该位清 0。如果邮箱 2 中没有等待发送的报文,则对该位置 1 没有任何效果
位 22:20	保留位,硬件强制其值为 0
位 19	TERR2:邮箱 2 发送失败(transmission error of mailbox 2) 当邮箱 2 因为出错而导致发送失败时,对该位置 1
位 18	ALST2:邮箱 2 仲裁丢失(arbitration lost for mailbox 2) 当邮箱 2 因为仲裁丢失而导致发送失败时,对该位置 1

位	描　述
位 17	TXOK2：邮箱 2 发送成功(transmission OK of mailbox 2) 每次在邮箱 2 进行发送尝试后，硬件对该位进行更新： 0：上次发送尝试失败； 1：上次发送尝试成功。 当邮箱 2 的发送请求被成功完成后，硬件对该位置 1
位 16	RQCP2：邮箱 2 请求完成(request completed mailbox 2) 当上次对邮箱 2 的请求(发送或中止)完成后，硬件对该位置 1。 软件对该位写 1 可以对其清 0；当硬件接收到发送请求时也对该位清 0(CAN_TI2R 寄存器的 TXRQ 位被置 1)。 该位被清 0 时，邮箱 2 的其他发送状态位(TXOK2，ALST2 和 TERR2)也被清 0
位 15	ABRQ1：邮箱 1 中止发送(abort request for mailbox 1) 软件对该位置 1，可以中止邮箱 1 的发送请求，当邮箱 1 的发送报文被清除时硬件对该位清 0。 如果邮箱 1 中没有等待发送的报文，则对该位置 1 没有任何效果
位 14:12	保留位，硬件强制其值为 0
位 11	TERR1：邮箱 1 发送失败(transmission error of mailbox 1) 当邮箱 1 因为出错而导致发送失败时，对该位置 1
位 10	ALST1：邮箱 1 仲裁丢失(arbitration lost for mailbox 1) 当邮箱 1 因为仲裁丢失而导致发送失败时，对该位置 1
位 9	TXOK1：邮箱 1 发送成功(transmission OK of mailbox 1) 每次在邮箱 1 进行发送尝试后，硬件对该位进行更新： 0：上次发送尝试失败； 1：上次发送尝试成功。 当邮箱 1 的发送请求被成功完成后，硬件对该位置 1
位 8	RQCP1：邮箱 1 请求完成(request completed mailbox 1)，当上次对邮箱 1 的请求(发送或中止)完成后，硬件对该位置 1。软件对该位写 1 可以对其清 0；当硬件接收到发送请求时也对该位清 0(CAN_TI1R 寄存器的 TXRQ 位被置 1)。 该位被清 0 时，邮箱 1 的其他发送状态位(TXOK1，ALST1 和 TERR1)也被清 0
位 7	ABRQ0：邮箱 0 中止发送(abort request for mailbox 0) 软件对该位置 1 可以中止邮箱 0 的发送请求，当邮箱 0 的发送报文被清除时硬件对该位清 0。 如果邮箱 0 中没有等待发送的报文，则对该位置 1 没有任何效果
位 6:4	保留位，硬件强制其值为 0
位 3	TERR0：邮箱 0 发送失败(transmission error of mailbox 0) 当邮箱 0 因为出错而导致发送失败时，对该位置 1
位 2	ALST0：邮箱 0 仲裁丢失(arbitration lost for mailbox 0) 当邮箱 0 因为仲裁丢失而导致发送失败时，对该位置 1

续表 3 - 56

位	描　　述
位 1	TXOK0:邮箱 0 发送成功(transmission OK of mailbox 0) 每次在邮箱 0 进行发送尝试后,硬件对该位进行更新: 0:上次发送尝试失败; 1:上次发送尝试成功。 当邮箱 0 的发送请求被成功完成后,硬件对该位置 1
位 0	RQCP1:邮箱 0 请求完成(request completed mailbox 0) 当上次对邮箱 0 的请求(发送或中止)完成后,硬件对该位置 1。 软件对该位写 1 可以对其清 0,当硬件接收到发送请求时也对该位清 0(CAN_TI0R 寄存器的 TXRQ 位被置 1)。 该位被清 0 时,邮箱 0 的其他发送状态位(TXOK0,ALST0 和 TERR0)也被清 0

4. CAN 接收 FIFO 0 寄存器(CAN_RF0R)

该寄存器偏移地址为 0x0C,复位值为 0x00(图 3 - 65、表 3 - 57)。

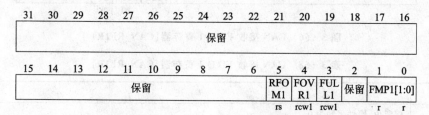

图 3 - 65　CAN 接收 FIFO 0 寄存器(CAN_RF0R)

表 3 - 57　CAN 接收 FIFO 0 寄存器(CAN_RF0R)

位	描　　述
位 31:6	保留位,硬件强制为 0
位 5	RFOM1:释放接收 FIFO 1 输出邮箱(release FIFO 1 output mailbox) 软件通过对该位置 1 来释放接收 FIFO 的输出邮箱。如果接收 FIFO 为空,那么对该位置 1 没有 任何效果,即只有当 FIFO 中有报文时对该位置 1 才有意义。如果 FIFO 中有 2 个以上的报文, 由于 FIFO 的特点,软件需要释放输出邮箱才能访问第 2 个报文。当输出邮箱被释放时,硬件对 该位清 0
位 4	FOVR1:FIFO 1 溢出(FIFO 1 overrun) 当 FIFO 1 已满,又收到新的报文且报文符合过滤条件,硬件对该位置 1。该位由软件清 0
位 3	FULL1:FIFO 1 满(FIFO 1 full) 当 FIFO 1 中有 3 个报文时,硬件对该位置 1。该位由软件清 0
位 2	保留位,硬件强制其值为 0

位	描　述
位 1:0	FMP1[1:0]: FIFO 1 报文数目（FIFO 1 message pending） FIFO 1 报文数目这 2 位反映了当前接收 FIFO 1 中存放的报文数目。每当 1 个新的报文被存入接收 FIFO 1,硬件就对 FMP1 加 1。每当软件对 RFOM1 位写 1 来释放输出邮箱,FMP1 就被减 1,直到其为 0

5. CAN 接收 FIFO 1 寄存器(CAN_RF1R)

该寄存器偏移地址为 0x10,复位值为 0x00(图 3 - 66、表 3 - 58)。

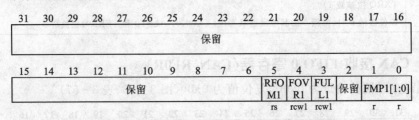

图 3 - 66　CAN 接收 FIFO 1 寄存器(CAN_RF1R)

表 3 - 58　CAN 接收 FIFO 1 寄存器(CAN_RF1R)

位	描　述
位 31:6	保留位,硬件强制为 0
位 5	RFOM1:释放接收 FIFO 1 输出邮箱(release FIFO 1 output mailbox) 软件通过对该位置 1 来释放接收 FIFO 的输出邮箱。如果接收 FIFO 为空,那么对该位置 1 没有任何效果,即只有当 FIFO 中有报文时对该位置 1 才有意义。如果 FIFO 中有 2 个以上的报文,由于 FIFO 的特点,软件需要释放输出邮箱才能访问第 2 个报文。当输出邮箱被释放时,硬件对该位清 0
位 4	FOVR1: FIFO 1 溢出（FIFO 1 overrun） 当 FIFO 1 已满,又收到新的报文且报文符合过滤条件,硬件对该位置 1。该位由软件清 0
位 3	FULL1: FIFO 1 满（FIFO 1 full） 当 FIFO 1 中有 3 个报文时,硬件对该位置 1。该位由软件清 0
位 2	保留位,硬件强制其值为 0
位 1:0	FMP1[1:0]: FIFO 1 报文数目（FIFO 1 message pending） FIFO 1 报文数目这 2 位反映了当前接收 FIFO 1 中存放的报文数目。 每当 1 个新的报文被存入接收 FIFO 1,硬件就对 FMP1 加 1。 每当软件对 RFOM1 位写 1 来释放输出邮箱,FMP1 就被减 1,直到其为 0

6. CAN 中断使能寄存器 (CAN_IER)

该寄存器偏移地址为 0x14，复位值为 0x0000 0000（图 3-67、表 3-59）。

31	30	29	28	27	26	25	24	23	22	21	20	19	18	17	16
保留														SLKIE	WKUIE
														rw	rw

15	14	13	12	11	10	9	8	7	6	5	4	3	2	1	0
ERRIE	保留			LECIE	BOFIE	EPVIE	EWGIE	保留	FOVIE1	FFIE1	FMPIE1	FOVIE0	FFIE0	FMPIE0	TMEIE
rw	res			rw	rw	rw	rw	res	rw	rw	rw	rw	rw	rw	rw

图 3-67　CAN 中断使能寄存器 (CAN_IER)

表 3-59　CAN 中断使能寄存器 (CAN_IER)

位	描　述
位 31:18	保留位，硬件强制为 0
位 17	SLKIE：睡眠中断使能（sleep interrupt enable） 0：当 SLAKI 位被置 1 时，不产生中断； 1：当 SLAKI 位被置 1 时，产生中断
位 16	WKUIE：唤醒中断使能（wakeup interrupt enable） 0：当 WKUI 位被置 1 时，不产生中断； 1：当 WKUI 位被置 1 时，产生中断
位 15	ERRIE：错误中断使能（error interrupt enable） 0：当 CAN_ESR 寄存器有错误挂号时，不产生中断； 1：当 CAN_ESR 寄存器有错误挂号时，产生中断
位 14:12	保留位，硬件强制为 0
位 11	LECIE：上次错误号中断使能（last error code interrupt enable） 0：当检测到错误，硬件设置 LEC[2:0]时，不设置 ERRI 位； 1：当检测到错误，硬件设置 LEC[2:0]时，设置 ERRI 位为 1
位 10	BOFIE：离线中断使能（bus-off interrupt enable） 0：当 BOFF 位被置 1 时，不设置 ERRI 位； 1：当 BOFF 位被置 1 时，设置 ERRI 位为 1
位 9	EPVIE：错误被动中断使能（error passive interrupt enable） 0：当 EPVF 位被置 1 时，不设置 ERRI 位； 1：当 EPVF 位被置 1 时，设置 ERRI 位为 1
位 8	EWGIE：错误警告中断使能（error warning interrupt enable） 0：当 EWGF 位被置 1 时，不设置 ERRI 位； 1：当 EWGF 位被置 1 时，设置 ERRI 位为 1
位 7	保留位，硬件强制为 0

位	描　述
位 6	FOVIE1：FIFO 1 溢出中断使能（FIFO overrun interrupt enable） 0：当 FIFO 1 的 FOVR 位被置 1 时，不产生中断； 1：当 FIFO 1 的 FOVR 位被置 1 时，产生中断
位 5	FFIE1：FIFO 1 满中断使能（FIFO full interrupt enable） 0：当 FIFO 1 的 FULL 位被置 1 时，不产生中断； 1：当 FIFO 1 的 FULL 位被置 1 时，产生中断
位 4	FMPIE1：FIFO 1 消息挂号中断使能（FIFO message pending interrupt enable） 0：当 FIFO 1 的 FMP[1：0]位为非 0 时，不产生中断； 1：当 FIFO 1 的 FMP[1：0]位为非 0 时，产生中断
位 3	FOVIE0：FIFO 0 溢出中断使能（FIFO overrun interrupt enable） 0：当 FIFO 0 的 FOVR 位被置 1 时，不产生中断； 1：当 FIFO 0 的 FOVR 位被置 1 时，产生中断
位 2	FFIE0：FIFO 0 满中断使能（FIFO full interrupt enable） 0：当 FIFO 0 的 FULL 位被置 1 时，不产生中断； 1：当 FIFO 0 的 FULL 位被置 1 时，产生中断
位 1	FMPIE0：FIFO 0 消息挂号中断使能（FIFO message pending interrupt enable） 0：当 FIFO 0 的 FMP[1：0]位为非 0 时，不产生中断； 1：当 FIFO 0 的 FMP[1：0]位为非 0 时，产生中断
位 0	TMEIE：发送邮箱空中断使能（transmit mailbox empty interrupt enable） 0：当 RQCPx 位被置 1 时，不产生中断； 1：当 RQCPx 位被置 1 时，产生中断

7. CAN 错误状态寄存器（CAN_ESR）

该寄存器偏移地址为 0x18，复位值为 0x0000 0000（图 3-68、表 3-60）。

31	30	29	28	27	26	25	24	23	22	21	20	19	18	17	16
			REC[7:0]								TEC[7:0]				
r	r	r	r	r	r	r	r	r	r	r	r	r	r	r	r
15	14	13	12	11	10	9	8	7	6	5	4	3	2	1	0
			保留						LEC[2:0]			保留	BOFF	EPVF	WEGF
									rw	rw	rw		r	r	r

图 3-68　CAN 错误状态寄存器（CAN_ESR）

表 3-60　CAN 错误状态寄存器 (CAN_ESR)

位	描　述
位 31:24	REC[7:0]:接收错误计数器(receive error counter) 这个计数器按照 CAN 协议的故障界定机制的接收部分实现。按照 CAN 的标准,当接收出错时,根据出错的条件,该计数器加 1 或加 8;而在每次接收成功后,该计数器减 1,或当该计数器的值大于 127 时,设置它的值为 120。当该计数器的值超过 127 时,CAN 进入错误被动状态
位 23:16	TEC[7:0]:　9 位发送错误计数器的低 8 位(least significant byte of the 9-bit transmit error counter) 与上面相似,这个计数器按照 CAN 协议的故障界定机制的发送部分实现
位 15:7	保留位,硬件强制为 0
位 6:4	LEC[2:0]:上次错误代码(last error code) 在检测到 CAN 总线上发生错误时,硬件根据出错情况设置。当报文被正确发送或接收后,硬件清除其值为 0。硬件没有使用错误代码 7,软件可以设置该值,从而可以检测代码的更新。 000:没有错误;　　　　001:位填充错; 010:格式(form)错;　　011:确认(ACK)错; 100:隐性位错;　　　　101:显性位错; 110:CRC 错;　　　　111:由软件设置
位 3	保留位,硬件强制为 0
位 2	BOFF:离线标志(bus-off flag) 当进入离线状态时,硬件对该位置 1。当发送错误计数器 TEC 溢出,即大于 255 时,CAN 进入离线状态
位 1	EPVF:错误被动标志(error passive flag) 当出错次数达到错误被动的阈值时,硬件对该位置 1(接收错误计数器或发送错误计数器的值>127)
位 0	EWGF:错误警告标志(error warning flag) 当出错次数达到警告的阈值时,硬件对该位置 1(接收错误计数器或发送错误计数器的值≥96)

8. CAN 位时序寄存器 (CAN_BTR)

该寄存器偏移地址为 0x1C,复位值为 0x0123 0000(图 3-69、表 3-61)。注:当CAN 处于初始化模式时,该寄存器只能由软件访问。

图 3-69　CAN 位时序寄存器 (CAN_BTR)

表 3 - 61　CAN 位时序寄存器 (CAN_BTR)

位	描　述
位 31	SILM：静默模式(用于调试)(silent mode (debug)) 0：正常状态； 1：静默模式
位 30	LBKM：环回模式(用于调试)(loop back mode (debug)) 0：禁止环回模式； 1：允许环回模式
位 29：26	保留位，硬件强制为 0
位 25：24	SJW[1:0]：重新同步跳跃宽度(resynchronization jump width) 为了重新同步，该位域定义了 CAN 硬件在每位中可以延长或缩短多少个时间单元的上限。 $t_{RJW} = t_{CAN} \times (SJW[1:0] + 1)$
位 23	保留位，硬件强制为 0
位 22：20	TS2[2:0]：时间段 2(time segment 2) 该位域定义了时间段 2 占用了多少个时间单元 $t_{BS2} = t_{CAN} \times (TS2[2:0]+1)$
位 19：16	TS1[3:0]：时间段 1(time segment 1) 该位域定义了时间段 1 占用了多少个时间单元 $t_{BS1} = t_{CAN} \times (TS1[3:0]+1)$
位 15：10	保留位，硬件强制其值为 0
位 9：0	BRP[9:0]：波特率分频器(baud rate prescaler) 该位域定义了时间单元(t_q)的时间长度 $t_q = (BRP[9:0]+1) \times t_{PCLK}$

9. CAN 邮箱寄存器

CAN 共有 3 个发送邮箱和 2 个接收邮箱。每个接收邮箱为 3 级深度的 FIFO，并且只能访问 FIFO 中最先收到的报文。除了下述 3 种情况，发送和接收邮箱几乎一样：

➤ CAN_RDTxR 寄存器的 FMI 域；

➤ 接收邮箱是只读的；

➤ 发送邮箱只有在它为空时才是可写的，CAN_TSR 寄存器的相应 TME 位为 1表示发送邮箱为空；

➤ 每个邮箱包含 4 个寄存器，如图 3 - 70 所示。

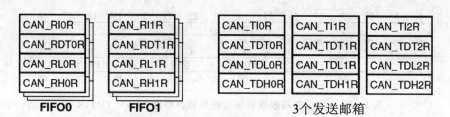

图 3 - 70　CAN 邮箱

1）发送邮箱标识符寄存器（CAN_TIxR）（x＝0‥2）

该寄存器的偏移地址为 0x180,0x190,0x1A0,复位值为 0xXXXX XXXX,X＝未定义位（除了第 0 位,复位时 TXRQ＝0）（图 3 - 71、表 3 - 62）。

31	30	29	28	27	26	25	24	23	22	21	20	19	18	17	16
			STID[10:0]/EXID[28:18]								EXID[17:13]				
rw	rw	rw	rw	rw	rw	rw	rw	rw	rw	rw	rw	rw	rw	rw	rw
15	14	13	12	11	10	9	8	7	6	5	4	3	2	1	0
					EXID[12:0]								IDE	RTR	TXRQ
rw	rw	rw	rw	rw	rw	rw	rw	rw	rw	rw	rw	rw	rw	rw	rw

图 3 - 71　发送邮箱标识符寄存器(CAN_TIxR)

表 3 - 62　发送邮箱标识符寄存器(CAN_TIxR)

位	描　述
位 31:21	STID[10:0]/EXID[28:18]:标准标识符或扩展标识符(standard identifier or extendedidentifier) 依据 IDE 位的内容,这些位或是标准标识符,或是扩展身份标识的高字节
位 20:3	EXID[17:0]:扩展标识符(extended identifier),扩展身份标识的低字节
位 2	IDE:标识符选择(identifier extension) 该位决定发送邮箱中报文使用的标识符类型 0:使用标准标识符; 1:使用扩展标识符
位 1	RTR:远程发送请求(remote transmission request) 0:数据帧; 1:远程帧
位 0	TXRQ:发送数据请求(transmit mailbox request) 由软件对其置 1,来请求发送邮箱的数据。当数据发送完成,邮箱为空时,硬件对其清 0

2）发送邮箱数据长度和时间戳寄存器（CAN_TDTxR）（x＝0‥2）

当邮箱不在空置状态时,该寄存器的所有位为写保护。该寄存器偏移地址为 0x184、0x194、0x1A4,复位值为未定义（图 3 - 72、表 3 - 63）。

97

31	30	29	28	27	26	25	24	23	22	21	20	19	18	17	16
TIME[15:0]														
rw	rw	rw	rw	rw	rw	rw	rw	rw	rw	rw	rw	rw	rw	rw	rw
15	14	13	12	11	10	9	8	7	6	5	4	3	2	1	0
保留						TGT	保留					DLC[3:0]			
res						rw					rw	rw	rw	rw

图 3 - 72　发送邮箱数据长度和时间戳寄存器 (CAN_TDTxR

表 3 - 63　发送邮箱数据长度和时间戳寄存器(CAN_TDTxR)

位	描　述
位 31:16	TIME[15:0]:报文时间戳(message time stamp) 该域包含了,在发送该报文 SOF 的时刻,16 位定时器的值
位 15:9	保留位
位 8	TGT:发送时间戳(transmit global time) 只有在 CAN 处于时间触发通信模式,即 CAN_MCR 寄存器的 TTCM 位为 1 时,该位才有效 0:不发送时间戳 TIME[15:0]; 1:发送时间戳 TIME[15:0]。在长度为 8 的报文中,时间戳 TIME[15:0]是最后 2 个发送的字 节:TIME[7:0]作为第 7 个字节,TIME[15:8]为第 8 个字节,它们替换了写入 CAN_TDHxR [31:16]的数据(DATA6[7:0]和 DATA7[7:0])。为了把时间戳的 2 个字节发送出去,DLC 必须编程为 8
位 7:4	保留位
位 3:0	DLC[15:0]:发送数据长度(data length code) 该域指定了数据报文的数据长度或者远程帧请求的数据长度。1 个报文包含 0~8 个字节数据, 而这由 DLC 决定

3) 发送邮箱低字节数据寄存器(CAN_TDLxR)(x=0··2)

当邮箱不在空置状态时,该寄存器的所有位为写保护。该寄存器偏移地址为 0x188、0x198、0x1A8,复位值为未定义位(图 3 - 73、表 3 - 64)。

31	30	29	28	27	26	25	24	23	22	21	20	19	18	17	16
DATA3[7:0]								DATA2[7:0]							
rw	rw	rw	rw	rw	rw	rw	rw	rw	rw	rw	rw	rw	rw	rw	rw
15	14	13	12	11	10	9	8	7	6	5	4	3	2	1	0
DATA1[7:0]								DATA0[7:0]							
rw	rw	rw	rw	rw	rw	rw	rw	rw	rw	rw	rw	rw	rw	rw	rw

图 3 - 73　发送邮箱低字节数据寄存器(CAN_TDLxR)

表 3 - 64　发送邮箱低字节数据寄存器(CAN_TDLxR)

位	描　述
位 31:24	DATA3[7:0]:数据字节 3(data byte 3),报文的数据字节 3

位	描　述
位 23:16	DATA2[7:0]:数据字节 2(data byte 2),报文的数据字节 2
位 15:8	DATA1[7:0]:数据字节 1(data byte 1),报文的数据字节 1
位 7:0	DATA0[7:0]:数据字节 0(data byte 0) 报文的数据字节 0。报文包含 0~8 个字节数据,且从字节 0 开始

4) 发送邮箱高字节数据寄存器(CAN_TDHxR)(x＝0‥2)

当邮箱不在空置状态时,该寄存器的所有位为写保护。该寄存器的偏移地址为 0x18C、0x19C、0x1AC,复位值为未定义位(图 3-74、表 3-65)。

图 3 - 74　发送邮箱高字节数据寄存器(CAN_TDHxR)

表 3 - 65　发送邮箱高字节数据寄存器(CAN_TDHxR)

位	描　述
位 31:24	DATA7[7:0]:数据字节 7(data byte 7),报文的数据字节 7。 注:如果 CAN_MCR 寄存器的 TTCM 位为 1,且该邮箱的 TGT 位也为 1,那么 DATA7 和 DATA6 将被 TIME 时间戳代替
位 23:16	DATA6[7:0]:数据字节 6(data byte 6),报文的数据字节 6
位 15:8	DATA5[7:0]:数据字节 5(data byte 5),报文的数据字节 5
位 7:0	DATA4[7:0]:数据字节 4(data byte 4),报文的数据字节 4

5) 接收 FIFO 邮箱标识符寄存器(CAN_RIxR)(x＝0‥1)

该寄存器的偏移地址为 0x1B0、0x1C0,复位值为未定义位(图 3-75、表 3-66)。

图 3 - 75　接收 FIFO 邮箱标识符寄存器(CAN_RIxR)

99

表 3-66　接收 FIFO 邮箱标识符寄存器(CAN_RIxR)

位	描　述
位 31:21	STID[10:0]/EXID[28:18]:标准标识符或扩展标识符(standard identifier or extended identifier) 依据 IDE 位的内容,这些位或是标准标识符,或是扩展身份标识的高字节
位 20:3	EXID[17:0]:扩展标识符(extended identifier),扩展标识符的低字节
位 2	IDE:标识符选择(identifier extension) 该位决定接收邮箱中报文使用的标识符类型。 0:使用标准标识符; 1:使用扩展标识符
位 1	RTR:远程发送请求(remote transmission request) 0:数据帧; 1:远程帧
位 0	保留位

6) 接收 FIFO 邮箱数据长度和时间戳寄存器(CAN_RDTxR)(x=0··1)

该寄存器的偏移地址为 0x1B4、0x1C4,复位值为未定义(图 3-76、表 3-67)。所有接收邮箱寄存器都是只读的。

31	30	29	28	27	26	25	24	23	22	21	20	19	18	17	16
TIME[15:0]															
r	r	r	r	r	r	r	r	r	r	r	r	r	r	r	r
15	14	13	12	11	10	9	8	7	6	5	4	3	2	1	0
FMI[7:0]								保留				DLC[3:0]			
r	r	r	r	r	r	r	r			res		r	r	r	r

图 3-76　接收 FIFO 邮箱数据长度和时间戳寄存器(CAN_RDTxR)

表 3-67　接收 FIFO 邮箱数据长度和时间戳寄存器(CAN_RDTxR)

位	描　述
位 31:16	TIME[15:0]:报文时间戳(message time stamp) 该域包含了在接收该报文 SOF 的时刻 16 位定时器的值
位 15:8	FMI[15:0]:过滤器匹配序号(filter match index),这里是存在邮箱中的信息传送的过滤器序号
位 7:4	保留位,硬件强制为 0
位 3:0	DLC[15:0]:接收数据长度(data length code) 该域表明接收数据帧的数据长度(0~8)。对于远程帧请求,数据长度 DLC 恒为 0

7) 接收 FIFO 邮箱低字节数据寄存器(CAN_RDLxR)(x=0··1)

该寄存器的偏移地址为 0x1B8、0x1C8,复位值为未定义位(图 3-77、表 3-68)。注:所有接收邮箱寄存器都是只读的。

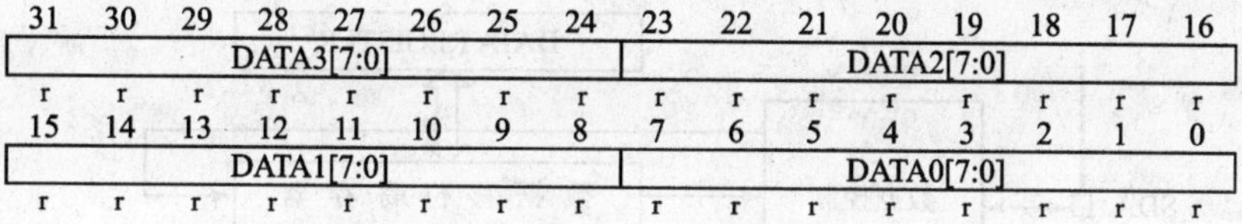

31	30	29	28	27	26	25	24	23	22	21	20	19	18	17	16
			DATA3[7:0]								DATA2[7:0]				
r	r	r	r	r	r	r	r	r	r	r	r	r	r	r	r
15	14	13	12	11	10	9	8	7	6	5	4	3	2	1	0
			DATA1[7:0]								DATA0[7:0]				
r	r	r	r	r	r	r	r	r	r	r	r	r	r	r	r

图 3 - 77　接收 FIFO 邮箱低字节数据寄存器(CAN_RDLxR)

表 3 - 68　接收 FIFO 邮箱低字节数据寄存器(CAN_RDLxR)

位	描　述
位 31:24	DATA3[7:0]:数据字节 3(data byte 3) 报文的数据字节 3
位 23:16	DATA2[7:0]:数据字节 2(data byte 2) 报文的数据字节 2
位 15:8	DATA1[7:0]:数据字节 1(data byte 1) 报文的数据字节 1
位 7:0	DATA0[7:0]:数据字节 0(data byte 0) 报文的数据字节 0 报文包含 0～8 个字节数据,且从字节 0 开始

3.9　内部集成电路(I^2C)接口

3.9.1　I^2C 功能描述

1. I^2C 简介

I^2C 总线接口连接微控制器和串行 I^2C 总线。它提供多主机功能,控制所有 I^2C 总线特定的时序、协议、仲裁和定时。支持标准和快速两种模式,同时与 SMBus 2.0 兼容。I^2C 模块有多种用途,包括 CRC 码的生成和校验、SMBus(system management bus,系统管理总线)和 PMBus(power management bus,电源管理总线)。根据特定设备的需要,可以使用 DMA 以减轻 CPU 的负担。I^2C 接口模块如图 3 - 78 所示。

2. I^2C 主要特点

➤ 并行总线 I^2C 总线协议转换器。
➤ 多主机功能:该模块既可做主设备也可做从设备。
➤ I^2C 主设备功能:产生时钟,产生起始和停止信号。
➤ I^2C 从设备功能:可编程的 I^2C 地址检测,可响应 2 个从地址的双地址能力,可

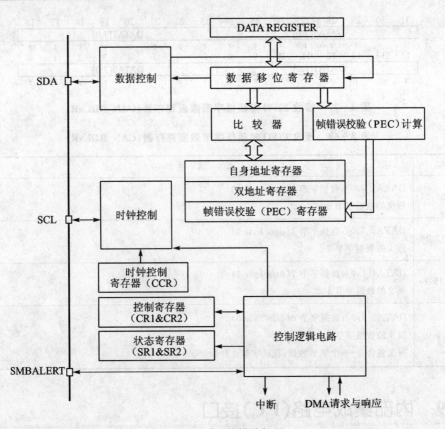

图 3-78　I²C 的模块框图

对停止位进行检测。

➢ 可产生和检测 7 位/10 位地址和广播呼叫。

➢ 支持不同的通信速度:标准速度(高达 100 kHz),快速(高达 400 kHz)。

➢ 状态标志:发送器/接收器模式标志,字节发送结束标志,I²C 总线忙标志。

➢ 错误标志:主模式时的仲裁丢失,地址/数据传输后的应答(ACK)错误,检测到错位的起始或停止条件,禁止拉长时钟功能时的上溢或下溢。

➢ 2 个中断向量:1 个中断用于地址/数据通信成功,1 个中断用于错误检测。

➢ 可选的拉长时钟功能。

➢ 具有单字节缓冲器的 DMA。

➢ 可配置的 PEC(信息包错误检测)的产生或校验:发送模式中 PEC 值可以作为最后一个字节传输,用于最后一个接收字节的 PEC 错误校验。

➢ 兼容 SMBus 2.0:25 ms 时钟低超时延时,10 ms 主设备累积时钟低扩展时间,25 ms 从设备累积时钟低扩展时间,带 ACK 控制的硬件 PEC 产生/校验,支持地址分辨协议(ARP)。

➢ 兼容 SMBus。

3.9.2　I²C 功能描述

I²C 模块接收和发送数据,并将数据从串行转换成并行,或并行转换成串行。可以开启或禁止中断。接口通过数据引脚(SDA)和时钟引脚(SCL)连接到 I²C 总线。允许连接到标准(高达 100 kHz)或快速(高达 400 kHz)的 I²C 总线。

1. I²C 模式选择

接口可以下述 4 种模式中的一种运行:从发送器模式,从接收器模式,主发送器模式,主接收器模式。

处于主模式时,I²C 接口启动数据传输并产生时钟信号。串行数据传输总是以起始条件开始并以停止条件结束。起始条件和停止条件都是在主模式下由软件控制产生。

处于从模式时,I²C 接口能识别它自己的地址(7 位或 10 位)和广播呼叫地址。软件能够控制开启或禁止广播呼叫地址的识别。

在 I²C 总线协议中数据和地址按 8 位/字节进行传输,高位在前,低位在后。跟在起始条件后的 1 或 2 个字节是地址(7 位模式为 1 个字节,10 位模式为 2 个字节)。地址只在主模式下发送。在一个字节传输的 8 个时钟后的第 9 个时钟期间,接收器必须回送一个应答位(ACK)给发送器,如图 3-79 所示。

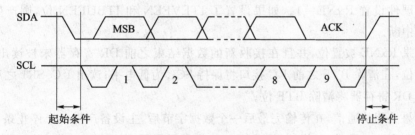

图 3-79　I²C 总线协议

2. I²C 从模式

默认情况下 I²C 接口总是工作在从模式。从从模式切换到主模式,需要产生一个起始条件。为了产生正确的时序,必须在 I²C_CR2 寄存器中设定该模块的输入时钟。输入时钟的频率必须至少是:标准模式下为 2 MHz,快速模式下为 4 MHz。

一旦检测到起始条件,在 SDA 线上接收到的地址被送到移位寄存器。然后与芯片自己的地址 OAR1 和 OAR2(当 ENDUAL=1)或者广播呼叫地址(如果 ENGC=1)相比较。

➤ 头段或地址不匹配:I²C 接口将其忽略并等待另一个起始条件。
➤ 头段匹配(仅 10 位模式):如果 ACK 位被置 1,I²C 接口产生一个应答脉冲并等待 8 位从地址的到来。
➤ 地址匹配,I²C 接口产生以下时序:

■ 如果 ACK 被置 1,则产生一个应答脉冲;

■ 硬件设置 ADDR 位,如果设置了 ITEVFEN 位,则产生一个中断;

■ 如果 ENDUAL＝1,软件必须读 DUALF 位,以确认响应处于哪个从地址。

在 10 位模式下,接收到地址序列后,从设备总是处于接收器模式。在收到与地址匹配的头序列并且最低位为 1(即 11110xx1)后,当接收到重复的起始条件时,将进入发送器模式。在从模式下 TRA 位指示当前是处于接收器模式还是发送器模式。

如果是从发送器模式,在接收到地址和清除 ADDR 位后,从发送器将字节从 DR 寄存器经由内部移位寄存器发送到 SDA 线上。从设备保持 SCL 为低电平,直到 ADDR 位被清除并且待发送数据已写入 DR 寄存器。当收到应答脉冲时,TxE 位被硬件置位,如果设置了 ITEVFEN 和 ITBUFEN 位,则产生一个中断。如果 TxE 位被置位,但在下一个数据发送结束之前没有新数据写入到 I²C_DR 寄存器,则 BTF 位被置位,在清除 BTF 之前 I²C 接口将保持 SCL 为低电平;读出 I²C_SR1 之后再写入 I²C_DR 寄存器将清除 BTF 位。

如果是从接收器模式,在接收到地址并清除 ADDR 后,从接收器将通过内部移位寄存器从 SDA 线接收到的字节存进 DR 寄存器。I²C 接口在接收到每个字节后都执行下列操作:

➤ 如果设置了 ACK 位,则产生一个应答脉冲。

➤ 硬件设置 RxNE＝1。如果设置了 ITEVFEN 和 ITBUFEN 位,则产生一个中断。

如果 RxNE 被置位,并且在接收新的数据结束之前 DR 寄存器未被读出,BTF 位被置位,在清除 BTF 之前 I²C 接口将保持 SCL 为低电平;读出 I²C_SR1 之后再写入 I²C_DR 寄存器将清除 BTF 位。

如果关闭从通信,在传输完最后一个数据字节后,主设备产生一个停止条件,I²C 接口检测到这一条件时,设置 STOPF＝1,如果设置了 ITEVFEN 位,则产生一个中断。然后 I²C 接口等待读 SR1 寄存器,再写 CR1 寄存器。

3. I²C 主模式

在主模式时,I²C 接口启动数据传输并产生时钟信号。串行数据传输总是以起始条件开始并以停止条件结束。当通过 START 位在总线上产生了起始条件,设备就进入了主模式。

以下是主模式所要求的操作顺序:

➤ 在 I²C_CR2 寄存器中设定该模块的输入时钟以产生正确的时序;

➤ 配置时钟控制寄存器;

➤ 配置上升时间寄存器;

➤ 对 I²C_CR1 寄存器编程来启动外设;

➤ 置 I²C_CR1 寄存器中的 START 位为 1,产生起始条件。

当 BUSY=0 时,设置 START=1,I²C 接口将产生一个开始信号并切换至主模式(M/SL 位置位)。在主模式下,设置 START 位将在当前字节传输完后由硬件产生一个重开始信号。

一旦发出开始信号,SB 位被硬件置位,如果设置了 ITEVFEN 位,则会产生一个中断。然后主设备等待读 SR1 寄存器紧跟着将从地址写入 DR 寄存器。从地址的发送:从地址通过内部移位寄存器被送到 SDA 线上。

➤ 在 10 位地址模式时,发送一个头段序列产生以下事件:

■ ADD10 位被硬件置位,如果设置了 ITEVFEN 位,则产生一个中断。然后主设备等待读 SR1 寄存器,再将第 2 个地址字节写入 DR 寄存器。

■ ADDR 位被硬件置位,如果设置了 ITEVFEN 位,则产生一个中断。随后主设备等待一次读 SR1 寄存器,接着读 SR2 寄存器。

➤ 在 7 位地址模式时,只需送出一个地址字节。一旦该地址字节被送出,ADDR 位被硬件置位,如果设置了 ITEVFEN 位,则产生一个中断。然后主设备等待一次读 SR1 寄存器,接着读 SR2 寄存器。

主设备可根据送出从地址的最低位,决定进入发送器模式还是接收器模式。

在 7 位地址模式时:要进入发送器模式,主设备发送从地址时置最低位为 0。要进入接收器模式,主设备发送从地址时置最低位为 1。

在 10 位地址模式时,要进入发送器模式,主设备先送头字节(11110xx0)然后送最低位为 0 的从地址。要进入接收器模式,主设备先送头字节(11110xx0),然后送最低位为 1 的从地址。然后再重新发送一个开始信号,后面跟着头字节(11110xx1)。

TRA 位指示主设备是在接收器模式还是发送器模式。如果是主发送器,在发送了地址和清除了 ADDR 位后,主设备通过内部移位寄存器将字节从 DR 寄存器发送到 SDA 线上。主设备等待,直到 TxE 被清除。

当收到应答脉冲时,TxE 位被硬件置位,如果设置了 INEVFEN 和 ITBUFEN 位,则产生一个中断。如果 TxE 被置位并且在上一次数据发送结束之前没有写新的数据字节到 DR 寄存器,则 BTF 被硬件置位,在清除 BTF 之前 I²C 接口将保持 SCL 为低电平;读出 I²C_SR1 之后再写入 I²C_DR 寄存器,将清除 BTF 位。

如果要关闭通信,在 DR 寄存器中写入最后一个字节后,通过设置 STOP 位产生一个停止条件,然后 I²C 接口将自动回到从模式(M/S 位清除)。

如果是主接收器,在发送地址和清除 ADDR 之后,I²C 接口进入主接收器模式。在此模式下,I²C 接口从 SDA 线接收数据字节,并通过内部移位寄存器送至 DR 寄存器。在每个字节后,I²C 接口依次执行以下操作:

➤ 如果 ACK 位被置位,发出一个应答脉冲。

➤ 硬件设置 RxNE=1,如果设置了 INEVFEN 和 ITBUFEN 位,则会产生一个中断。

如果 RxNE 位被置位,并且在接收新数据结束前,DR 寄存器中的数据没有被读走,硬件将设置 BTF＝1,在清除 BTF 之前 I²C 接口将保持 SCL 为低电平;读出 I²C_SR1 之后再读出 I²C_DR 寄存器将清除 BTF 位。

在主寄存器时关闭通信,主设备可在从设备接收到最后一个字节后发送一个NACK。接收到 NACK 后,从设备释放对 SCL 和 SDA 线的控制;主设备就可以发送一个停止/重起始条件。

➢ 为了在收到最后一个字节后产生一个 NACK 脉冲,在读倒数第 2 个数据字节之后必须清除 ACK 位。

➢ 为了产生一个停止/重起始条件,软件必须在读倒数第 2 个数据字节之后设置 STOP/START 位。

➢ 只接收一个字节时,刚好在 EV6 之后(EV6_1 时,清除 ADDR 之后)要关闭应答和停止条件的产生位。

4. 错误条件

以下条件可能造成 I²C 接口通信失败。

1) 总线错误(BERR)

在一个地址或数据字节传输期间,当 I²C 接口检测到一个外部的停止或起始条件则产生总线错误。此时,BERR 位被置位为 1;如果设置了 ITERREN 位,则产生一个中断。

在从模式情况下出现总线错误,数据被丢弃,硬件释放总线。如果是错误的开始条件,从设备认为是一个重启动,并等待地址或停止条件。如果是错误的停止条件,从设备按正常的停止条件操作,同时硬件释放总线。

在主模式情况下,硬件不释放总线,同时不影响当前的传输状态。此时由软件决定是否要中止当前的传输。

2) 应答错误(AF)

当接口检测到一个无应答位时,产生应答错误。此时,AF 位被置位,如果设置了 ITERREN 位,则产生一个中断;当发送器接收到一个 NACK 时,必须复位通信。如果是处于从模式,硬件释放总线;如果是处于主模式,软件必须生成一个停止条件。

3) 仲裁丢失(ARLO)

当 I²C 接口检测到仲裁丢失时产生仲裁丢失错误,此时,ARLO 位被硬件置位,如果设置了 ITERREN 位,则产生一个中断;I²C 接口自动回到从模式,最后硬件释放总线。当 I²C 接口丢失了仲裁,则其无法在同一个传输中响应其从地址,但可以在赢得总线的主设备发送重起始条件之后响应。

4) 过载/欠载错误(OVR)

在从模式下,如果禁止时钟延长,I²C 接口正在接收数据时,当其已经接收到一个字节(RxNE＝1),但在 DR 寄存器中前一个字节数据还没有被读出,则发生过载错误。此时,最后接收的数据被丢弃;在过载错误时,软件应清除 RxNE 位,发送器应该重新发送最后一次发送的字节。

在从模式下,如果禁止时钟延长,I^2C 接口正在发送数据时,在下一个字节的时钟到达之前,新的数据还未写入 DR 寄存器(TxE＝1),则发生欠载错误。此时,在 DR 寄存器中的前一个字节将被重复发出;用户应该确定在发生欠载错时,接收端应丢弃重复接收到的数据。发送端应按 I^2C 总线标准在规定的时间更新 DR 寄存器。

5)SDA/SCL 线控制

(1)如果允许时钟延长。

■ 发送器模式:如果 TxE＝1 且 BTF＝1,I^2C 接口在传输前保持时钟线为低,以等待软件读取 SR1,然后把数据写进数据寄存器(缓冲器和移位寄存器都是空的)。

■ 接收器模式:如果 RxNE＝1 且 BTF＝1,I^2C 接口在接收到数据字节后保持时钟线为低,以等待软件读 SR1,然后读数据寄存器 DR(缓冲器和移位寄存器都是满的)。

(2)如果在从模式中禁止时钟延长:

■ 如果 RxNE＝1,在接收到下个字节前 DR 还没有被读出,则发生过载错。接收到的最后一个字节丢失。

■ 如果 TxE＝1,在必须发送下个字节之前却没有新数据写进 DR,则发生欠载错。相同的字节将被重复发出。

■ 不控制重复写冲突。

6)SMBus

系统管理总线(SMBus)是一个双线接口。通过它,各设备之间以及设备与系统的其他部分之间可以互相通信。其是基于 I^2C 操作原理。SMBus 为系统和电源管理相关的任务提供一条控制总线。一个系统利用 SMBus 可以和多个设备互传信息,而不需使用独立的控制线路。系统管理总线(SMBus)标准涉及 3 类设备。从设备,接收或响应命令的设备;主设备,用来发送命令、产生时钟和终止发送的设备;主机,一种专用的主设备,它提供与系统 CPU 的主接口。主机必须具有主-从机功能并且必须支持 SMBus 提醒协议。一个系统里只允许有一个主机。

SMBus 和 I^2C 之间的相似点:

➤ 2 条线的总线协议(1 个时钟,1 个数据),SMBus 有可选的提醒线;

➤ 主-从通信,主设备提供时钟;

➤ 多主机功能;

➤ SMBus 数据格式类似于 I^2C 的 7 位地址格式。

SMBus 和 I^2C 之间的不同点如表 3-69 所列。

107

表 3－69 SMBus 和 I²C 之间的不同点

SMBus	I²C
最大传输速度 100 kHz	最大传输速度 400 kHz
最小传输速度 10 kHz	无最小传输速度
35 ms 时钟低超时	无时钟超时
固定的逻辑电平	逻辑电平由 V_{DD} 决定
不同的地址类型（保留的、动态的等）	7 位、10 位和广播呼叫从地址类型
不同的总线协议（快速命令、处理呼叫等）	无总线协议

利用 SMBus 系统管理总线，设备可提供制造商信息，告诉系统它的型号/部件号，保存暂停事件的状态，报告不同类型的错误，接收控制参数，和返回它的状态。SMBus 为系统和电源管理相关的任务提供控制总线。

7) DMA 请求

DMA 请求仅用于数据传输。发送时数据寄存器变空或接收时数据寄存器变满，则产生 DMA 请求。DMA 请求必须在当前字节传输结束之前被响应。当为相应 DMA 通道设置的数据传输量已经完成时，DMA 控制器发送传输结束信号 ETO 到 I²C 接口，并且在中断允许时产生一个传输完成中断。

➢ 主发送器：在 EOT 中断服务程序中，需禁止 DMA 请求，然后在等到 BTF 事件后设置停止条件。

➢ 主接收器：当要接收的数据数目大于或等于 2 时，DMA 控制器发送一个硬件信号 EOT_1，其对应 DMA 传输（字节数-1）。如果在 I2C_CR2 寄存器中设置了 LAST 位，硬件在发送完 EOT_1 后的下一个字节将自动发送 NACK。在中断允许的情况下，用户可以在 DMA 传输完成的中断服务程序中产生一个停止条件。

(1) I²C 接口利用 DMA 发送。

通过设置 I2C_CR2 寄存器中的 DMAEN 位可以激活 DMA 模式。只要 TxE 位被置位，数据将由 DMA 从预置的存储区装载进 I2C_DR 寄存器。为 I²C 分配一个 DMA 通道，需执行以下步骤（x 是通道号）：

➢ 在 DMA_CPARx 寄存器中设置 I2C_DR 寄存器地址。数据将在每个 TxE 事件后从存储器传送至这个地址。

➢ 在 DMA_CMARx 寄存器中设置存储器地址。数据在每个 TxE 事件后从这个存储区传送至 I2C_DR。

➢ 在 DMA_CNDTRx 寄存器中设置所需的传输字节数。在每个 TxE 事件后，此值将被递减。

➢ 利用 DMA_CCRx 寄存器中的 PL[0:1] 位配置通道优先级。

> 设置 DMA_CCRx 寄存器中的 DIR 位,并根据应用要求可以配置在整个传输
> 完成一半或全部完成时发出中断请求。
> 通过设置 DMA_CCTx 寄存器上的 EN 位激活通道。

当 DMA 控制器中设置的数据传输数目已经完成时,DMA 控制器给 I^2C 接口发
送一个传输结束的 EOT/ EOT_1 信号。在中断允许的情况下,将产生一个 DMA 中
断。

(2) I^2C 接口利用 DMA 接收。

通过设置 I2C_CR2 寄存器中的 DMAEN 位可以激活 DMA 接收模式。每次接
收到数据字节时,将由 DMA 把 I2C_DR 寄存器的数据传送到设置的存储区。设置
DMA 通道进行 I^2C 接收,需执行以下步骤(x 是通道号):

> 在 DMA_CPARx 寄存器中设置 I2C_DR 寄存器的地址。数据将在每次 Rx-
> NE 事件后从此地址传送到存储区。
> 在 DMA_CMARx 寄存器中设置存储区地址。数据将在每次 RxNE 事件后从
> I2C_DR 寄存器传送到此存储区。
> 在 DMA_CNDTRx 寄存器中设置所需的传输字节数。在每个 RxNE 事件后,
> 此值将被递减。
> 用 DMA_CCRx 寄存器中的 PL[0:1]配置通道优先级。
> 清除 DMA_CCRx 寄存器中的 DIR 位,根据应用要求可以设置在数据传输完
> 成一半或全部完成时发出中断请求。
> 设置 DMA_CCRx 寄存器中的 EN 位激活该通道。

当 DMA 控制器中设置的数据传输数目已经完成时,DMA 控制器给 I^2C 接口发
送一个传输结束的 EOT/ EOT_1 信号。在中断允许的情况下,将产生一个 DMA
中断。

8) 包错误校验(PEC)

包错误校验(PEC)计算器用于提高通信的可靠性。PEC 计算器的特性如下:

> PEC 计算由 I2C_CR1 寄存器的 ENPEC 位激活。PEC 使用 CRC－8 算法对
> 所有信息字节进行计算,包括地址和读/写位在内。在发送时,在最后一个
> TxE 事件时设置 I2C_CR1 寄存器的 PEC 传输位,PEC 将在最后一个字节后
> 被发送。
> 在接收时,在最后一个 RxNE 事件之后设置 I2C_CR1 寄存器的 PEC 位,如果
> 下个接收到的字节不等于内部计算的 PEC,接收器发送一个 NACK。如果是
> 主接收器,不管校对的结果如何, PEC 后都将发送 NACK。PEC 位必须在接
> 收当前字节的 ACK 脉冲之前设置。
> 在 I2C_SR1 寄存器中可设置 PECERR 错误标记/中断。
> 如果 DMA 和 PEC 计算器都被激活:在发送时,当 I^2C 接口从 DMA 控制器处
> 接收到 EOT 信号时,它在最后一个字节后自动发送 PEC。在接收时,当 I^2C

接口从 DMA 处接收到一个 EOT_1 信号时,其将自动把下一个字节作为 PEC,并且将检查它。在接收到 PEC 后产生一个 DMA 请求。

➢ 为了允许中间 PEC 传输,在 I2C_CR2 寄存器中有一个控制位(LAST 位)用于判别是否真是最后一个 DMA 传输。如果确实是最后一个主接收器的 DMA 请求,在接收到最后一个字节后自动发送 NACK。

➢ 仲裁丢失时 PEC 计算失效。

9) I²C 中断请求

表 3 - 70 列出了所有的 I²C 中断请求。

表 3 - 70　I²C 中断请求列表

中断事件	事件标志	开启控制位
起始位已发送(主)	SB	ITEVFEN
地址已发送(主)或地址匹配(从)	ADDR	
10 位头段已发送(主)	ADD10	
已收到停止(从)	STOPF	
数据字节传输完成	BTF	
接收缓冲区非空	RxNE	ITEVFEN 和 ITBUFEN
发送缓冲区空	TxE	
总线错误	BERR	ITERREN
仲裁丢失(主)	ARLO	
响应失败	AF	
过载/欠载	OVR	
PEC 错误	PECERR	
超时/Tlow 错误	PECERR	
SMBus 提醒	SMBALERT	

注意:SB、ADDR、ADD10、STOPF、BTF、RxNE 和 TxE 通过逻辑或汇到同一个中断通道中,BERR、ARLO、AF、OVR、PECERR、TIMEOUT 和 SMBALERT 通过逻辑或汇到同一个中断通道中。

3.9.3　I²C 寄存器描述

1. 控制寄存器 1(I2C_CR1)

该寄存器的偏移地址为 0x00,复位值为 0x0000(图 3 - 80、表 3 - 71)。

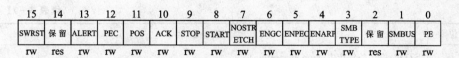

15	14	13	12	11	10	9	8	7	6	5	4	3	2	1	0
SWRST	保留	ALERT	PEC	POS	ACK	STOP	START	NOSTR ETCH	ENGC	ENPEC	ENARP	SMB TYPE	保留	SMBUS	PE
rw	res	rw	rw	rw	rw	rw	rw	rw	rw	rw	rw	rw	res	rw	rw

图 3 - 80　控制寄存器 1(I2C_CR1)

表 3 - 71　控制寄存器 1(I2C_CR1)

位	描　述
位 15	SWRST:软件复位(software reset) 当被置位时,I^2C 处于复位状态。在复位该位前确信 I^2C 的引脚被释放,总线是空的。 0:I^2C 模块不处于复位状态; 1:I^2C 模块处于复位状态。 注:该位可以用于 BUSY 位为 1,或总线上没有检测到 I^2C 模块停止工作时
位 14	保留位,硬件强制为 0
位 13	ALERT:SMBus 提醒(SMBus alert) 软件可以设置或清除该位;当 PE=0 时,由硬件清除。 0:释放 SMBAlert 引脚使其变高。提醒响应地址头紧跟在 NACK 信号后面。 1:驱动 SMBAlert 引脚使其变低。提醒响应地址头紧跟在 ACK 信号后面
位 12	PEC:数据包出错检测(packet error checking) 软件可以设置或清除该位;当传送 PEC 后,或起始或停止条件时,或当 PE=0 时硬件将其清除。 0:无 PEC 传输; 1:PEC 传输(在发送或接收模式)。 注:仲裁丢失时,PEC 的计算失效
位 11	POS:应答/PEC 位置(用于数据接收)(acknowledge/PEC Position (for data reception)),软件可以设置或清除该位,或当 PE=0 时,由硬件清除。 0:ACK 位控制当前移位寄存器内正在接收的字节的(N)ACK。PEC 位表明当前移位寄存器内的字节是 PEC; 1:ACK 位控制在移位寄存器中接收的下一个字节的(N)ACK。PEC 位表明在移位寄存器中接收的下一个字节是 PEC。 注:POS 位只能用在 2 字节的接收配置中,必须在接收数据之前配置。为了 NACK 第 2 个字节,必须在清除 ADDR 位之后清除 ACK 位。为了检测第 2 个字节的 PEC,必须在配置了 POS 位之后,拉伸 ADDR 事件时设置 PEC 位
位 10	ACK:应答使能(acknowledge enable) 软件可以设置或清除该位,或当 PE=0 时,由硬件清除。 0:无应答返回; 1:在接收到一个字节后返回一个应答(匹配的地址或数据)

位	描　述
位 9	STOP：停止条件产生（stop generation） 软件可以设置或清除该位，或当检测到停止条件时，由硬件清除；当检测到超时错误时，硬件将其置位。 在主模式下： 0：无停止条件产生； 1：在当前字节传输或在当前起始条件发出后产生停止条件。 在从模式下： 0：无停止条件产生； 1：在当前字节传输或释放 SCL 和 SDA 线。 注：当设置了 STOP、START 或 PEC 位，在硬件清除这个位之前，软件不要执行任何对 I2C_CR1 的写操作；否则有可能会第 2 次设置 STOP、START 或 PEC 位
位 8	START：起始条件产生（start generation） 软件可以设置或清除该位，或当起始条件发出后或 PE＝0 时，由硬件清除。 在主模式下： 0：无起始条件产生； 1：重复产生起始条件。 在从模式下： 0：无起始条件产生； 1：当总线空闲时，产生起始条件
位 7	NOSTRETCH：禁止时钟延长（从模式）（clock stretching disable（slave mode）） 该位用于当 ADDR 或 BTF 标志被置位，在从模式下禁止时钟延长，直到它被软件复位。 0：允许时钟延长； 1：禁止时钟延长
位 6	ENGC：广播呼叫使能（general call enable） 0：禁止广播呼叫。以非应答响应地址 00h。 1：允许广播呼叫。以应答响应地址 00h
位 5	ENPEC：PEC 使能（PEC enable） 0：禁止 PEC 计算； 1：开启 PEC 计算
位 4	ENARP：ARP 使能 （ARP enable） 0：禁止 ARP； 1：使能 ARP。 如果 SMBTYPE＝0，使用 SMBus 设备的默认地址。 如果 SMBTYPE＝1，使用 SMBus 的主地址

位	描　　述
位 3	SMBTYPE:SMBus 类型（SMBus type） 0:SMBus 设备； 1:SMBus 主机
位 2	保留位,硬件强制为 0
位 1	SMBUS:SMBus 模式（SMBus mode） 0:I²C 模式； 1:SMBus 模式
位 0	PE:I²C 模块使能（peripheral enable） 0:禁用 I²C 模块； 1:启用 I²C 模块:根据 SMBus 位的设置,相应的 I/O 口需配置为复用功能。 注:如果清除该位时通信正在进行,在当前通信结束后,I²C 模块被禁用并返回空闲状态。 由于在通信结束后发生 PE＝0,所有的位被清除。 在主模式下,通信结束之前绝不能清除该位

2. 控制寄存器 2(I2C_CR2)

该寄存器的偏移地址为 0x04,复位值为 0x0000（图 3 - 81、表 3 - 72）。

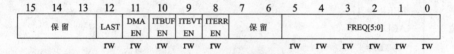

图 3 - 81　控制寄存器 2(I2C_CR2)

表 3 - 72　控制寄存器 2(I2C_CR2)

位	描　　述
位 15:13	保留位,硬件强制为 0
位 12	LAST:DMA 最后一次传输（DMA last transfer） 0:下一次 DMA 的 EOT 不是最后的传输； 1:下一次 DMA 的 EOT 是最后的传输。 注:该位在主接收模式使用,使得在最后一次接收数据时可以产生一个 NACK
位 11	DMAEN:DMA 请求使能（DMA requests enable） 0:禁止 DMA 请求； 1:当 TxE＝1 或 RxNE＝1 时,允许 DMA 请求

位	描　述
位 10	ITBUFEN：缓冲器中断使能（buffer interrupt enable） 0：当 TxE=1 或 RxNE=1 时，不产生任何中断； 1：当 TxE=1 或 RxNE=1 时，产生事件中断（不管 DMAEN 是何种状态）
位 9	ITEVTEN：事件中断使能（event interrupt enable） 0：禁止事件中断； 1：允许事件中断。 在下列条件下，将产生该中断： —SB = 1（主模式）； —ADDR = 1（主/从模式）； —ADD10= 1（主模式）； —STOPF = 1（从模式）； —BTF = 1，但是没有 TxE 或 RxNE 事件； —如果 ITBUFEN = 1，TxE 事件为 1； —如果 ITBUFEN = 1，RxNE 事件为 1
位 8	ITERREN：出错中断使能（error interrupt enable） 0：禁止出错中断； 1：允许出错中断。 在下列条件下，将产生该中断： —BERR = 1； —ARLO = 1； —AF = 1； —OVR = 1； —PECERR = 1； —TIMEOUT = 1； —SMBAlert = 1
位 7:6	保留位，硬件强制为 0
位 5:0	FREQ[5:0]：I²C 模块时钟频率（peripheral clock frequency） 必须设置正确的输入时钟频率以产生正确的时序，允许的范围在 2～36 MHz： 000000：禁用 000001：禁用 000010：2 MHz … 100100：36 MHz 大于 100100：禁用

3. 自身地址寄存器 1(I2C_OAR1)

该寄存器的偏移地址为 0x08，复位值为 0x0000（图 3 - 82、表 3 - 73）。

114

15	14	13	12	11	10	9	8	7	6	5	4	3	2	1	0
ADD MODE	保留	保留				ADD[9:8]		ADD[7:1]							ADD0
rw	res	res				rw	rw	rw	rw	rw	rw	rw	rw	rw	rw

图 3 - 82　自身地址寄存器 1(I2C_OAR1)

表 3 - 73　自身地址寄存器 1(I2C_OAR1)

位	描　述
位 15	ADDMODE:寻址模式(从模式)(addressing mode(slave mode)) 0:7 位从地址(不响应 10 位地址); 1:10 位从地址(不响应 7 位地址)
位 14	必须始终由软件保持为 1
位 13:10	保留位,硬件强制为 0
位 9:8	ADD[9:8]:接口地址(interface address) 7 位地址模式时不用关心。 10 位地址模式时为地址的 9~8 位
位 7:1	ADD[7:1]:接口地址(interface address) 地址的 7~1 位
位 0	ADD0:接口地址(interface address) 7 位地址模式时不用关心。 10 位地址模式时为地址第 0 位

4. 自身地址寄存器 2(I2C_OAR2)

该寄存器的偏移地址为 0x0C,复位值为 0x0000(图 3 - 83、表 3 - 74)。

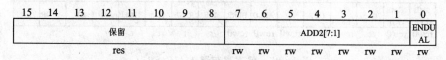

15	14	13	12	11	10	9	8	7	6	5	4	3	2	1	0
保留								ADD2[7:1]							ENDU AL
res								rw	rw	rw	rw	rw	rw	rw	rw

图 3 - 83　自身地址寄存器 2(I2C_OAR2)

表 3 - 74　自身地址寄存器 2(I2C_OAR2)

位	描　述
位 15:8	保留位,硬件强制为 0
位 7:1	ADD2[7:1]:接口地址(interface address) 在双地址模式下地址的 7 位
位 0	ENDUAL:双地址模式使能位(dual addressing mode enable) 0:在 7 位地址模式下,只有 OAR1 被识别; 1:在 7 位地址模式下,OAR1 和 OAR2 都被识别

5. 数据寄存器(I2C_DR)

该寄存器的偏移地址为 0x10,复位值为 0x0000(图 3 - 84、表 3 - 75)。

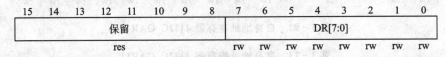

15	14	13	12	11	10	9	8	7	6	5	4	3	2	1	0
保留								DR[7:0]							
res								rw	rw	rw	rw	rw	rw	rw	rw

图 3 - 84　数据寄存器(I2C_DR)

表 3 - 75　数据寄存器(I2C_DR)

位	描　述
位 15:8	保留位,硬件强制为 0
位 7:0	DR[7:0]:8 位数据寄存器(8-bit data register),用于存放接收到的数据或放置用于发送到总线的数据。 发送器模式:当写一个字节至 DR 寄存器时,自动启动数据传输。一旦传输开始(TxE=1),如果能及时把下一个需传输的数据写入 DR 寄存器,I²C 保持连续的数据流。 接收器模式:接收到的字节被复制到 DR 寄存器(RxNE=1)。在接收到下一个字节(RxNE=1)之前读出数据寄存器,即可实现连续的数据传送。 注:在从模式下,地址不会被复制进数据寄存器 DR; 　　硬件不管理写冲突(如果 TxE=0,仍能写入数据寄存器); 　　如果在处理 ACK 脉冲时发生 ARLO 事件,接收到的字节不会被复制到数据寄存器中,因此不能读到它

6. 状态寄存器 1(I2C_SR1)

该寄存器的偏移地址为 0x14,复位值为 0x0000(图 3 - 85、表 3 - 76)。

15	14	13	12	11	10	9	8	7	6	5	4	3	2	1	0
SMB ALERT	TIME OUT	保留	PEC ERR	OVR	AF	ARLO	BERR	TxE	RxNE	保留	STOPF	ADD10	BTF	ADDR	SB
rcw0	rcw0	res	rcw0	rcw0	rcw0	rcw0	rcw0	r	r	res	r	r	r	r	r

图 3 - 85　状态寄存器 1(I2C_SR1)

表 3 - 76　状态寄存器 1(I2C_SR1)

位	描　述
位 15	SMBALERT:SMBus 提醒(SMBus alert) 在 SMBus 主机模式下。 0:无 SMBus 提醒; 1:在引脚上产生 SMBAlert 提醒事件。

位	描　述
位 15	在 SMBus 从机模式下。 0:没有 SMBAlert 响应地址头序列; 1:收到 SMBAlert 响应地址头序列至 SMBAlert 变低。 ■ 该位由软件写 0 清除,或在 PE＝0 时由硬件清除
位 14	TIMEOUT:超时或 T_{low} 错误(timeout or T_{low} error) 0:无超时错误; 1:SCL 处于低已达到 25 ms(超时);或者主机低电平累积时钟扩展时间超过 10 ms(T_{low}:mext); 　或从设备低电平累积时钟扩展时间超过 25 ms(T_{low}:sext)。 ■ 当在从模式下设置该位:从设备复位通信,硬件释放总线。 ■ 当在主模式下设置该位:硬件发出停止条件。 ■ 该位由软件写 0 清除,或在 PE＝0 时由硬件清除
位 13	保留位,硬件强制为 0
位 12	PECERR:在接收时发生 PEC 错误 (PEC error in reception) 0:无 PEC 错误,接收到 PEC 后接收器返回 ACK(如果 ACK＝1); 1:有 PEC 错误,接收到 PEC 后接收器返回 NACK(不管 ACK 是什么值)。 该位由软件写 0 清除,或在 PE＝0 时由硬件清除
位 11	OVR:过载/欠载(overrun/underrun) 0:无过载/欠载; 1:出现过载/欠载。 ■ 当 NOSTRETCH＝1 时,在从模式下该位被硬件置位,同时: ■ 在接收模式中当收到一个新的字节时(包括 ACK 应答脉冲),数据寄存器中的内容还未被读 　出,则新接收的字节将丢失。 ■ 在发送模式中当要发送一个新的字节时,却没有新的数据写入数据寄存器,同样的字节将被 　发送 2 次。 　该位由软件写 0 清除,或在 PE＝0 时由硬件清除。 注:如果数据寄存器的写操作发生时间非常接近 SCL 的上升沿,发送的数据是不确定的,并发生 保持时间错误
位 10	AF:应答失败(acknowledge failure) 0:没有应答失败; 1:应答失败。 ■ 当没有返回应答时,硬件将置该位为 1。 ■ 该位由软件写 0 清除,或在 PE＝0 时由硬件清除

位	描　述
位 9	ARLO:仲裁丢失(主模式)(arbitration lost (master mode)) 0:没有检测到仲裁丢失; 1:检测到仲裁丢失。 当接口失去对总线的控制给另一个主机时,硬件将该位为1。 ■ 该位由软件写0清除,或在 PE＝0 时由硬件清除。 在 ARLO 事件之后,I²C 接口自动切换回从模式(M/SL＝0)。 注:在 SMBUS 模式下,在从模式下对数据的仲裁仅仅发生在数据阶段,或应答传输区间(不包括地址的应答)
位 8	BERR:总线出错(bus error) 0:无起始或停止条件出错; 1:起始或停止条件出错。 ■ 当接口检测到错误的起始或停止条件,硬件将该位置1。 ■ 该位由软件写0清除,或在 PE＝0 时由硬件清除
位 7	TxE:数据寄存器为空(发送时)(data register empty (transmitters)) 0:数据寄存器非空; 1:数据寄存器空。 ■ 在发送数据时,数据寄存器为空时该位被置1,在发送地址阶段不设置该位。 ■ 软件写数据到 DR 寄存器可清除该位;或在发生一个起始或停止条件后,或当 PE＝0 时由硬件自动清除。 如果收到一个 NACK,或下一个要发送的字节是 PEC(PEC＝1),该位不被置位。 注:在写入第 1 个要发送的数据后,或设置了 BTF 时写入数据,都不能清除 TxE 位,这是因为数据寄存器仍然为空
位 6	RxNE:数据寄存器非空(接收时)(data register not empty (receivers)) 0:数据寄存器为空; 1:数据寄存器非空。 ■ 在接收时,当数据寄存器不为空,该位被置1。在接收地址阶段,该位不被置位。 ■ 软件对数据寄存器的读写操作清除该位,或当 PE＝0 时由硬件清除。在发生 ARLO 事件时,RxNE 不被置位。 注:当设置了 BTF 时,读取数据不能清除 RxNE 位,因为数据寄存器仍然为满
位 5	保留位,硬件强制为0
位 4	STOPF:停止条件检测位(从模式)(stop detection(slave mode)) 0:没有检测到停止条件; 1:检测到停止条件。 ■ 在一个应答之后(如果 ACK＝1),当从设备在总线上检测到停止条件时,硬件将该位置1。 ■ 软件读取 SR1 寄存器后,对 CR1 寄存器的写操作将清除该位,或当 PE＝0 时,硬件清除该位。 注:在收到 NACK 后,STOPF 位不被置位

位	描　述
位 3	ADD10:10 位头序列已发送(主模式)(10-bit header sent(master mode)) 0:没有 ADD10 事件发生; 1:主设备已经将第 1 个地址字节发送出去。 在 10 位地址模式下,当主设备已经将第 1 个字节发送出去时,硬件将该位置 1。 软件读取 SR1 寄存器后,对 CR1 寄存器的写操作将清除该位,或当 PE=0 时,硬件清除该位。 注:收到一个 NACK 后,ADD10 位不被置位
位 2	BTF:字节发送结束(byte transfer finished) 0:字节发送未完成; 1:字节发送结束。 当 NOSTRETCH=0 时,在下列情况下硬件将该位置 1: 在接收时,当收到一个新字节(包括 ACK 脉冲)且数据寄存器还未被读取(RxNE=1)。 在发送时,当一个新数据将被发送且数据寄存器还未被写入新的数据(TxE=1)。 在软件读取 SR1 寄存器后,对数据寄存器的读或写操作将清除该位;或在传输中发送一个起始或停止信号后,或当 PE=0 时,由硬件清除该位。 注:在收到一个 NACK 后,BTF 位不会被置位。 如果下一个要传输的字节是 PEC(I2C_SR2 寄存器中 TRA 为 1,同时 I2C_CR1 寄存器中 PEC 为 1),BTF 位不会被置位
位 1	ADDR:地址已被发送(主模式)/地址匹配(从模式)(address sent (master mode)/matched (slave mode)) 在软件读取 SR1 寄存器后,对 SR2 寄存器的读操作将清除该位,或当 PE=0 时,由硬件清除该位。 地址匹配(从模式) 0:地址不匹配或没有收到地址; 1:收到的地址匹配。 当收到的从地址与 OAR 寄存器中的内容相匹配或发生广播呼叫或 SMBus 设备默认地址或 SM-Bus 主机识别出 SMBus 提醒时,硬件就将该位置 1(当对应的设置被使能时)。 地址已被发送(主模式) 0:地址发送没有结束; 1:地址发送结束。 ■ 10 位地址模式时,当收到地址的第 2 个字节的 ACK 后该位被置 1。 ■ 7 位地址模式时,当收到地址的 ACK 后该位被置 1。 注:在收到 NACK 后,ADDR 位不会被置位
位 0	SB:起始位(主模式)(start bit(master mode)) 0:未发送起始条件; 1:起始条件已发送。 ■ 当发送出起始条件时该位被置 1。 ■ 软件读取 SR1 寄存器后,写数据寄存器的操作将清除该位,或当 PE=0 时,硬件清除该位

7. 状态寄存器 2(I2C_SR2)

该寄存器的偏移地址为 0x18,复位值为 0x0000(图 3-86、表 3-77)。

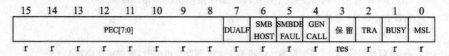

图 3-86　状态寄存器 2(I2C_SR2)

表 3-77　状态寄存器 2(I2C_SR2)

位	描　述
位 15:8	PEC[7:0]:数据包出错检测(packet error checking register) 当 ENPEC=1 时,PEC[7:0]存放内部的 PEC 的值
位 7	DUALF:双标志(从模式)(dual flag (slave mode)) 0:接收到的地址与 OAR1 内的内容相匹配; 1:接收到的地址与 OAR2 内的内容相匹配。 在产生一个停止条件或一个重复的起始条件时,或 PE=0 时,硬件将该位清除
位 6	SMBHOST:SMBus 主机头系列(从模式)(SMBus host header (slave mode)) 0:未收到 SMBus 主机的地址; 1:当 SMBTYPE=1 且 ENARP=1 时,收到 SMBus 主机地址。 在产生一个停止条件或一个重复的起始条件时,或 PE=0 时,硬件将该位清除
位 5	SMBDEFAULT:SMBus 设备默认地址(从模式)(SMBus device default address (slave mode)) 0:未收到 SMBus 设备的默认地址; 1:当 ENARP=1 时,收到 SMBus 设备的默认地址。 在产生一个停止条件或一个重复的起始条件时,或 PE=0 时,硬件将该位清除
位 4	GENCALL:广播呼叫地址(从模式)(general call address(slave mode)) 0:未收到广播呼叫地址; 1:当 ENGC=1 时,收到广播呼叫的地址。 在产生一个停止条件或一个重复的起始条件时,或 PE=0 时,硬件将该位清除
位 3	保留位,硬件强制为 0
位 2	TRA:发送/接收(transmitter/receiver) 0:接收到数据; 1:数据已发送; 在整个地址传输阶段的结尾,该位根据地址字节的 R/W 位来设定。 在检测到停止条件(STOPF=1)、重复的起始条件或总线仲裁丢失(ARLO=1)后,或当 PE=0 时,硬件将其清除

续表 3 - 77

位	描　　述
位 1	BUSY：总线忙（bus busy） 0：在总线上无数据通信； 1：在总线上正在进行数据通信。 在检测到 SDA 或 SCl 为低电平时，硬件将该位置 1； 当检测到一个停止条件时，硬件将该位清除。 该位指示当前正在进行的总线通信，当接口被禁用（PE＝0）时该信息仍然被更新
位 0	MSL：主从模式（master/slave） 0：从模式； 1：主模式。 当接口处于主模式（SB＝1）时，硬件将该位置位； 当总线上检测到一个停止条件、仲裁丢失（ARLO＝1 时），或当 PE＝0 时，硬件清除该位

8. 时钟控制寄存器（I2C_CCR）

该寄存器的偏移地址为 $0x1C$，复位值为 $0x0000$（图 3 - 87、表 3 - 78）。

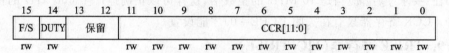

图 3 - 87　时钟控制寄存器（I2C_CCR）

表 3 - 78　时钟控制寄存器（I2C_CCR）

位	描　　述
位 15	F/S：I²C 主模式选项（I²C master mode selection） 0：标准模式的 I²C； 1：快速模式的 I²C
位 14	DUTY：快速模式时的占空比（fast mode duty cycle） 0：快速模式下，$T_{low}/T_{high}＝2$； 1：快速模式下，$T_{low}/T_{high}＝16/9$（见 CCR）
位 13:12	保留位，硬件强制为 0
位 11:0	CCR[11:0]：快速/标准模式下的时钟控制分频系数（主模式）（clock control register in fast/standard mode(master mode)） 该分频系数用于设置主模式下的 SCL 时钟。 在 I²C 标准模式或 SMBus 模式下： $T_{high}＝CCR×T_{PCLK1}$ $T_{low}＝CCR×T_{PCLK1}$ 在 I²C 快速模式下：

位	描　述
位 11:0	如果 DUTY=0， $T_{high} = CCR \times T_{PCLK1}$ $T_{low} = 2 \times CCR \times T_{PCLK1}$ 如果 DUTY=1（速度达到 400 kHz）， $T_{high} = 9 \times CCR \times T_{PCLK1}$ $T_{low} = 16 \times CCR \times T_{PCLK1}$ 例如，在标准模式下，产生 100 kHz SCL 的频率： 如果 FREQR=08，$T_{PCLK1}=125$ ns，则 CCR 必须写入 0x28(40×125 ns=5 000 ns)。 注：(1) 允许设定的最小值为 0x04，在快速 DUTY 模式下允许的最小值为 0x01； (2) $T_{high} = t_{r(SCL)} + t_{w(SCLH)}$，详见数据手册中对这些参数的定义； (3) $T_{low} = t_{f(SCL)} + t_{w(SCLL)}$，详见数据手册中对这些参数的定义； (4) 这些延时没有过滤器； (5) 只有在关闭 I^2C 时(PE=0)才能设置 CCR 寄存器； (6) f_{CK} 应当是 10 MHz 的整数倍，这样可以正确产生 400 kHz 的快速时钟

注：要求 f_{PCLK1} 应当是 10 MHz 的整数倍，这样可以正确地产生 400 kHz 的快速时钟。CCR 寄存器只有在关闭 $I^2CPE=0$）才能设置。

9. TRISE 寄存器(I2C_TRISE)

该寄存器的偏移地址为 0x20，复位值为 0x0002（图 3 - 88、表 3 - 79）。

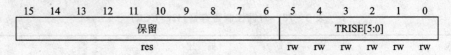

15	14	13	12	11	10	9	8	7	6	5	4	3	2	1	0
保留										TRISE[5:0]					
res										rw	rw	rw	rw	rw	rw

图 3 - 88　TRISE 寄存器(I2C_TRISE)

表 3 - 79　TRISE 寄存器(I2C_TRISE)

位	描　述
位 15:6	保留位，硬件强制为 0
位 5:0	TRISE[5:0]：在快速/标准模式下的最大上升时间（主模式）(maximum rise time in fast/standard mode(master mode)) 这些位必须设置为 I^2C 总线规范中给出的最大 SCL 上升时间，增长步幅为 1。 例如，标准模式中最大允许 SCL 上升时间为 1 000 ns。如果在 I2C_CR2 寄存器中 FREQ[5:0]中的值等于 0x08 且 $T_{PCLK1}=125$ ns，故 TRISE[5:0]中必须写入 09h(1 000 ns/125 ns=8+1)。滤波器的值也可以加到 TRISE[5:0]内。如果结果不是一个整数，则将整数部分写入 TRISE[5:0]以确保 t_{high} 参数 注：只有当 I^2C 被禁用(PE=0)时，才能设置 TRISE[5:0]

3.10　串行外设接口(SPI)

3.10.1　功能描述

1. SPI 简介

　　STM32F10x 串行外设接口(SPI)与外部设备以半/全双工、同步、串行方式通信。当该接口配置成主模式时,则可以为外部从设备提供通信时钟(SCK)。多个主设备配置下,接口也可以工作。SPI 可用于多种场合,如使用一条双向数据线的双线单工同步传输,还可使用 CRC 校验的可靠通信。STM32F10x 处理器 SPI 接口结构如图 3-89 所示。

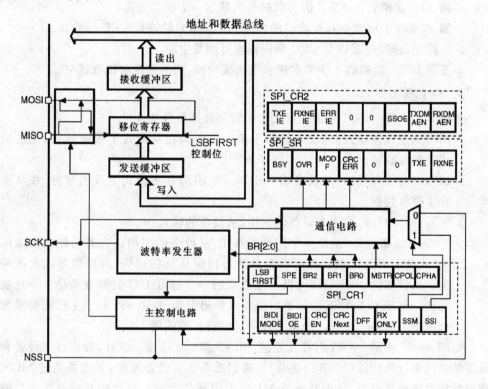

图 3-89　SPI 框图

2. SPI 基本特征

➢ 利用 3 根线可实现全双工同步传输。

➢ 带或不带第 3 根双向数据线的双线单工同步传输。

➢ 可选择 8 或 16 位传输帧格式。

➢ 可选择的主/从操作模式。

➢ 支持多主模式。

➢ 8 个主模式波特率预分频系数（最大为 $f_{PCLK}/2$）。

➢ 从模式频率（最大为 $f_{PCLK}/2$）。

➢ 主模式和从模式都可以实现快速通信。

➢ 主模式和从模式下均可以由软件或硬件进行 NSS 管理：主/从操作模式的动态改变。

➢ 时钟极性和相位都是可编程的。

➢ 可编程的数据顺序，MSB 在前或 LSB 在前都可以。

➢ 专用发送和接收标志可触发中断。

➢ 具有 SPI 总线忙状态标志。

➢ 通过硬件 CRC 支持可靠通信：

　■ 在发送模式下，CRC 值可以被作为最后一个字节发送；

　■ 在全双工模式中对接收到的最后一个字节自动进行 CRC 校验。

➢ 主模式故障、过载以及 CRC 错误标志可触发中断。

➢ 支持 DMA 功能的 1 字节发送和接收缓冲器：产生发送和接收请求。

3. SPI 基本功能

如图 3 - 89 所示，SPI 通常通过 4 个引脚与外部器件相连。

➢ MISO：主设备输入/从设备输出引脚。该引脚在从模式下发送数据，在主模式下接收数据。

➢ MOSI：主设备输出/从设备输入引脚。该引脚在主模式下发送数据，在从模式下接收数据。

➢ SCK：串口时钟，作为主设备的输出、从设备的输入。

➢ NSS：从设备选择，这是一个用来选择主/从设备的引脚。它的功能是用来作为"片选引脚"，让主设备可以单独地与特定从设备通信，避免数据线上的冲突。从设备的 NSS 引脚可以由主设备的一个标准 I/O 引脚来驱动。一旦被使能（SSOE 位），NSS 引脚也可以作为输出引脚，并在 SPI 处于主模式时输出低电平。图 3 - 90 是一个单主和单从设备互连的例子。

如图 3 - 90 所示 MOSI 脚相互连接，MISO 脚相互连接。这样，数据在主设备和从设备之间串行地传输（MSB 位在前）。通信总是由主设备发起，主设备通过 MOSI 脚把数据发送给从设备，从设备通过 MISO 引脚回传数据。这意味着全双工通信的数据输出和数据输入是用同一个时钟信号同步的，该时钟信号由主设备通过 SCK 脚提供。

NSS 有两种模式。

➢ 软件 NSS 模式：可以通过设置 SPI_CR1 寄存器的 SSM 位来使能这种模式。在这种模式下 NSS 引脚可以用作它用，而内部 NSS 信号电平可以通过写 SPI_CR1 的 SSI 位来使能，如图 3 - 91 所示。

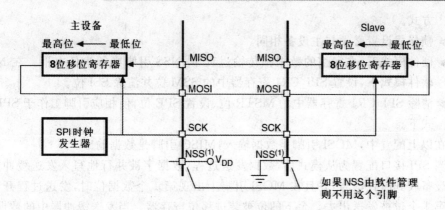

图 3 - 90　单主和单从应用

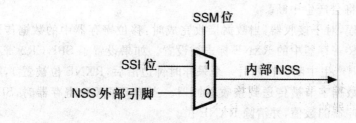

图 3 - 91　硬件/软件的从选择管理

125

➤ 硬件 NSS 模式,分为两种情况。

■ NSS 引脚被用作输出:NSS 输出通过 SPI_CR2 寄存器的 SSOE 位使能,当 STM32F10xxx 工作为主 SPI,并且这时 NSS 引脚被拉低,所有 NSS 引脚 与这个主 SPI 的 NSS 引脚相连并配置为硬件 NSS 的 SPI 设备将自动变成 从 SPI 设备。当一个 SPI 设备需要发送广播数据,它必须拉低 NSS 信号, 以通知所有其他设备它是主设备;如果它不能拉低 NSS,这意味着总线上 有另外一个主设备在通信,这时将产生一个硬件失败错误。

■ NSS 输出被关闭:允许操作于多主环境。

数据帧格式根据 SPI_CR1 寄存器中的 LSBFIRST 位,设置输出数据位时可以 MSB 在先也可以 LSB 在先。根据 SPI_CR1 寄存器的 DFF 位,每个数据帧可以是 8 位或是 16 位。SPI_CR1 寄存器所选择的数据帧格式对发送和/或接收都有效。

4. SPI 配置为从模式

在从模式下,SCK 引脚用于接收从主设备来的串行时钟。SPI_CR1 寄存器中 BR[2:0]的设置不影响数据传输速率。配置步骤如下:

➤ 设置 DFF 位以定义数据帧格式为 8 位或 16 位。

➤ 选择 CPOL 和 CPHA 位来定义数据传输和串行时钟之间的相位关系,为保证 正确的数据传输,从设备和主设备的 CPOL 和 CPHA 位必须配置成相同的方式。

➤ 帧格式设置必须与主设备相同。

➤ 硬件模式下,在完整的数据帧传输过程中,NSS 引脚必须为低电平。在 NSS 软件模式下,设置 SPI_CR1 寄存器中的 SSM 位并清除 SSI 位。

➤ 清除 SPI_CR1 寄存器中的 MSTR 位、设置 SPE 位,使相应引脚工作于 SPI 模式下。

在以上配置中,MOSI 引脚是数据输入,MISO 引脚是数据输出。

当 SPI 接口配置为从模式后,数据发送过程:数据字被并行地写入发送缓冲器,当从设备收到时钟信号,并且在 MOSI 引脚上出现第 1 个数据位时,发送过程开始,此时第 1 个位被发送出去。余下的位被装进移位寄存器。当发送缓冲器中的数据传输到移位寄存器时,SPI_SP 寄存器的 TXE 标志被设置,如果设置了 SPI_CR2 寄存器的 TXEIE 位,将会产生中断。

数据接收过程,对于接收器,当数据接收完成时:移位寄存器中的数据传送到接收缓冲器,SPI_SR 寄存器中的 RXNE 标志被设置。如果设置了 SPI_CR2 寄存器中的 RXNEIE 位,则产生中断。在最后一个采样时钟边沿后,RXNE 位被置 1,移位寄存器中接收到的数据字节被传送到接收缓冲器。当读 SPI_DR 寄存器时,SPI 设备返回这个接收缓冲器的数值,并清除 RXNE 位。

5. SPI 配置为主模式

当 SPI 配置为主模式时,在 SCK 脚产生串行时钟。配置步骤如下:

➤ 通过 SPI_CR1 寄存器的 BR[2:0]位定义串行时钟波特率。

➤ 选择 CPOL 和 CPHA 位,定义数据传输和串行时钟间的相位关系。

➤ 设置 DFF 位来定义 8 位或 16 位数据帧格式。

➤ 配置 SPI_CR1 寄存器的 LSBFIRST 位定义帧格式。

➤ 如果需要 NSS 引脚工作在输入模式、硬件模式下,在整个数据帧传输期间应把 NSS 脚连接到高电平;在软件模式下,需设置 SPI_CR1 寄存器的 SSM 位和 SSI 位。如果 NSS 引脚工作在输出模式,则只需设置 SSOE 位。

➤ 必须设置 MSTR 位和 SPE 位(只有当 NSS 脚被连到高电平,这些位才能保持置位)使引脚工作在 SPI 模式下。

在上面的配置中,MOSI 引脚是数据输出,而 MISO 引脚是数据输入。

当 SPI 接口配置为主模式后,数据发送过程:当写入数据至发送缓冲器时,发送过程开始。在发送第 1 个数据位时,数据字被并行地(通过内部总线)传入移位寄存器,而后串行地移出到 MOSI 脚上;MSB 在先还是 LSB 在先,取决于 SPI_CR1 寄存器中的 LSBFIRST 位的设置。数据从发送缓冲器传输到移位寄存器时 TXE 标志将被置位,如果设置了 SPI_CR1 寄存器中的 TXEIE 位,将产生中断。

数据接收过程,对于接收器来说,当数据传输完成时:传送移位寄存器中的数据到接收缓冲器,并且 RXNE 标志被置位。如果设置了 SPI_CR2 寄存器中的 RX-

NEIE 位,则产生中断。在最后采样的时钟沿,RXNE 位被设置,在移位寄存器中接收到的数据字被传送到接收缓冲器。读 SPI_DR 寄存器时,SPI 设备返回接收缓冲器中的数据,并将 RXNE 位清除。

6. SPI 配置为单工通信

SPI 模块能够以两种配置工作于单工方式:1 条时钟线和 1 条双向数据线,1 条时钟线和 1 条数据线(只接收或只发送)。

当配置为 1 条时钟线和 1 条双向数据线(BIDIMODE=1)时,设置 SPI_CR1 寄存器中的 BIDIMODE 位而启用此模式。在这个模式下,SCK 引脚作为时钟,主设备使用 MOSI 引脚而从设备使用 MISO 引脚作为数据通信。传输的方向由 SPI_CR1 寄存器中的 BIDIOE 控制,当这个位是 1 时,数据线是输出,否则是输入。

当配置为 1 条时钟和 1 条单向数据线(BIDIMODE=0)时,在这个模式下,SPI 模块可以或者作为只发送,或者作为只接收。只发送模式类似于全双工模式(BIDIMODE=0,RXONLY=0):数据在发送引脚(主模式时是 MOSI、从模式时是 MISO)上传输,而接收引脚(主模式时是 MISO、从模式时是 MOSI)可以作为通用的 I/O 使用。此时,软件不必理会接收缓冲器中的数据在只接收模式,可以通过设置 SPI_CR2 寄存器的 RXONLY 位而关闭 SPI 的输出功能;此时,发送引脚(主模式时是 MOSI、从模式时是 MISO)被释放,可以作为其他功能使用。配置并使能 SPI 模块为只接收模式的方式为:

> 在主模式时,一旦使能 SPI,通信立即启动,当清除 SPE 位时立即停止当前的接收。在此模式下,不必读取 BSY 标志,在 SPI 通信期间这个标志始终为 1。
> 在从模式时,只要 NSS 被拉低(或在 NSS 软件模式时,SSI 位为 0)同时 SCK 有时钟脉冲,SPI 就一直在接收。

7. CRC 校验

CRC 校验用于保证全双工通信的可靠性。数据发送和数据接收分别使用单独的 CRC 计算器。通过对每一个接收位进行可编程的多项式运算来计算 CRC。CRC 的计算是在由 SPI_CR1 寄存器中 CPHA 和 CPOL 位定义的采样时钟边沿进行的。

SPI 通信可以通过以下步骤使用 CRC:

> 设置 CPOL、CPHA、LSBFirst、BR、SSM、SSI 和 MSTR 的值;
> 在 SPI_CRCPR 寄存器输入多项式;
> 通过设置 SPI_CR1 寄存器 CRCEN 位使能 CRC 计算,该操作也会清除寄存器 SPI_RXCRCR 和 SPI_TXCRC;
> 设置 SPI_CR1 寄存器的 SPE 位启动 SPI 功能;
> 启动通信并且维持通信,直到只剩最后一个字节或者半字;
> 在把最后一个字节或半字写进发送缓冲器时,设置 SPI_CR1 的 CRCNext 位,指示硬件在发送完成最后一个数据之后,发送 CRC 的数值。在发送 CRC 数

值期间,停止 CRC 计算;

➤ 当最后一个字节或半字被发送后,SPI 发送 CRC 数值,CRCNext 位被清除。同样,接收到的 CRC 与 SPI_RXCRCR 值进行比较,如果比较不相配,则设置 SPI_SR 上的 CRCERR 标志位,当设置了 SPI_CR2 寄存器的 ERRIE 时,则产生中断。

8. 状态标志

应用程序通过 3 个状态标志可以完全监控 SPI 总线的状态。

(1) 发送缓冲器空闲标志(TXE)。

此标志为 1 时表明发送缓冲器为空,可以写下一个待发送的数据进入缓冲器中。当写入 SPI_DR 时,TXE 标志被清除。

(2) 接收缓冲器非空(RXNE)。

此标志为 1 时表明在接收缓冲器中包含有效的接收数据。读 SPI 数据寄存器可以清除此标志。

(3) 忙(busy)标志。

BSY 标志由硬件设置与清除(写入此位无效果),此标志表明 SPI 通信层的状态。当它被设置为 1 时,表明 SPI 正忙于通信,但有一个例外,在主模式的双向接收模式下(MSTR=1,BDM=1 并且 BDOE=0),在接收期间 BSY 标志保持为低。在软件要关闭 SPI 模块并进入停机模式(或关闭设备时钟)之前,可以使用 BSY 标志检测传输是否结束,这样可以避免破坏最后一次传输,因此需要严格按照下述过程执行。BSY 标志还可以用于在多主系统中避免写冲突。除了主模式的双向接收模式(MSTR=1,BDM=1 并且 BDOE=0),当传输开始时,BSY 标志被置 1。

以下情况时此标志将被清除为 0:

➤ 当传输结束(主模式下,如果是连续通信的情况例外);

➤ 当关闭 SPI 模块;

➤ 当产生主模式失效(MODF=1)。

如果通信不是连续的,则在每个数据项的传输之间 BSY 标志为低。

9. 利用 DMA 的 SPI 通信

为了达到最大通信速度,需要及时往 SPI 发送缓冲器填数据,同样接收缓冲器中的数据也必须及时读走以防止溢出。为了方便提高数据传输效率,SPI 实现了一种采用简单的请求/应答的 DMA 机制。当 SPI_CR2 寄存器上的对应使能位被设置时,SPI 模块发送缓冲器和接收缓冲器也有各自的 DMA 请求。

10. 错误标志

1) 主模式失效错误(MODF)

主模式失效仅发生在:NSS 引脚硬件模式管理下,主设备的 NSS 脚被拉低;或者在 NSS 引脚软件模式管理下,SSI 位被置为 0 时,MODF 位被自动置位。主模式失效对 SPI 设备有以下影响。

 ▷ MODF 位被置为 1,如果设置了 ERRIE 位,则产生 SPI 中断;

 ▷ SPE 位被清为 0,一切输出将停止,并且关闭 SPI 接口;

 ▷ MSTR 位被清为 0,强迫此设备进入从模式。

下面的步骤用于清除 MODF 位:

 ▷ 当 MODF 位被置为 1 时,执行一次对 SPI_SR 寄存器的读或写操作;

 ▷ 然后写 SPI_CR1 寄存器。

在有多个 MCU 的系统中,为了避免出现多个从设备的冲突,必须先拉高该主设备的 NSS 脚,再对 MODF 位进行清零。在完成清零之后,SPE 和 MSTR 位可以恢复到它们的原始状态。出于安全的考虑,当 MODF 位为 1 时,硬件不允许设置 SPE 和 MSTR 位。通常配置下,从设备的 MODF 位不能被置为 1。然而,在多主配置中,一个设备可以在设置了 MODF 位的情况下处于从设备模式;此时,MODF 位表示可能出现了多主冲突。中断程序可以执行一个复位或返回到默认状态来从错误状态中恢复。

2) 溢出错误

当主设备已经发送了数据字节,而从设备还没有清除前一个数据字节产生的 RXNE 时,即为溢出错误。当产生溢出错误时,OVR 位被置为 1;当设置了 ERRIE 位时,则产生中断。此时,接收器缓冲器的数据不是主设备发送的新数据,读 SPI_DR 寄存器返回的是之前未读的数据,所有随后传送的数据都被丢弃。

依次读出 SPI_DR 寄存器和 SPI_SR 寄存器可将 OVR 清除。

3) CRC 错误

当设置了 SPI_CR 寄存器上的 CRCEN 位时,CRC 错误标志用来核对接收数据的有效性。如果移位寄存器中接收到的值(发送方发送的 SPI_TXCRCR 数值)与接收方 SPI_RXCRCR 寄存器中的数值不匹配,则 SPI_SR 寄存器上的 CRCERR 标志被置位为 1。

11. SPI 中断

SPI 可以产生多种中断事件,如表 3-80 所列。

表 3-80　SPI 中断请求

中断事件	事件标志	使能控制位
发送缓冲器空标志	TXE	TXEIE
接收缓冲器非空标志	RXNE	RXNEIE
主模式失效事件	MODF	
溢出错误	OVR	ERRIE
CRC 错误标志	CRCERR	

3.10.2 SPI 寄存器描述

1. SPI 控制寄存器 1(SPI_CR1)

该寄存器用于控制 SPI 接口,其地址偏移为 0x00,复位值为 0x0000(图 3-92、表 3-81)。

15	14	13	12	11	10	9	8	7	6	5	4	3	2	1	0
BIDI MODE	BIDI OE	CRCEN	CRC NEXT	DFF	RX ONLY	SSM	SSI	LSB FIRST	SPE		BR[2:0]		MSTR	CPOL	CPHA
rw	rw	rw	rw	rw	rw	rw	rw	rw	rw	rw	rw	rw	rw	rw	rw

图 3-92 SPI 控制寄存器 1(SPI_CR1)

表 3-81 SPI 控制寄存器 1(SPI_CR1)

位	描 述
位 15	BIDIMODE:双向数据模式使能(bidirectional data mode enable) 0:选择"双线双向"模式; 1:选择"单线双向"模式
位 14	BIDIOE:双向模式下的输出使能(output enable in bidirectional mode) 和 BIDIMODE 位一起决定在"单线双向"模式下数据的输出方向。 0:输出禁止(只收模式); 1:输出使能(只发模式)。 这个"单线"数据线在主设备端为 MOSI 引脚,在从设备端为 MISO 引脚
位 13	CRCEN:硬件 CRC 校验使能(hardware CRC calculation enable) 0:禁止 CRC 计算; 1:启动 CRC 计算。 注:只有在禁止 SPI(SPE=0)时才能写该位,否则出错。 该位只能在全双工模式下使用
位 12	CRCNEXT:下一个发送 CRC(transmit CRC next) 0:下一个发送的值来自发送缓冲区; 1:下一个发送的值来自发送 CRC 寄存器。 注:在 SPI_DR 寄存器写入最后一个数据后应马上设置该位
位 11	DFF:数据帧格式(data frame format) 0:使用 8 位数据帧格式进行发送/接收; 1:使用 16 位数据帧格式进行发送/接收。 注:只有当 SPI 禁止(SPE=0)时才能写该位,否则出错

位	描　述
位 10	RXONLY:只接收(receive only) 该位和 BIDIMODE 位一起决定在"双线双向"模式下的传输方向。在多个从设备的配置中,在未被访问的从设备上该位被置 1,使得只有被访问的从设备有输出,从而不会造成数据线上数据冲突。 0:全双工(发送和接收); 1:禁止输出(只接收模式)
位 9	SSM:软件从设备管理(software slave management) 当 SSM 被置位时,NSS 引脚上的电平由 SSI 位的值决定。 0:禁止软件从设备管理; 1:启用软件从设备管理
位 8	SSI:内部从设备选择(internal slave select) 该位只在 SSM 位为 1 时有意义。它决定了 NSS 上的电平,在 NSS 引脚上的 I/O 操作无效
位 7	LSBFIRST:帧格式(frame format) 0:先发送 MSB; 1:先发送 LSB。 注:当通信在进行时不能改变该位的值
位 6	SPE:SPI 使能 (SPI enable) 0:禁止 SPI 设备; 1:开启 SPI 设备
位 5:3	BR[2:0]:波特率控制(baud rate control) 000:$f_{PCLK}/2$　　001:$f_{PCLK}/4$　　010:$f_{PCLK}/8$　　011:$f_{PCLK}/16$ 100:$f_{PCLK}/32$　101:$f_{PCLK}/64$　110:$f_{PCLK}/128$　111:$f_{PCLK}/256$ 当通信正在进行时候,不能修改这些位。 注意:I^2S 模式下不使用
位 2	MSTR:主设备选择(master selection) 0:配置为从设备; 1:配置为主设备。 注:当通信正在进行时,不能修改该位。 注:I^2S 模式下不使用
位 1	CPOL:时钟极性(clock polarity) 0:空闲状态时,SCK 保持低电平; 1:空闲状态时,SCK 保持高电平。 注:当通信正在进行时,不能修改该位。 注:I^2S 模式下不使用
位 0	CPHA:时钟相位(clock phase) 0:数据采样从第 1 个时钟边沿开始; 1:数据采样从第 2 个时钟边沿开始。 注:当通信正在进行时,不能修改该位。 注:I^2S 模式下不使用

2. SPI 控制寄存器 2(SPI_CR2)

该寄存器用于控制 SPI 接口,其地址偏移为 0x04,复位值为 0x0000(图 3 - 93、表 3 - 82)。

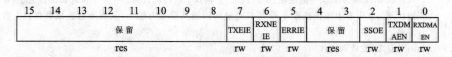

15	14	13	12	11	10	9	8	7	6	5	4	3	2	1	0
				保留				TXEIE	RXNEIE	ERRIE		保留	SSOE	TXDMAEN	RXDMAEN
				res				rw	rw	rw		res	rw	rw	rw

图 3 - 93　SPI 控制寄存器 2(SPI_CR2)

表 3 - 82　SPI 控制寄存器 2(SPI_CR2)

位	描　述
位 15:8	保留位,硬件强制为 0
位 7	TXEIE:发送缓冲区空中断使能 (Tx buffer empty interrupt enable) 0:禁止 TXE 中断; 1:允许 TXE 中断,当 TXE 标志置位为 1 时产生中断请求
位 6	RXNEIE:接收缓冲区非空中断使能 (RX buffer not empty interrupt enable) 0:禁止 RXNE 中断; 1:允许 RXNE 中断,当 RXNE 标志置位时产生中断请求
位 5	ERRIR:错误中断使能(error interrupt enable) 当错误(CRCERR、OVR、MODF)产生时,该位控制是否产生中断。 0:禁止错误中断; 1:允许错误中断
位 4:3	保留位,硬件强制为 0
位 2	SSOE:SS 输出使能 (SS output enable) 0:禁止在主模式下 SS 输出,该设备可以工作在多主设备模式; 1:设备开启时,开启主模式下 SS 输出,该设备不能工作在多主设备模式。 注:I²S 模式下不使用
位 1	TXDMAEN:发送缓冲区 DMA 使能 (Tx buffer DMA enable) 当该位被设置时,TXE 标志一旦被置位就发出 DMA 请求 0:禁止发送缓冲区 DMA; 1:启动发送缓冲区 DMA
位 0	RXDMAEN:接收缓冲区 DMA 使能 (Rx buffer DMA enable) 当该位被设置时,RXNE 标志一旦被置位就发出 DMA 请求 0:禁止接收缓冲区 DMA; 1:启动接收缓冲区 DMA

3. SPI 状态寄存器(SPI_SR)

该寄存器用于反映 SPI 接口的状态,其地址偏移为 0x08,复位值为 0x0002(图 3 - 94、表 3 - 83)。

15	14	13	12	11	10	9	8	7	6	5	4	3	2	1	0
								BSY	OVR	MODF	CRC ERR	UDR	CHSI DE	TXE	RXNE
保留								r	r	r	rcw0	r	r	r	r

图 3 - 94　SPI 状态寄存器(SPI_SR)

表 3 - 83　SPI 状态寄存器(SPI_SR)

位	描　述
位 15:8	保留位,硬件强制为 0
位 7	BSY:忙标志(busy flag) 0:SPI 不忙; 1:SPI 正忙于通信,或者发送缓冲非空。 该位由硬件置位或者复位
位 6	OVR:溢出标志(overrun flag) 0:没有出现溢出错误; 1:出现溢出错误。 该位由硬件置位,由软件序列复位
位 5	MODF:模式错误(mode fault) 0:没有出现模式错误; 1:出现模式错误。 该位由硬件置位,由软件序列复位
位 4	CRCERR:CRC 错误标志(CRC error flag) 0:收到的 CRC 值和 SPI_RXCRCR 寄存器中的值匹配; 1:收到的 CRC 值和 SPI_RXCRCR 寄存器中的值不匹配。 该位由硬件置位,由软件写 0 而复位。 注:I²S 模式下不使用
位 3	UDR:下溢标志位(underrun flag) 0:未发生下溢; 1:发生下溢。 该标志位由硬件置1,由一个软件序列清0。 注:在 SPI 模式下不使用
位 2	CHSIDE:声道(channel side) 0:需要传输或者接收左声道; 1:需要传输或者接收右声道。 注:在 SPI 模式下不使用。在 PCM 模式下无意义
位 1	TXE:发送缓冲为空(transmit buffer empty) 0:发送缓冲非空; 1:发送缓冲为空
位 0	RXNE:接收缓冲非空(receive buffer not empty) 0:接收缓冲为空; 1:接收缓冲非空

133

4. SPI 数据寄存器(SPI_DR)

该寄存器用于存放 SPI 接口接收或发送的数据,其地址偏移为 0x0C,复位值为 0x000(图 3-95、表 3-84)。

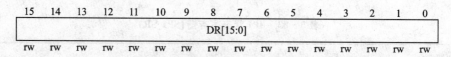

15	14	13	12	11	10	9	8	7	6	5	4	3	2	1	0
						DR[15:0]									
rw	rw	rw	rw	rw	rw	rw	rw	rw	rw	rw	rw	rw	rw	rw	rw

图 3-95　SPI 数据寄存器(SPI_DR)

表 3-84　SPI 数据寄存器(SPI_DR)

位	描　述
位 15:0	DR[15:0]:数据寄存器(data register) 待发送或者已经收到的数据,数据寄存器对应 2 个缓冲区:一个用于写(发送缓冲),另外一个用于读(接收缓冲)。写操作将数据写到发送缓冲区,读操作将返回接收缓冲区里的数据。对 SPI 模式的注释:根据 SPI_CR1 的 DFF 位对数据帧格式的选择,数据的发送和接收可以是 8 位或者 16 位的。为保证正确操作,需要在启用 SPI 之前就确定好数据帧格式。对于 8 位的数据,缓冲器是 8 位的,发送和接收时只会用到 SPI_DR[7:0]。在接收时,SPI_DR[15:8]被强制为 0。对于 16 位的数据,缓冲器是 16 位的,发送和接收时会用到整个数据寄存器,即 SPI_DR[15:0]

5. SPI CRC 多项式寄存器(SPI_CRCPR)

该寄存器用于存放 SPI 通信过程中 CRC 校验多项式,其地址偏移为 0x10,复位值为 0x0007(图 3-96、表 3-85)。

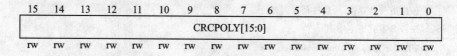

15	14	13	12	11	10	9	8	7	6	5	4	3	2	1	0
						CRCPOLY[15:0]									
rw	rw	rw	rw	rw	rw	rw	rw	rw	rw	rw	rw	rw	rw	rw	rw

图 3-96　SPI CRC 多项式寄存器(SPI_CRCPR)

表 3-85　SPI CRC 多项式寄存器(SPI_CRCPR)

位	描　述
位 15:0	CRCPOLY[15:0]:CRC 多项式寄存器(CRC polynomial register) 该寄存器包含了 CRC 计算时用到的多项式。其复位值为 0x0007,根据应用可以设置其他数值。

6. SPI Rx CRC 寄存器(SPI_RXCRCR)

该寄存器用于存放 CRC 校验计算所得的值,其地址偏移为 0x14,复位值为 0x0000(图 3-97、表 3-86)。

15	14	13	12	11	10	9	8	7	6	5	4	3	2	1	0
						RxCRC[15:0]									
r	r	r	r	r	r	r	r	r	r	r	r	r	r	r	r

图 3 - 97　SPI Rx CRC 寄存器(SPI_RXCRCR)

表 3 - 86　SPI Rx CRC 寄存器(SPI_RXCRCR)

位	描　述
位 15:0	RXCRC[15:0]:接收 CRC 寄存器 在启用 CRC 计算时,RXCRC[15:0]中包含了依据收到的字节计算的 CRC 数值。当在 SPI_CR1 的 CRCEN 位写入 1 时,该寄存器被复位。CRC 计算使用 SPI_CRCPR 中的多项式。当数据帧格式被设置为 8 位时,仅低 8 位参与计算,并且按照 CRC8 的方法进行;当数据帧格式为 16 位时,寄存器中的所有 16 位都参与计算,并且按照 CRC16 的标准。 注:当 BSY 标志为 1 时读该寄存器,将可能读到不正确的数值

7. SPI Tx CRC 寄存器(SPI_TXCRCR)

该寄存器用于存放将要发送的字节计算的 CRC 数值,其地址偏移为 0x18,复位值为 0x0000(图 3 - 98、表 3 - 87)。

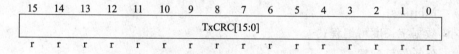

15	14	13	12	11	10	9	8	7	6	5	4	3	2	1	0
						TxCRC[15:0]									
r	r	r	r	r	r	r	r	r	r	r	r	r	r	r	r

图 3 - 98　SPI Tx CRC 寄存器(SPI_TXCRCR)

表 3 - 87　SPI Tx CRC 寄存器(SPI_TXCRCR)

位	描　述
位 15:0	TxCRC[15:0]:发送 CRC 寄存器 在启用 CRC 计算时,TXCRC[15:0]中包含了依据将要发送的字节计算的 CRC 数值。当在 SPI_CR1 中的 CRCEN 位写入 1 时,该寄存器被复位。CRC 计算使用 SPI_CRCPR 中的多项式。当数据帧格式被设置为 8 位时,仅低 8 位参与计算,并且按照 CRC8 的方法进行;当数据帧格式为 16 位时,寄存器中的所有 16 个位都参与计算,并且按照 CRC16 的标准。 注:当 BSY 标志为 1 时读该寄存器,将可能读到不正确的数值

3.11　通用同步异步收发机(USART)

3.11.1　功能描述

1. USART 简介

通用同步异步收发器(USART)为外部设备之间进行全双工数据交换提供了一种灵活的方式。这些外部设备使用的是工业标准 NRZ 异步串行数据格式。US-ART 根据分数波特率发生器提供宽范围的波特率进行选择。它支持同步单向通信和半双工单线通信,也支持 LIN(局部互联网),智能卡协议和 IrDA(红外数据组织)SIR ENDEC 规范,以及调制解调器(CTS/RTS)操作。它还允许多处理器通信,使用多缓冲器配置的 DMA 方式,可以实现数据的高速通信。

2. USART 主要特性

➢ 全双工的异步通信;

➢ NRZ 标准格式;

➢ 分数波特率发生器系统,发送和接收共用的可编程波特率最高达 4.5 Mbits/s;

➢ 数据字长度可编程;

➢ 停止位可配置;

➢ LIN 主发送同步断开符的能力以及 LIN 从检测断开符的能力,当 USART 硬件配置成 LIN 时,生成 13 位断开符;检测 10/11 位断开符;

➢ 发送方为同步传输提供时钟;

➢ IRDA SIR 编码器解码器,在正常模式下支持 3/16 位的持续时间;

➢ 智能卡模拟功能,智能卡接口支持 ISO 7816-3 标准中定义的异步智能卡协议,智能卡用到的 0.5 和 1.5 个停止位;

➢ 单线半双工通信;

➢ 可配置的使用 DMA 的多缓冲器通信,在 SRAM 中利用集中式 DMA 缓冲接收/发送字节;

➢ 单独的发送器和接收器使能位;

➢ 检测标志:接收缓冲器满、发送缓冲器空、传输结束标志;

➢ 校验控制:发送校验位,对接收数据进行校验;

➢ 4 个错误检测标志:溢出错误、噪声错误、帧错误、校验错误;

➢ 10 个带标志的中断源:CTS 改变、LIN 断开符检测、发送数据寄存器空、发送完成、接收数据寄存器满、检测到总线为空闲、溢出错误、帧错误、噪声错误、校验错误;

> 多处理器通信，如果地址不匹配，则进入静默模式；
> 从静默模式中唤醒（通过空闲总线检测或地址标志检测）；
> 两种唤醒接收器的方式：地址位，总线空闲。

3. USART 功能框图

　　USART 接口通过 3 个引脚与其他设备连接在一起，如图 3 - 99 所示。任何 USART 双向通信至少需要 2 个脚：接收数据输入（RX）和发送数据输出（TX）。RX，接收数据串行输入。通过采样技术来区别数据和噪声，从而恢复数据。TX，发送数据输出。当发送器被禁止时，输出引脚恢复到其 I/O 端口配置。当发送器被激活，并且不发送数据时，TX 引脚处于高电平。在单线和智能卡模式中，此 I/O 口被同时

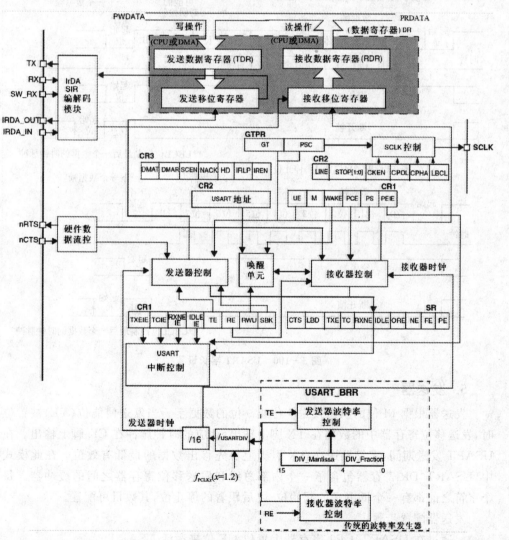

图 3 - 99　USART 框图

用于数据的接收和发送。

4. USART 字符特性

字长可以通过编程 USART_CR1 寄存器中的 M 位,选择成 8 或 9 位(图 3 - 100)。在起始位期间,TX 脚处于低电平,在停止位期间处于高电平。空闲符号被视为完全由 1 组成的一个完整的数据帧,后面跟着包含了数据的下一帧的开始位。断开符号被视为在一个帧周期内全部收到 0。在断开帧结束时,发送器再插入 1 或 2 个停止位来应答起始位。发送和接收由一共用的波特率发生器驱动,当发送器和接收器的使能位分别置位时,分别为其产生时钟。

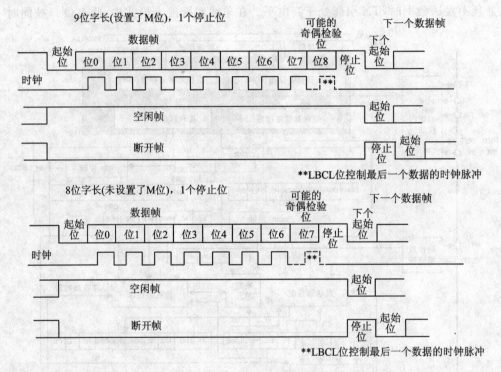

图 3 - 100 USART 字长设置

5. 发送器

发送器根据 M 位的状态发送 8 位或 9 位的数据字。当发送使能位(TE)被置位时,发送移位寄存器中的数据在 TX 脚上输出,相应的时钟脉冲在 CK 脚上输出。在 USART 发送期间,字符发送在 TX 引脚上首先移出数据的最低有效位。在此模式中,USART_DR 寄存器包含了一个内部总线和发送移位寄存器之间的缓冲器。每个字符之前都有一个低电平的起始位;之后跟着的停止位,其数目可配置。

发送器配置步骤:

➢ 通过在 USART_CR1 寄存器上置位 UE 位来激活 USART。

- 编程 USART_CR1 的 M 位来定义字长。
- 在 USART_CR2 中编程停止位的位数。
- 如果采用多缓冲器通信,配置 USART_CR3 中的 DMA 使能位(DMAT)。按多缓冲器通信中的描述配置 DMA 寄存器。
- 利用 USART_BRR 寄存器选择要求的波特率。
- 设置 USART_CR1 中的 TE 位,发送一个空闲帧作为第一次数据发送。
- 把要发送的数据写进 USART_DR 寄存器(此动作清除 TXE 位)。在只有一个缓冲器的情况下,对每个待发送的数据重复本步骤。
- 在 USART_DR 寄存器中写入最后一个数据字后,要等待 TC=1,它表示最后一个数据帧的传输结束。当需要关闭 USART 或需要进入停机模式之前,需要确认传输结束,避免破坏最后一次传输。

6. 接收器

在 USART 接收期间,数据的最低有效位首先从 RX 脚移进。在此模式中,USART_DR 寄存器包含的缓冲器位于内部总线和接收移位寄存器之间。其配置步骤如下:

- 将 USART_CR1 寄存器的 UE 置 1 来激活 USART;
- 编程 USART_CR1 的 M 位定义字长;
- 在 USART_CR2 中编写停止位的个数;
- 如果需多缓冲器通信,选择 USART_CR3 中的 DMA 使能位(DMAR)。按多缓冲器通信所要求的配置 DMA 寄存器;
- 利用波特率寄存器 USART_BRR 选择所需的波特率;
- 设置 USART_CR1 的 RE 位,激活接收器,使它开始寻找起始位。

当一字符被接收到时,RXNE 位被置位。它表明移位寄存器的内容被转移到 RDR,也就是说,数据已经被接收并且可以被读出。如果 RXNEIE 位被设置,则产生中断。在接收期间如果检测到帧错误,噪声或溢出错误,错误标志将被置起。

在多缓冲器通信时,RXNE 在每个字节接收后被置起,并由 DMA 对数据寄存器的读操作来清零。在单缓冲器模式中,由软件读 USART_DR 寄存器完成对 RXNE 位清除。RXNE 标志也可以通过对它写 0 来清除,而这个清零必须在下一字符接收结束前被清零,以避免溢出错误。

7. 分数波特率的产生

接收器和发送器的波特率在 USARTDIV 的整数和小数寄存器中的值应设置成相同的。公式如下:

$$波特率 = \frac{f_{ck}}{16 \times \text{USARTDIV}}$$

式中,f_{ck} 是给外设的时钟;USARTDIV 是一个无符号的定点数,这 12 位的值在 US-

ART_BRR 寄存器中设置。

8. USART 接收器时钟变化的程度

USART 时钟变化的范围:整体时钟系统地变化小于 USART 异步接收器的变化,USART 异步接收器才能正常地工作。影响这些变化的因素如下。

> DTRA:由于发送器误差而产生的变化。
> DQUANT:接收器端波特率取整所产生的误差。
> DREC:接收器端振荡器的变化。
> DTCL:传输线路产生的变化。

9. 多处理器通信

USART 可以实现多处理器通信。例如,当 USART 设备是主设备时,它的 TX 输出引脚和其他 USART 从设备的 RX 输入引脚相连接;USART 从设备各自的 TX 输出和主设备的 RX 输入相连接。在多处理器配置中,通常希望只有被寻址的接收者才被激活,来接收随后的数据,这样就可以减少由未被寻址的接收器的参与带来的多余的 USART 服务开销。

未被寻址的设备可启用其静默功能置于静默模式。在静默模式中:

> 不会设置任何接收状态位。
> 禁止所有接收中断。
> USART_CR1 寄存器中的 RWU 位被置 1。

根据 USART_CR1 寄存器中的 WAKE 位状态,USART 可以用两种方法进入或退出静默模式。

> 如果 WAKE 位被复位:进行空闲总线检测。
> 如果 WAKE 位被设置:进行地址标记检测。

10. LIN(局域互联网)模式

LIN 模式是通过设置 USART_CR2 寄存器的 LINEN 位选择的。在 LIN 模式下,下列位必须保持为 0:USART_CR2 寄存器的 CLKEN 位,USART_CR3 寄存器的 STOP[1:0]、SCEN、HDSEL 和 IREN。

1) LIN 发送

一般的 USART 发送步骤也适用于 LIN 主发送,但也存在区别:

> 清零 M 位以配置 8 位字长。
> 置位 LINEN 位以进入 LIN 模式。这时,置位 SBK 将发送 13 位 0 作为断开符号。然后发一位 1,以允许对下一个开始位的检测。

2) LIN 接收

当 LIN 模式被使能时,断开符号检测电路被激活。该检测完全独立于 USART 接收器。断开符号只要一出现就能检测到,不管是在总线空闲时还是在发送某数据帧期间。

当接收器被激活（USART_CR1 的 RE＝1）时，电路监测到 RX 上的起始信号。监测起始位的方法同检测断开符号或数据是一样的。当起始位被检测到后，电路对每个接下来的位，在每个位的第 8、9、10 个过采样时钟点上进行采样。

如果 10 个或 11 个连续位都是 0，并且又跟着一个定界符，USART_SR 的 LBD 标志被设置。如果 LBDIE 位＝1，产生中断。如果在第 10 或 11 个采样点之前采样到了 1，检测电路取消当前检测并重新寻找起始位。

11. USART 同步模式

通过在 USART_CR2 寄存器上写 CLKEN 位选择同步模式，在同步模式中，下列位必须保持清零状态：

> USART_CR2 寄存器中的 LINEN 位；
> USART_CR3 寄存器中的 SCEN、HDSEL 和 IREN 位。

USART 允许用户以主模式方式控制双向同步串行通信。CK 脚是 USART 发送器时钟的输出。在起始位和停止位期间，CK 脚上没有时钟脉冲。根据 USART_CR2 寄存器中 LBCL 位的状态，决定在最后一个有效数据位期间产生或不产生时钟脉冲。USART_CR2 寄存器的 CPOL 位允许用户选择时钟极性，USART_CR2 寄存器上的 CPHA 位允许用户选择外部时钟的相位。

同步模式时，USART 发送器和异步模式中工作一模一样。但是因为 CK 是与 TX 同步的（根据 POL 和 CPHA），所以 TX 上的数据是随 CK 同步发出的。同步模式的 USART 接收器工作方式与异步模式不同。如果 RE＝1，数据在 CK 上采样，不需要任何的过采样。

12. 单线半双工通信

单线半双工模式通过设置 USART_CR3 寄存器的 HDSEL 位选择。在这个模式中，下面的位必须保持清零状态：USART_CR2 寄存器的 LINEN 和 CLKEN 位，USART_CR3 寄存器的 SCEN 和 IREN 位。

在单线半双工模式下，TX 和 RX 引脚在芯片内部互连。使用控制位 HALF DUPLEX SEL 选择半双工和全双工通信。当 HDSEL 为 1 时，RX 不再被使用。当没有数据传输时，TX 总是被释放。因此，其在空闲状态或接收状态时表现为一个标准 I/O 口。

13. 智能卡

设置 USART_CR3 寄存器的 SCEN 位选择智能卡模式。在智能卡模式下，下列位必须保持清零：USART_CR2 寄存器的 LINEN 位，USART_CR3 寄存器的 HD-SEL 位和 IREN 位。此外，CLKEN 位可以被设置，以提供时钟给智能卡。USART 应该被设置为 8 位数据位加校验位，此时 USART_CR1 寄存器中 M＝1，PCE＝1；发送和接收时为 1.5 个停止位，即 USART_CR2 寄存器的 STOP＝11。智能卡是一个单线半双工通信协议。

14. IRDA SIR ENDEC 功能模块

通过设置 USART_CR3 寄存器的 IREN 位选择 IRDA 模式。在 IRDA 模式中，USART_CR2 寄存器的 LINEN、STOP 和 CLKEN 位，USART_CR3 寄存器的 SCEN 和 HDSEL 位必须保持清零。

IRDA SIR 物理层规定使用反相归零调制方案（RZI），该方案用一个红外光脉冲代表逻辑 0。SIR 发送编码器对从 USART 输出的 NRZ 比特流进行调制。SIR 接收解码器对来自红外接收器的归零位比特流进行解调，并将接收到的 NRZ 串行比特流输出到 USART。

IRDA 是一个半双工通信协议。如果发送器忙，IrDA 接收线上的任何数据将被 IrDA 解码器忽视。如果接收器忙，从 USART 到 IrDA 的 TX 上的数据将不会被 Ir-DA 编码。当接收数据时，应该避免发送，因为可能将被发送的数据破坏。

IrDA 低功耗模式，发送器在低功耗模式，脉冲宽度不再持续 3/16 个位周期。取而代之，脉冲的宽度是低功耗波特率的 3 倍，其最小可以是 1.42 MHz。通常这个值是 1.843 2 MHz。一个低功耗模式可编程分频器把系统时钟进行分频以达到这个值。

15. 利用 DMA 连续通信

USART 可以利用 DMA 连续通信。Rx 缓冲器和 Tx 缓冲器的 DMA 请求是分别产生的。

使用 DMA 进行发送，可以通过设置 USART_CR3 寄存器上的 DMAT 位激活。当 TXE 位被置为 1 时，DMA 就从指定的 SRAM 区传送数据到 USART_DR 寄存器。为 USART 的发送分配一个 DMA 通道的步骤如下（x 表示通道号）：

➤ 在 DMA 控制寄存器上将 USART_DR 寄存器地址配置成 DMA 传输的目的地址。在每个 TXE 事件后，数据将被传送到这个地址。

➤ 在 DMA 控制寄存器上将存储器地址配置成 DMA 传输的源地址。在每个 TXE 事件后，将从此存储器区读出数据并传送到 USART_DR 寄存器。

➤ 在 DMA 控制寄存器中配置要传输的总的字节数。

➤ 在 DMA 寄存器上配置通道优先级。

➤ 根据应用程序的要求，配置在传输完成一半还是全部完成时产生 DMA 中断。

➤ 在 DMA 寄存器上激活该通道。

当传输完成 DMA 控制器指定的数据量时，DMA 控制器在该 DMA 通道的中断向量上产生一中断。在发送模式下，当 DMA 传输完所有要发送的数据时，DMA 控制器设置 DMA_ISR 寄存器的 TCIF 标志；监视 USART_SR 寄存器的 TC 标志可以确认 USART 通信是否结束，这样可以在关闭 USART 或进入停机模式之前避免破坏最后一次传输的数据；软件需要先等待 TXE＝1，再等待 TC＝1。

利用 DMA 接收。

可以通过设置 USART_CR3 寄存器的 DMAR 位激活使用 DMA 进行接收,每次接收到 1 个字节,DMA 控制器就把数据从 USART_DR 寄存器传送到指定的 SRAM 区。为 USART 的接收分配一个 DMA 通道的步骤如下(x 表示通道号):

> 通过 DMA 控制寄存器把 USART_DR 寄存器地址配置成传输的源地址。在每个 RXNE 事件后,将从此地址读出数据并传输到存储器。
> 通过 DMA 控制寄存器把存储器地址配置成传输的目的地址。在每个 RXNE 事件后,数据将从 USART_DR 传输到此存储器区。
> 在 DMA 控制寄存器中配置要传输的总的字节数。
> 在 DMA 寄存器上配置通道优先级。
> 根据应用程序的要求配置在传输完成一半还是全部完成时产生 DMA 中断。
> 在 DMA 控制寄存器上激活该通道。

当接收完成 DMA 控制器指定的传输量时,DMA 控制器在该 DMA 通道的中断矢量上产生一中断。

16. 硬件流控制

利用 nCTS 输入和 nRTS 输出可以控制 2 个设备间的串行数据流。图 3 - 101 表明在这个模式中如何连接 2 个设备。通过将 USART_CR3 中的 RTSE 和 CTSE 置位,可以分别独立地使能 RTS 和 CTS 流控制。

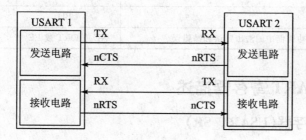

图 3 - 101　2 个 USART 间的硬件流控制

RTS 流控制。

如果 RTS 流控制被使能(RTSE=1),只要 USART 接收器准备好接收新的数据,nRTS 就变成有效(接低电平)。当接收寄存器内有数据到达时,nRTS 被释放,由此表明希望在当前帧结束时停止数据传输。

CTS 流控制。

如果 CTS 流控制被使能(CTSE=1),发送器在发送下一帧前检查 nCTS 输入。如果 nCTS 有效(被拉成低电平),则下一个数据被发送,否则下一帧数据不被发出去。若 nCTS 在传输期间被变成无效,当前的传输完成后停止发送。当 CTSE=1 时,只要 nCTS 输入一变换状态,硬件就自动设置 CTSIF 状态位。它表明接收器是否准备好进行通信。如果设置了 USART_CT3 寄存器的 CTSIE 位,则产生中断。

3.11.2　USART 中断请求

USART 的各种中断事件被连接到同一个中断向量(表 3 - 88),有以下各种中断事件。

> 发送期间:发送完成、清除发送、发送数据寄存器空。
> 接收期间:空闲总线检测、溢出错误、接收数据寄存器非空、校验错误、LIN 断开符号检测、噪声标志和帧错误。

如果设置了对应的使能控制位,这些事件就可以产生各自的中断。

表 3 - 88　中断请求表

中断事件	事件标志	使能位
发送数据寄存器空	TXE	TXEIE
CTS 标志	CTS	CTSIE
发送完成	TC	TCIE
接收数据就绪可读	TXNE	TXNEIE
检测到数据溢出	ORE	
检测到空闲线路	IDLE	IDLEIE
奇偶检验错	PE	PEIE
断开标志	LBD	LBDIE
噪声标志,多缓冲通信中的溢出错误和帧错误	NE 或 ORT 或 FE	EIE

3.11.3　USART 寄存器描述

1. 状态寄存器(USART_SR)

该寄存器的偏移地址为 0x00,复位值为 0x00C0(图 3 - 102、表 3 - 89)。

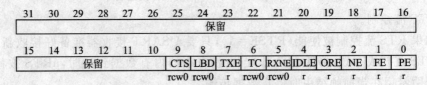

31	30	29	28	27	26	25	24	23	22	21	20	19	18	17	16
保留															

15	14	13	12	11	10	9	8	7	6	5	4	3	2	1	0
保留						CTS	LBD	TXE	TC	RXNE	IDLE	ORE	NE	FE	PE
						rcw0	rcw0	r	rcw0	rcw0	r	r	r	r	r

图 3 - 102　状态寄存器(USART_SR)

表 3 - 89　状态寄存器(USART_SR)

位	描　述
位 31:10	保留位,硬件强制为 0

位	描　述
位 9	CTS:CTS 标志(CTS flag) 如果设置了 CTSE 位,当 nCTS 输入变化状态时,该位被硬件置高。由软件将其清零。如果 US-ART_CR3 中的 CTSIE 为 1,则产生中断。 0:nCTS 状态线上没有变化; 1:nCTS 状态线上发生变化。 注:UART4 和 UART5 上不存在这一位
位 8	LBD:LIN 断开检测标志(LIN break detection flag) 当探测到 LIN 断开时,该位由硬件置 1,由软件清 0(向该位写 0)。如果 USART_CR3 中的 LB-DIE = 1,则产生中断。 0:没有检测到 LIN 断开; 1:检测到 LIN 断开。 注意:若 LBDIE=1,当 LBD 为 1 时要产生中断
位 7	TXE:发送数据寄存器空(transmit data register empty) 当 TDR 寄存器中的数据被硬件转移到移位寄存器时,该位被硬件置位。如果 USART_CR1 寄存器中的 TXEIE 为 1,则产生中断。对 USART_DR 的写操作,将该位清零。 0:数据还没有被转移到移位寄存器; 1:数据已经被转移到移位寄存器。 注意:单缓冲器传输中使用该位
位 6	TC:发送完成(transmission complete) 当包含有数据的一帧发送完成后,并且 TXE=1 时,由硬件将该位置 1。如果 USART_CR1 中的 TCIE 为 1,则产生中断。由软件序列清除该位(先读 USART_SR,然后写入 USART_DR)。TC 位也可以通过写入 0 来清除,只有在多缓存通信中才推荐这种清除程序。 0:发送还未完成; 1:发送完成
位 5	RXNE:读数据寄存器非空(read data register not empty) 当 RDR 移位寄存器中的数据被转移到 USART_DR 寄存器中,该位被硬件置位。如果 USART_CR1 寄存器中的 RXNEIE 为 1,则产生中断。对 USART_DR 的读操作可以将该位清零。RXNE 位也可以通过写入 0 来清除,只有在多缓存通信中才推荐这种清除程序。 0:数据没有收到; 1:收到数据,可以读出
位 4	IDLE:监测到总线空闲 (IDLE line detected) 当检测到总线空闲时,该位被硬件置位。如果 USART_CR1 中的 IDLEIE 为 1,则产生中断。由软件序列清除该位(先读 USART_SR,然后读 USART_DR)。 0:没有检测到空闲总线; 1:检测到空闲总线。 注:IDLE 位不会再次被置高直到 RXNE 位被置起(即又检测到一次空闲总线)

位	描　述
位 3	ORE：过载错误(overrun error) 当 RXNE 仍然是 1 时，当前被接收在移位寄存器中的数据，需要传送至 RDR 寄存器时，硬件将该位置位。如果 USART_CR1 中的 RXNEIE 为 1，则产生中断。由软件序列将其清零(先读 US-ART_SR，然后读 USART_CR)。 0：没有过载错误； 1：检测到过载错误。 注意：该位被置位时，RDR 寄存器中的值不会丢失，但是移位寄存器中的数据会被覆盖。如果设置了 EIE 位，在多缓冲器通信模式下，ORE 标志置位会产生中断
位 2	NE：噪声错误标志(noise error flag) 在接收到的帧检测到噪声时，由硬件对该位置位。由软件序列对其清 0(先读 USART_SR，再读 USART_DR)。 0：没有检测到噪声； 1：检测到噪声。 注意：该位不会产生中断，因为它和 RXNE 一起出现，硬件会在设置 RXNE 标志时产生中断。在多缓冲区通信模式下，如果设置了 EIE 位，则设置 NE 标志时会产生中断
位 1	FE：帧错误(framing error) 当检测到同步错位，过多的噪声或者检测到断开符，该位被硬件置位。由软件序列将其清零(先读 USART_SR，再读 USART_DR)。 0：没有检测到帧错误； 1：检测到帧错误或者 break 符。 注意：该位不会产生中断，因为它和 RXNE 一起出现，硬件会在设置 RXNE 标志时产生中断。如果当前传输的数据既产生了帧错误，又产生了过载错误，硬件还是会继续该数据的传输，并且只设置 ORE 标志位。 在多缓冲区通信模式下，如果设置了 EIE 位，则设置 FE 标志时会产生中断
位 0	PE：校验错误(parity error) 在接收模式下，如果出现奇偶校验错误，硬件对该位置位。由软件序列对其清零(依次读 USART_SR 和 USART_DR)。在清除 PE 位前，软件必须等待 RXNE 标志位被置 1。如果 USART_CR1 中的 PEIE 为 1，则产生中断。 0：没有奇偶校验错误； 1：奇偶校验错误

2. 数据寄存器(USART_DR)

该寄存器的偏移地址为 0x04，复位值不确定(图 3 - 103、表 3 - 90)。

31	30	29	28	27	26	25	24	23	22	21	20	19	18	17	16
保留															

15	14	13	12	11	10	9	8	7	6	5	4	3	2	1	0
保留							DR[8:0]								
							rw	rw	rw	rw	rw	rw	rw	rw	rw

图 3 - 103　数据寄存器(USART_DR)

表 3 - 90　数据寄存器(USART_DR)

位	描　述
位 31:9	保留位,硬件强制为 0
位 8:0	DR[8:0]:数据值(data value) 包含了发送或接收的数据。由于它是由 2 个寄存器组成的,一个给发送用(TDR),一个给接收用(RDR),该寄存器兼具读和写的功能。TDR 寄存器提供了内部总线和输出移位寄存器之间的并行接口。RDR 寄存器提供了输入移位寄存器和内部总线之间的并行接口。当使能校验位(US-ART_CR1 中 PCE 位被置位)进行发送时,写到 MSB 的值(根据数据的长度不同,MSB 是第 7 位或者第 8 位)会被后来的校验位给取代。当使能校验位进行接收时,读到的 MSB 位是接收到的校验位。

3. 波特比率寄存器(USART_BRR)

该寄存器的偏移地址为 0x08,复位值为 0x0000(图 3 - 104、表 3 - 91)。注意:如果 TE 或 RE 被分别禁止,波特计数器停止计数。

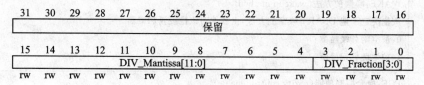

31	30	29	28	27	26	25	24	23	22	21	20	19	18	17	16
保留															

15	14	13	12	11	10	9	8	7	6	5	4	3	2	1	0
DIV_Mantissa[11:0]												DIV_Fraction[3:0]			
rw	rw	rw	rw	rw	rw	rw	rw	rw	rw	rw	rw	rw	rw	rw	rw

图 3 - 104　波特比率寄存器(USART_BRR)

表 3 - 91　波特比率寄存器(USART_BRR)

位	描　述
位 31:16	保留位,硬件强制为 0
位 15:4	DIV_Mantissa[11:0]:USARTDIV 的整数部分 这 12 位定义了 USART 分频器除法因子(USARTDIV)的整数部分
位 3:0	DIV_Fraction[3:0]:USARTDIV 的小数部分 这 4 位定义了 USART 分频器除法因子(USARTDIV)的小数部分

4. 控制寄存器 1(USART_CR1)

该寄存器的偏移地址为 0x0C,复位值为 0x0000(图 3 - 105、表 3 - 92)。

147

31	30	29	28	27	26	25	24	23	22	21	20	19	18	17	16
保留															

15	14	13	12	11	10	9	8	7	6	5	4	3	2	1	0
保留		UE	M	WAKE	PCE	PS	PEIE	TXE IE	TCIE	RXN EIE	IDL EIE	TE	RE	RWU	SBK
res		rw	rw	rw	rw	rw	rw	rw	rw	rw	rw	rw	rw	rw	rw

图 3-105 波特比率寄存器(USART_BRR)

表 3-92 波特比率寄存器(USART_BRR)

位	描　述
位 31:14	保留位,硬件强制为 0
位 13	UE:USART 使能(USART enable) 当该位被清零,在当前字节传输完成后 USART 的分频器和输出停止工作,以减少功耗。该位由软件设置和清零。 0:USART 分频器和输出被禁止; 1:USART 模块使能
位 12	M:字长(word length) 该位定义了数据字的长度,由软件对其设置和清零。 0:一个起始位,8 个数据位,n 个停止位; 1:一个起始位,9 个数据位,n 个停止位。 注意:在数据传输过程中(发送或者接收时),不能修改这个位
位 11	WAKE:唤醒的方法(wakeup method) 该位决定了把 USART 唤醒的方法,由软件对该位设置和清零。 0:被空闲总线唤醒; 1:被地址标记唤醒
位 10	PCE:检验控制使能(parity control enable) 用该位选择是否进行硬件校验控制(对于发送来说就是校验位的产生,对于接收来说就是校验位的检测)。当使能了该位,在发送数据的最高位(如果 $M=1$,最高位就是第 9 位;如果 $M=0$,最高位就是第 8 位)插入校验位;对接收到的数据检查其校验位。软件对它置 1 或清 0。一旦设置了该位,当前字节传输完成后,校验控制才生效。 0:禁止校验控制; 1:使能校验控制
位 9	PS:校验选择(parity selection) 当校验控制使能后,该位用来选择是采用偶校验还是奇校验。软件对它置 1 或清 0。当前字节传输完成后,该选择生效。 0:偶校验; 1:奇校验

位	描　述
位 8	PEIE:PE 中断使能（PE interrupt enable） 该位由软件设置或清除。 0:禁止产生中断； 1:当 USART_SR 中的 PE 为 1 时,产生 USART 中断
位 7	TXEIE:发送缓冲区空中断使能（TXE interrupt enable） 该位由软件设置或清除。 0:禁止产生中断； 1:当 USART_SR 中的 TXE 为 1 时,产生 USART 中断
位 6	TCIE:发送完成中断使能（transmission complete interrupt enable） 该位由软件设置或清除。 0:禁止产生中断； 1:当 USART_SR 中的 TC 为 1 时,产生 USART 中断
位 5	RXNEIE:接收缓冲区非空中断使能（RXNE interrupt enable） 该位由软件设置或清除。 0:禁止产生中断； 1:当 USART_SR 中的 ORE 或者 RXNE 为 1 时,产生 USART 中断
位 4	IDLEIE:IDLE 中断使能（IDLE interrupt enable） 该位由软件设置或清除。 0:禁止产生中断； 1:当 USART_SR 中的 IDLE 为 1 时,产生 USART 中断
位 3	TE:发送使能（transmitter enable） 该位使能发送器。该位由软件设置或清除。 0:禁止发送； 1:使能发送。 注:①在数据传输过程中,除了在智能卡模式下,如果 TE 位上有个 0 脉冲（即设置为 0 之后再设置为 1）,会在当前数据字传输完成后发送一个"前导符"（空闲总线）；②当 TE 被设置后,在真正发送开始之前,有一个比特时间的延迟
位 2	RE:接收使能（receiver enable） 该位由软件设置或清除。 0:禁止接收； 1:使能接收,并开始搜寻 RX 引脚上的起始位

位	描　述
位 1	RWU:接收唤醒(receiver wakeup) 该位用来决定是否把 USART 置于静默模式。该位由软件设置或清除。当唤醒序列到来时,硬件也会将其清零。 0:接收器处于正常工作模式; 1:接收器处于静默模式。 注:①在把 USART 置于静默模式(设置 RWU 位)之前,USART 要已经先接收了一个数据字节;否则在静默模式下,不能被空闲总线检测唤醒;②当配置成地址标记检测唤醒(WAKE 位＝1),在 RXNE 位被置位时,不能用软件修改 RWU 位
位 0	SBK:发送断开帧(send break) 使用该位来发送断开字符。该位可以由软件置或清除。操作过程应该是软件置位它,然后在断开帧的停止位时由硬件将该位复位。 0:没有发送断开字符; 1:将要发送断开字符

5. 控制寄存器 2(USART_CR2)

该寄存器的偏移地址为 0x10,复位值为 0x0000(图 3 – 106、表 3 – 93)。

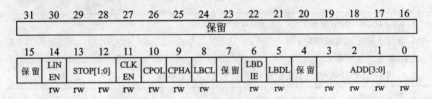

图 3 – 106　控制寄存器 2(USART_CR2)

表 3 – 93　控制寄存器 2(USART_CR2)

位	描　述
位 31:15	保留位,硬件强制为 0
位 14	LINEN:LIN 模式使能(LIN mode enable) 该位由软件设置或清除。 0:禁止 LIN 模式; 1:使能 LIN 模式。 在 LIN 模式下,可以用 USART_CR1 寄存器中的 SBK 位发送 LIN 同步断开符(低 13 位),以及检测 LIN 同步断开符
位 13:12	STOP:停止位(stop bits) 这 2 位用来设置停止位的位数 00:1 个停止位;

续表 3 - 93

位	描　述
位 13:12	01:0.5 个停止位； 10:2 个停止位； 11:1.5 个停止位； 注:UART4 和 UART5 不能用 0.5 停止位和 1.5 停止位
位 11	CLKEN:时钟使能(clock enable) 该位用来使能 CK 引脚 0:禁止 CK 引脚; 1:使能 CK 引脚。 注:UART4 和 UART5 上不存在这一位
位 10	CPOL:时钟极性(clock polarity) 在同步模式下,可以用该位选择 SLCK 引脚上时钟输出的极性。和 CPHA 位一起配合来产生需要的时钟/数据的采样关系 0:总线空闲时 CK 引脚上保持低电平; 1:总线空闲时 CK 引脚上保持高电平。 注:UART4 和 UART5 上不存在这一位
位 9	CPHA:时钟相位(clock phase) 在同步模式下,可以用该位选择 SLCK 引脚上时钟输出的相位。和 CPOL 位一起配合来产生需要的时钟/数据的采样关系。 0:在时钟的第 1 个边沿进行数据捕获; 1:在时钟的第 2 个边沿进行数据捕获。 注:UART4 和 UART5 上不存在这一位
位 8	LBCL:最后一位时钟脉冲(last bit clock pulse) 在同步模式下,使用该位来控制是否在 CK 引脚上输出最后发送的那个数据字节(MSB)对应的时钟脉冲。 0:最后一位数据的时钟脉冲不从 CK 输出; 1:最后一位数据的时钟脉冲会从 CK 输出。 注意:(1)最后一个数据位就是第 8 或者第 9 个发送的位(根据 USART_CR1 寄存器中的 M 位所定义的 8 或者 9 位数据帧格式)。 (2)UART4 和 UART5 上不存在这一位
位 7	保留位,硬件强制为 0
位 6	LBDIE:LIN 断开符检测中断使能 (LIN break detection interrupt enable) 断开符中断屏蔽(使用断开分隔符来检测断开符) 0:禁止中断; 1:只要 USART_SR 寄存器中的 LBD 为 1 就产生中断
位 5	LBDL:LIN 断开符检测长度 (LIN break detection length) 该位用来选择是 11 位还是 10 位的断开符检测 0:10 位的断开符检测; 1:11 位的断开符检测

位	描　述
位 4	保留位,硬件强制为 0
位 3:0	ADD[3:0]:本设备的 USART 节点地址 该位域给出本设备 USART 节点的地址。 这是在多处理器通信下的静默模式中使用的,使用地址标记来唤醒某个 USART 设备

6. 控制寄存器 3(USART_CR3)

该寄存器的偏移地址为 0x14,复位值为 0x0000(图 3 - 107、表 3 - 94)。

图 3 - 107　控制寄存器 3(USART_CR3)

表 3 - 94　控制寄存器 3(USART_CR3)

位	描　述
位 31:11	保留位,硬件强制为 0
位 10	CTSIE:CTS 中断使能 (CTS interrupt enable) 0:禁止中断; 1:USART_SR 寄存器中的 CTS 为 1 时产生中断。 注:UART4 和 UART5 上不存在这一位
位 9	CTSE:CTS 使能 (CTS enable) 0:禁止 CTS 硬件流控制; 1:CTS 模式使能,只有 nCTS 输入信号有效(拉成低电平)时才能发送数据。如果在数据传输的过程中,nCTS 信号变成无效,那么发完这个数据后,传输就停止下来。如果当 nCTS 为无效时,往数据寄存器中写数据,则要等到 nCTS 有效时才会发送这个数据。 注:UART4 和 UART5 上不存在这一位
位 8	RTSE:RTS 使能 (RTS enable) 0:禁止 RTS 硬件流控制; 1:RTS 中断使能,只有接收缓冲区内有空余的空间时才请求下一个数据。当前数据发送完成后,发送操作就需要暂停下来。如果可以接收数据,将 nRTS 输出置为有效(拉至低电平)。 注:UART4 和 UART5 上不存在这一位

位	描　述
位 7	DMAT:DMA 使能发送（DMA enable transmitter） 该位由软件设置或清除。 0:禁止发送时的 DMA 模式； 1:使能发送时的 DMA 模式。 注:UART4 和 UART5 上不存在这一位
位 6	DMAR: DMA 使能接收（DMA enable receiver） 该位由软件设置或清除。 0:禁止接收时的 DMA 模式； 1:使能接收时的 DMA 模式。 注:UART4 和 UART5 上不存在这一位
位 5	SCEN:智能卡模式使能（smartcard mode enable） 该位用来使能智能卡模式 0:禁止智能卡模式； 1:使能智能卡模式。 注:UART4 和 UART5 上不存在这一位
位 4	NACK:智能卡 NACK 使能（smartcard NACK enable） 0:校验错误出现时,不发送 NACK； 1:校验错误出现时,发送 NACK。 注:UART4 和 UART5 上不存在这一位
位 3	HDSEL:半双工选择（half-duplex selection） 选择单线半双工模式 0:不选择半双工模式； 1:选择半双工模式
位 2	IRLP:红外低功耗（IrDA low-power） 该位用来选择普通模式还是低功耗红外模式 0:通常模式； 1:低功耗模式
位 1	IREN:红外模式使能（IrDA mode enable） 该位由软件设置或清除。 0:不使能红外模式； 1:使能红外模式
位 0	EIE:错误中断使能（error interrupt enable） 在多缓冲区通信模式下,当有帧错误、过载或者噪声错误（USART_SR 中的 FE=1,或者 ORE=1,或者 NE=1）时产生中断。 0:禁止中断； 1:只要 USART_CR3 中的 DMAR=1,并且 USART_SR 中的 FE=1,或者 ORE=1,或者 NE=1,则产生中断

7. 保护时间和预分频寄存器(USART_GTPR)

该寄存器的偏移地址为 0x18,复位值为 0x0000(图 3-108、表 3-95)。

31	30	29	28	27	26	25	24	23	22	21	20	19	18	17	16
							保留								

15	14	13	12	11	10	9	8	7	6	5	4	3	2	1	0
			GT[7:0]								PSC[7:0]				
rw	rw	rw	rw	rw	rw	rw	rw	rw	rw	rw	rw	rw	rw	rw	rw

图 3-108　保护时间和预分频寄存器(USART_GTPR)

表 3-95　保护时间和预分频寄存器(USART_GTPR)

位	描　述
位 31:16	保留位,硬件强制为 0
位 15:8	GT[7:0]:保护时间值(guard time value) 该位域规定了以波特时钟为单位的保护时间。在智能卡模式下,需要这个功能。当保护时间过去后,才会设置发送完成标志。 注:UART4 和 UART5 上不存在这一位
位 7:0	PSC[7:0]:预分频器值(prescaler value) —在红外(IrDA)低功耗模式下: PSC[7:0]=红外低功耗波特率 对系统时钟分频以获得低功耗模式下的频率: 源时钟被寄存器中的值(仅有 8 位有效)分频 00000000:保留—不要写入该值; 00000001:对源时钟 1 分频; 00000010:对源时钟 2 分频; …… ■ 在红外(IrDA)的正常模式下:PSC 只能设置为 00000001 ■ 在智能卡模式下: PSC[4:0]:预分频值 对系统时钟进行分频,给智能卡提供时钟。 寄存器中给出的值(低 5 位有效)乘以 2 后,作为对源时钟的分频因子 00000:保留—不要写入该值; 00001:对源时钟进行 2 分频; 00010:对源时钟进行 4 分频; 00011:对源时钟进行 6 分频; …… 注:①位[7:5]在智能卡模式下没有意义;②UART4 和 UART5 上不存在这一位

3.12　USB 全速设备接口

3.12.1　功能描述

1. USB 简介

USB 是一个外部总线标准,用于规范计算机与外部设备的连接和通信。USB 外设实现了 USB2.0 全速总线和 APB1 总线间的接口。USB 外设支持 USB 挂起/恢复操作,可以停止设备时钟实现低功耗。

USB 设备具有广泛的应用,其主要优点如下:

(1) 可以热插拔。用户在使用外接设备时,不需要重复"关机将并口或串口电缆接上再开机"这样的动作,而是直接在计算机工作时,将 USB 电缆插上使用。

(2) 携带方便。USB 设备大多以"小、轻、薄"见长,对用户来说,同样 20 GB 的硬盘,USB 硬盘比 IDE 硬盘要小一半的质量,在想要随身携带大量数据时,当然 USB 硬盘会是首要之选。

(3) 标准统一。常见的是 IDE 接口的硬盘,串口的鼠标键盘,并口的打印机扫描仪,可是有了 USB 之后,这些应用外设统统可以用同样的标准与个人计算机连接,这时就有了 USB 硬盘、USB 鼠标、USB 打印机等。

(4) 可以连接多个设备。USB 在个人计算机上往往具有多个接口,可以同时连接几个设备,如果接上一个有 4 个端口的 USB HUB 时,就可以再连上 4 个 USB 设备,以此类推,尽可能连下去,将设备都同时连在 1 台个人计算机上而不会有任何问题(最高可连接 127 个设备)。

2. USB 主要特征

➤ 符合 USB2.0 全速设备的技术规范;
➤ 可配置 1~8 个 USB 端点;
➤ 具有 CRC 生成/校验,反向不归零(NRZI)编码/解码和位填充的功能;
➤ 支持同步传输;
➤ 支持批量/同步端点的双缓冲区机制;
➤ 支持 USB 挂起/恢复操作;
➤ 帧锁定时钟脉冲生成。

USB 接口的内部结构如图 3-109 所示。

3. USB 功能描述

USB 模块为 PC 主机和微控制器所实现的功能之间提供了符合 USB 规范的通信连接。PC 主机和微控制器之间的数据传输是通过共享一专用的数据缓冲区来完成的,该数据缓冲区能被 USB 外设直接访问。这块专用数据缓冲区的大小由所使用

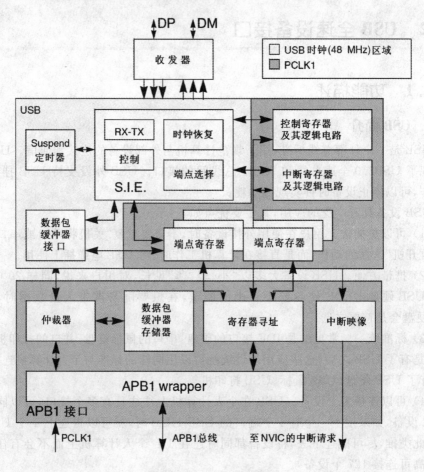

图 3 - 109　USB 设备框图

的端点数目和每个端点最大的数据分组大小所决定,每个端点最大可使用 512 字节缓冲区,最多可用于 16 个单向或 8 个双向端点。USB 模块同 PC 主机通信,根据 USB 规范实现令牌分组的检测,数据发送/接收的处理,和握手分组的处理。整个 USB 传输的格式由硬件完成,其中包括 CRC 的生成和校验。

　　USB 的每个端点都有一个缓冲区描述块,描述该端点使用的缓冲区地址、大小和需要传输的字节数。

　　当 USB 模块识别出一个有效的功能端点的令牌分组时,如果此时需要传输数据并且该端点已配置,相关的数据传输将随之发生。USB 接口通过一个内部的 16 位寄存器实现端口与专用缓冲区的数据交换。在所有的数据传输完成后,如果需要,USB 则根据传输方向发送或接收适当的握手分组。

　　当数据传输结束后,USB 接口将触发与端点相关的中断,通过读状态寄存器和/或利用不同的中断处理程序,微控制器可以确定:

　　➢ 哪个端点需要得到服务;

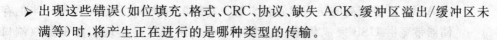

➤ 出现这些错误(如位填充、格式、CRC、协议、缺失 ACK、缓冲区溢出/缓冲区未满等)时,将产生正在进行的是哪种类型的传输。

USB 接口为同步传输和高吞吐量的批量传输提供了特殊的双缓冲区机制,当微控制器使用一个缓冲区时,该机制保证了 USB 外设总是可以使用另一个缓冲区。

USB 接口任何时候都不需要时,通过写控制寄存器总可以使 USB 接口置于低功耗模式。在这种模式下,不消耗任何静态电流,同时 USB 时钟也会减慢或停止。通过对 USB 线上数据传输的检测,可以在低功耗模式下唤醒 USB 模块。也可以将一特定的中断输入源直接连接到唤醒引脚上,以使系统能立即恢复正常的时钟系统,并支持直接启动或停止时钟系统。

4. USB 接口功能模块的描述

USB 模块实现了标准 USB 接口的所有特性,它由以下部分组成。

➤ 串行接口控制器(SIE):该模块包括的功能有帧头同步域的识别,位填充,CRC 的产生和校验,PID 的验证/产生和握手分组处理等。它与 USB 收发器交互,利用分组缓冲接口提供的虚拟缓冲区存储局部数据。它也根据 USB 事件,和类似于传输结束或一个包正确接收等与端点相关事件生成信号,如帧首、USB 复位、数据错误等,这些信号用来产生中断。

➤ 定时器:该模块的功能是产生一个与帧开始报文同步的时钟脉冲,并在 3 ms 内没有数据传输的状态,检测出全局挂起条件。

➤ 分组缓冲器接口:此模块管理那些用于发送和接收的临时本地内存单元。它根据 SIE 的要求分配合适的缓冲区,并定位到端点寄存器所指向的存储区地址。它在每个字节传输后,自动递增地址,直到数据分组传输结束。它记录传输的字节数并防止缓冲区溢出。

➤ 端点相关寄存器:每个端点都有一个与之相关的寄存器,用于描述端点类型和当前状态。对于单向和单缓冲器端点,一个寄存器就可以用于实现两个不同的端点。一共 8 个寄存器,可以用于实现最多 16 个单向/单缓冲的端点或者 7 个双缓冲的端点或者这些端点的组合。例如,可以同时实现 4 个双缓冲端点和 8 个单缓冲/单向端点。

➤ 控制寄存器:这些寄存器包含整个 USB 模块的状态信息,用来触发诸如恢复、低功耗等 USB 事件。

➤ 中断寄存器:这些寄存器包含中断屏蔽信息和中断事件的记录信息。配置和访问这些寄存器可以获取中断源、中断状态等信息,并能清除待处理中断的状态标志。

➤ 分组缓冲区:数据分组缓存在分组缓冲区中,它由分组缓冲接口控制并创建数据结构。应用软件可以直接访问该缓冲区。它的大小为 512 B,由 256 个 16 位的字构成。

➤ 仲裁器:该部件负责处理来自 APB1 总线和 USB 接口的存储器请求。它通过向 APB1 提供较高的访问优先权来解决总线的冲突,并且总是保留一半的存储器带宽供 USB 完成传输。它采用时分复用的策略实现了虚拟的双端口 SRAM,即在 USB 传输的同时,允许应用程序访问存储器。此策略也允许任意长度的多字节 APB1 传输。

➢ 寄存器映射单元:此部件将 USB 模块的各种字节宽度和位宽度的寄存器映射成能被 APB1 寻址的 16 位宽度的内存集合。

➢ 中断映射单元:将可能产生中断的 USB 事件映射到 3 个不同的 NVIC 请求线上。

➢ APB1 封装:此部件为缓冲区和寄存器提供了到 APB1 的接口,并将整个 USB 模块映射到 APB1 地址空间。

3.12.2　USB 寄存器描述

USB 模块的寄存器有以下 3 类。

➢ 通用类寄存器:中断寄存器和控制寄存器。

➢ 端点类寄存器:端点配置寄存器和状态寄存器。

➢ 缓冲区描述表类寄存器:用来确定数据分组存放地址的寄存器。

缓冲区描述表类寄存器的基地址由 USB_BTABLE 寄存器指定,所有其他寄存器的基地址则为 USB 模块的基地址 0x4000 5C00。由于 APB1 总线按 32 位寻址,因此所有的 16 位寄存器的地址都是按 32 位字对齐的。同样的地址对齐方式也用于从 0x4000 6000 开始的分组缓冲存储区。

1. 通用寄存器

这组寄存器用于定义 USB 模块的工作模式,中断的处理,设备的地址和读取当前帧的编号。

1) USB 控制寄存器(USB_CNTR)

该寄存器的偏移地址为 0x40,复位值为 0x0003(图 3-110、表 3-96)。

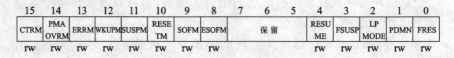

15	14	13	12	11	10	9	8	7	6	5	4	3	2	1	0
CTRM	PMA OVRM	ERRM	WKUPM	SUSPM	RESE TM	SOFM	ESOFM	保 留			RESU ME	FSUSP	LP MODE	PDMN	FRES
rw	rw	rw	rw	rw	rw	rw	rw				rw	rw	rw	rw	rw

图 3-110　USB 控制寄存器(USB_CNTR)

表 3-96　USB 控制寄存器(USB_CNTR)

位	描　　　述
位 15	CTRM:正确传输(CTR)中断屏蔽位(correct transfer interrupt mask) 0:正确传输(CTR)中断禁止; 1:正确传输(CTR)中断使能,在中断寄存器的相应位被置 1 时产生中断

STM32F10X系列 ARM 微控制器入门与提高

位	描　述
位 14	PMAOVRM:分组缓冲区溢出中断屏蔽位(packet memory area over / underrun interrupt mask) 0:PMAOVR 中断禁止; 1:PMAOVR 中断使能,在中断寄存器的相应位被置 1 时产生中断
位 13	ERRM:出错中断屏蔽位(error interrupt mask) 0:出错中断禁止; 1:出错中断使能,在中断寄存器的相应位被置 1 时产生中断
位 12	WKUPM:唤醒中断屏蔽位(wakeup interrupt mask) 0:唤醒中断禁止; 1:唤醒中断使能,在中断寄存器的相应位被置 1 时产生中断
位 11	SUSPM:挂起中断屏蔽位(suspend mode interrupt mask) 0:挂起(SUSP)中断禁止; 1:挂起(SUSP)中断使能,在中断寄存器的相应位被置 1 时产生中断
位 10	RESETM:USB 复位中断屏蔽位(USB reset interrupt mask) 0:USB RESET 中断禁止; 1:USB RESET 中断使能,在中断寄存器的相应位被置 1 时产生中断
位 9	SOFM:帧首中断屏蔽位(start of frame interrupt mask) 0:SOF 中断禁止; 1:SOF 中断使能,在中断寄存器的相应位被置 1 时产生中断
位 8	ESOFM:期望帧首中断屏蔽位(expected start of frame interrupt mask) 0:ESOF 中断禁止; 1:ESOF 中断使能,在中断寄存器的相应位被置 1 时产生中断
位 7:5	保留
位 4	RESUME:唤醒请求(resume request) 设置此位将向 PC 主机发送唤醒请求。根据 USB 协议,如果此位在 1~15 ms 保持有效,主机将对 USB 模块实行唤醒操作
位 3	FSUSP:强制挂起(force suspend) 当 USB 总线上保持 3 ms 没有数据通信时,SUSP 中断会被触发,此时软件必须设置此位。 0:无效; 1:进入挂起模式,USB 模拟收发器的时钟和静态功耗仍然保持。如果需要进入低功耗状态(总线供电类的设备),应用程序需要先置位 FSUSP 再置位 LP_MODE

位	描　述
位 2	LP_MODE:低功耗模式(low-power mode) 此模式用于在 USB 挂起状态下降低功耗。在此模式下,除了外接上拉电阻的供电,其他静态功耗都被关闭,系统时钟将会停止或者降低到一定的频率来减少耗电。USB 总线上的活动(唤醒事件)将会复位此位(软件也可以复位此位)。 0:非低功耗模式; 1:低功耗模式
位 1	PDWN:断电模式(power down) 此模式用于彻底关闭 USB 模块。当此位被置位时,不能使用 USB 模块。 0:退出断电模式; 1:进入断电模式
位 0	FRES:强制 USB 复位(force USB Reset) 0:清除 USB 复位信号; 1:对 USB 模块强制复位,类似于 USB 总线上的复位信号。USB 模块将一直保持在复位状态下直到软件清除此位。如果 USB 复位中断被使能,将产生一个复位中断

2) USB 中断状态寄存器(USB_ISTR)

该寄存器的偏移地址为 0x44,复位值为 0x0000(图 3 - 111、表 3 - 97)。

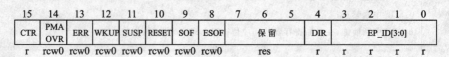

15	14	13	12	11	10	9	8	7	6	5	4	3	2	1	0
CTR	PMA OVR	ERR	WKUP	SUSP	RESET	SOF	ESOF		保留		DIR		EP_ID[3:0]		
r	rcw0	rcw0	rcw0	rcw0	rcw0	rcw0	rcw0		res		r	r	r	r	r

图 3 - 111　USB 中断状态寄存器(USB_ISTR)

表 3 - 97　USB 中断状态寄存器(USB_ISTR)

位	描　述
位 15	CTR:正确的传输(correct transfer) 此位在端点正确完成一次数据传输后由硬件置位。应用程序可以通过 DIR 和 EP_ID 位来识别是哪个端点完成了正确的数据传输。此位应用程序只读
位 14	PMAOVR:分组缓冲区溢出(packet memory area over/underrun) 此位在微控制器长时间没有响应一个访问 USB 分组缓冲区请求时由硬件置位。USB 模块通常在以下情况时置位该位:在接收过程中一个 ACK 握手分组没有被发送,或者在发送过程中发生了比特填充错误,在以上两种情况下主机都会要求数据重传。在正常的数据传输中不会产生PMAOVR 中断。由于失败的传输都将由主机发起重传,应用程序就可以在这个中断的服务程序中加速设备的其他操作,并准备重传。但这个中断不会在同步传输中产生(同步传输不支持重传),因此数据可能会丢失。此位应用程序可读可写,但只有写 0 有效,写 1 无效

位	描　述
位 13	ERR：出错（error） 在下列错误发生时硬件会置位此位。 NANS：无应答。主机的应答超时。 CRC：循环冗余校验码错误。数据或令牌分组中的 CRC 校验出错。 BST：位填充错误。PID，数据或 CRC 中检测出位填充错误。 FVIO：帧格式错误。收到非标准帧（如 EOP 出现在错误的时刻，错误的令牌等）。 USB 应用程序通常可以忽略这些错误，因为 USB 模块和主机在发生错误时都会启动重传机制。 此位产生的中断可以用于应用程序的开发阶段，可以用来监测 USB 总线的传输质量，标识用户可能发生的错误（连接线松，环境干扰严重，USB 线损坏等）。 此位应用程序可读可写，但只有写 0 有效，写 1 无效
位 12	WKUP：唤醒请求（wakeup） 当 USB 模块处于挂起状态时，如果检测到唤醒信号，此位将由硬件置位。此时 CTLR 寄存器的 LP_MODE 位将被清零，同时 USB_WAKEUP 被激活，通知设备的其他部分（如唤醒单元）将开始唤醒过程。 此位应用程序可读可写，但只有写 0 有效，写 1 无效
位 11	SUSP：挂起模块请求（suspend mode request） 此位在 USB 线上超过 3 ms 没有信号传输时由硬件置位，用以指示一个来自 USB 总线的挂起请求。USB 复位后硬件立即使能对挂起信号的检测，但在挂起模式下（FSUSP＝1）硬件不会再检测挂起信号直到唤醒过程结束。 此位应用程序可读可写，但只有写 0 有效，写 1 无效
位 10	RESET：USB 复位请求（USB reset request） 此位在 USB 模块检测到 USB 复位信号输入时由硬件置位。此时 USB 模块将复位内部协议状态机，并在中断使能的情况下触发复位中断来响应复位信号。USB 模块的发送和接收部分将被禁止，直到此位被清除。所有的配置寄存器不会被复位，除非应用程序对它们清零。这用来保证在复位后 USB 的传输还可以立即正确执行。但设备的地址和端点寄存器会被 USB 的复位所复位。 此位应用程序可读可写，但只有写 0 有效，写 1 无效
位 9	SOF：帧首标志（start of frame） 此位在 USB 模块检测到总线上的 SOF 分组时由硬件置位，标志一个新的 USB 帧的开始。中断服务程序可以通过检测 SOF 事件来完成与主机的 1 ms 同步，并正确读出寄存器在收到 SOF 分组时的更新内容（此功能在同步传输时非常有意义）。 此位应用程序可读可写，但只有写 0 有效，写 1 无效
位 8	ESOF：期望帧首标识位（expected start of frame） 此位在 USB 模块未收到期望的 SOF 分组时由硬件置位。主机应该每毫秒都发送 SOF 分组，但如果 USB 模块没有收到，挂起定时器将触发此中断。如果连续发生 3 次 ESOF 中断，也就是连续 3 次未收到 SOF 分组，将产生 SUSP 中断。即使在挂起定时器未被锁定时发生 SOF 分组丢失，此位也会被置位。 此位应用程序可读可写，但只有写 0 有效，写 1 无效

位	描　述
位 7:5	保留
位 4	DIR:传输方向(direction of transaction) 此位在完成数据传输产生中断后由硬件根据传输方向写入。 如果 DIR=0,相应端点的 CTR_TX 位被置位,标志一个 IN 分组(数据从 USB 模块传输到 PC 主机)的传输完成。 如果 DIR=1,相应端点的 CTR_RX 位被置位,标志一个 OUT 分组(数据从 PC 主机传输到 USB 模块)的传输完成。如果 CTR_TX 位同时也被置位,就标志同时存在挂起的 OUT 分组和 IN 分组。应用程序可以利用该信息访问 USB_EPnR 位对应的操作,它表示挂起中断传输方向的信息。该位为只读。
位 3:0	EP_ID[3:0]:端点 ID(endpoint identifier) 此位在 USB 模块完成数据传输产生中断后由硬件根据请求中断的端点号写入。如果同时有多个端点的请求中断,硬件写入优先级最高的端点号。端点的优先级按以下方法定义:同步端点和双缓冲批量端点具有高优先级,其他端点为低优先级。如果多个同优先级的端点请求中断,则根据端点号来确定优先级,即端点 0 具有最高优先级,端点号越小,优先级越高。应用程序可以通过上述优先级策略顺序处理端点的中断请求。该位为只读。

此寄存器包含所有中断源的状态信息,以供应用程序确认产生中断请求的事件。寄存器的高 8 位各表示一个中断源。当相关事件发生时,这些位被硬件置位,如果 USB_CNTR 寄存器上的相应位也被置位,则会产生相应的中断。中断服务程序需要检查每个位,在执行必要的操作后必须清除相应的状态位,不然中断信号线一直保持为高,同样的中断会再次被触发。如果同时多个中断标志被设置,也只会产生一个中断。应用程序可以使用不同的方式处理传输完成中断,以减少中断响应的延迟时间。端点在成功完成一次传输后,CTR 位会被硬件置起,如果 USB_CNTR 上的相应位也被设置的话,就会产生中断。与端点相关的中断标志和 USB_CNTR 寄存器的 CTRM 位无关。这两个中断标志位将一直保持有效,直到应用程序清除了 USB_EPnR 寄存器中的相关中断挂起位(CTR 位是个只读位)。USB 模块有两路中断请求源。

➢ 高优先级的 USB IRQ:用于高优先级的端点(同步和双缓冲批量端点)的中断请求,并且该中断不能被屏蔽。

➢ 低优先级 USB IRQ:用于其他中断事件,可以是低优先级的不可屏蔽中断,也可以是由 USB_ISTR 寄存器的高 8 位标识的可屏蔽中断。

对于端点产生的中断,应用程序可以通过 DIR 寄存器和 EP_ID 只读位来识别中断请求由哪个端点产生,并调用相应的中断服务程序。用户在处理同时发生的多个中断事件时,可以在中断服务程序中检查 USB_ISTR 寄存器各个位的顺序来确定这些事件的优先级。在处理完相应位的中断后需要清零该中断标志。完成一次中断服务后,另一中断请求将会产生,用以请求处理剩下的中断事件。为了避免意外清零某些位,建议使用加载指令,对所有不需改变的位写1,对需要清除的位写0。对于该寄存器,不建议使用读出—修改—写入的流程,因为在读/写操作之间,硬件可能需要设置某些位,而这些位会在写入时被清零。下面详细描述每个位。

3) USB 帧编号寄存器(USB_FNR)

该寄存器的偏移地址为 0x48,复位值为 0x0XXX,X 代表未定义数值(图 3-112、表 3-98)。

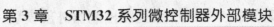

图 3-112　USB 帧编号寄存器(USB_FNR)

表 3-98　USB 帧编号寄存器(USB_FNR)

位	描　述
位 15	RXDP:D+状态位(receive data + line status) 此位用于观察 USB D+数据线的状态,可在挂起状态下检测唤醒条件的出现
位 14	RXDM:D-状态位(receive data - line status) 此位用于观察 USB D-数据线的状态,可在挂起状态下检测唤醒条件的出现
位 13	LCK:锁定位(locked) USB 模块在复位或唤醒序列结束后会检测 SOF 分组,如果连续检测到至少 2 个 SOF 分组,则硬件会置位此位。此位一旦锁定,帧计数器将停止计数,一直等到 USB 模块复位或总线挂起时再恢复计数
位 12:11	LSOF[1:0]:帧首丢失标志位(lost SOF) 当 ESOF 事件发生时,硬件会将丢失的 SOF 分组的数目写入此位。如果再次收到 SOF 分组,引脚会清除此位
位 10:0	FN[10:0]:帧编号(frame number) 此部分记录了最新收到的 SOF 分组中的 11 位帧编号。主机每发送一个帧,帧编号都会自加,这对于同步传输非常有意义。此部分发生 SOF 中断时更新

4) USB 设备地址寄存器(USB_DADDR)

该寄存器的偏移地址为 0x4C,复位值为 0x0000(图 3-113、表 3-99)。

图 3-113　USB 设备地址寄存器(USB_DADDR)

表 3 - 99　USB 设备地址寄存器(USB_DADDR)

位	描　述
位 7	EF:USB 模块使能位(enable function) 此位在需要使能 USB 模块时由应用程序置位。如果此位为 0,USB 模块将停止工作,忽略所有寄存器的设置,不响应任何 USB 通信
位 6:0	ADD[6:0]:设备地址(device address) 此位记录了 USB 主机在枚举过程中为 USB 设备分配的地址值。该地址值和端点地址(EA)必须和 USB 令牌分组中的地址信息匹配,才能在指定的端点进行正确的 USB 传输

5) USB 分组缓冲区描述表地址寄存器(USB_BTABLE)

该寄存器的偏移地址为 0x50,复位值为 0x0000(图 3 - 114、表 3 - 100)。

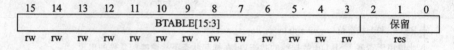

图 3 - 114　USB 分组缓冲区描述表地址寄存器(USB_BTABLE)

表 3 - 100　USB 分组缓冲区描述表地址寄存器(USB_BTABLE)

位	描　述
位 15:3	BTABLE[15:3]:缓冲表(buffer table) 此位记录分组缓冲区描述表的起始地址。分组缓冲区描述表用来指示每个端点的分组缓冲区地址和大小,按 8 字节对齐(即最低 3 位为 000)。每次传输开始时,USB 模块读取相应端点所对应的分组缓冲区描述表获得缓冲区地址和大小信息
位 2:0	保留位,由硬件置为 0

2. 端点寄存器

端点寄存器的数量由 USB 模块所支持的端点数目决定。USB 模块最多支持 8 个双向端点。每个 USB 设备必须支持一个控制端点,控制端点的地址(EA 位)必须为 0。不同的端点必须使用不同的端点号,否则端点的状态不定。每个端点都有与之对应的 USB_EpnR 寄存器,用于存储该端点的各种状态信息。

USB 端点 n 寄存器(USB_EPnR)的偏移地址为 0x00~0x1C,复位值为 0x0000(图 3 - 115、表 3 - 101)。

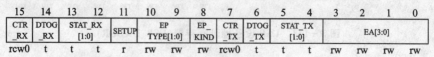

图 3 - 115　USB 端点 n 寄存器(USB_EPnR)

表 3 - 101　USB 端点 *n* 寄存器(USB_EPnR)

位	描　述
位 15	CTR_RX:正确接收标志位(correct transfer for reception) 此位在正确接收到 OUT 或 SETUP 分组时由硬件置位,应用程序只能对此位清零。如果 CTRM 位已置位,相应的中断会产生。收到的是 OUT 分组还是 SETUP 分组可以通过下面描述的 SETUP 位确定。以 NAK 或 STALL 结束的分组和出错的传输不会导致此位置位,因为没有真正的传输数据。此位应用程序可读可写,但只有写 0 有效,写 1 无效
位 14	DTOG_RX:用于数据接收的数据翻转位(data Toggle, for reception transfers) 对于非同步端点,此位由硬件设置,用于标记希望接收的下一个数据分组的 Toggle 位(0=DATA0,1=DATA1)。在接收到 PID(分组 ID)正确的数据分组之后,USB 模块发送 ACK 握手分组,并翻转此位。对于控制端点,硬件在收到 SETUP 分组后清除此位。对于双缓冲端点,此位还用于支持双缓冲区的交换。对于同步端点,由于仅发送 DATA0,因此此位仅用于支持双缓冲区的交换而不需进行翻转。同步传输不需要握手分组,因此硬件在收到数据分组后立即设置此位。应用程序可以对此位进行初始化(对于非控制端点,初始化是必需的),或者翻转此位用于特殊用途。此位应用程序可读可写,但写 0 无效,写 1 可以翻转此位
位 13:12	STAT_RX[1:0]:用于数据接收的状态位(status bits, for reception transfers) 此位用于指示端点当前的状态。当一次正确的 OUT 或 SETUP 数据传输完成后(CTR_RX=1),硬件会自动设置此位为 NAK 状态,使应用程序有足够的时间在处理完当前传输的数据后响应下一个数据分组。 对于双缓冲批量端点,由于使用特殊的传输流量控制策略,因此根据使用的缓冲区状态控制传输状态。 对于同步端点,由于端点状态只能是有效或禁用,因此硬件不会在正确的传输之后设置此位。如果应用程序将此位设为 STALL 或者 NAK,USB 模块响应的操作是未定义的。此位应用程序可读可写,但写 0 无效,写 1 翻转此位
位 11	SETUP:SETUP 分组传输完成标志位(setup transaction completed) 此位在 USB 模块收到一个正确的 SETUP 分组后由硬件置位,只有控制端点才使用此位。在接收完成后(CTR_RX=1),应用程序需要检测此位以判断完成的传输是否是 SETUP 分组。为了防止中断服务程序在处理 SETUP 分组时下一个令牌分组修改了此位,只有 CTR_RX 为 0 时此位才可以被修改,CTR_RX 为 1 时不能修改。此位应用程序只读
位 10:9	EP_TPYE[1:0]:端点类型位(endpoint type) 此位用于指示端点当前的类型。所有的 USB 设备都必须包含一个地址为 0 的控制端点,如果需要可以有其他地址的控制端点。只有控制端点才会有 SETUP 传输,其他类型的端点无视此类传输。SETUP 传输不能以 NAK 或 STALL 分组响应,如果控制端点在收到 SETUP 分组时处于 NAK 状态,USB 模块将不响应分组,就会出现接收错误。如果控制端点处于 STALL 状态,SETUP 分组会被正确接收,数据会被正确传输,并产生一个正确传输完成的中断。控制端点的 OUT 分组安装普通端点的方式处理。 批量端点和中断端点的处理方式非常类似,仅在对 EP_KIND 位的处理上有差别

位	描　述
位 8	EP_KIND：端点特殊类型位(endpoint kind) 此位需要和 EP_TYPE 位配合使用。 DBL_BUF：应用程序设置此位能使能批量端点的双缓冲功能。 STATUS_OUT：应用程序设置此位表示 USB 设备期望主机发送一个状态数据分组,此时,设备对于任何长度不为 0 的数据分组都响应 STALL 分组。此功能仅用于控制端点,有利于提供应用程序对协议层错误的检测。如果 STATUS_OUT 位被清除,OUT 分组可以包含任意长度的数据
位 7	CTR_TX：正确发送标志位(correct transfer for transmission) 此位由硬件在一个正确的 IN 分组传输完成后置位。如果 CTRM 位已被置位,会产生相应的中断。应用程序需要在处理完该事件后清除此位。在 IN 分组结束时,如果主机响应 NAK 或 STALL 则此位不会被置位,因为数据传输没有成功。此位应用程序可读可写,但写 0 有效,写 1 无效
位 6	DTOG_RX：发送数据翻转位(data toggle, for transmission transfers) 对于非同步端点,此位用于指示下一个要传输的数据分组的 Toggle 位(0=DATA0,1=DATA1)。在一个成功传输的数据分组后,如果 USB 模块接收到主机发送的 ACK 分组,就会翻转此位。对于控制端点,USB 模块会在收到正确的 SETUP PID 后置位此位。 对于双缓冲端点,此位还可用于支持分组缓冲区交换。 对于同步端点,由于只传送 DATA0,因此该位只用于支持分组缓冲区交换。 由于同步传输不需要握手分组,因此硬件在接收到数据分组后即设置该位。应用程序可以初始化该位(对于非控制端点,初始化此位是必需的),也可以设置该位用于特殊用途。此位应用程序可读可写,但写 0 无效,写 1 翻转此位
位 5:4	STAT_TX[1:0]：用于发送数据的状态位(status bits, for transmission transfers) 此位用于标识端点的当前状态。应用程序可以翻转这些位来初始化状态信息。在正确完成一次 IN 分组的传输后(CTR_TX=1),硬件会自动设置此位为 NAK 状态,保证应用程序有足够的时间准备好数据响应后续的数据传输。 对于双缓冲批量端点,由于使用特殊的传输流量控制策略,是根据缓冲区的状态控制传输的状态的。 对于同步端点,由于端点的状态只能是有效或禁用,因此硬件不会在数据传输结束时改变端点的状态。如果应用程序将此位设为 STALL 或者 NAK,则 USB 模块后续的操作是未定义的。此位应用程序可读可写,但写 0 无效,写 1 翻转此位
位 3:0	EA[3:0]：端点地址(endpoint address) 应用程序必须设置此 4 位,在使能一个端点前为它定义一个地址

　　当 USB 模块收到 USB 总线复位信号,或 CTLR 寄存器的 FRES 位置位时,USB 模块将会复位。该寄存器除了 CTR_RX 和 CTR_TX 位保持不变以处理紧随的 USB 传输外,其他位都被复位。每个端点对应一个 USB_EPnR 寄存器,其中 n 为端点地址,即端点 ID 号。对于此类寄存器应避免执行读出-修改-写入操作,因为在读

和写操作之间,硬件可能会设置某些位,而这些位又会在写入时被修改,导致应用程序错过相应的操作。因此,这些位都有一个写入无效的值,建议用 Load 指令修改这些寄存器,以免应用程序修改了不需要修改的位(表 3 - 102、表 3 - 105)。

表 3 - 102　接收状态编码

STAT_RX[1:0]	描　述
00	DISABLED:端点忽略所有的接收请求
01	STALL:端点以 STALL 分组响应所有的接收请求
10	NAK:端点以 NAK 分组响应所有的接收请求
11	VALID:端点可用于接收

表 3 - 103　端点类型编码

EP_TYPE[1:0]	描　述
00	BULK:批量端点
01	CONTROL:控制端点
10	ISO:同步端点
11	INTERRUPT:中断端点

表 3 - 104　端点特殊类型定义

EP_TYPE[1:0]		EP_KIND 意义
00	BULK	DBL_BUF:双缓冲端点
01	CONTROL	STATUS_OUT
10	ISO	未使用
11	INTERRUPT	未使用

表 3 - 105　发送状态编码

STAT_RX[1:0]	描　述
00	DISABLED:端点忽略所有的发送请求
01	STALL:端点以 STALL 分组响应所有的发送请求
10	NAK:端点以 NAK 分组响应所有的发送请求
11	VALID:端点可用于发送

3. 缓冲区描述表

尽管缓冲区描述表位于分组缓冲区内,但仍可将它看做是特殊的寄存器,用以配置 USB 模块和微控制器内核共享的分组缓冲区的地址和大小。由于 APB1 总线按

STM32F10X系列 ARM 微控制器入门与提高

168

32 位寻址,所以所有的分组缓冲区地址都使用 32 位对齐的地址,而不是 USB_BTABLE 寄存器和缓冲区描述表所使用的地址。以下介绍两种地址表示方式:一种是应用程序访问分组缓冲区时使用的,另一种是相对于 USB 模块的本地地址。供应用程序使用的分组缓冲区地址需要乘以 2 才能得到缓冲区在微控制器中的真正地址。分组缓冲区的首地址为 0x4000 6000。下面将描述与 USB_EPnR 寄存器相关的缓冲区描述表。

1) 发送缓冲区地址寄存器 n(USB_ADDRn_TX)

该寄存器的偏移地址为[USB_BTABLE]+n×16,复位值为[USB_BTABLE]+n×8(图 3 - 116、表 3 - 106)。

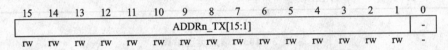

图 3 - 116　发送缓冲区地址寄存器 n(USB_ADDRn_TX)

表 3 - 106　发送缓冲区地址寄存器 n(USB_ADDRn_TX)

位	描　　述
位 15:1	ADDRn_TX[15:1]:发送缓冲区地址(transmission buffer address) 此位记录了收到下一个 IN 分组时,需要发送的数据所在的缓冲区起始地址
位 0	因为分组缓冲区的地址必须按字对齐,所以此位必须为 0

2) 发送数据字节数寄存器 n(USB_COUNTn_TX)

该寄存器的偏移地址为[USB_BTABLE]+n×16+4,复位值为[USB_BTABLE]+n×8+2(图 3 - 117、表 3 - 107)。

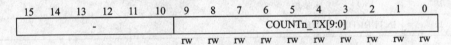

图 3 - 117　发送数据字节数寄存器 n(USB_COUNTn_TX)

表 3 - 107　发送数据字节数寄存器 n(USB_COUNTn_TX)

位	描　　述
位 15:10	由于 USB 模块支持的最大数据分组为 1 023 个字节,所以 USB 模块忽略这些位
位 9:0	COUNTn_TX[9:0]:发送数据字节数(transmission byte count) 此位记录了收到下一个 IN 分组时要传输的数据字节数

3) 接收缓冲区地址寄存器 n(USB_ADDRn_RX)

该寄存器的偏移地址为[USB_BTABLE]+n×16+8,复位值为[USB_BTABLE]+n×8+4(图 3 - 118、表 3 - 108)。

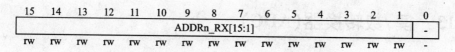

图 3 - 118　接收缓冲区地址寄存器 n(USB_ADDRn_RX)

表 3 - 108　接收缓冲区地址寄存器 n(USB_ADDRn_RX)

位	描　述
位 15:1	ADDRn_RX[15:1]:接收缓冲区地址(reception buffer address) 此位记录了收到下一个 OUT 或者 SETUP 分组时,用于保存数据的缓冲区起始地址
位 0	因为分组缓冲区的地址按字对齐,所以此位必须为 0

4) 接收数据字节数寄存器 n(USB_COUNTn_RX)

该寄存器的偏移地址为[USB_BTABLE]$+n\times16+12$,复位值为[USB_BTABLE]$+n\times8+6$(图 3 - 119、表 3 - 109)。

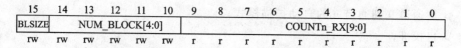

图 3 - 119　接收数据字节数寄存器 n(USB_COUNTn_RX)

表 3 - 109　接收数据字节数寄存器 n(USB_COUNTn_RX)

位	描　述
位 15	BL_SIZE:存储区块的大小(block size) 此位用于定义决定缓冲区大小的存储区块的大小。 如果 BL_SIZE=0,存储区块的大小为 2 字节,因此能分配的分组缓冲区的大小范围为 2~62 个字节。 如果 BL_SIZE=1,存储区块的大小为 32 字节,因此能分配的分组缓冲区的大小范围为 32~512 B,符合 USB 协议定义的最大分组长度限制
位 14:10	NUM_BLOCK[4:0]:存储区块的数目(number of blocks) 此位用以记录分配的存储区块的数目,从而决定最终使用的分组缓冲区的大小
位 9:0	COUNTn_RX[9:0]:接收到的字节数(reception byte count) 此位由 USB 模块写入,用以记录端点收到的最新的 OUT 或 SETUP 分组的实际字节数

该寄存器用于存放接收分组时需要使用到的 2 个参数。高 6 位定义了接收分组缓冲区的大小,以便 USB 模块检测缓冲区的溢出。低 10 位则用于 USB 模块记录实际接收到的字节数。由于有效位数的限制,缓冲区的大小由分配到的存储区块数表示,而存储区块的大小则由所需的缓冲区大小决定。缓冲区的大小在设备枚举过程中定义,由端点描述符的参数 maxPacketSize 表述。

3.13　模/数转换器(ADC)

3.13.1　ADC 功能简介

1. ADC 介绍

12 位 ADC 是一种逐次逼近型模拟数字转换器。它有多达 18 个通道,可测量 16 个外部和 2 个内部信号源。各通道的 A/D 转换可以单次、连续、扫描或间断模式执行。ADC 的结果可以左对齐或右对齐方式存储在 16 位数据寄存器中。

2. ADC 主要特征

➢ 12 位分辨率;

➢ 转换结束、注入转换结束和发生模拟看门狗事件时产生中断;

➢ 单次和连续转换模式;

➢ 从通道 0 到通道 n 的自动扫描模式;

➢ 自校准;

➢ 带内嵌数据一致性的数据对齐;

➢ 采样间隔可以按通道分别编程;

➢ 规则转换和注入转换均有外部触发选项;

➢ 间断模式;

➢ 双重模式(带 2 个或以上 ADC 的器件);

➢ ADC 转换时间与型号有关,STM32F103xx 增强型产品:时钟为 56 MHz 时为 1 μs(时钟为 72 MHz 时为 1.17 μs);

➢ ADC 供电要求:2.4~3.6 V;

➢ ADC 输入范围:$V_{REF}- \leqslant V_{IN} \leqslant V_{REF+}$;

➢ 在规则通道转换期间有 DMA 请求产生。

3. ADC 模块的方框图

表 3-110 为 ADC 引脚的说明,图 3-120 为一个 ADC 模块的框图。

表 3-110　ADC 引脚的说明

名　称	信号类型	注　解
V_{REF+}	输入,模拟参考正极	ADC 使用的高端/正极参考电压,2.4 V $\leqslant V_{REF}+ \leqslant V_{DDA}$
V_{DDA}	输入,模拟电源	等效于 V_{DD} 的模拟电源且:2.4 V $\leqslant V_{DDA} \leqslant V_{DD}$(3.6 V)
V_{REF-}	输入,模拟参考负极	ADC 使用的低端/负极参考电压,$V_{REF-} = V_{SSA}$
V_{SSA}	输入,模拟电源地	等效于 V_{SS} 的模拟电源地
ADCx_IN[15:0]	模拟输入信号	16 个模拟输入通道

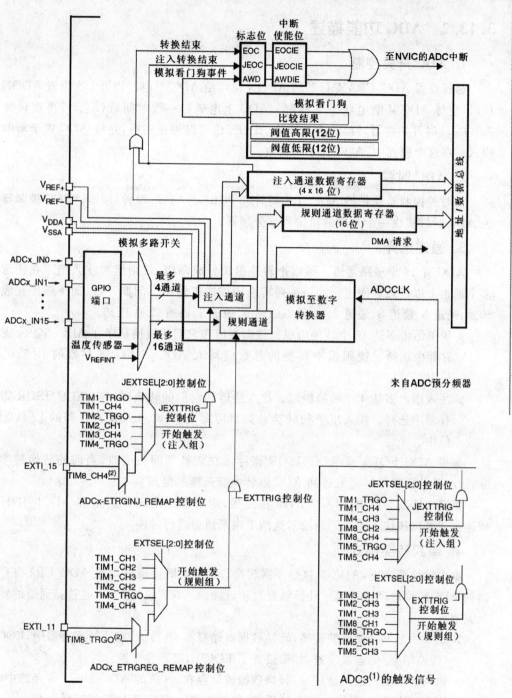

图 3 - 120　ADC 模块的框图

3.13.2　ADC 功能描述

1. ADC 开关控制

通过设置 ADC_CR2 寄存器的 ADON 位可给 ADC 上电。当第 1 次设置 ADON 位时，它将 ADC 从断电状态下唤醒。ADC 上电延迟一段时间后（t_{STAB}），再次设置 ADON 位时开始进行转换。通过清除 ADON 位可以停止转换，并将 ADC 置于断电模式。在这个模式中，ADC 几乎不耗电。

2. ADC 时钟

由时钟控制器提供的 ADCCLK 时钟和 PCLK2（APB2 时钟）同步。RCC 控制器为 ADC 时钟提供一个专用的可编程预分频器。

3. 通道选择

ADC 有 16 个多路通道。可以把转换组织分成两组：规则组和注入组。在任意多个通道上以任意顺序进行的一系列转换构成成组转换。例如，可以如下顺序完成转换：通道 3、通道 8、通道 2、通道 2、通道 0、通道 2、通道 2、通道 15。

> 规则组由多达 16 个转换组成。规则通道和它们的转换顺序在 ADC_SQRx 寄存器中选择。规则组中转换的总数应写入 ADC_SQR1 寄存器的 L[3:0] 位中。

> 注入组由多达 4 个转换组成。注入通道和它们的转换顺序在 ADC_JSQR 寄存器中选择。注入组里的转换总数目应写入 ADC_JSQR 寄存器的 L[1:0] 位中。

如果 ADC_SQRx 或 ADC_JSQR 寄存器在转换期间被更改，当前的转换被清除，一个新的启动脉冲将发送到 ADC 以转换新选择的组。

温度传感器与通道 ADC1_IN16 相连接，内部参照电压 V_{REFINT} 和 ADC1_IN17 相连接。可以按注入或规则通道对这两个内部通道进行转换。

4. 单次转换模式

单次转换模式下，ADC 只执行一次转换。该模式既可通过设置 ADC_CR2 寄存器的 ADON 位启动也可通过外部触发启动，这时 CONT 位为 0。一旦选择通道的转换完成：

> 如果一个规则通道被转换，转换数据被储存在 16 位 ADC_DR 寄存器中，EOC（转换结束）标志被设置，如果设置了 EOCIE，则产生中断。

> 如果一个注入通道被转换，转换数据被储存在 16 位的 ADC_DRJ1 寄存器中，JEOC（注入转换结束）标志被设置，如果设置了 JEOCIE 位，则产生中断。

5. 连续转换模式

在连续转换模式中，当前面 ADC 转换一结束马上就启动另一次转换。此模式

可通过外部触发启动或通过设置 ADC_CR2 寄存器上的 ADON 位启动,此时 CONT 位是 1。每个转换后:

> 如果一个规则通道被转换,转换数据被储存在 16 位的 ADC_DR 寄存器中,EOC(转换结束)标志被设置,如果设置了 EOCIE,则产生中断。

> 如果一个注入通道被转换,转换数据被储存在 16 位的 ADC_DRJ1 寄存器中,JEOC(注入转换结束)标志被设置,如果设置了 JEOCIE 位,则产生中断。

6. 模拟看门狗

如果被 ADC 转换的模拟电压低于低阀值或高于高阀值,AWD 模拟看门狗状态位被设置。阀值位于 ADC_HTR 和 ADC_LTR 寄存器的最低 12 个有效位中。通过设置 ADC_CR1 寄存器的 AWDIE 位以允许产生相应中断。阀值独立于由 ADC_CR2 寄存器上的 ALIGN 位选择的数据对齐模式。比较是在对齐之前完成的。通过配置 ADC_CR1 寄存器,模拟看门狗可以作用于 1 个或多个通道。

7. 扫描模式

此模式用来扫描一组模拟通道。扫描模式可通过设置 ADC_CR1 寄存器的 SCAN 位来选择。一旦这个位被设置,ADC 扫描所有被 ADC_SQRx 寄存器(对规则通道)或 ADC_JSQR(对注入通道)选中的所有通道。在每个组的每个通道上执行单次转换。在每个转换结束后,同一组的下一个通道被自动转换。如果设置了 CONT 位,转换不会在选择组的最后一个通道上停止,而是再次从选择组的第一个通道继续转换。如果设置了 DMA 位,在每次 EOC 后,DMA 控制器把规则组通道的转换数据传输到 SRAM 中。而注入通道转换的数据总是存储在 ADC_JDRx 寄存器中。

8. 注入通道管理

触发注入:清除 ADC_CR1 寄存器的 JAUTO 位,并且设置 SCAN 位,即可使用触发注入功能。利用外部触发或通过设置 ADC_CR2 寄存器的 ADON 位,启动一组规则通道的转换。如果在规则通道转换期间产生一外部触发注入,当前转换被复位,注入通道序列被以单次扫描方式进行转换。然后,恢复上次被中断的规则组通道转换。如果在注入转换期间产生一规则事件,注入转换不会被中断,但是规则序列将在注入序列结束后被执行。触发注入的时序如图 3-121 所示。

自动注入:如果设置了 JAUTO 位,在规则组通道之后,注入组通道被自动转换。这可以用来转换在 ADC_SQRx 和 ADC_JSQR 寄存器中设置的多至 20 个转换序列。在此模式中,必须禁止注入通道的外部触发。如果除 JAUTO 位外还设置了 CONT 位,规则通道至注入通道的转换序列被连续执行。对于 ADC 时钟预分频系数为 4～8 时,当从规则转换切换到注入序列或从注入转换切换到规则序列时,会自动插入 1 个 ADC 时钟间隔;当 ADC 时钟预分频系数为 2 时,则有 2 个 ADC 时钟间隔的延迟。

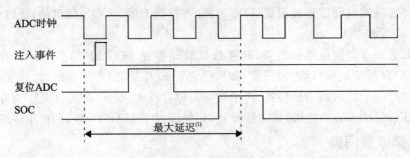

图 3 - 121　注入转换延时

9. 间断模式

规则组:此模式通过设置 ADC_CR1 寄存器上的 DISCEN 位激活。它可以用来执行一个短序列的 n 次转换($n \leqslant 8$),此转换是 ADC_SQRx 寄存器所选择的转换序列的一部分。数值 n 由 ADC_CR1 寄存器的 DISCNUM[2:0]位给出。一个外部触发信号可以启动 ADC_SQRx 寄存器中描述的下一轮 n 次转换,直到此序列所有的转换完成为止。总的序列长度由 ADC_SQR1 寄存器的 L[3:0]定义。

举例,$n=3$,被转换的通道 = 0、1、2、3、6、7、9、10。

➤ 第 1 次触发:转换的序列为 0、1、2;

➤ 第 2 次触发:转换的序列为 3、6、7;

➤ 第 3 次触发:转换的序列为 9、10,并产生 EOC 事件;

➤ 第 4 次触发:转换的序列 0、1、2。

注入组:此模式通过设置 ADC_CR1 寄存器的 JDISCEN 位激活。在一个外部触发事件后,该模式按通道顺序逐个转换 ADC_JSQR 寄存器中选择的序列。一个外部触发信号可以启动 ADC_JSQR 寄存器选择的下一个通道序列的转换,直到序列中所有的转换完成为止。总的序列长度由 ADC_JSQR 寄存器的 JL[1:0]位定义。例如,$n=1$,被转换的通道 = 1、2、3。

➤ 第 1 次触发:通道 1 被转换;

➤ 第 2 次触发:通道 2 被转换;

➤ 第 3 次触发:通道 3 被转换,并且产生 EOC 和 JEOC 事件;

➤ 第 4 次触发:通道 1 被转换。

10. 校准

ADC 有一个内置自校准模式。校准可大幅减小因内部电容器组的变化而造成的准精度误差。在校准期间,每个电容器上都会计算出一个误差修正码,这个码用于消除在随后的转换中每个电容器上产生的误差。通过设 ADC_CR2 寄存器的 CAL 位启动校准。一旦校准结束,CAL 位被硬件复位,可以开始正常转换。

11. 数据对齐

ADC_CR2 寄存器中的 ALIGN 位选择转换后数据储存的对齐方式。数据可以左对齐或右对齐,如图 3 - 122 和图 3 - 123 所示。注入组通道转换的数据值已经减去了在 ADC_JOFRx 寄存器中定义的偏移量,因此结果可以是一个负值。SEXT 位是扩展的符号值。对于规则组通道,不需减去偏移值,因此只有 12 个位有效。

注入组

SEXT	SEXT	SEXT	SEXT	D11	D10	D9	D8	D7	D6	D5	D4	D3	D2	D1	D0

规则组

0	0	0	0	D11	D10	D9	D8	D7	D6	D5	D4	D3	D2	D1	D0

图 3 - 122　数据右对齐

注入组

SEXT	D11	D10	D9	D8	D7	D6	D5	D4	D3	D2	D1	D0	0	0	0

规则组

D11	D10	D9	D8	D7	D6	D5	D4	D3	D2	D1	D0	0	0	0	0

图 3 - 123　数据左对齐

12. 可编程的通道采样时间

ADC 使用若干个 ADC_CLK 周期对输入电压采样,采样周期数目可以通过 ADC_SMPR1 和 ADC_SMPR2 寄存器中的 SMP[2:0]位更改。每个通道可以分别用不同的时间采样。总转换时间如下计算:T_{CONV}＝采样时间＋12.5 个周期。

13. 外部触发转换

转换可以由外部事件触发(如定时器捕获、EXTI 线)。如果设置了 EXTTRIG 控制位,则外部事件就能够触发转换。EXTSEL[2:0]和 JEXTSEL2:0]控制位允许应用程序选择 8 个可能的事件中的某一个,可以触发规则和注入组的采样。

14. DMA 请求

因为规则通道转换的值储存在一个仅有的数据寄存器中,所以当转换多个规则通道时需要使用 DMA,这可以避免丢失已经存储在 ADC_DR 寄存器中的数据。只有在规则通道的转换结束时才产生 DMA 请求,并将转换的数据从 ADC_DR 寄存器传输到用户指定的目的地址。

15. 双 ADC 模式

有 2 个或 2 个以上 ADC 模块的产品中,可以使用双 ADC 模式。在双 ADC 模式中,根据 ADC1_CR1 寄存器中 DUALMOD[2:0]位所选的模式,转换的启动可以是 ADC1 主和 ADC2 从的交替触发或同步触发。当所有 ADC1/ADC2 注入通道都被转换时,产生 JEOC 中断。以下介绍 9 种可用的模式。

1) 同步注入模式

此模式转换一个注入通道组。外部触发来自 ADC1 的注入组多路开关(由 ADC1_CR2 寄存器的 JEXTSEL[2:0]选择),同时给 ADC2 提供同步触发。在 ADC1 或 ADC2 的转换结束时,转换的数据存储在每个 ADC 接口的 ADC_JDRx 寄存器中。

2) 同步规则模式

此模式在规则通道组上执行。外部触发来自 ADC1 的规则组多路开关（由 ADC1_CR2 寄存器的 EXTSEL[2:0]选择），同时给 ADC2 提供同步触发。在 ADC1 或 ADC2 的转换结束时，产生一个 32 位 DMA 传输请求（如果设置了 DMA 位），32 位的 ADC1_DR 寄存器内容传输到 SRAM 中，它高半个字包含 ADC2 的转换数据，低半个字包含 ADC1 的转换数据。当所有 ADC1/ADC2 规则通道都被转换完时，产生 EOC 中断。

在同步规则模式中，必须转换具有相同时间长度的序列，或保证触发的间隔比 2 个序列中较长的序列长，否则当较长序列的转换还未完成时，具有较短序列的 ADC 转换可能会被重启。

3) 快速交叉模式

此模式只适用于规则通道组。外部触发来自 ADC1 的规则通道多路开关。外部触发产生后，ADC2 立即启动并且 ADC1 在延迟 7 个 ADC 时钟周期后启动。如果同时设置了 ADC1 和 ADC2 的 CONT 位，所选的 2 个 ADC 规则通道将被连续地转换。ADC1 产生一个 EOC 中断后（由 EOCIE 使能），产生一个 32 位的 DMA 传输请求（如果设置了 DMA 位），ADC1_DR 寄存器的 32 位数据被传输 SRAM，ADC1_DR 的高半个字包含 ADC2 的转换数据，低半个字包含 ADC1 的转换数据。

4) 慢速交叉模式

此模式只适用于规则通道组。外部触发来自 ADC1 的规则通道多路开关。外部触发产生后，ADC2 立即启动并且 ADC1 在延时 14 个 ADC 时钟周期后启动，在延时第 2 次 14 个 ADC 周期后 ADC2 再次启动，如此循环。最大允许采样时间<14 个 ADCCLK 周期，以避免和下个转换重叠。ADC1 产生一个 EOC 中断后（由 EOCIE 使能），产生一个 32 位的 DMA 传输请求（如果设置了 DMA 位），ADC1_DR 寄存器的 32 位数据被传输到 SRAM，ADC1_DR 的上半个字包含 ADC2 的转换数据，低半个字包含 ADC1 的转换数据。在 28 个 ADC 时钟周期后自动启动新的 ADC2 转换。在这个模式下不能设置 CONT 位，因为它将连续转换所选择的规则通道。

5) 交替触发模式

此模式只适用于注入通道组。外部触发源来自 ADC1 的注入通道多路开关。当第 1 个触发产生时，ADC1 上的所有注入组通道被转换。当第 2 个触发到达时，ADC2 上的所有注入组通道被转换，如此循环。

如果允许产生 JEOC 中断，在所有 ADC1 注入组通道转换后产生一个 JEOC 中断。如果允许产生 JEOC 中断，在所有 ADC2 注入组通道转换后产生一个 JEOC 中断。当所有注入组通道都转换完后，如果又有另一个外部触发，交替触发处理从转换 ADC1 注入组通道重新开始。

6) 独立模式

此模式中,双 ADC 同步不工作,每个 ADC 接口独立工作。

7）混合的规则/注入同步模式

规则组同步转换可以被中断,以启动注入组的同步转换。在混合的规则/注入同步模式中,必须转换具有相同时间长度的序列,或保证触发的间隔比 2 个序列中较长的序列长,否则当较长序列的转换还未完成时,具有较短序列的 ADC 转换可能会被重启。

8）混合的同步规则＋交替触发模式

规则组同步转换可以被中断,以启动注入组交替触发转换。注入交替转换在注入事件到达后立即启动。如果规则转换已经在运行,为了在注入转换后确保同步,所有 ADC（主和从）的规则转换被停止,并在注入转换结束时同步恢复。

9）混合同步注入＋交叉模式

一个注入事件可以中断一个交叉转换。这种情况下,交叉转换被中断,注入转换被启动,在注入序列转换结束时,交叉转换被恢复。

16. 温度传感器

温度传感器用来测量器件周围的温度（TA）。温度传感器在内部和 ADC1_IN16 输入通道相连接,此通道把传感器输出的电压转换成数字值。温度传感器模拟输入推荐采样时间是 17.1 μs。图 3 - 124 是温度传感器的方框图。

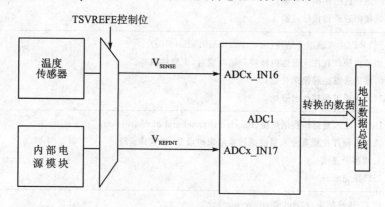

图 3 - 124　温度传感器框图

当没有被使用时,传感器可以置于关电模式。温度传感器输出电压随温度线性变化,由于生产过程的变化,温度变化曲线的偏移在不同芯片上会有不同。内部温度传感器更适合于检测温度的变化,而不是测量绝对的温度。如果需要测量精确的温度,应该使用一个外置的温度传感器。

17. ADC 中断

规则组和注入组转换结束时能产生中断,当模拟看门狗状态位被设置时也能产生中断。它们都有独立的中断使能位。

177

3.13.3　ADC 寄存器描述

1. ADC 状态寄存器(ADC_SR)

该寄存器的偏移地址为 0x00,复位值为 0x0000 0000(图 3 - 125、表 3 - 111)。

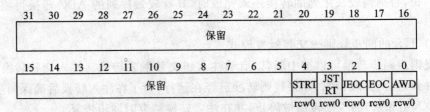

图 3 - 125　ADC 状态寄存器(ADC_SR)

表 3 - 111　ADC 状态寄存器(ADC_SR)

位	描　述
位 31:15	保留。必须保持为 0
位 4	STRT:规则通道开始位(regular channel start flag) 该位由硬件在规则通道转换开始时设置,由软件清除。 0:规则通道转换未开始; 1:规则通道转换已开始
位 3	JSTRT:注入通道开始位(injected channel start flag) 该位由硬件在注入通道组转换开始时设置,由软件清除。 0:注入通道组转换未开始; 1:注入通道组转换已开始
位 2	JEOC:注入通道转换结束位(injected channel end of conversion) 该位由硬件在所有注入通道组转换结束时设置,由软件清除 0:转换未完成; 1:转换完成
位 1	EOC:转换结束位(end of conversion) 该位由硬件在(规则或注入)通道组转换结束时设置,由软件清除或由读取 ADC_DR 时清除。 0:转换未完成; 1:转换完成
位 0	AWD:模拟看门狗标志位(analog watchdog flag) 该位由硬件在转换的电压值超出了 ADC_LTR 和 ADC_HTR 寄存器定义的范围时设置,由软件清除 0:没有发生模拟看门狗事件; 1:发生模拟看门狗事件

2. ADC 控制寄存器 1(ADC_CR1)

该寄存器的偏移地址为 0x04,复位值为 0x0000 0000(图 3-126、表 3-112)。

31	30	29	28	27	26	25	24	23	22	21	20	19	18	17	16
保留								AWD EN	JAW DEN	保留		DUALMOD[3:0]			
								rw	rw			rw	rw	rw	rw

15	14	13	12	11	10	9	8	7	6	5	4	3	2	1	0
DISCNUM[2:0]			JDISC EN	DIS CEN	JAU TO	AWD SGL	SCAN	JEO CIE	AWD IE	EOC IE	AWDCH[4:0]				
rw	rw	rw	rw	rw	rw	rw	rw	rw	rw	rw	rw	rw	rw	rw	rw

图 3-126　ADC 控制寄存器 1(ADC_CR1)

表 3-112　ADC 控制寄存器 1(ADC_CR1)

位	描　述
位 31:24	保留。必须保持为 0
位 23	AWDEN:在规则通道上开启模拟看门狗(analog watchdog enable on regular channels),该位由软件设置和清除。 0:在规则通道上禁用模拟看门狗; 1:在规则通道上使用模拟看门狗
位 22	JAWDEN:在注入通道上开启模拟看门狗(analog watchdog enable on injected channels),该位由软件设置和清除。 0:在注入通道上禁用模拟看门狗; 1:在注入通道上使用模拟看门狗
位 21:20	保留。必须保持为 0
位 19:16	DUALMOD[3:0]:双模式选择(dual mode selection) 软件使用这些位选择操作模式。 0000:独立模式; 0001:混合的同步规则+注入同步模式; 0010:混合的同步规则+交替触发模式; 0011:混合同步注入+快速交叉模式; 0100:混合同步注入+慢速交叉模式; 0101:注入同步模式; 0110:规则同步模式; 0111:快速交叉模式; 1000:慢速交叉模式; 1001:交替触发模式。 注:在 ADC2 和 ADC3 中这些位为保留位,在双模式中改变通道的配置会产生一个重新开始的条件,这将导致同步丢失。建议在进行任何配置改变前关闭双模式

续表 3 – 112

位	描　述
位 15:13	DISCNUM[2:0]:间断模式通道计数(discontinuous mode channel count) 软件通过这些位定义在间断模式下收到外部触发后转换规则通道的数目 000:1 个通道 001:2 个通道 …… 111:8 个通道
位 12	JDISCEN:在注入通道上的间断模式(discontinuous mode on injected channels),该位由软件设置和清除,用于开启或关闭注入通道组上的间断模式。 0:注入通道组上禁用间断模式; 1:注入通道组上使用间断模式
位 11	DISCEN:在规则通道上的间断模式(discontinuous mode on regular channels) 该位由软件设置和清除,用于开启或关闭规则通道组上的间断模式。 0:规则通道组上禁用间断模式; 1:规则通道组上使用间断模式
位 10	JAUTO:自动的注入通道组转换(automatic Injected Group conversion) 该位由软件设置和清除,用于开启或关闭规则通道组转换结束后自动的注入通道组转换。 0:关闭自动的注入通道组转换; 1:开启自动的注入通道组转换
位 9	AWDSGL:扫描模式中在一个单一的通道上使用看门狗(enable the watchdog on a single channel in scan mode) 该位由软件设置和清除,用于开启或关闭由 AWDCH[4:0]位指定的通道上的模拟看门狗功能。 0:在所有的通道上使用模拟看门狗; 1:在单一通道上使用模拟看门狗
位 8	SCAN:扫描模式(scan mode) 该位由软件设置和清除,用于开启或关闭扫描模式。在扫描模式中,转换由 ADC_SQRx 或 ADC_JSQRx 寄存器选中的通道。 0:关闭扫描模式; 1:使用扫描模式。 注:如果分别设置了 EOCIE 或 JEOCIE 位,只在最后一个通道转换完毕后才会产生 EOC 或 JEOC 中断
位 7	JEOCIE:允许产生注入通道转换结束中断(interrupt enable for injected channels),该位由软件设置和清除,用于禁止或允许所有注入通道转换结束后产生中断。 0:禁止 JEOC 中断; 1:允许 JEOC 中断。当硬件设置 JEOC 位时产生中断

位	描　述
位 6	AWDIE:允许产生模拟看门狗中断(analog watchdog interrupt enable) 该位由软件设置和清除,用于禁止或允许模拟看门狗产生中断。在扫描模式下,如果看门狗检测到超范围的数值时,只有在设置了该位时扫描才会中止。 0:禁止模拟看门狗中断; 1:允许模拟看门狗中断
位 5	EOCIE:允许产生 EOC 中断(interrupt enable for EOC) 该位由软件设置和清除,用于禁止或允许转换结束后产生中断。 0:禁止 EOC 中断; 1:允许 EOC 中断。当硬件设置 EOC 位时产生中断
位 4:0	AWDCH[4:0]:模拟看门狗通道选择位(analog watchdog channel select bits) 这些位由软件设置和清除,用于选择模拟看门狗保护的输入通道。 00000:ADC 模拟输入通道 0; 00001:ADC 模拟输入通道 1; …… 01111:ADC 模拟输入通道 15; 10000:ADC 模拟输入通道 16; 10001:ADC 模拟输入通道 17; 保留所有其他数值。 注:ADC1 的模拟输入通道 16 和通道 17 在芯片内部分别连到了温度传感器和 V_{REFINT}。 ADC2 的模拟输入通道 16 和通道 17 在芯片内部连到了 V_{SS}。 ADC3 模拟输入通道 9、14、15、16、17 与 V_{SS} 相连

3. ADC 控制寄存器 2(ADC_CR2)

该寄存器的偏移地址为 0x08,复位值为 0x0000 0000(图 3 - 127、表 3 - 113)。

31	30	29	28	27	26	25	24	23	22	21	20	19	18	17	16
保留								TSVRE FE	SWST ART	JSWST ART	EXT TRIG	EXTSEL[2:0]			保留
								rw	rw	rw	rw	rw	rw	rw	

15	14	13	12	11	10	9	8	7	6	5	4	3	2	1	0
JEXT TRIG	JEXTSEL[2:0]			ALI GN	保留		DMA	保留				RST CAL	CAL	CONT	ADON
rw	rw	rw	rw	rw			rw					rw	rw	rw	rw

图 3 - 127　ADC 控制寄存器 2(ADC_CR2)

表 3 - 113　ADC 控制寄存器 2(ADC_CR2)

位	描　述
位 31:24	保留。必须保持为 0

位	描 述
位 23	TSVREFE:温度传感器和 V_{REFINT} 使能(temperature sensor and V_{REFINT} enable) 该位由软件设置和清除,用于开启或禁止温度传感器和 V_{REFINT} 通道。在多于 1 个 ADC 的器件中,该位仅出现在 ADC1 中。 0:禁止温度传感器和 V_{REFINT}; 1:启用温度传感器和 V_{REFINT}
位 22	SWSTART:开始转换规则通道(start conversion of regular channels) 由软件设置该位以启动转换,转换开始后硬件马上清除此位。如果在 EXTSEL[2:0]位中选择了 SWSTART 为触发事件,该位用于启动一组规则通道的转换。 0:复位状态; 1:开始转换规则通道
位 21	JSWSTART:开始转换注入通道(start conversion of injected channels) 由软件设置该位以启动转换,软件可清除此位或在转换开始后硬件马上清除此位。如果在 JEXTSEL[2:0]位中选择了 JSWSTART 为触发事件,该位用于启动一组注入通道的转换。 0:复位状态; 1:开始转换注入通道
位 20	EXTTRIG:规则通道的外部触发转换模式(external trigger conversion mode for regular channels) 该位由软件设置和清除,用于开启或禁止可以启动规则通道组转换的外部触发事件。 0:不用外部事件启动转换; 1:使用外部事件启动转换
位 19:17	EXTSEL[2:0]:选择启动规则通道组转换的外部事件(external event select for regular group),这些位选择用于启动规则通道组转换的外部事件 ADC1 和 ADC2 的触发配置如下。 000:定时器 1 的 CC1 事件　100:定时器 3 的 TRGO 事件 001:定时器 1 的 CC2 事件　101:定时器 4 的 CC4 事件 110:EXTI 线 11/ TIM8_TRGO 事件,仅大容量产 品具有 TIM8_TRGO 功能: 010:定时器 1 的 CC3 事件 011:定时器 2 的 CC2 事件　111:SWSTART ADC3 的触发配置如下: 000:定时器 3 的 CC1 事件　100:定时器 8 的 TRGO 事件 001:定时器 2 的 CC3 事件　101:定时器 5 的 CC1 事件 010:定时器 1 的 CC3 事件　110:定时器 5 的 CC3 事件 011:定时器 8 的 CC1 事件　111:SWSTART
位 16	保留。必须保持为 0

位	描　　述
位 15	JEXTTRIG:注入通道的外部触发转换模式(external trigger conversion mode for injected channels) 该位由软件设置和清除,用于开启或禁止可以启动注入通道组转换的外部触发事件。 0:不用外部事件启动转换; 1:使用外部事件启动转换
位 14:12	JEXTSEL[2:0]:选择启动注入通道组转换的外部事件(external event select for in group) 这些位选择用于启动注入通道组转换的外部事件。 ADC1 和 ADC2 的触发配置如下: 000:定时器 1 的 TRGO 事件　100:定时器 3 的 CC4 事件 001:定时器 1 的 CC4 事件　101:定时器 4 的 TRGO 事件 110:EXTI 线 15/TIM8_CC4 事件(仅大容量产品具有 TIM8_CC4) 010:定时器 2 的 TRGO 事件 011:定时器 2 的 CC1 事件　111:JSWSTART ADC3 的触发配置如下: 000:定时器 1 的 TRGO 事件　100:定时器 8 的 CC4 事件 001:定时器 1 的 CC4 事件　101:定时器 5 的 TRGO 事件 010:定时器 4 的 CC3 事件　110:定时器 5 的 CC4 事件 011:定时器 8 的 CC2 事件　111:JSWSTART
位 11	ALIGN:数据对齐(data alignment) 该位由软件设置和清除。 0:右对齐; 1:左对齐
位 10:9	保留。必须保持为 0
位 8	DMA:直接存储器访问模式(direct memory access mode) 该位由软件设置和清除。详见 DMA 控制器章节。 0:不使用 DMA 模式; 1:使用 DMA 模式。 注:只有 ADC1 和 ADC3 能产生 DMA 请求
位 7:4	保留。必须保持为 0
位 3	RSTCAL:复位校准(reset calibration) 该位由软件设置并由硬件清除。在校准寄存器被初始化后该位将被清除。 0:校准寄存器已初始化; 1:初始化校准寄存器。 注:如果正在进行转换时设置 RSTCAL,清除校准寄存器需要额外的周期
位 2	CAL:A/D 校准(A/D calibration) 该位由软件设置以开始校准,并在校准结束时由硬件清除。 0:校准完成; 1:开始校准

续表 3 - 113

位	描　述
位 1	CONT:连续转换(continuous conversion) 该位由软件设置和清除。如果设置了此位,则转换将连续进行直到该位被清除。 0:单次转换模式; 1:连续转换模式
位 0	ADON:开/关 A/D 转换器(A/D converter ON/OFF) 该位由软件设置和清除。当该位为 0 时,写入 1 将把 ADC 从断电模式下唤醒。 当该位为 1 时,写入 1 将启动转换。应用程序需注意,在转换器上电至转换开始有一个延迟 STAB。 0:关闭 ADC 转换/校准,并进入断电模式; 1:开启 ADC 并启动转换。 注:如果在这个寄存器中与 ADON 一起还有其他位被改变,则转换不被触发。这是为了防止触 　发错误的转换

4. ADC 采样时间寄存器 1(ADC_SMPR1)

该寄存器的偏移地址为 0x0C,复位值为 0x0000 0000(图 3 - 128、表 3 - 114)。

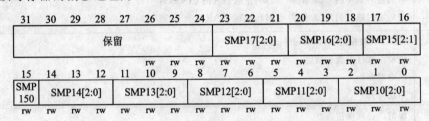

图 3 - 128　ADC 采样时间寄存器 1(ADC_SMPR1)

表 3 - 114　ADC 采样时间寄存器 1(ADC_SMPR1)

位	描　述
位 31:24	保留。必须保持为 0
位 23:0	SMPx[2:0]:选择通道 x 的采样时间(channel x sample time selection) 这些位用于独立地选择每个通道的采样时间。在采样周期中通道选择位必须保持不变。 000:1.5 周期　　100:41.5 周期 001:7.5 周期　　101:55.5 周期 010:13.5 周期　　110:71.5 周期 011:28.5 周期　　111:239.5 周期 注:ADC1 的模拟输入通道 16 和通道 17 在芯片内部分别连到了温度传感器和 V_{REFINT}。 　　ADC2 的模拟输入通道 16 和通道 17 在芯片内部连到了 V_{SS}。 　　ADC3 模拟输入通道 14、15、16、17 与 V_{SS} 相连

5. ADC 采样时间寄存器 2(ADC_SMPR2)

该寄存器的偏移地址为 0x10,复位值为 0x0000 0000(图 3-129、表 3-115)。

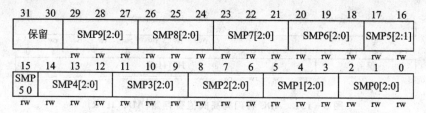

图 3-129　ADC 采样时间寄存器 2(ADC_SMPR2)

表 3-115　ADC 采样时间寄存器 2(ADC_SMPR2)

位	描　述
位 31:30	保留。必须保持为 0
位 29:0	SMPx[2:0]:选择通道 x 的采样时间(channel x sample time selection) 这些位用于独立地选择每个通道的采样时间。在采样周期中通道选择位必须保持不变。 000:1.5 周期　　　100:41.5 周期 001:7.5 周期　　　101:55.5 周期 010:13.5 周期　　110:71.5 周期 011:28.5 周期　　111:239.5 周期 注:ADC3 模拟输入通道 9 与 V_{SS} 相连

6. ADC 注入通道数据偏移寄存器 x (ADC_JOFRx)(x=1…4)

该寄存器的偏移地址为 0x14—0x20,复位值为 0x0000 0000(图 3-130、表 3-116)。

图 3-130　ADC 注入通道数据偏移寄存器 x

表 3-116　ADC 注入通道数据偏移寄存器 x

位	描　述
位 31:12	保留。必须保持为 0
位 11:0	JOFFSETx[11:0]:注入通道 x 的数据偏移(data offset for injected channel x) 当转换注入通道时,这些位定义了用于从原始转换数据中减去的数值。转换的结果可以在 ADC _JDRx 寄存器中读出

7. ADC 看门狗高阀值寄存器(ADC_HTR)

该寄存器的偏移地址为 0x24，复位值为 0x0000 0000(图 3-131、表 3-117)。

31	30	29	28	27	26	25	24	23	22	21	20	19	18	17	16
保留															
								rw	rw	rw	rw	rw	rw	rw	
15	14	13	12	11	10	9	8	7	6	5	4	3	2	1	0
保留				HT[11:0]											
				rw	rw	rw	rw	rw	rw	rw	rw	rw	rw	rw	rw

图 3-131　ADC 看门狗高阀值寄存器(ADC_HTR)

表 3-117　ADC 看门狗高阀值寄存器(ADC_HTR)

位	描　述
位 31:12	保留。必须保持为 0
位 11:0	HT[11:0]：模拟看门狗高阀值(analog watchdog high threshold) 这些位定义了模拟看门狗的阀值高限

8. ADC 看门狗低阀值寄存器(ADC_LRT)

该寄存器的偏移地址为 0x28，复位值为 0x0000 0000(图 3-132、表 3-118)。

31	30	29	28	27	26	25	24	23	22	21	20	19	18	17	16
保留															
								rw	rw	rw	rw	rw	rw	rw	
15	14	13	12	11	10	9	8	7	6	5	4	3	2	1	0
保留				LT[11:0]											
				rw	rw	rw	rw	rw	rw	rw	rw	rw	rw	rw	rw

图 3-132　ADC 看门狗低阀值寄存器(ADC_LRT)

表 3-118　ADC 看门狗低阀值寄存器(ADC_LRT)

位	描　述
位 31:12	保留。必须保持为 0
位 11:0	LT[11:0]：模拟看门狗低阀值(analog watchdog low threshold) 这些位定义了模拟看门狗的阀值低限

9. ADC 规则序列寄存器 1(ADC_SQR1)

该寄存器的偏移地址为 0x2C，复位值为 0x0000 0000(图 3-133、表 3-119)。

31	30	29	28	27	26	25	24	23	22	21	20	19	18	17	16
保留								L[3:0]				SQ16[4:1]			
								rw	rw	rw	rw	rw	rw	rw	rw

15	14	13	12	11	10	9	8	7	6	5	4	3	2	1	0
SQ16_0	SQ15[4:0]					SQ14[4:0]					SQ13[4:0]				
rw	rw	rw	rw	rw	rw	rw	rw	rw	rw	rw	rw	rw	rw	rw	rw

图 3-133　ADC 规则序列寄存器 1(ADC_SQR1)

表 3-119　ADC 规则序列寄存器 1(ADC_SQR1)

位	描　述
位 31:24	保留。必须保持为 0
位 23:20	L[3:0]:规则通道序列长度(regular channel sequence length) 这些位由软件定义在规则通道转换序列中的通道数目。 0000:1 个转换; 0001:2 个转换; …… 1111:16 个转换
位 19:15	SQ16[4:0]:规则序列中的第 16 个转换 (16th conversion in regular sequence) 这些位由软件定义转换序列中的第 16 个转换通道的编号(0～17)
位 14:10	SQ15[4:0]:规则序列中的第 15 个转换 (15th conversion in regular sequence)
位 9:5	SQ14[4:0]:规则序列中的第 14 个转换 (14th conversion in regular sequence)
位 4:0	SQ13[4:0]:规则序列中的第 13 个转换 (13th conversion in regular sequence)

10. ADC 规则序列寄存器 2(ADC_SQR2)

该寄存器的偏移地址为 0x30,复位值为 0x0000 0000(图 3-134、表 3-120)。

31	30	29	28	27	26	25	24	23	22	21	20	19	18	17	16
保留		SQ12[4:0]					SQ11[4:0]					SQ10[4:1]			
		rw	rw	rw	rw	rw	rw	rw	rw	rw	rw	rw	rw	rw	rw

15	14	13	12	11	10	9	8	7	6	5	4	3	2	1	0
SQ10_0	SQ9[4:0]					SQ8[4:0]					SQ7[4:0]				
rw	rw	rw	rw	rw	rw	rw	rw	rw	rw	rw	rw	rw	rw	rw	rw

图 3-134　ADC 规则序列寄存器 2(ADC_SQR2)

表 3-120　ADC 规则序列寄存器 2(ADC_SQR2)

位	描　述
位 31:30	保留。必须保持为 0

位	描　述
位 29:25	SQ12[4:0]：规则序列中的第 12 个转换（12th conversion in regular sequence） 这些位由软件定义转换序列中的第 12 个转换通道的编号（0~17）
位 24:20	SQ11[4:0]：规则序列中的第 11 个转换（11th conversion in regular sequence）
位 19:15	SQ10[4:0]：规则序列中的第 10 个转换（10th conversion in regular sequence）
位 14:10	SQ9[4:0]：规则序列中的第 9 个转换（9th conversion in regular sequence）
位 9:5	SQ8[4:0]：规则序列中的第 8 个转换（82th conversion in regular sequence）
位 4:0	SQ7[4:0]：规则序列中的第 7 个转换（7th conversion in regular sequence）

11. ADC 规则序列寄存器 3（ADC_SQR3）

该寄存器的偏移地址为 0x34，复位值为 0x0000 0000（图 3–135、表 3–121）。

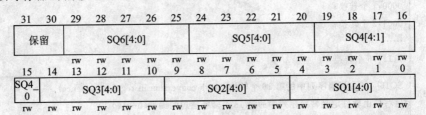

图 3–135　ADC 规则序列寄存器 3（ADC_SQR3）

表 3–121　ADC 规则序列寄存器 3（ADC_SQR3）

位	描　述
位 31:30	保留。必须保持为 0
位 29:25	SQ6[4:0]：规则序列中的第 6 个转换（6th conversion in regular sequence） 这些位由软件定义转换序列中的第 6 个转换通道的编号（0~17）
位 24:20	SQ5[4:0]：规则序列中的第 5 个转换（5th conversion in regular sequence）
位 19:15	SQ4[4:0]：规则序列中的第 4 个转换（4th conversion in regular sequence）
位 14:10	SQ3[4:0]：规则序列中的第 3 个转换（3rd conversion in regular sequence）
位 9:5	SQ2[4:0]：规则序列中的第 2 个转换（2nd conversion in regular sequence）
位 4:0	SQ1[4:0]：规则序列中的第 1 个转换（1st conversion in regular sequence）

12. ADC 注入序列寄存器（ADC_JSQR）

该寄存器的偏移地址为 0x38，复位值为 0x0000 0000（图 3–136、表 3–122）。

31	30	29	28	27	26	25	24	23	22	21	20	19	18	17	16
保留										JL[3:0]		JSQ4[4:1]			
										rw	rw	rw	rw	rw	rw

15	14	13	12	11	10	9	8	7	6	5	4	3	2	1	0
JSQ4_0	JSQ3[4:0]					JSQ2[4:0]					JSQ1[4:0]				
rw	rw	rw	rw	rw	rw	rw	rw	rw	rw	rw	rw	rw	rw	rw	rw

图 3-136　ADC 注入序列寄存器(ADC_JSQR)

表 3-122　ADC 注入序列寄存器(ADC_JSQR)

位	描　述
位 31:22	保留。必须保持为 0
位 21:20	JL[1:0]:注入通道序列长度(injected sequence length) 这些位由软件定义在规则通道转换序列中的通道数目。 00:1 个转换; 01:2 个转换; 10:3 个转换; 11:4 个转换
位 19:15	JSQ4[4:0]:注入序列中的第 4 个转换(4th conversion in injected sequence) 这些位由软件定义转换序列中的第 4 个转换通道的编号(0～17)。 注:不同于规则转换序列,如果 JL[1:0]的长度小于 4,则转换的序列顺序是从(4-JL)开始。例如,ADC_JSQR[21:0] = 10 00011 00011 00111 00010,意味着扫描转换将按下列通道顺序转换:7、3、3,而不是 2、7、3
位 14:10	JSQ3[4:0]:注入序列中的第 3 个转换(3rd conversion in injected sequence)
位 9:5	JSQ2[4:0]:注入序列中的第 2 个转换(2nd conversion in injected sequence)
位 4:0	JSQ1[4:0]:注入序列中的第 1 个转换(1st conversion in injected sequence)

13. ADC 注入数据寄存器 x (ADC_JDRx)(x=1…4)

该寄存器的偏移地址为 0x3C—0x48,复位值为 0x0000 0000(图 3-137、表 3-123)。

31	30	29	28	27	26	25	24	23	22	21	20	19	18	17	16
保留															

15	14	13	12	11	10	9	8	7	6	5	4	3	2	1	0
JDATA[15:0]															
r	r	r	r	r	r	r	r	r	r	r	r	r	r	r	r

图 3-137　ADC 注入数据寄存器 x(ADC_JDRx)

表 3-123　ADC 注入数据寄存器 x(ADC_JDRx)

位	描　述
位 31:16	保留。必须保持为 0

位	描 述
位 21:20	JDATA[15:0]:注入转换的数据(injected data) 这些位为只读,包含了注入通道的转换结果。数据是左对齐或右对齐

14. ADC 规则数据寄存器(ADC_DR)

该寄存器的偏移地址为 0x4C,复位值为 0x0000 0000(图 3 - 138、表 3 - 124)。

图 3 - 138 ADC 规则数据寄存器(ADC_DR)

表 3 - 124 ADC 规则数据寄存器(ADC_DR)

位	描 述
位 31:16	ADC2DATA[15:0]:ADC2 转换的数据(ADC2 data) 在 ADC1 中:双模式下,这些位包含了 ADC2 转换的规则通道数据。 在 ADC2 和 ADC3 中:不使用这些位
位 15:0	DATA[15:0]:规则转换的数据(regular data) 这些位为只读,包含了规则通道的转换结果。数据是左对齐或右对齐

3.14 调试支持(DBG)

3.14.1 概 述

STM32F10xxx 使用 Cortex-M3 内核,该内核内含硬件调试模块,支持复杂的调试操作。硬件调试模块允许内核在取指令断点或访问数据时停止。内核停止时,内核的内部状态和系统的外部状态都是可以查询的。查询完成后,内核和外设被复原,程序将继续执行。当 STM32F10x 微控制器连接到调试器并开始调试时,调试器将使用内核的硬件调试模块进行调试操作。

支持两种调试接口:串行接口,JTAG 调试接口。

ARM Cortex-M3 内核提供集成的片上调试功能。其由以下部分组成。

➢ SWJ-DP:串行/JTAG 调试端口;

➢ AHP-AP:AHB 访问端口;

➢ ITM:执行跟踪单元;

➢ FPB:闪存指令断点;

➢ DWT:数据触发;

➢ TPUI:跟踪单元接口(仅较大封装的芯片支持);

➢ ETM:嵌入式跟踪微单元(在较大的封装上才有支持此功能的引脚)。

STM32F10xxx 的调试特性:

➢ 灵活的调试引脚分配;

➢ MCU 调试盒支持低电源模式,控制外设时钟等。

图 3 - 139 为 STM32F10xxx 调试模块的内部结构框图。

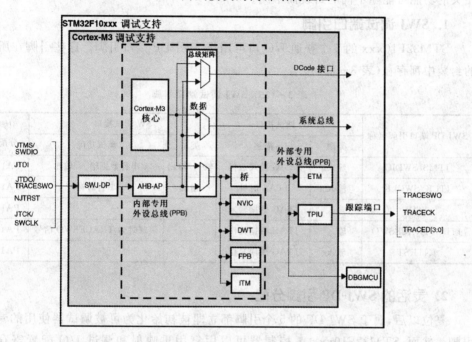

图 3 – 139　STM32F10xxx 级别和 Cortex-M3 级别的调试框图

3.14.2　SWJ 调试端口(串行线和 JTAG)

STM32F10xxx 内核集成了串行/JTAG 调试接口(SWJ-DP)。这是标准的 ARM CoreSight 调试接口,包括 JTAG-DP 接口和 SW-DP 接口。

➢ JTAG 调试接口(JTAG-DP)为 AHP-AP 模块提供 5 针标准 JTAG 接口。

➢ 串行调试接口(SW-DP)为 AHP-AP 模块提供 2 针(时钟和数据)接口。

在 SWJ-DP 接口中,SW-DP 接口的 2 个引脚和 JTAG 接口的 5 个引脚中的一些是可以复用的。

JTAG-DP 和 SW-DP 的切换机制。

JTAG 调试接口是默认的调试接口。如果调试器想要切换到 SW-DP,必须在 TMS/TCK 上输出一指定的 JTAG 序列,该序列禁止 JTAG-DP,并激活 SW-DP。此方法可以只通过 SWCLK 和 SWDIO 两个引脚来激活 SW-DP 接口。指定的序列是：

> ➤ 输出超过 50 个 TCK 周期的 TMS(SWDIO)＝1 信号；
> ➤ 输出 16 个 TMS(SWDIO)信号 0111100111100111(MSB)；
> ➤ 输出超过 50 个 TCK 周期的 TMS(SWDIO)＝1 信号。

3.14.3　引脚分布和调试端口引脚

STM32F10xxx 微控制器的不同封装有不同的有效引脚数。因此，某些与引脚相关的功能可能随不同的封装而不同。

1. SWJ 调试端口引脚

STM32F10xxx 的 5 个普通 I/O 口可用作 SWJ-DP 接口引脚。这些引脚在所有的封装中都存在(表 3 – 125)。

表 3 – 125　SWJ 调试端口引脚

SWJ-DP 端口引脚名称	JTAG 调试接口		SW 调试接口		引脚分配
	类型	描述	类型	调试功能	
JTMS/SWDIO	输入	JTAG 模式选择	输入/输出	串行数据输入/输出	PA13
JTCK/SWCLK	输入	JTAG 时钟	输入	串行时钟	PA14
JTDI	输入	JTAG 数据输入	—	—	PA15
JTDO/TRACESWO	输入	JTAG 数据输出	—	跟踪时为 TRACESWO 信号	PA16
JNTRST	输入	JTAG 模块复位	—	—	PA17

2. 灵活的 SWJ-DP 引脚分配

复位以后，属于 SWJ-DP 的 5 个引脚都立即被初始化为可被调试器使用的专用引脚。然而，STM32F10xxx 微控制器可以用复用重映射和调试 I/O 配置寄存器(AFIO_MAPR)来禁止 SWJ-DP 接口的部分或所有引脚的功能，这些专用引脚被释放后用作普通 I/O 口。该寄存器被映射到 Cortex-M3 系统总线相连接的 APB 桥上。因此，寄存器的设置将由用户代码完成。3 个控制位用来配置 SWJ – DP 接口的引脚，这 3 个位在系统复位时复位。AFIO_MAPR 在 STM32F10xxx 微控制器中的地址是 0x40010004。读，APB，无等待状态；写，APB，如果 AHB – APB 桥的写缓冲器满了，进入一个等待状态。26∶24＝SWJ_CFG[2∶0]由软件置位和复位，这 3 位用来设置分配给 SWJ 调试接口的专用引脚数目，目的是在使用不同的调试接口时能释放尽可能多的引脚用作普通 I/O 口。复位后的初始值是 000，同时只能置位 3 个位中的一个。

3. JTAG 脚上的内部上拉和下拉

保证 JTAG 的输入引脚非悬空是非常必要的，因为它们直接连接到 D 触发器控制着调试模式。必须特别注意 SWCLK/TCK 引脚，因为它们直接连接到一些 D 触发器的时钟端。为了避免任何未受控制的 I/O 电平，STM32F10xxx 在 JTAG 输入脚上嵌入了内部上拉和下拉。

- ➤ JINTRST：内部上拉；
- ➤ JTDI：内部上拉；
- ➤ JTMS/SWDIO：内部上拉；
- ➤ TCK/SWCLK：内部下拉。

一旦 JTAG I/O 被用户代码释放，GPIO 控制器再次取得控制。这些 I/O 口的状态将恢复到复位时的状态。

- ➤ JNTRST：带上拉的输入；
- ➤ JTDI：带下拉的输入；
- ➤ JTMS/SWDIO：带上拉的输入；
- ➤ JICK/SWCLK：带下拉的输入；
- ➤ JTDO：浮动输入。

软件可以把这些 I/O 口作为普通的 I/O 口使用。

4. 利用串行接口并释放不用的调试脚作为普通 I/O 口

为了利用串行调试接口来释放一些普通 I/O 口，用户软件必须在复位后设置 SWJ_CFG＝010，从而释放 PA15、PB3 和 PB4 用作普通 I/O 口。在调试时，调试器进行以下操作：

- ➤ 在系统复位时，所有 SWJ 引脚被分配为专用引脚（JTAG-DP＋SW-DP）；
- ➤ 在系统复位状态下，调试器发送指定 JTAG 序列，从 JTAG-DP 切换到 SW-DP；
- ➤ 仍然在系统复位状态下，调试器在复位地址处设置断点；
- ➤ 释放复位信号，内核停止在复位地址处；
- ➤ 从这里开始，所有的调试通信将使用 SW-DP 接口，其他 JTAG 引脚可以由用户代码改配为普通 I/O 口。

3.14.4　JTAG 调试端口

标准的 JTAG 状态机是通过一个 4 bits 的指令寄存器（IR）和 5 个数据寄存器实现的（表 3-126、表 3-127）。

表 3-126　JTAG 调试端口数据寄存器

IR(3:0)	数据寄存器	描　述
1111	BYPASS[1bit]	
1110	IDCODE[32bit]	ID 编码寄存器 0x3BA00477（ARM Cortex-M3 r1p1－01rel0 ID 编码）

IR(3:0)	数据寄存器	描　述
1010	DPACC [32bit]	调试接口寄存器 初始化调试端口,并允许访问调试接口寄存器 输入数据时: Bits34:3=DATA[31:0]:对应写操作的32位数据位 Bits2:1=A[3:2]:调试接口寄存器的2位地址值 Bit0=RnW:读操作(1)或写操作(0) 输出数据时: Bits34:3=DATA[31:0]:前一次读操作的32位数据结果 Bits2:0=ACK[2:0]:3比特位的应答 010=成功/失败 001=等待　其他=未定义
1011	APACC [35bit]	存取接口寄存器 初始化存取接口并允许访问存取接口寄存器 输入数据时: Bits34:3=DATA[31:0]:对应写操作的32位数据位 Bits2:1=A[3:2]:2比特位地址(AP寄存器的部分地址) Bit0=RnW:读操作(1)或写操作(0) 输出数据时: Bits34:3=DATA[31:0]:前一次读操作的32位数据结果 Bits2:0=ACK[2:0]:3比特位的应答 010=成功/失败 001=等待　其他=未定义 关于AP寄存器请参考AHB-AP章节,这些寄存器的地址 由以下部分组成:A[3:2] 移位值 A[3:2] DP SELECT寄存器的当前值
1000	ABORT [35bit]	中止寄存器 Bits31:1 未定义 Bit0=DAPABORT:写1产生一个DAP中止

表 3 - 127　由 A[3:2]定义的 32 位调试接口寄存器地址

地　址	A(3:2)值	描　述
0x0	00	未定义
0x4	01	DP CTRL/STAT 寄存器 请求一个系统或调试的上电操作; 配置 AP 访问的操作模式; 控制比较,校验操作; 读取一些状态位(溢出,上电响应)

地　址	A(3:2)值	描　述
0x8	10	DP SELECT 寄存器 用来选择当前的访问端口和有效的 4 字长寄存器窗口 Bits31:24:APSEL 选择当前 AP; Bits23:8:未定义; Bits7:4:APBANKSEL:在当前 AP 上选择 4 字长寄存器窗口; Bits3:0:未定义
0xC	11	DP RDBUFF 寄存器:用来使调试器获得前一次操作的最终结果(不用再请求一个新的 JTAG-DP 操作)

3.14.5　SW 调试端口

1. SW 协议介绍

此同步串行协议使用 2 个引脚:SWCLK,从主机到目标的时钟信号;SWDIO,双向数据信号。协议允许读写 2 个寄存器组(DPACC 和 APACC 寄存器组)。数据位按 LSB 传输。由于 SWDIO 为双向口,该引脚需有上拉电阻。按协议每次 SWDIO 方向改变时,需插入一个转换时间。在该期间内主机和目标都不驱动此信号线。转换时间的默认值是 1 bit,可以通过配置 SWCLK 频率来调节。

2. SW 协议序列

每个序列由 3 个阶段组成:
(1) 主机发送包请求(8 位)(表 3 - 128);
(2) 目标发送确认响应(3 位)(表 3 - 129);
(3) 主机或目标发送数据(33 位)。

表 3 - 128　请求包(8 位)

比特位	名　称	描　述
0	起始	必须为 1
1	APnDP	0:访问 DP　　　　1:访问 AP
2	RnW	0:写请求　　　　1:读请求
4:3	A(3:2)	DP 或 AP 寄存器的地址(请参考 0)
5	Parity	前面比特位的校验位
6	Stop	0
7	Park	不能由主机驱动,由于有上拉,目标永远读为 1

表 3 - 129　ACK 定义(3 位)

比特位	名　称	描　述
0…2	ACK	001:失败　　010:等待　　100:成功

当 ACK 为失败或等待,或者是一个回复读操作的 ACK,此 ACK 后有一个转换时间(表 3 - 130)。

表 3 - 130　传输数据(33 位)

比特位	名　称	描　述
0..31	WDATA/RDATA	写或读的数据
32	Parity	32 位数据的奇偶校验位

3. SW-DP 状态机

SW-DP 状态机有一个内部 ID 编码用来识别 SW-DP,它遵守 JEP-106 标准。此 ID 编码是 ARM 默认的编码,值为 0x1BA01477(对应于 Cortex-M3 r1p1)。

➤ SW-DP 状态机将处于 RESET 状态,在上电复位后,或 DP 从 JTAG 切换到 SWD 后,或有超过 50 个周期的高电平。

➤ 当状态机处于 RESET 状态时,如果有至少 2 个周期的低电平,状态机将切换到 IDLE 状态。

➤ 当状态机处于 RESET 状态后,必须首先进入 IDLE 状态,并执行一个读 DP-SW ID 寄存器的操作;否则,调试器在执行其他传输时,只能获得一个失败的 ACK 响应。

(1) DP 和 AP 读/写访问。

➤ 对 DP 的读操作没有延时:调试器将直接获得数据,或者等待。

➤ 对 AP 的读操作具有延时。即前一次读操作的结果只能在下一次操作时获得。如果下一次的操作不是对 AP 的访问,则必须读 DP-RDBUFF 寄存器来获得上一次读操作的结果。

➤ DP-CTRL/STAT 寄存器的 READOK 标志位会在每次 AP 读操作和 RD-BUFF 读操作后更新,以通知调试器 AP 的读操作是否成功。

➤ SW-DP 具有写缓冲区,这使得其他传输在进行时仍然可以接受写操作。如果写缓冲区满,调试器将获得一个等待的 ACK 响应。读 IDCODE 寄存器,读 CTRL/STAT 寄存器和写 ABORT 寄存器操作在写缓冲区满时仍被接受。

➤ 由于 SWCLK 和 HCLK 的异步性,需要在写操作后插入 2 个额外的 SWCLK 周期,以确保内部写操作正确完成。

(2) SW-DP 寄存器(表 3 - 131)。

当 APnDP=0 时,可以访问表 3 - 131 中这些寄存器。

表 3 – 131　SW-DP 寄存器

A(3:2)	读/写	SELECT 寄存器的 CTRLSEL 位	寄存器	描　　述
00	读		IDCODE	固定为 0x1BA01477(用于识别 SW-DP)
00	写		ABORT	
01	读/写	0	DP-CTRL/STAT	请求一个系统或调试的上电操作； 配置 AP 访问的操作模式； 控制比较，校验操作； 读取一些状态位(溢出，上电响应)
01	读/写	1	WIRE CONTROL	配置串行通信物理层协议(如转换时间长度等)
10	读		READ RESEND	允许从一个错误的调试传输中恢复数据而不用重复最初的 AP 传输
10	写		SELECT	选择当前的访问端口和有效的 4 字长寄存器窗口
11	读/写		READ BUFFER	由于 AP 的访问具有传递性(当前 AP 读操作的结果会在下次 AP 传输时传出)，因此这个寄存器非常必要。这个寄存器会从 AP 捕获上一次读操作的数据结果，因此可以获得数据而不必再启动一个新的 AP 传输

(3) SW-AP 寄存器。

当 APnDP＝1 时，可以访问以下这些寄存器。AP 寄存器的访问地址由以下两部分组成：A[3:2]的值，DP SELECT 寄存器的当前值。

对于 JTAG-DP 或 SWDP 都有效的 AHB-AP(AHB 访问端口)功能：

➤ 系统访问是独立于处理器状态的。

➤ JTAG-DP 和 SW-DP 都可以访问 AHB-AP。

➤ AHB-AP 是总线矩阵的 AHB 主设备。因此，它可以访问所有的数据总线，只有 ICode 总线除外。

➤ 支持位寻址的传输。

➤ 旁路 FPB 的 AHB-AP 传输 32 位 AHP-AP 寄存器的地址是 6 位宽(最多 64 个字或 256 个字节)，由以下部分组成，即比特位[8:4]＝DP SELECT 寄存器的位[7:4]APBANKSEL，比特位[3:2]＝35 位 SW-DP 包请求中的 A(3:2)。

Cortex-M3 的 AHB-AP 有 9 个 32 位的寄存器如表 3 – 132 所列。

表 3 - 132　Cortex-M3 AHB-AP 寄存器

地址偏移	寄存器名	描　述
0x00	AHB-AP Control and Status Word	配置 AHB 接口的传输特性(长度,地址自加模式,当前传输状态,特权模式等)
0x04	AHB-AP Transfer Address	—
0x0C	AHB-AP Data Read/Write	—
0x10	AHB-AP Banked Data 0	直接访问 4 个相连的字而不用重写访问地址
0x14	AHB-AP Banked Data 1	
0x18	AHB-AP Banked Data 2	
0x1C	AHB-AP Banked Data 3	
0xF8	AHB-AP Debug ROM Address	调试接口的基地址
0xFC	AHB-AP ID Register	—

4. 内核调试

通过操作内核调试寄存器可以实行对内核的调试。对这些寄存器的访问通过先进高性能总线(AHB-AP)进行。处理器可以通过内部私有外设总线(PPB)直接访问这些寄存器。它包括 4 个寄存器(表 3 - 133)。

198

表 3 - 133　内核调试寄存器

寄存器	描　述
DHCSR	32 位的调试控制和状态寄存器 此寄存器提供内核状态信息,允许内核进入调试模式和提供单步功能
DCRSR	17 位的内核寄存器调试选择寄存器 此寄存器选择需要进行读/写操作的内核寄存器
DCRDR	32 位的内核寄存器调试数据寄存器 此寄存器存放由 DCRSR 选择的内核寄存器读出的或需要写入的数据
DEMCR	32 位异常调试和监视控制寄存器 此寄存器提供向量传输和监视调试控制功能。TRCENA 位启动 TRACE 功能

5. 调试器主机在系统复位下的连接能力

STM32F10xxx 微控制器的复位系统由下列复位源组成:

➢ POR(上电复位),在每次上电时发起一次复位;

➢ 内部看门狗复位;

➢ 软件复位;

➢ 外部复位。

　　Cortex-M3 将调试部分的复位和其他复位区分开。因此,当内核处于系统复位状态时,调试器可以连接到内核,配置内核调试寄存器,使能调试允许位,这样操作使内核在系统复位被释放时立即进入调试状态而不执行任何指令。同样地,可以在内核处于复位状态下时配置调试特性。

　　FPB 单元:实现硬件断点,用系统区域的代码和数据取代代码区域的代码和数据。此特性可以用来纠正代码区域内的软件错误。软件补丁功能和硬件断点功能不能同时使用。

　　FPB 由以下部分组成:

> 2 个内容比较器,用来比较代码区域取得的内容并重映射到系统区域的相关地址。
> 6 个指令比较器,用来比较代码区域的指令。这些比较器可用来实现软件补丁或者硬件断点功能。

6. 数据观察点触发 DWT

　　DWT 模块由 4 个比较器组成,它们分别是:

> 一个硬件数据比较器;
> 一个 ETM 触发器;
> 一个 PC 值取样器;
> 一个数据地址取样器。

　　DWT 还可用来获取某些侧面的信息。通过一些计数器可以获得以下数据:

> 时钟周期;
> 分支指令;
> 存取单元操作;
> 睡眠周期;
> CPI(每条指令的执行时间);
> 中断开销。

3.15　以太网模块

3.15.1　以太网模块介绍

1. 以太网模块概述

　　STM32F107xx 的以太网模块支持通过以太网收发数据,符合(IEEE 802.3—2002)标准。STM32F107xx 以太网模块灵活可调,使之能适应各种不同的客户需求。该模块支持两种标准接口,连接到外接的物理层(PHY)模块:IEEE 802.3 协议定义的独立于介质的接口(MII)和简化的独立于介质的接口(RMII)。适用于各类应用,如交换机、网络接口卡等。

以太网模块符合以下标准:

➢ (IEEE 802.3—2002)标准的以太网 MAC 协议;

➢ (IEEE 1588—2002)的网路精确时钟同步标准;

➢ AMBA2.0标准的 AHB 主/从端口;

➢ RMII 协会定义的 RMII 标准。

2. 以太网模块主要功能

(1) MAC 控制器功能

➢ 通过外接的 PHY 接口,支持 10/100 Mbits/s 的数据传输速率。

➢ 通过兼容 IEEE 802.3 标准的 MII 接口,外接高速以太网 PHY。

➢ 支持全双工和半双工操作:

■ 支持符合 CSMA/CD 协议的半双工操作;

■ 支持符合 IEEE 802.3 流控的全双工操作;

■ 在全双工模式下,可以选择性地转发接收到的 PAUSE 控制帧到用户的应用程序;

■ 支持背压流控的半双工操作;

■ 在全双工模式下当输入流控信号失效时,会自动发送 PAUSE 帧。

➢ 在发送时插入前导符和帧开始数据(SFD),在接收时去掉这些域。

➢ 以帧为单位,自动计算 CRC 和产生可控制的填充位。

➢ 在接收帧时,自动去除填充位/CRC 为可选项。

➢ 可对帧长度进行编程,支持最长为 16 KB 的标准帧。

➢ 可对帧间隙进行编程(40~96 bits,以 8 位为单位改变)。

➢ 支持多种灵活的地址过滤模式:

■ 多达 4 个 48 位完美的目的地址(DA)过滤器,可在比较时屏蔽任意字节。

■ 多达 3 个 48 位源地址(SA)比较器,可在比较时屏蔽任意字节。

■ 64 位 Hash 过滤器(可选的),用于多播和单播(目的)地址。

■ 可选的令所有的多播地址帧通过。

■ 混杂模式,支持在作网络监测时不过滤,允许所有的帧直接通过。

■ 允许所有接收到的数据包通过,并附带其通过每个过滤器的结果报告。

➢ 对于发送和接收的数据包,返回独立的 32 位状态信息。

➢ 支持检测接收到帧的 IEEE 802.1Q VLAN 标签。

➢ 应用程序有独立的发送、接收和控制接口。

➢ 支持使用 RMON/MIB 计数器(RFC2819/RFC2665)进行强制性的网络统计。

➢ 使用 MDIO 接口对 PHY 进行配置和管理。

➢ 检测 LAN 唤醒帧和 AMD 的 Magic Packet 帧。

➢ 对 IPv4 和由以太网帧封装的 TCP 数据包的接收校验和卸载分流功能。

➤ 对 IPv4 报头校验和以及对 IPv4 或 IPv6 数据格式封装的 TCP、UDP 或 ICMP 的校验和进行检查的高级接收功能。

➤ 支持由（IEEE 1588—2002）标准定义的以太网帧时间戳，在每个帧的接收或发送状态中加上 64 位的时间戳。

➤ 两套 FIFO：一个 2 KB 的传输 FIFO，带可编程的发送阈值，和一个 2 KB 的接收 FIFO，带可编程的接收阈值（默认值是 64 B）。

➤ 在接收 FIFO 的 EOF 后插入接收状态信息，使得多个帧可以存储在同一个接收 FIFO 中，而不需要开辟另一个 FIFO 来储存这些帧的接收状态信息。

➤ 可以滤掉接收到的错误帧，并在存储/转发模式下，不向应用程序转发错误的帧。

➤ 可以转发"好"的短帧给应用程序。

➤ 支持产生脉冲来统计在接收 FIFO 中丢失和破坏（由于溢出）的帧数目。

➤ 对于 MAC 控制器的数据传输，支持存储/转发机制。

➤ 根据接收 FIFO 的填充程度（阈值可编程），自动向 MAC 控制器产生 PAUSE 帧或背压信号。

➤ 在发送时，如遇到冲突可以自动重发。

➤ 在迟到冲突、冲突过多、顺延过多和欠载（underrun）情况下丢弃帧。

➤ 软件控制清空发送 FIFO。

➤ 在存储/转发模式下，在要发送的帧内，计算并插入 IPv4 的报头校验和及 TCP、UDP 或 ICMP 的校验和。

➤ 支持 MII 接口的内循环，可用于调试。

(2) DMA 功能

➤ 在 AHB 从接口下，支持所有类型的 AHB 突发传输。

➤ 在 AHB 主接口下，软件可以选择 AHB 突发传输的类型（固定的或者不固定长度的突发）。

➤ 可以选择来自 AHB 主接口的地址对齐的突发传输。

➤ 优化的 DMA 传输，传输以帧分隔符为界的数据帧。

➤ 支持以字节对齐的方式对数据缓存区寻址。

➤ 双缓存区（环）或链表形式的描述符列表。

➤ 描述符的架构，使得大量的数据传输仅需要最小量的 CPU 介入。

➤ 每个描述符可以传输高达 8 KB 的数据。

➤ 无论正常传输还是错误传输都有完整的状态信息报告。

➤ 可配置的发送与接收 DMA 突发传输长度，优化总线使用。

➤ 可以设置以不同的操作条件产生对应的中断。

➤ 每个帧发送/接收完成时产生中断。

➤ 用轮换或固定优先级方式，仲裁 DMA 发送和接收控制器的优先级。

➢ 开始/停止模式。

➢ 状态寄存器指向当前发送/接收缓存区。

➢ 状态寄存器指向当前发送/接收描述符。

(3) PTP 功能

➢ 设置接收和发送帧的时间戳。

➢ 粗调和细调的校正方法。

➢ 当系统时间比目标时间大时,触发中断。

➢ (通过 MCU 的复用功能 I/O)输出秒脉冲。

3.15.2　以太网模块功能描述:MAC802.3

IEEE802.3 国际标准为局域网(LANs)定义了 CSMA/CD(带冲突检测的载波侦听多路访问)的访问方式。以太网模块由 MAC802.3(介质访问控制器)、独立于介质的接口(MII)和一个专用的 DMA 控制器组成。其中,MAC 模块实现了 LAN CSMA/ CD 的子层,适用于以下系统:10 Mbits/s 和 100 Mbits/s 数据传输率的基带和宽带系统。支持全双工和半双工的操作模式。冲突检测的访问方式,仅适用于半双工模式。支持 MAC 控制帧子层。MAC 子层配合数据链路控制程序,实现以下功能。

➢ 数据封装(传送和接收)。

■ 帧的组装(帧间隔和帧同步);

■ 寻址(管理源地址和目的地址);

■ 错误检测。

➢ 介质访问管理

■ 介质分配(防止冲突);

■ 冲突解决(处理冲突);

■ 通常有两种模式可以操作 MAC 子层。

➢ 半双工模式:站点通过 CSMA/CD 算法来抢占对物理介质的访问。

➢ 全双工模式:满足以下条件时,同时进行收发而不处理冲突(不使用 CSMA/ CD):

■ 物理介质支持同时进行收发操作。

■ 只有两个站点接入 LAN。

■ 两个站点都配置为全双工模式。

1. MAC 帧的传输

DMA 控制器管理所有的传输。DMA 将以太网帧从系统存储区读出并存入FIFO 中,帧再弹出并传入 MAC 控制器。当帧的最末位传输完毕,传输状态会由MAC 控制器返回到 DAM 控制器中。发送的 FIFO 深度为 2 KB。FIFO 的填充程度会反馈到 DMA 控制器,DMA 通过 AHB 接口发出从系统存储区获取数据的请求。数据会通过 AHB 主接口存入 FIFO 中。

当检测到 SOF 信号后,MAC 接收数据,并开始传输数据至 MII。由于各种延迟因素,如 IFG 延时、发送前导/SFD 域的时间和半双工模式下的退避等待等,从应用程序启动传输到数据帧发送到 MII 的时间是不定的。当 EOF 信号传输到 MAC 控制器后,控制器完成正常传输,并返还传输状态到 DMA 控制器。当传送中发生了冲突(在半双工模式下),MAC 控制器会标注在传输状态信息字中,然后接收并抛弃之后的数据,直到收到下一个 SOF 信号。在检测到来自 MAC 的(状态信息字中的)重试请求时,应当从 SOF 开始重发同样的帧。在传输时,如果不能及时连续地提供数据,MAC 会标识一个数据下溢状态。在一个帧的传输过程中,如果 MAC 收到了 SOF 信号却没有收到 EOF 信号,MAC 会忽略收到的 SOF,并把下一个帧作为前一个帧的延续。

从发送 FIFO 弹出数据到 MAC 控制器的操作有两种模式:

> 在门限模式下,当 FIFO 中的数据达到了设置好的阈值时(或者在达到阈值之前写入了 EOF),数据会弹出 FIFO 并送入到 MAC 控制器中。这个阈值可以通过 ETH_DMABMR 寄存器的 TTC 位来设置。

> 在存储/转发模式下,只有当一个完整的帧写入 FIFO 之后,数据才会被送入 MAC 控制器。如果发送 FIFO 的长度小于要发送的以太网帧,那么在发送 FIFO 即将全满时,数据会被送入到 MAC 控制器。

2. MAC 帧的接收

MAC 接收到的帧都会被送入接收 FIFO 中。一旦接收到的数据数目超过了预先设定的阈值(由 ETH_DMAOMR 寄存器的 RTC 域设定),控制器就会把 FIFO 的状态通知 DMA,由 DMA 启动的预设传输把数据通过 AHB 接口送出。

在直通模式(默认模式)下,如果 FIFO 接收到 64 B(可通过 ETH_DMAOMR 寄存器的 RTC 设置)数据或者完整的帧,就开始从 FIFO 中弹出数据,并通知 DMA 接收。一旦 DMA 开始向 AHB 接口传送数据,就会持续从 FIFO 中弹出数据,直到完成整个数据包的传输。FIFO 转发完 EOF 后,就会弹出接收状态信息字并将其发送给 DMA 控制器。

在接收 FIFO 存储/转发模式(通过 ETH_DMAOMR 寄存器的 RSF 位设置)下,只有在接收 FIFO 完整地收到一个帧后,DMA 才能将其读出。此模式下,如果 MAC 设置成丢弃所有错误帧,那么 DMA 只会读出合法的帧,并转发给应用程序。而在直通模式下,一部分错误的帧并没有被丢弃,这是因为在帧结尾才会接收到错误状态信息,而这时帧的起始部分已经被从 FIFO 中读出来了。

3.15.3　以太网寄存器描述

1. 以太网 MAC 设置寄存器(ETH_MACCR)

地址偏移为 0x0000,复位值为 0x0000 8000。MAC 设置寄存器是 MAC 的工作模式寄存器。它定义了接收和发送的工作模式(图 3-140、表 3-134)。

31 30 29 28 27 26 25 24	23	22	21 20	19 18 17	16	15	14	13	12	11	10	9	8	7	6 5	4 3	2	1	0
保留	WD	JD	保留	IFG	CSD	保留	FES	ROD	LM	DM	IPCO	RD	保留	APCS	BL	DC	TE	RE	保留
	rw	rw		rw	rw		rw	rw	rw	rw	rw	rw		rw	rw	rw	rw	rw	

图 3-140　以太网 MAC 设置寄存器(ETH_MACCR)

表 3-134　以太网 MAC 设置寄存器(ETH_MACCR)

位	描　述
位 31:24	保留
位 23	WD:关闭看门狗(watchdog disable) 1:MAC 关闭接收端上的看门狗定时器,并且能够接收最多达 16 384 B 的帧。 0:MAC 允许接收不超过 2 048 B 的帧,超过 2 048 B 的帧会被切断
位 29:16	JD:不检测啰嗦(jabber disable) 1:MAC 关闭发送端上的啰嗦定时器,并且能够发送最多达 16 384 B 的帧。 0:如果应用程序试图发送超过 2 048 B 的帧,MAC 会关断发射器
位 21:20	保留
位 19:17	IFG:帧间间隙 (interframe gap) 这些位控制了发送 2 个帧之间的最短间隙 000:96 位时间; 001:88 位时间; 010:80 位时间; … 111:40 位时间。 注意:在半双工模式下,IFG 可设定的最小值是 64 位时间(IFG = 100),不允许取更小的值
位 16	CSD:关闭载波侦听功能(carrier sense disable) 1:在半双工模式下,MAC 的发送器在发送帧过程中忽略 MII 的 CSR 信号,发送过程中载波丢失或者没有载波都不会报错。 0:MAC 在发送过程中如果发生上述情况会报错,甚至放弃发送
位 15	保留
位 14	FES:快速以太网(fast ethernet speed) 该位表示快速以太网(MII)模式的速度: 0:10 Mbits/s; 1:100 Mbits/s
位 13	ROD:关闭自接收功能(receive own disable) 1:MAC 在半双工模式下不接受帧。 0:MAC 在发送时接收所有来自 PHY 的数据包。 该位在全双工模式下无意义

STM32F10X系列ARM微控制器入门与提高

205

位	描　述
位 12	LM:自循环模式(loopback mode) 置'1'时,MAC 的 MII 端工作在自循环模式。自循环模式需要接收时钟输入(RX_CLK)来正常工作,这是因为在内部,发送时钟没有循环返回
位 11	DM:双工模式(duplex mode) 置'1'时,MAC 工作在全双工模式,可以同时进行收和发
位 10	IPCO:IPv4 校验和机制 (IPv4 checksum offload) 1:使能接收到 IPv4 帧的数据 TCP/UDP/ICMP 报头的校验和检验。 0:关闭接收端的校验和检测功能,相应的 PCE 和 IPHCE 标志位值总是'0'
位 9	RD:不尝试重试(retry disable) 1:MAC 只会尝试发送 1 次。如果在 MII 上发生冲突,MAC 会放弃发送,并在发送状态信息中报告冲突过多错误。 0:MAC 会在发生冲突后按照 BL 位的设定,在一定时间后重发。 注:该位只在半双工模式下有效
位 8	保留
位 7	APCS:自动填充/CRC 剥离(automatic pad/CRC stripping) 1:只有在接收到帧的长度小于或等于 1 500 B 时,MAC 会去除帧的填充字节和 CRC 域。所有长度大于或等于 1 501 B 的帧,MAC 都会保留帧的填充字节和 CRC 域,并转发给应用程序。 0:MAC 会转发所有接收到的帧,而不改变帧的内容
位 6;5	BL:退后限制(back-off limit) 退后限制定义了 MAC 在发送发生冲突后,重发前等待的随机时间间隙数目(时间间隙在 1 000 Mbits/s 模式下为 4 096 bits 时间,在 10/100 Mbits/s 模式下为 512 bits 时间)。 注意:这些位只在半双工模式下有效。 00:$k = \min(n, 10)$; 01:$k = \min(n, 8)$; 10:$k = \min(n, 4)$; 11:$k = \min(n, 1)$。 其中 $n=$ 重发等待时间间隙数目,r 是从 $0 \leqslant r \leqslant 2^k$ 之间的随机数。
位 4	DC:顺延检验(deferral check) 1:MAC 使能顺延检验功能。在 10/100 Mbits/s 模式下发送延时 24 288 bits 时间后,MAC 中止发送,并在发送状态信息里置顺延过久错误标志位。在帧准备发送时就开始顺延检验,但是如果检测到有效的 CRS(载波侦听)信号则不会开始。顺延时间不会累计,假设顺延计时到 10 000 bits 时,然后开始发送,但是发现冲突,退步重发,在重发完成以后会开始重新顺延计时,这时顺延计数器重置为 0,重新启动顺延计时。 0:MAC 关闭顺延检验功能。MAC 会延迟发送直到 CRS 信号失效。 该位只在半双工模式下有效

续表 3 – 134

位	描　述
位 3	TE:使能发送器(transmitter enable) 1:MAC 使能在 MII 上的发送状态机。 0:MAC 在完成发送当前帧后,关闭发送状态机,不再发送任何帧
位 2	TE:使能发送器(transmitter enable) 1:MAC 使能在 MII 上的发送状态机。 0:MAC 在完成发送当前帧后,关闭发送状态机,不再发送任何帧
位 1:0	保留

2. 以太网 MAC 帧过滤器寄存器(ETH_MACFFR)

地址偏移为 0x0004,复位值为 0x0000 0000。

MAC 帧过滤器寄存器包含了接收帧的过滤器控制位。一些控制位控制了 MAC 的地址检验模块,形成了第 1 层次的地址过滤。另一些控制位形成的第 2 层次过滤是对将要输入的帧而言的,进行其他过滤选项如允许坏帧通过、允许控制帧通过等(图 3 – 141、表 3 – 135)。

31	30	29	28	27	26	25	24	23	22	21	20	19	18	17	16	15	14	13	12	11	10	9	8	7	6	5	4	3	2	1	0
RA																					HPF	SAF	SAIF	PCF		BFD	PAM	DAIF	HM	HU	PM
rw																					rw	rw	rw	rw		rw	rw	rw	rw	rw	rw

图 3 – 141　以太网 MAC 帧过滤器寄存器(ETH_MACFFR)

表 3 – 135　以太网 MAC 帧过滤器寄存器(ETH_MACFFR)

位	描　述
位 31	RA:接收全部(receive all) 1:MAC 会把所有接收到的帧转发给应用程序,不管它们是否通过了地址过滤器。源/目的地址过滤器的结果(通过或者未通过),会反映在更新接收状态信息的相应标志位。 0:MAC 只会把接收到的、通过了源/目的地址过滤器的帧转发给应用程序
位 30:11	保留
位 10	HPF:HASH 或者完美过滤器(hash or perfect filter) 1:地址过滤器会根据 HM 位和 HU 位的取值,来判定帧通过的条件,即是需要符合 HASH 过滤器,还是需要符合完美过滤器。 0:如果 HM 位或者 HU 位置 1,只要帧符合 HASH 过滤器,就能通过地址过滤器
位 9	SAF:源地址过滤器(source address filter) MAC 会把接收到帧的源地址域与使能的源地址寄存器值相比较。如果符合,会设置接收状态信息中的相应标志位。 1:如果帧不能通过源地址过滤器,MAC 会丢弃该帧。 0:MAC 转发所有接收到的帧到应用程序,过滤结果会反映在接收状态信息中的相应标志位

续表 3 – 135

位	描　述
位 8	SAIF:源地址过滤结果颠倒(source address inverse filtering) 1:地址检验模块工作在源地址过滤结果颠倒模式。所有源地址符合源地址寄存器的帧会被标记为未通过。 0:所有源地址不符合源地址寄存器的帧会被标记为未通过
位 7:6	PCF:通过控制帧(pass control frames) 这些位设置了转发所有控制帧(包括单播和多播 PAUSE 帧)给应用程序的选项。注意是否处理 PAUSE 控制帧取决于 RFCE 位(ETH_MACFCR[2])的值。 00 或者 01:MAC 不转发任何控制帧给应用程序; 10:MAC 转发所有的控制帧给应用程序,包括那些没能通过地址过滤器的控制帧; 11:MAC 转发通过地址过滤器的控制帧给应用程序
位 5	BFD:不接收广播帧(broadcast frames disable) 1:地址过滤器过滤掉所有收到的广播帧; 0:所有收到的广播帧都能通过地址过滤器
位 4	PAM:通过全部多播帧(pass all multicast) 1:所有的带多播目的地址的帧(地址第 1 位为'1')都能通过过滤器; 0:多播帧过滤与否取决于 HM 位的值
位 3	DAIF:目的地址过滤结果颠倒(destination address inverse filtering) 1:对多播帧和单播帧,地址检验模块工作在目的地址过滤结果颠倒模式; 0:过滤器正常工作
位 2	HM:多播 HASH (Hash multicast) 1:MAC 根据 HASH 列表对接收到的多播帧进行目的地址过滤; 0:MAC 对接收到的多播帧进行目的地址完美过滤,即把帧的目的地址域和目的地址寄存器的设定值相比较
位 1	HU:单播 HASH(Hash unicast) 1:MAC 根据 HASH 列表对接收到的单播帧进行目的地址过滤; 0:MAC 对接收到的单播帧进行目的地址完美过滤,即把帧的目的地址域和目的地址寄存器的设定值相比较
位 0	PM:混杂模式(promiscuous mode) 置'1'时,无论接收到帧的目的地址和源地址为何,所有的帧都能通过地址过滤器。此时,接收状态信息的目的地址/源地址错误位总是为'0'

3. 以太网 MAC MII 地址寄存器(ETH_MACMIIAR)

地址偏移为 0x0010,复位值为 0x00000000。

MII 地址寄存器通过接口控制外部 PHY 的管理信号(图 3 – 142、表 3 – 136)。

31 30 29 28 27 26 25 24 23 22 21 20 19 18 17 16	15 14 13 12 11	10 9 8 7 6	5	4 3 2	1	0
保留	PA	MR	保留	CR	MW	MB
	rw rw rw rw rw	rw rw rw rw rw		rw rw rw	rw	rcw1

图 3 - 142　以太网 MAC MII 地址寄存器(ETH_MACMIIAR)

表 3 - 136　以太网 MAC MII 地址寄存器(ETH_MACMIIAR)

位	描　述
位 31:16	保留
位 15:11	PA:PHY 地址（PHY address） 这些位的值表示了 32 个可能的 PHY 地址中 MII 想要访问的 PHY 地址
位 10:6	MR:MII 寄存器（MII register） 这些位的值选择了要访问 PHY 的哪个 MII 寄存器
位 5	保留
位 4:2	CR:时钟范围（clock range） CR 值根据 HCLK 的频率来决定 MDC 的时钟频率 取值　　　　　　　HCLK　　　　　　　MDC 时钟 000　　　　　　60～72 MHz　　　　　HCLK/42 001　　　　　　　保留　　　　　　　　— 010　　　　　　20～35 MHz　　　　　HCLK/16 011　　　　　　35～60 MHz　　　　　HCLK/26 100，101，110，111　保留　　　　　　　—
位 1	MW:MII 写（MII write） 1:表示将要使用 MII 的数据寄存器对 PHY 进行写操作； 0:表示对 PHY 进行读操作,数据在 MII 的数据寄存器中
位 0	MB:MII 忙（MII busy） 在写 ETH_MACMIIAR 寄存器和 ETH_MACMIIDR 寄存器之前,该位应当读出为'0'。在写 ETH_MACMIIAR 寄存器时,该位也应为'0'。在访问 PHY 时,该位由应用程序置'1',表示正在对 PHY 进行读或者写操作。对 PHY 写操作时,必须保持 ETH_MACMIIDR 寄存器的值（MII 数据）,直到将该位 MAC 清'0'。对 PHY 读操作时,在 MAC 清'0'该位后,ETH_MACMI-IDR 寄存器的值才是有效的。只有该位为'0'时,才能写 ETH_MACMIIAR 寄存器(MII 地址)

4. 以太网 MAC MII 数据寄存器(ETH_MACMIIDR)

地址偏移为 0x0014,复位值为 0x0000 0000。

MII 数据寄存器存放要写入 PHY 寄存器的值,待写 PHY 寄存器的位置由 ETH_MACMIIAR 寄存器设置。它同时也保存从 PHY 的寄存器读出的值,被读 PHY 寄存器的位置由 ETH_MACMIIAR 寄存器设置(图 3 - 143、表 3 - 137)。

31 30 29 28 27 26 25 24 23 22 21 20 19 18 17 16	15 14 13 12 11 10 9 8 7 6 5 4 3 2 1 0
保留	MD
	rw rw rw rw rw rw rw rw rw rw rw rw rw rw rw rw

图 3 - 143　以太网 MAC MII 数据寄存器(ETH_MACMIIDR)

表 3 - 137　以太网 MAC MII 数据寄存器(ETH_MACMIIDR)

位	描　述
位 31:16	保留
位 15:0	MD:MII 数据(MII data) 这些位包含了对 PHY 进行一次读操作后读出的 16 位数据。或者在对 PHY 写操作前,将要写入的 16 位数据

5. 以太网 MAC 流控寄存器(ETH_MACFCR)

地址偏移为 0x0018,复位值为 0x0000 0000。

流控寄存器控制 MAC 生成和接收控制(PAUSE 命令)帧。对寄存器的忙位写'1'会使 MAC 发送 PAUSE 控制帧。控制帧的格式遵守 802.3x 规范的定义,寄存器的 PT 域(PAUSE 时间)用来作为控制帧 PAUSE 时间域的值。在 PAUSE 帧发送到电缆上前,忙位会保持为'1'。应用程序在写寄存器之前需要保证忙位已经清'0'(图 3 - 144、表 3 - 138)。

31 30 29 28 27 26 25 24 23 22 21 20 19 18 17 16	15 14 13 12 11 10 9 8	7	6	5	4	3	2	1	0
PT	保留	ZQPD	保留	PLT	UPFD	RFCE	TFCE	FCB/BPA	
rw rw rw rw rw rw rw rw rw rw rw rw rw rw rw rw		rw	保留	rw rw	rw	rw	rw	rw	

图 3 - 144　以太网 MAC 流控寄存器(ETH_MACFCR)

表 3 - 138　以太网 MAC 流控寄存器(ETH_MACFCR)

位	描　述
位 31:16	PT:PAUSE 时间(pause time) 这些位的值用来作为控制帧 PAUSE 时间域的值。如果 PAUSE 时间设置为两次同步于 MII 时钟域,那么对寄存器的连续 2 次写操作之间间隔至少要有 4 个目标域时钟周期
位 15:8	保留
位 7	ZQPD:关闭零值 PAUSE 功能(zero-quanta pause disable) 1:在撤销 FIFO 层流控信号时,关闭自动零值 Pause 控制帧的自动生成; 0:正常操作,打开零值 Pause 控制帧自动生成功能
位 6	保留

STM32F10X系列ARM微控制器入门与提高

210

位	描　述
位 5:4	PLT:PAUSE 低阈值(pause low threshold) 这些位设置了自动重发 PAUSE 帧的定时器阈值。这个阈值应当小于位[31:16]定义的 PAUSE 时间。例如,PT = 100H(256 个时间间隙),PLT = 01,那么如果在第 1 个 PAUSE 帧发出 228 (256-28)个时间间隙后,自动重发第 2 个 PAUSE 帧。 取值　　　　　　　　　阈值 00　　　　　　　　PAUSE 时间-4 时间间隙 01　　　　　　　　PAUSE 时间-28 时间间隙 10　　　　　　　　PAUSE 时间-144 时间间隙 11　　　　　　　　PAUSE 时间-256 时间间隙 时间间隙是指 MII 接口发送 512 bits(64 B)数据所需要的时间
位 3	UPFD:单播 PAUSE 帧检测(unicast pause frame detect) 1:MAC 在检测带唯一多播地址的 PAUSE 帧的基础上,还会检测单播地址符合 ETH_MACA0HR 寄存器和 ETH_MACA0LR 寄存器设定值的 PAUSE 帧; 0:MAC 只接收带 802.3x 规范定义的唯一地址的 PAUSE 帧
位 2	RFCE:接收流控使能(receive flow control enable) 1:MAC 解析接收到的 PAUSE 帧,并关闭发送器一段特定的时间; 0:MAC 不解析 PAUSE 帧
位 1	TFCE:发送流控使能(transmit flow control enable) 在全双工模式下——　1 表示 MAC 使能发送流控,可以发送 PAUSE 帧;0 表示 MAC 关闭发送流控,不发送 PAUSE 帧。 在半双工模式下——　1 表示 MAC 使能背压功能;0 表示 MAC 关闭背压功能
位 0	FCB/BPA:流控忙/背压激活(flow control busy/back pressure activate) 在全双工模式下,设置该位为'1'可以生成 PAUSE 控制帧。在半双工模式下,如果 TFCE 位为 '1',则设置该位为'1'可以激活背压功能。 在全双工模式下,写流控寄存器之前需要确认该位读出为'0'。应用程序要对该位写'0',来生成 PAUSE 控制帧。在发送控制帧的过程中,该位始终为'1',表示正在进行发送。在 PAUSE 控制帧发送完成以后,MAC 将该位重置为'0'。在 MAC 把该位清'0'之前,不允许写流控寄存器。在半双工模式下,设置该位为'1'时(并且 TFCE 位也为'1'),MAC 激活背压功能。在背压功能有效时,如果 MAC 接收到新的帧,就会在发送端发送阻塞信号,导致冲突发生。MAC 设置成全双工模式时,背压(BPA)功能自动关闭

6. 以太网 MAC PMT 控制和状态寄存器(ETH_MACPMTCSR)

地址偏移:0x002C;

复位值:0x0000 0000。

ETH_MACPMTCSR 寄存器设置并监控唤醒事件(图 3 - 145、表 3 - 139)。

31	30	29	28	27	26	25	24	23	22	21	20	19	18	17	16	15	14	13	12	11	10	9	8	7	6	5	4	3	2	1	0
WFFRP											保留											GU	保留		WFR	MPR	保留		WFE	MPE	PD
rs																						rw			rc_r	rc_r			rw	rw	rs

图 3 - 145　以太网 MAC PMT 控制和状态寄存器(ETH_MACPMTCSR)

表 3 - 139　以太网 MAC PMT 控制和状态寄存器(ETH_MACPMTCSR)

位	描　述
位 31	WFFRPR:唤醒帧过滤器寄存器指针复位(wakeup frame filter register pointer reset) 置'1'时,会把远程唤醒帧过滤器寄存器指针复位为 0,该位在 1 个时钟周期后自动清'0'
位 30:10	保留
位 9	GU:全局单播(global unicast) 置'1'时,所有能通过 MAC 地址过滤器的单播帧都被认为是唤醒帧
位 8:7	保留
位 6	WFR:接收到唤醒帧(wakeup frame received) 置'1'时,表示由于接收到唤醒帧,产生了电源管理(PMT)事件。读本寄存器可以清'0'该位
位 5	MPR:接收到 Magic Packet(magic packet received) 置'1'时,表示由于接收到 Magic Packet 而产生了电源管理(PMT)事件。读本寄存器可以清'0'该位
位 4:3	保留
位 2	WFE:唤醒帧使能(wakeup frame enable) 置'1'时,表示接收到唤醒帧时,允许产生电源管理(PMT)事件
位 1	MPE:Magic Packet 使能(magic packet enable) 置'1'时,表示接收到 Magic Packet 时,允许产生电源管理(PMT)事件
位 0	PD:掉电(power down) 置'1'时,MAC 丢弃所有接收到的帧。在接收到 Magic Packet 或者唤醒帧时,该位自动清'0',同时关闭掉电模式。在该位清'0'后,MAC 向应用程序转发接收到的帧。只有在 WFE 位(唤醒帧使能)或者 MPE 位(Magic Packet 使能)为'1'时,才能把该位置'1'

7. 以太网 MAC 中断状态寄存器(ETH_MACSR)

地址偏移:0x0038;

复位值:0x0000 0000。

ETH_MACSR 寄存器能用来确定 MAC 中产生中断的事件(图 3 - 146、表 3 - 140)。

15	14	13	12	11	10	9	8	7	6	5	4	3	2	1	0
		保留				TSTS rc_r		保留	MMCTS r	MMCRS r	MMCS r	PMTS r		保留	

图 3 - 146　以太网 MAC 中断状态寄存器(ETH_MACSR)

表 3 - 140　以太网 MAC 中断状态寄存器(ETH_MACSR)

位	描　述
位 15:10	保留
位 9	TSTS:时间戳触发状态(time stamp trigger status) 在系统时间值等于或者超过目标时间高、低寄存器设定的值时,该位置'1'。 读这个寄存器则清'0'该位
位 8:7	保留
位 6	MMCTS:MMC 发送状态(MMC transmit status) 在 ETH_MMCTIR 寄存器产生任一中断时,该位置'1'。ETH_MMCTIR 寄存器中全部位清'0' 时该位清'0'
位 5	MMCRS:MMC 接收状态 (MMC receive status) 在 ETH_MMCRIR 寄存器产生任一中断时,该位置'1'。ETH_MMCRIR 寄存器中全部位清'0' 时,该位清'0'
位 4	MMCS:MMC 状态(MMC status) 位[6:5](MMCTS 位和 MMCRS)中任一位为'1'时,该位置'1'。位 6 和位 5 都为'0'时,该位置'0'
位 3	PMTS:PMT 状态(PMT status) 在掉电模式下,接收到唤醒帧或者 Magic Packet 时(位 5 和位 6 的描述),该位置'1'。通过读 ETH_MACPMTCSR 寄存器把 WFR 位和 MPR 位清'0'以后,该位也被清'0'
位 2:0	保留

8. 以太网 MAC 中断屏蔽寄存器(ETH_MAIMR)

地址偏移为 0x003C,复位值为 0x0000 0000。

ETH_MAIMR 寄存器可以用来屏蔽由于 ETH_MACSR 中对应事件引起的中断(图 3-147、表 3-141)。

15	14	13	12	11	10	9	8	7	6	5	4	3	2	1	0
		保留				TSTIM rw			保留			PMTIM rw		保留	

图 3 - 147　以太网 MAC 中断屏蔽寄存器(ETH_MAIMR)

表 3-141　以太网 MAC 中断屏蔽寄存器(ETH_MAIMR)

位	描　述
位 15:10	保留
位 9	TSTIM：时间戳触发中断屏蔽(time stampe trigger interrupt mask) 置'1'时，禁止产生时间戳中断
位 8:3	保留
位 3	PMTIM：PMT 中断屏蔽(PMT interrupt mask) 置'1'时，禁止产生由于 ETH_MACSR 寄存器的 PMT 状态位置'1'而引发的中断
位 2:0	保留

第 **4** 章

STM32 系列微控制器开发工具与应用

STM32 微处理器基于 ARM 核,所以很多基于 ARM 嵌入式开发环境都可用于 STM32 开发平台。开发工具都可用于 STM32 开发。选择合适的开发环境可以加快开发进度,节省开发成本,主要开发工具如下:

(1) ADS 是 ARM 公司的集成开发环境软件,它的功能非常强大。它的前身是 SDT,SDT 是 ARM 公司几年前的开发环境软件,目前 SDT 早已经不再升级。

(2) ARM RealView Developer Suite,该工具是 ARM 公司是推出的新一代 ARM 集成开发工具。其支持所有 ARM 系列核,并与众多第三方实时操作系统及工具商合作简化开发流程。

(3) IAR Embedded Workbench for ARM 是 IAR Systems 公司为 ARM 微处理器开发的一个集成开发环境。

(4) Keil MDK 开发工具源自德国 Keil 公司,是 ARM 公司目前最新推出的针对各种嵌入式处理器的软件开发工具。

(5) WINARM 是一个免费的开发工具。

本章将先对 STM32 常用的开发工具 Keil MDK 和 IAR EWARM 进行简单介绍,然后结合 STM32F107VCT6 嵌入式处理器介绍了 STM32F107 开发板上的硬件资源。

4.1 IAR EWARM 介绍

IAR Embedded Workbench for ARM(下面简称 IAR EWARM)是一个针对 ARM 处理器的集成开发环境。IAR Systems 公司总部设在瑞典,是世界著名的软件生产厂家之一。它包含项目管理器、编辑器、C/C++编译器和 ARM 汇编器、连接器 XLINK 和支持 RTOS 的调试工具 C-SPY,也可以结合 IAR 公司推出的 J-Link 硬件仿真器,实现用户系统的实时在线仿真调试。在 IAR EWARM 环境下可以使用 C/C++和汇编语言方便地开发嵌入式应用程序。比较其他 ARM 开发环境,IAR EWARM 具有入门容易、使用方便和代码紧凑等特点。

IAR Embedded Workbench 系列源级浏览器能利用符号数据库使用户可以快速浏览源文件,可通过详细的符号信息来优化变量存储器。文件查找功能可在指定的若干种文件中进行全局文件搜索。还提供了对第三方工具软件的接口,允许用户启动指定的应用程序。

　　IAR Embedded Workbench 系列适用于开发基于 8 位、16 位以及 32 位微处理器的嵌入式系统,其集成开发环境具有统一界面,为用户提供了一个易学易用的开发平台。IAR 公司提出了所谓"不同架构,唯一解决方案"的理念,用户可以针对多种不同的目标处理器,在相同的集成开发环境中进行基于不同 CPU 的嵌入式系统应用程序开发,有效提高工作效率,节省工作时间。

　　目前 IAR EWARM 支持 ARM Cortex-M3 内核的最新版本是 6.20,该版本支持 STM32 全系列的 MCU。为了方便用户学习评估,IAR 提供一个限制 32K 代码的免费试用版本。用户可以到 IAR 公司的网址 www.iar.com/ewarm 下载。IAR EWARM 中包含一个全软件的模拟程序(simulator)。使用它不需要任何硬件支持就可以模拟各种 ARM 内核、外部设备甚至中断的软件运行环境,从中可以了解和评估 IAR EWARM 的功能和使用方法。

4.1.1　安装 IAR EWARM 集成开发环境

　　(1) 打开随书光盘中的 IAR Embedded Workbench for ARM v5501. exe 安装程序所在的路径,双击该文件,跳出如图 4 - 1 所示的欢迎界面。

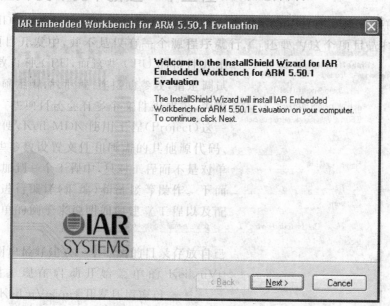

图 4 - 1　欢迎界面

　　(2) 单击 Next 按钮跳出如图 4 - 2 所示的许可证协议对话框。

　　(3) 选择 I accept the terms of the license agreement 选项,接受上述许可证协议,单击 Next 按钮,跳出如图 4 - 3 所示的用户信息对话框,在该对话框中输入

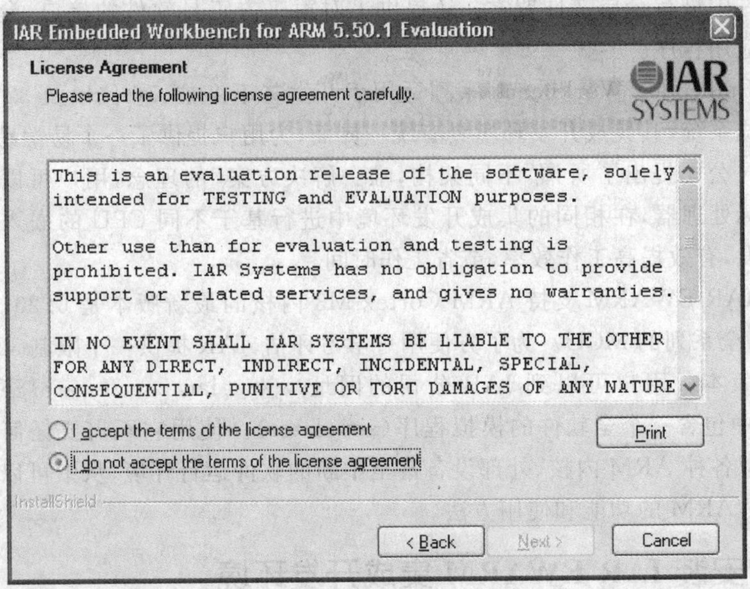

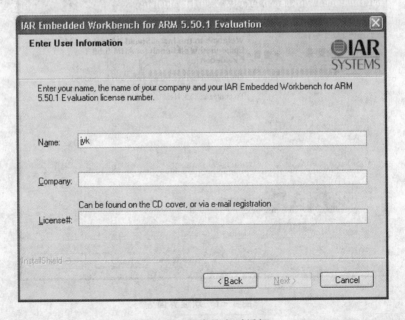

图 4 - 2　许可证协议对话框

Name、Company 和 IAR 公司授权的 License 号码,单击 Next 按钮,跳出图 4 - 4 所示对话框。

图 4 - 3　用户信息对话框

(4) 在如图 4 - 4 所示的对话框中,输入 License Key,或者单击 Browse 按钮选择 License Key File,按照屏幕提示单击 Next 按钮。

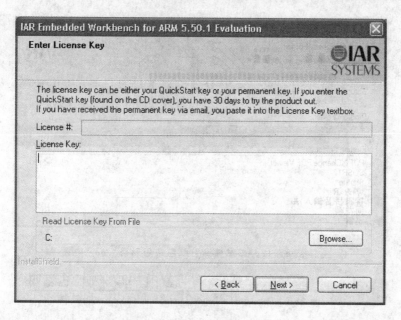

图 4 - 4　License key 对话框

（5）在出现的如图 4 - 5 所示的安装路径对话框中，按照屏幕提示，选择好程序的安装路径，单击 Next 按钮，在这里我们选择默认的安装路径。

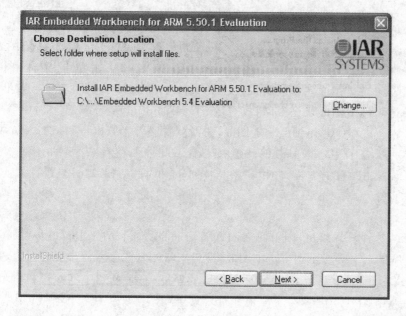

图 4 - 5　安装路径

（6）在如图 4 - 6 所示对话框中单击 Next 按钮，出现如图 4 - 7 所示对话框。

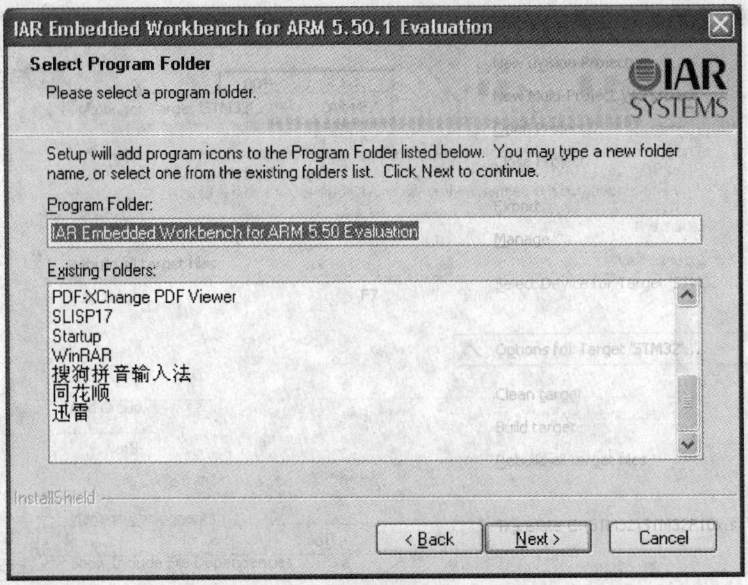

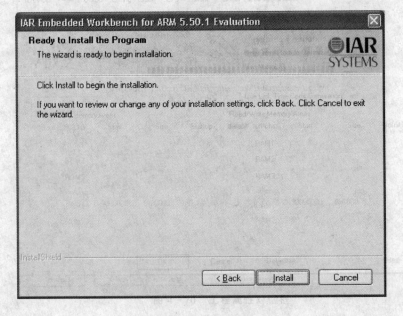

图 4 - 6　程序文件夹

(7) 在如图 4 - 7 所示对话框中单击 Install 按钮，程序开始安装，如图 4 - 8 所示。

图 4 - 7　准备安装

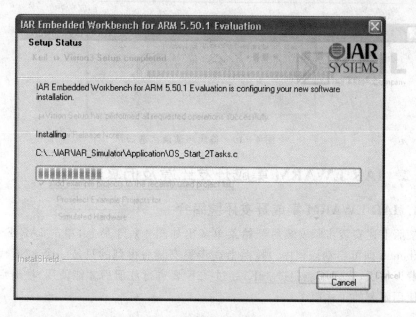

图 4 - 8　程序安装进程

（8）安装完毕后单击 Finish 按钮，完成该程序安装，如图 4 - 9 所示。

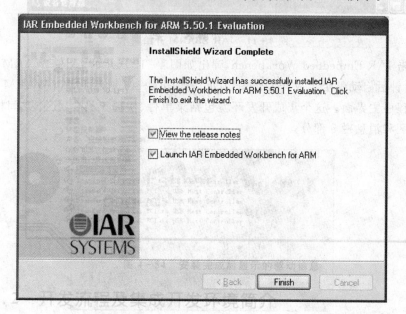

图 4 - 9　完成安装

（9）IAR Embedded Workbench for ARM 首次启动需要语言选择，如图 4 - 10 所示，选择 English(United States)，单击 OK 按钮。

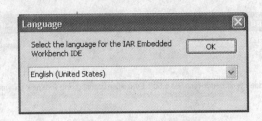

图 4 - 10　首次启动语言选择

4.1.2　IAR EWARM 集成开发环境及仿真器介绍

1. IAR EWARM 集成开发环境简介

按照上述安装步骤安装后开始菜单多出如图 4 - 11 所示,单击 IAR Embedded Workbench 即可启动该程序。按照上述步骤安装后得到的只是一个 32K 代码限制的免费评估版,代码不能超过 32K,超过 32K 要进行注册后才能使用,注册后就是一个无使用限制的正式版了。

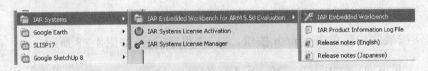

图 4 - 11　IAR EBARM 开始菜单

单击 IAR Embedded Workbench,弹出如图 4 - 12 所示的 IAR EWARM 提示信息,几秒钟后启动整个集成开发环境(IDE),如图 4 - 13 所示 IAR EWARM 集成开发环境程序主界面。这个集成开发环境包括菜单栏、快捷工具栏、工作空间栏、源程序编辑区和消息栏 5 部分。

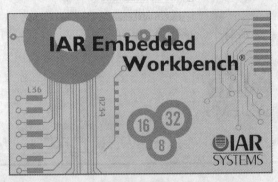

图 4 - 12　IAR EWARM 提示信息

① 菜单栏:菜单栏中包括 IAR 集成开发环境的全部命令。

② 快捷工具栏:常用命令都在此工具栏中。

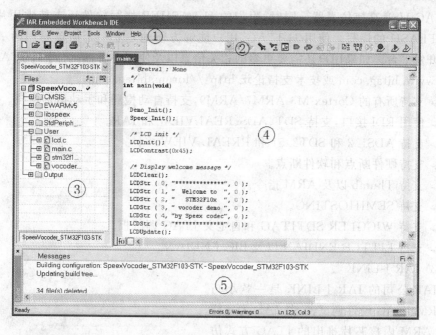

图 4－13　IAR EBARM 集成开发环境

③ 工作空间栏：是用于显示与工程相关的全部文件，双击即可打开，察看工程中的文件源代码。

④ 源程序编辑区：是用户与集成开发环境（IDE）交流信息的主要区域，在这个窗口中可以输入并修改相应的源代码，源代码的输入以及修改都在这个窗口内完成。

⑤ 信息栏：显示一些编译信息以及一些提示信息。

2. 相关开发工具介绍

1）H-JTAG 调试代理

H-JTAG 是一个免费的 ARM 调试代理，程序没有任何限制，功能和流行的 MULTI-ICE 类似。H-JTAG 包括 3 个工具软件：H-JTAG SERVER，H-FLASHER 和 H-CONVERTER。其中，H-JTAG SERVER 实现调试代理的功能；H-FLASHER 实现了 FLASH 烧写的功能；H-CONVERTER 则是一个简单的文件格式转换工具，支持常见文件格式的转换，如图 4 - 14 所示。

H-JTAG 支持所有基于 Cortex-M3、ARM7、ARM9 和 XScale 芯片的调试，并且支持大多数主流的 ARM 调试软件，如 ADS、RVDS、IAR 和 Keil /MDK。通过灵活的接口配置，H-JTAG 可以支持 IGGLER、SDT-JTAG，用户自定义的各种 JTAG 调试小板和

图 4 - 14　H-JTAG

H-JTAG USB 高速仿真器。同时,附带的 H-LASHER 烧写软件还支持常用片内、片外 FLASH 的烧写。使用 H-JTAG,用户能够方便地建立一个简单易用的 ARM 调试开发平台。如果用户还需要更多的相关信息以及使用手册,请访问 H-JTAG 的主页 www.hjtag.com 或技术支持论坛 http://forum.hjtag.com。

➢ 支持所有的 Cortex-M3 ARM7/ARM9,支持自动检测和手动指定内核。

➢ 使用 RDI 接口,支持 SDT、ADS、REALVIEW 和 IAR。

➢ 支持 ADS1.2 和 SDT2.51 和 RREAL VIEW。

➢ 支持硬件断点和软件断点。

➢ 支持 Thumb 以及 ARM 指令。

➢ 支持 SEMIHOSTING。

➢ 支持 WIGGLER SDTJTAG 和自定义 JTAG 调试板。

➢ 支持 LITTLE-ENDIAN 以及 BIG-ENDIAN。

2) IAR J-LINK

IAR 公司的 IAR J-LINK 是一款小巧的 ARM JTAG 硬件调试器,是 IAR 为支持仿真 ARM 内核芯片推出的 JTAG 方式仿真器,它是通过 USB 口与 PC 机相连,它与该公司的嵌入式开发平台紧密结合,且完全支持即插即用。配合 IAR EWARM 集成开发环境支持所有 Cortex-M3 ARM7/ARM9 内核芯片的仿真,无须安装任何驱动程序与 IAR EWARM 集成开发环境无缝连接,操作方便、连接方便、简单易学是学习开发 ARM 最好、最实用的开发工具,如图 4－15 所示。

图 4－15　IAR J-LINK 仿真器

(1) IAR J-LINK 主要特征:

➢ 支持所有 Cortex-M3 ARM7 和 ARM9;

➢ 支持所有 ARM7/ARM9 内核的芯片,包括 Thumb 模式;

➢ 下载速度高达 600 KB/s;

➢ 无需电源供电,可直接通过 USB 取电;

➢ JTAG 速度最高是 12 MHz;

➢ 自动辨速;

➢ 监控所有的 JTAG 管脚信号,测量电压;

➢ 20pin 标准 JTAG 连接器;

➢ 配带 USB 口和 20pin 插槽;

➢ 监测所有 JTAG 信号和目标板电压;

222

➤ 完全即插即用；

➤ 支持多 JTAG 器件串行连接；

➤ 带 J-Link TCP/IP server，允许通过 TCP/IP 网络使用 J-Link；

➤ 支持 ADS、Keil、IAR、WINARM、RV 等几乎所有开发环境，并且可以和 IAR 无缝连接；

➤ 支持 FLASH 软件断点，可以设置 2 个以上断点（无限个断点），极大地提高调试效率；

➤ 支持 Windows 2000 和 Windows XP。

（2）IAR 主要技术指标如表 4 - 1 所列。

表 4 - 1　IAR J-Link 主要技术指标

特　性	参　数
功耗	吸取 USB 供电电力＜50 mA
通信方式	USB 2.0 全速
目标板接口	20 芯 JTAG 口（14 芯 JTAG 口选件）
J-Link 和 ARM 间串行传输速率	最高 12 MHz
支持目标电压	1.2～3.3 V（5V 适配头选件）
工作温度	＋5～＋60 ℃
储存温度	−20～＋65 ℃
相对湿度（无冷凝水）	＜90% RH
体积	100 mm×53 mm×27 mm
质量（不含电缆）	70 g
电磁兼容性（EMC）	EN 55022，EN55024

（3）IAR J-LINK 一端通过 USB 口与 PC 连接，另一端通过标准 20 芯或者 14 芯 JTAG 插头与目标板连接。建议用户首先连接 IAR J-LINK 到 PC，再连接 J-LINK 到目标系统，最后再给目标系统供电；当目标系统为 5 V 电源系统时，必须使用 IAR J-LINK 提供的 5 V 电源适配器选件。对于目标系统为 1.2～3.3 V 电源系统时，可以直接使用 IAR J-LINK。使用时将适配器的 20 芯或者 14 芯 IDC 插头插进 IAR J-LINK 的 20 芯或者 14 芯插座，再将连接目标的 20 芯或者 14 芯扁平电缆插进适配器的插座。

IAR J-LINK 有两种速度设置，即固定 JTAG 速度、自动 JTAG 速度，该功能选项位于 Project Options→Debugger→J-Link 设置页面中。JTAG 速度一般不超过 10 MHz。

3）U-LINK2

ULINK2 是 ARM 公司最新推出的配套 RealView MDK 使用的仿真器，是

ULink 仿真器的升级版本。ULINK2 不仅具有 ULINK 仿真器的所有功能,还增加了串行调试(SWD)支持、返回时钟支持和实时代理等功能。开发工程师通过结合使用 RealView MDK 的调试器和 ULINK2,可以方便地在目标硬件上进行片上调试(使用 on-chip JTAG、SWD 和 OCDS)、Flash 编程,如图 4 - 16 所示,技术参数如表 4 - 2 所列。

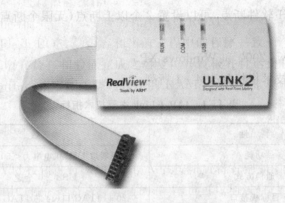

图 4 - 16　U-Link2 适配器

表 4 - 2　ULINK2 技术参数

特　性	参　数
RAM 断点	Unlimited
ROM 断点(ARM7/9)	2 max
ROM 断点(Cortex-M3)	6 max
Execution 断点(Set While Executing)	√
Access 断点(ARM7/9)	2 max(R/W only,With Value)
Access 断点(Cortex-M3)	4 max(With Value)
Trace History	×
Real-Time Agent	√
JTAG 时钟	≤ 10 MHz
JTAG RTCK 支持(Return Clock)	√
Memory R/W(B/s)	≈28 K
Flash R/W(B/s)	≈25 K
Single-Step(Fast)(Instructions/s)	≈50

ULINK2 新特点:

➢ 标准 Windows USB 驱动支持 ULINK2 即插即用;

➢ 支持基于 ARM Cortex-M3 的串行调试;

➢ 支持程序运行期间的存储器读写、终端仿真和串行调试输出;

➢ 支持 10pin 连接线(也支持 20pin 连接线)。

ULINK2 主要功能:

➢ USB 通信接口高速下载用户代码;

➢ 存储区域/寄存器查看;

➢ 快速单步程序运行;

➢ 多种程序断点;

➢ 片内 Flash 编程。

4) ST-Link

ST-Link 是 ST 意法半导体有限公司为初学者学习、评估、开发 STM8 系列和 STM32 系列 MCU 而设计的集在线仿真与下载为一体的开发工具。STM8 系列通过 SWIM 接口与 ST-Link 连接;STM32 系列通过 JTAG / SWD 接口与 ST-Link 连接。ST-Link 通过高速 USB2.0 与 PC 端连接,如图 4-17 所示。

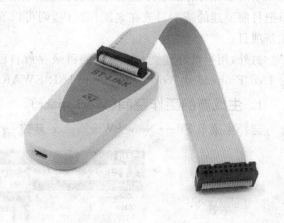

图 4-17　ST-Link 适配器

ST-Link 特点:

➢ 直接支持 ST 官方 IDE(集成开发环境软件)ST Visual Develop(STVD)和烧录软件 ST Visual Program(STVP)。

➢ 支持 ATOLLIC、IAR 和 Keil 公司的 STM32 的集成开发环境。

➢ 支持所有带 SWIM 接口的 STM8 系列单片机。

➢ 支持所有带 JTAG/SWD 接口的 STM32 系列单片机。

➢ 可烧写 FLASH ROM、EEPROM、AFR 等。

➢ 支持全速运行、单步调试、断点调试等各种调试方法,可查看 I/O 状态,变量数据等。

➢ 采用 USB2.0 接口进行仿真调试,单步调试,断点调试,反应速度快。

➢ 采用 USB2.0 接口进行 SWIM / JTAG / SWD 下载,下载速度快。

➢ ST-Link 开发工具采用 STM32 芯片,内嵌驱动程序,实现高速的 USB2.0 通信。

日后,ST 将会推出更多 STM8 和 STM32 的型号,也会将新的器件型号添加入 STVD 的器件支持列表,当用户在未来开发中需要使用最新的型号,升级 STVD,升级固件程序时,便得以支持新的型号。升级方式为自动升级,ST 公司会提供升级程序。

4.1.3　在 IAR EWARM 中建立一个新项目

　　IAR EWARM 是按项目进行管理的,它提供了应用程序和库程序的项目模板。项目下面可以分级或分类管理源文件。允许为每个项目定义一个或多个编译连接(build)配置。在生成新项目之前,必须建立一个新的工作空间(Workspace)。一个工作空间中允许存放一个或多个项目。如果用户过去已经建立了一个工作区并且希望把目前要建的新项目放在老工作区内,则可以直接打开老工作区并执行第三步生成新项目。

　　另外,用户最好建立一个专用的目录存放自己的项目文件。现在启动开始菜单的 IAR Embedded Workbench,出现 IAR EWARM 开发环境窗口。

1. 生成新的工作空间(Workspace)

　　选择主菜单 File→New→Workspace 新建一个工作空间,如图 4 - 18 所示。

图 4 - 18　新建工作空间

2. 生成新项目

　　选择主菜单 Project→Create New Project,弹出生成新项目窗口,如图 4 - 19 所示,选择项目模板(Project template)中的 Empty project。在 Tool chain 栏中选择 ARM,然后单击 OK 按钮。

　　在弹出的另存为窗口如图 4 - 20 所示中浏览和选择新建的 demo 目录,输入文件名 demo,然后保存。这时在屏幕左边的 Workspace 窗口中将显示新建的项目名,如图 4 - 21 所示。

　　IAR EWARM 提供两种缺省的项目生成配置,即 Debug 和 Release。我们在 Workspace 窗口顶部的下拉菜单中选取 Debug。现在 demo 目录下已生成一个 demo. ewp 文件。该文件中包含与 demo 项目设置有关的信息。项目名后缀上的 * 号表示该工作区有改变但还没有被保存。

226

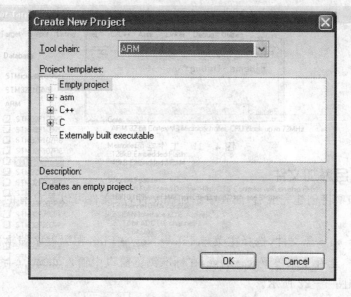

图 4 - 19　新建项目

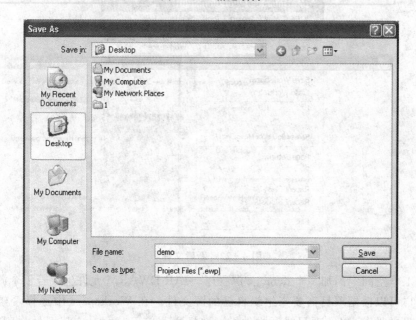

图 4 - 20　保存对话框

　　先选择主菜单 File→Save Workspace 保存工作空间,浏览并选择 demo 目录。然后将工作区取名为 demo 输入文件名输入框,按保存按钮退出。这时在 demo 目录下将生成一个 demo. eww 文件,该文件中保存了用户添加到 demo 工作区中的所有项目。该文件中列出了所有用户加入到工作区的项目。

228

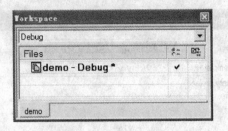

图 4 - 21　工作空间

3. 给项目添加文件

工作区和项目创建完成后,向其中添加源文件,源文件可以是已有的,也可以是新建的。

新建一个 *. c 源文件,选择主菜单 File→New→File,在源程序编辑区内,输入完成的源程序,选择主菜单 File→Save,在标准浏览窗口中输入 demo. c,将文件保存为 demo. c,如图 4 - 22 所示。

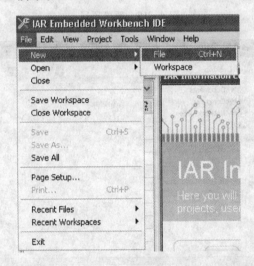

图 4 - 22　新建文件

向工作空间中添加一个 demo. c 源程序。IAR EWARM 允许生成若干个源文件组。用户可以根据项目需要来组织自己的源文件。在 Workspace 中选择希望添加文件的目的地,可以是项目或源文件组。选择主菜单 Project→Add Files 打开标准浏览窗口,选择 demo. c,如图 4 - 23 所示,完成后工作空间栏中就增加了 demo. c 文件,如图 4 - 24 所示。

还可以通过另一种办法向工程中增加一个新的源文件,如图 4 - 25 所示。选中工作空间栏中相应的项目名称,当前为 demo 工程,右键单击 demo 工程,弹出快捷菜单,按顺序单击 Add→Add Files 打开标准浏览窗口,选择 demo. c,再单击确定。也

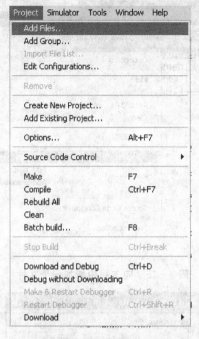

图 4 - 23　增加文件

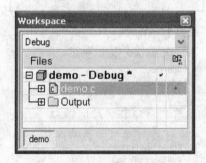

图 4 - 24　工作空间

可以将 demo. c 文件增加到 demo 项目中来,同时用户还可以向项目中添加代码组,只要单击 Add Group,如图 4 - 26 所示,选择相应代码文件即可,请读者自行试验。

4. 设置项目选项

生成新项目和添加文件后就应该为项目设置选项。IAR EWARM 允许为任何一级目录和文件单独设置选项,但是用户必须为整个项目设置通用的编译连接(build)选项。

选中 Workspace 中的 demo,然后选择主菜单 Project→Options,如图 4 - 27 所示。也可以按快捷键 Alt+F7,弹出如图 4 - 28 所示选项对话框,在该对话框中进行项目的一些设置。

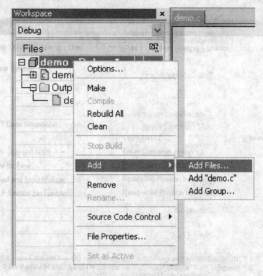

图 4 - 25 向工程中增加一个文件

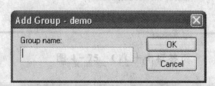

图 4 - 26 向工程中增加文件组

图 4 - 27 选择 Options

在打开的 Options 窗口左边的 Category 中选择 General Options。然后分别在：

➤ Target 页面中，Processor variant 条目选择 Device，单击后面的按钮选择 ARM，顺序为 ST→STM32F107xB（ST 为 STMicroelectronics 意法半导体，STM32F107xB 为 ARM 名称）。

➤ Output 页面中，Output 条目下选择 Executable，如图 4 - 29 所示。

➤ Library Configuration 页面中，Library 条目下选择 Normal，如图 4 - 30 所示。

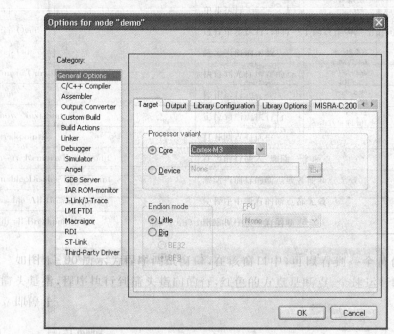

图 4 - 28　General Option 页面

在 Options 窗口的 Category 中选择 C/C++ Compiler，然后在：

➤ Language 页面中，选择 C，如图 4 - 31 所示。

➤ Output 页面中，选择 Generate debug information，如图 4 - 32 所示。

➤ List 页面中，选择 Output list file。并选择 Assembler mnemonics 和 Diagnostics，如图 4 - 33 所示。

单击 OK 按钮，确认选择的选项。

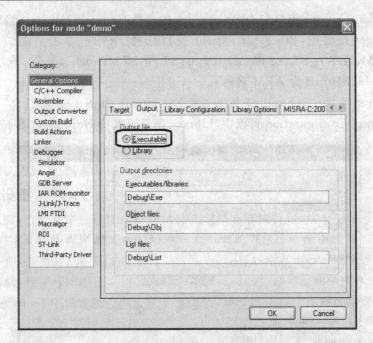

图 4 - 29　Output file 页面

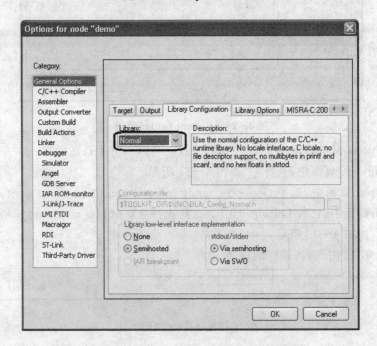

图 4 - 30　Library Configuration 页面

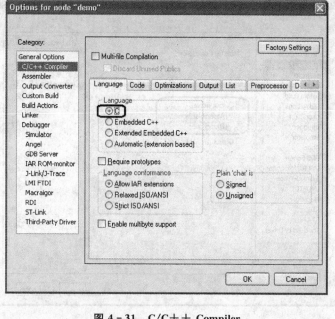

图 4 - 31　C/C++ Compiler

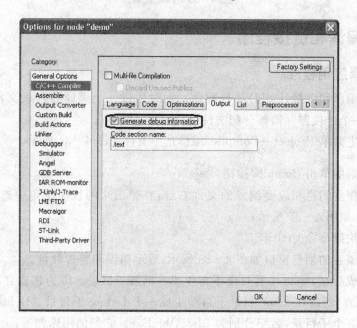

图 4 - 32　Output 页面

STM32F10X系列ARM微控制器入门与提高

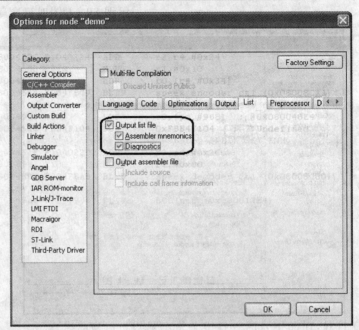

图 4-33　List 页面

234

4.1.4　编译和链接程序

1. 编译应用程序

这一步编译和链接(build)项目程序。同时生成一个编译器列表文件(compiler list file)和一个连接器存储器分配文件(linker map file)。

> 选择主菜单 Project→Compile，编译选中文件如图 4-34 所示。

> 工具条中单击 Compile 按钮" "；

> 按工作空间栏相应要编译的文件右键，在弹出来的快捷菜单中选择 Compile 命令，如图 4-35 所示；

> 使用快捷命令 Ctrl+F7。

编译结束后的消息窗口如图 4-36 所示，显示错误和警告数量。

编译完成后在 demo 工程目录下将生成一批新子目录。因为在建立新项目时选择 Debug 配置，所以在 demo 目录下自动生成一个 Debug 子目录。Debug 子目录下又包含另外 3 个子目录，名字分别为 List、Obj、Exe。它们的用途如下：

> List 目录存下放列表文件，且列表文件的后缀是 lst；

> Obj 目录下存放 Compiler 和 Assembler 生成的目标文件，这些文件的后缀为 r79；

> Exe 目录下存放可执行文件，这些文件的后缀为 d79，可以用作 J-link 仿真器的输入文件，在选项对话框中可以设置输出标准的 hex 文件，生成后也在该文

件夹中,注意在执行连接处理之前这个目录是空的。

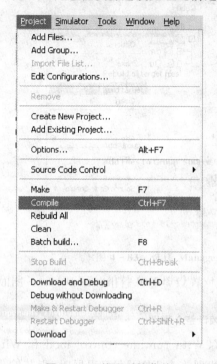

图 4 - 34　编译下拉菜单

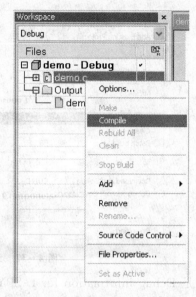

图 4 - 35　编　译

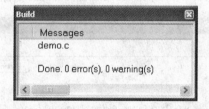

图 4 - 36　Build 窗口中的编译处理消息

2. 编译整个项目

➤ 选中要编译的项目选择主菜单 Project→Rebuild All;

➤ 按工作空间栏相应要编译的文件右键,在弹出的快捷菜单中选择 Rebuild All 命令,如图 4 - 37 所示。

3. 链接应用程序

先选中工作空间栏中的 demo,然后选择主菜单 Project→Options,弹出 Options 对话窗口,在左边的 Category 中选择 Linker,显示 IAR 的各选项页面。

选择合适的输出格式十分重要。你可能需要将输出文件送给一个调试器进行调试,这时就要求输出格式带有调试信息。例子中采用 C-SPY 调试器的缺省输出选

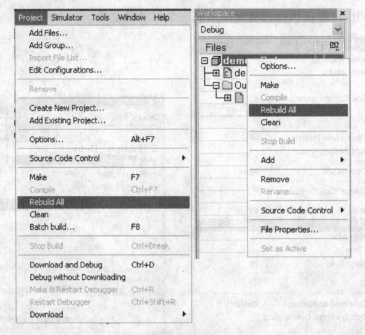

图 4 - 37　编译整个项目

项，它们是 Debug information for C-SPY、With runtime control mod 和 With I/O emulation mod。如果用户希望把应用下载到一个 PROM 编程器时，则其输出格式不需要带调试信息，如 Intel-hex 或 Motorola S-records，如图 4 - 38 所示。

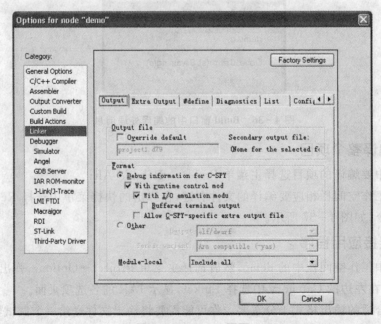

图 3 - 38　Linker 页面

4.1.5　应用 J-LINK 调试程序

J-Link 在该节前已经作了相关介绍,此处不再陈述。

在调试开始之前,请用 J-link 将仿真评估板和 PC 机上的 USB 接口连接好,并且把仿真评估板的电源接上。

硬件连接好以后还必须设置几个选项,具体操作如下:

选择主菜单 Project→Option,选择 Category 中的 Debugger。在 Setup 页面,在 Driver 的下拉菜单中选择 J-link/J-trace,同时选择程序起始点为 Run to main,如图 4 - 39 所示,单击 OK 按钮。

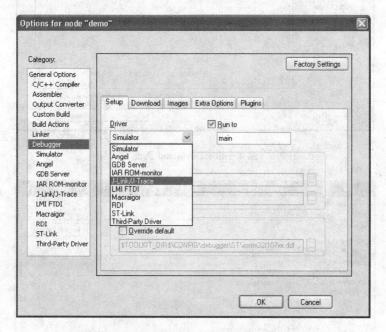

图 4 - 39　Debugger 设置

选择 Download 页面,并在 Download 页面中勾选 User flash loader,如图 4 - 40 所示。

选择 Category 中的 J-link/J-trace,在 Connection 页面中选择 USB 设备为 Device0,Interface 选择 JTAG,如图 4 - 41 所示。

选择主菜单 Project→Debug 或工具条上的 Debugger 按钮。J-link 将开始装载 demo 程序。装载结束后的窗口如图 4 - 42 所示。

IAR 调试器在 Debug 菜单中提供了 9 种程序运行命令:Reset、Step Over、Step Into、Step Out、Next Statement、Run to Cursor、Go、Stop Debugging 和 Break。其对应的快捷键、工具按钮、功能说明如表 4 - 3 所列。

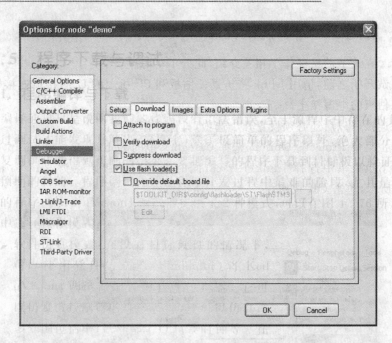

图 4 – 40　Download 页面

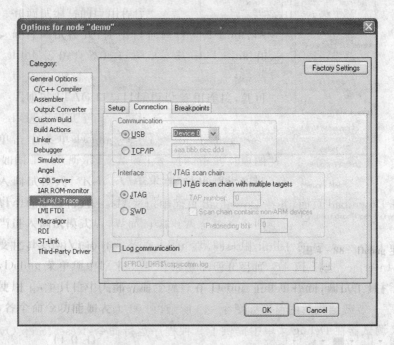

图 4 – 41　J-Link/J-Trace 页面

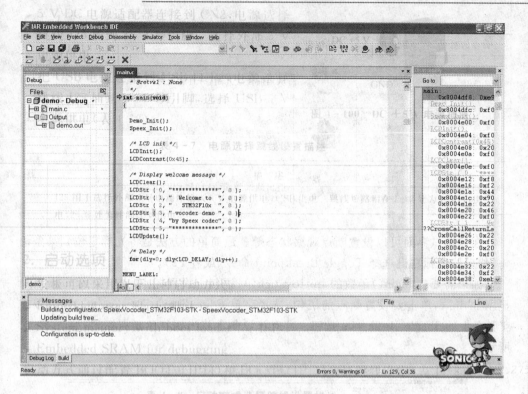

图 4 - 42　调试界面

表 4 - 3　程序运行命令表

命令选项	快捷键	工具按钮	功能说明
Reset	—		设备重启,从 main()函数第一条语句开始执行
Step Over	F10		在同一函数中将运行至下一步点,而不会跟踪进入调用函数内部
Step Into	F11		控制程序从当前位置运行至正常控制流中的下一个步点,无论它是否在同一函数内
Step Out	Shift＋F11		使用 Step Into 单步运行跟踪进入一个函数体内之后,如不想一直跟踪到该函数末尾,运用此命令可执行完整个函数调用并返回到调用语句的下一条语句
Next Statement	—		直接运行到下一条语句
Run to Cursor	—		使程序运行至用户光标所在的源代码处,也可在反汇编窗口以及堆栈调用窗口中使用

续表 4 - 3

命令选项	快捷键	工具按钮	功能说明
Go	F5	![icon]	从当前位置开始，一直运行到一个断点或程序末尾
Break	—	![icon]	中止程序运行
Stop Debugging	—	![icon]	退出调试器，返回 IAR EWARM 环境

　　在该调试界面可以设置断点观察状态等。最简单的方法是将光标定位到某条语句，然后按鼠标右键选择 Toggle Breakpoint 命令(或者 F9)。

　　如果需要在 main()函数的 InitJoystick();语句上设置断点，首先在编辑器窗口显示 main.c，单击要设置断点的语句，选择菜单 Edit→Toggle Breakpoint。也可以按工具条上的 Toggle Breakpoint 按钮。这时该语句上将出现红色断点标记，如图 4 - 43 所示。

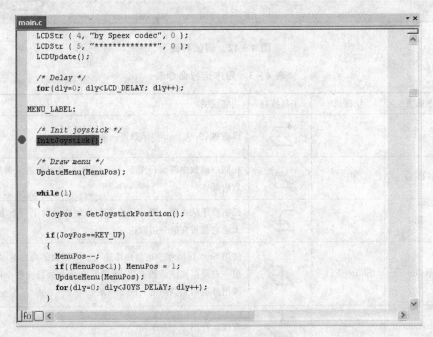

图 4 - 43　程序中设置断点

　　想取消断点先选中断点所在的行，再单击主菜单 Edit→Toggle Breakpoint 或按鼠标右键选择 Toggle Breakpoint。

在该调试界面可以设置一个 Watchpoint,利用 Watch 窗口查看某变量的当前状态下的值。选择 View→Watch 打开 Watch 窗口,选择要查看的变量,单击右键,在弹出的快捷菜单中选择 Add to Watch 命令,变量就自动增加到 Watch 窗口中,如图 4 - 44 所示。

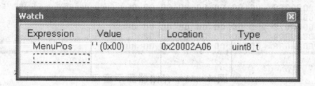

图 4 - 44　Watch 窗口

在该调试界面可以打开寄存器窗口,允许用户监视和修改 CPU 寄存器以及各外设寄存器的内容。具体方法为:选择主菜单 View→Register 打开寄存器窗口,如图 4 - 45 所示。

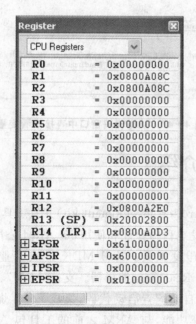

图 4 - 45　寄存器窗口

在该调试界面用户可以打开存储器窗口,在该窗口可以监视所选择的存储器区域。选择主菜单 View→Memory 打开存储器窗口,如图 4 - 46 所示(用 8 bits 显示数据)。

查看变量和表达式可以通过在源代码窗口中将鼠标指向希望察看的变量,对应的值将显示在该变量旁边中小矩形框所示内容就是如图 4 - 47 所示对应变量 NB_Frames 的值。

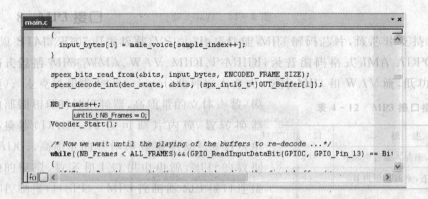

图 4 - 46　存储器显示窗口

```
input_bytes[i] = male_voice[sample_index++];
}

speex_bits_read_from(&bits, input_bytes, ENCODED_FRAME_SIZE);
speex_decode_int(dec_state, &bits, (spx_int16_t*)OUT_Buffer[1]);

NB_Frames++;
    uint16_t NB_Frames = 0;
Vocoder_Start();

/* Now we wait until the playing of the buffers to re-decode ...*/
while((NB_Frames < ALL_FRAMES)&&(GPIO_ReadInputDataBit(GPIOC, GPIO_Pin_13) == Bi!
{
```

图 4 - 47　从源代码窗口中直接察看变量

4.2　Keil MDK 介绍

Keil MDK(microcontroller development kit)开发工具源自德国 Keil 公司,被全球超过 10 万的嵌入式开发工程师验证和使用,是 ARM 公司目前最新推出的针对各种嵌入式处理器的软件开发工具。Keil MDK 集成了业内最领先的技术,包括 μVision4 集成开发环境与 RealView 编译器。支持 ARM7、ARM9 和最新的 Cortex-M3/M1/M0 内核处理器,自动配置启动代码,集成 Flash 烧写模块,强大的 Simulation 设备模拟,性能分析等功能,与 ARM 之前的工具包 ADS 等相比,RealView 编译器的最新版本可将性能改善超过 20%。Keil MDK 出众的价格优势和功能优势,已经成为 ARM 软件开发工具的标准,目前,Keil MDK 在国内 ARM 开发工具市场已经达到 90% 的占有率。

Keil MDK 为我们带来了哪些突出特性呢?

1. 启动代码生成向导

启动代码和系统硬件结合紧密,必须用汇编语言编写,因而成为许多工程师难以跨越的门槛。Keil MDK 的 μVision4 工具可以帮用户自动生成完善的启动代码,并提供图形化的窗口,随用户轻松修改。无论对于初学者还是有经验的开发工程师,都能大大节省时间,提高开发效率。

2. 软件模拟器,完全脱离硬件的软件开发过程

Keil MDK 的设备模拟器可以仿真整个目标硬件,包括快速指令集仿真、外部信号和 I/O 仿真、中断过程仿真、片内所有外围设备仿真等。开发工程师在无硬件的情况下即可开始软件开发和调试,使软、硬件开发同步进行,大大缩短开发周期。而一般的 ARM 开发工具仅提供指令集模拟器,只能支持 ARM 内核模拟调试。

3. 性能分析器

Keil MDK 的性能分析器好比哈雷望远镜,让用户看得更远和更准,它辅助用户查看代码覆盖情况、程序运行时间、函数调用次数等高端控制功能,指导用户轻松地进行代码优化,成为嵌入式开发高手。通常这些功能只有价值数千美元的价格高昂的 Trace 工具才能提供。

4. Cortex-M3 /M1 /M0 支持

Keil MDK 支持的 Cortex-M3/M1/M0 系列内核是 ARM 公司最新推出的针对微控制器应用的内核,它提供业界领先的高性能和低成本的解决方案,未来几年将成为 MCU 应用的热点和主流。目前国内只有 ARM 公司的 MDK 和 RVDS 开发工具可以支持 Cortex-M3/M1/M0 芯片的应用开发。

5. RealView 编译器

Keil MDK 的 RealView 编译器与 ADS 1.2 比较。
代码密度:比 ADS 1.2 编译的代码尺寸小 10%。
代码性能:比 ADS 1.2 编译的代码性能高 20%。

6. 配备 ULINK2 /Pro 仿真器＋Flash 编程模块,轻松实现 Flash 烧写

Keil MDK 无须寻求第三方编程软、硬件支持,通过配套的 ULINK2 仿真器(或另行选购更高性能的 ULINKPro 仿真器)与 Flash 编程工具,轻松实现 CPU 片内 Flash 外扩、Flash 烧写,并支持用户自行添加 Flash 编程算法;而且能支持 Flash 整片删除、扇区删除、编程前自动删除以及编程后自动校验等功能,轻松方便。

7. 更贴身的服务——专业的本地化的技术支持和服务

Keil MDK 中国区用户将享受到专业的本地化的技术支持和服务,包括电话、Email、论坛、中文技术文档等,这将为国内工程师开发出更有竞争力的产品提供更多的助力。

以上第 4 点提到了 Keil MDK 增加了对 Cortex-M3 内核的支持,因此我们才能使用它来进行基于 ARM Cortex-M3 的 STM32 微处理器应用程序的开发。现在我们开始尝试建立我们的第一个 STM32 工程。

当然在使用 Keil MDK 前要先购买该软件或下载评估版并把 Keil MDK 安装到

相应的计算机中。读者首先要从官方网站下载到最新的 Keil MDK,笔者使用的是 Keil MDK V4.10。下载完毕之后双击开始安装。

4.2.1　安装 MDK-ARM 开发环境

（1）双击购买或者下载的 Keil MDK V4.10.exe 安装文件,开始安装 Keil MDK 开发环境,跳出如图 4-48 所示的欢迎界面。

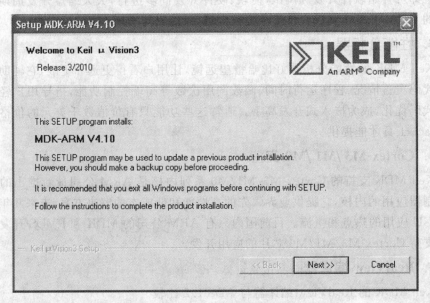

图 4-48　欢迎界面

（2）单击 Next 按钮跳出如图 4-49 所示许可证协议对话框。

（3）选择 I agree to all the terms of the preceding license agreement 选项,接受上述许可证协议,单击 Next 按钮,跳出如图 4-50 所示的安装路径对话框,按照屏幕提示,选择好程序的安装路径,单击 Next 按钮,在这里我们选择默认的安装路径,单击 Next 按钮。

（4）跳出的如图 4-51 所示的用户信息对话框,在该对话框中输入 Name、Company 和 E-mail 信息,单击 Next 按钮,跳出图 4-52 所示程序安装进程对话框,程序开始安装,依计算机性能的不同,安装程序大概耗时 2~3 min 不等。

（5）安装完毕后跳出图 4-53 所示对话框,选择默认,单击 Finish 按钮,完成整个 Keil MDK 的安装。

完成 KELI MDK 的安装后,读者即可运行 KEL MDK 进行 STM32F10X 系列 ARM 的软件开发,Keil MDK 的应用请参照随后章节。

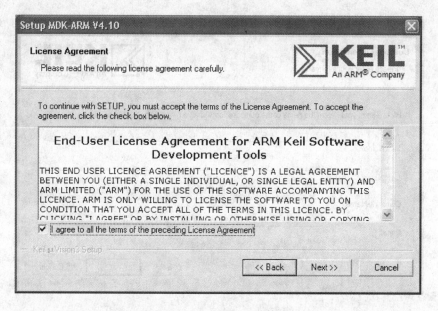

图 4 - 49　许可证协议对话框

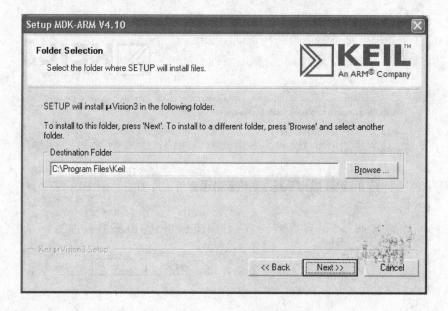

图 4 - 50　安装路径对话框

（6）安装驱动库，JLink 驱动在 C:\Program Files\Keil\ARM\Segger 目录下的 JL2CM3.dll 文件。将 USB 数据线把仿真器和计算机连接上后，驱动选择 JL2CM3.dll 文件，安装好后在我的电脑设备管理器的通用串行总线控制器下能找到 J-Link driver，如图 4 - 54 所示。

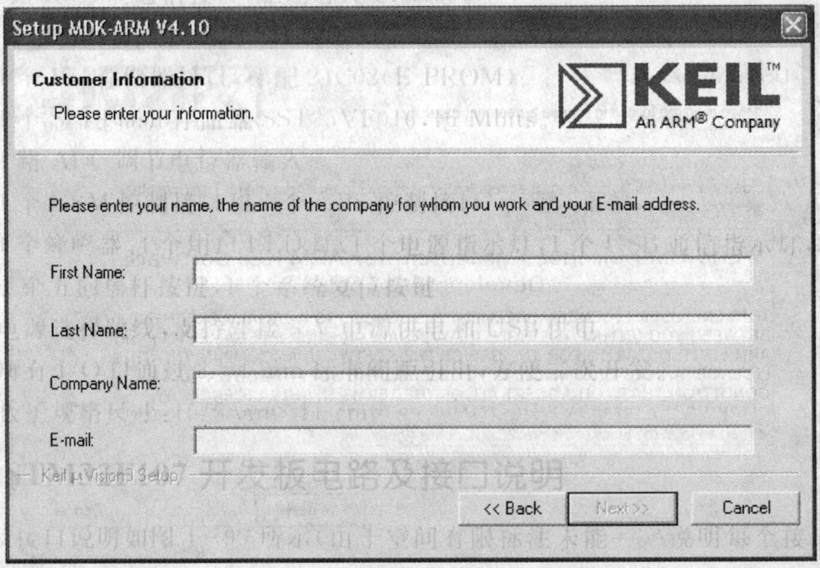

图 4-51 用户信息对话框

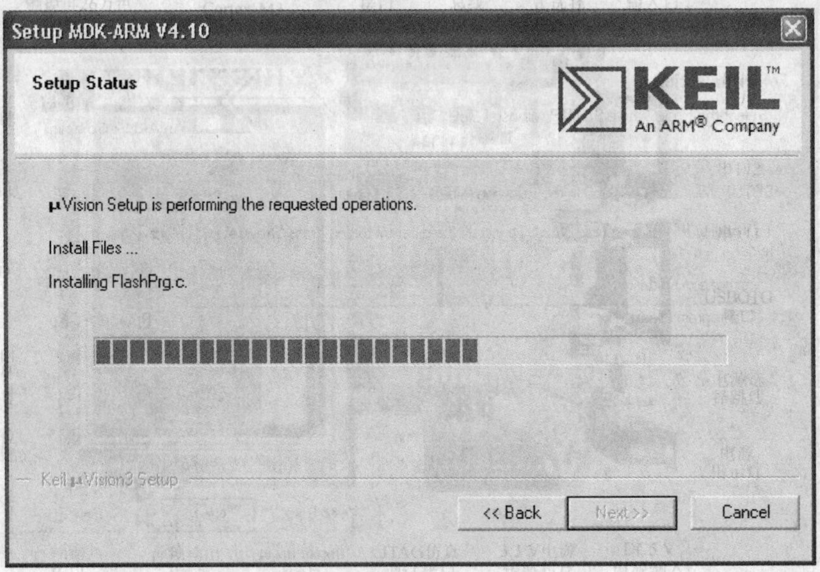

图 4-52 程序安装进程

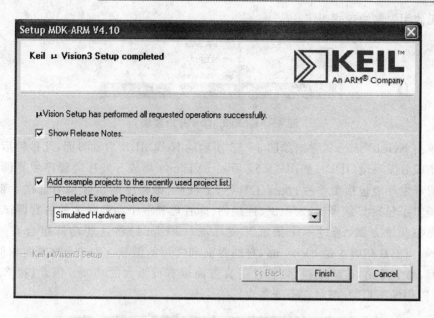

图 4 - 53　完成安装

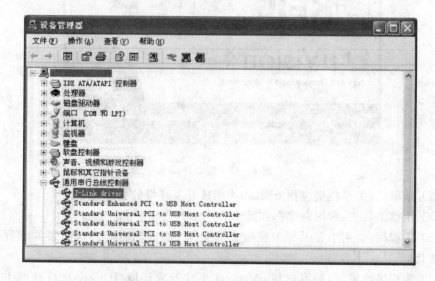

图 4 - 54　安装完成后显示的驱动信息

4.2.2　开发流程及集成开发环境简介

1. Keil MDK 集成开发环境

按照上述安装步骤安装后开始菜单多出如图 4 - 55 所示栏目,单击所有程序→Keil uVision4 即可启动该程序。按照上述步骤安装后得到的只是一个 32K 代码限制的免费评估版,代码不能超过 32K,超过 32K 要进行注册后才能使用,注册后就是一个无使用限制的正式版了。

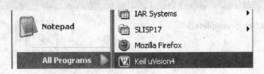

图 4 - 55 Keil MDK 开始菜单

单击 Keil uVision4,弹出如图 4 - 56 所示的 Keil MDK 启动界面,几秒钟后启动整个集成开发环境(IDE),如图 4 - 57 所示 uVision4 集成开发环境程序主界面。这个集成开发环境包括菜单栏、快捷工具栏、工程栏、源程序编辑区和消息栏 5 部分。Keil 提供了包括 C 编译器、宏汇编、连接器、库管理和一个功能强大的仿真调试器在内的完整开发方案,通过一个集成开发环境(uVision4)将这些功能组合在一起。uVision 当前最高版本是 uVision4,它的界面和常用的微软 VC＋＋的界面相似,界面友好,易学易用,在调试程序、软件仿真方面也有很强大的功能。因此,很多开发 ARM 应用的工程师,都对它十分喜欢。

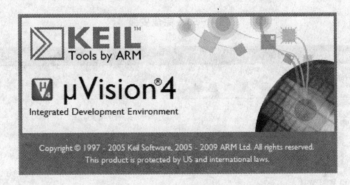

图 4 - 56 启动界面

(1) 菜单栏:菜单栏里包括 uVision4 集成开发环境的全部命令。

(2) 快捷工具栏:常用命令都在此工具栏中。

(3) 工程栏:是用于显示与工程相关的全部文件,双击即可打开,察看工程中的文件源代码。

(4) 源程序编辑区:是用户与 uVision4 集成开发环境(IDE)交流信息的主要区域,在这个窗口中可以输入并修改相应的源代码,源代码的输入以及修改都在这个窗口内完成。

(5) 信息栏:显示一些编译信息以及一些提示信息。

uVision4 集成开发环境是一款集编辑、编译和项目管理于一身的基于窗口的软件开发环境。uVision4 集成了 C 语言编译器、宏编译、链接/定位,以及 HEX 文件产生器。uVision4 具有如下特性:

➢ 功能齐全的源代码编辑器;

248

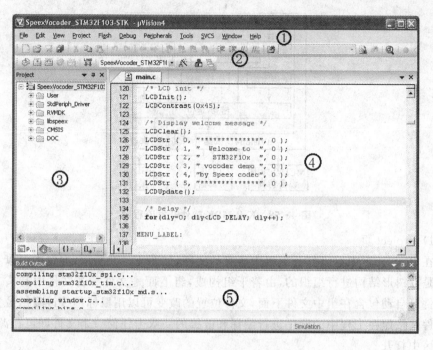

图 4 - 57　uVision4 集成开发环境

> 用于配置开发工具的设备库;
> 用于创建工程和维护工程的项目管理器;
> 所有的工具配置都采用对话框进行;
> 集成了源码级的仿真调试器,包括高速 CPU 和外设模拟器;
> 用于往 Flash ROM 下载应用程序的 Flash 编程工具;
> 完备的开发工具帮助文档、设备数据表和用户使用向导。

2. Keil MDK 软件开发流程

使用 Keil 来开发嵌入式软件,开发周期和其他平台软件开发周期差不多,大致有以下几个步骤:

> 创建一个工程,选择一块目标芯片,并且作一些必要的工程配置。
> 编写 C 或者汇编源文件。
> 编译应用程序。
> 修改源程序中的错误。
> 联机调试。

如图 4 - 58 所示,该结构图完整描述了 Keil MDK 开发软件的整个流程。

3. 工程栏

Keil uVision4 的工程栏由 4 个部分组成,分别是 Project 页、Books 页、Function 页和 Templates 页。

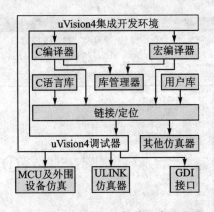

图 4 - 58　Keil MDK 软件开发流程图

1) Project 页

在 Project 页中可以打开工程中所有的文件,如图 4 - 59 所示,冲突中可以看出,工程是以树形结构进行组织的,由若干组构成,组下面是文件。若文件中有头文件,头文件可自动包含在组中文件下面,文件位置的改变可以用鼠标拖拽改变组位置,这些文件是按照在工程中的顺序进行编译和链接的。双击任何一个文件即可在源程序编辑区中打开。

2) Books 页

Books 页列出了关于 Keil uVision4 的一些发行信息、开发工具用户指南以及设备数据库相关帮助文档等。如图 4 - 60 所示,双击指定文档即可打开相应的帮助文件。

图 4 - 59　Project 页

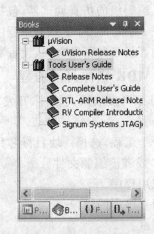

图 4 - 60　Books 页

3) Functions 页

如图 4 - 61 所示 Functions 页中列出了工程中各个文件中定义的函数,通过此功能可以迅速定位定义函数所在的位置,通过双击函数名即可找到定义此函数所在的位置。

4）Templates 页

Templates 页中列出了 C 语言中的常用模板，通过此功能可以实现快速编程，双击相应功能，模板即插入到源代码编辑栏，如图 4-62 所示。

图 4-61　Functions 页

图 4-62　Templates 页

4.2.3　在开发环境中新建一个工程

Keil MDK 是按工程（Project）进行管理的，它提供了应用程序和库程序的项目模板。在项目开发中，并不是仅有一个源程序就行了，还要为这个项目选择 CPU（Keil 支持数百种 CPU，而这些 CPU 的特性并不完全相同），确定编译、汇编、连接的参数，指定调试的方式，有一些项目还会有多个文件组成等，为管理和使用方便，Keil MDK 使用工程（Project）这一概念，将这些参数设置文件和所需的其他源代码、说明文件都加到一个工程中，只对工程而不是对单一的源程序进行编译（汇编）和链接等操作。下面就以一个简单的例子来说明如何建立工程以及配置工程。

另外，用户最好建立一个专用的目录存放自己的工程文件。现在启动开始菜单的 Keil uVision4，出现 Keil uVision4 开发环境窗口。

1. 新建一个工程

选择主菜单 Project→New uVision Project…新建一个工程，如图 4-63 所示。这时将会出现一个建立新工程对话框，如图 4-64 所示，要求给将要建立的工程起一个名字。选择要

图 4-63　建立新工程下拉菜单

保存的路径,输入工程文件的名字,uVision3 工程文件的后缀为. uvproj,然后单击 Save。这时会弹出一个对话框要求选择目标设备型号的对话框,如图 4 - 65 所示。

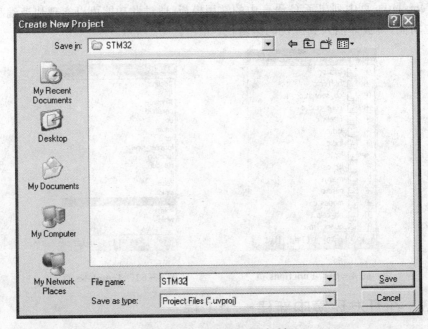

图 4 - 64　建立新工程对话框

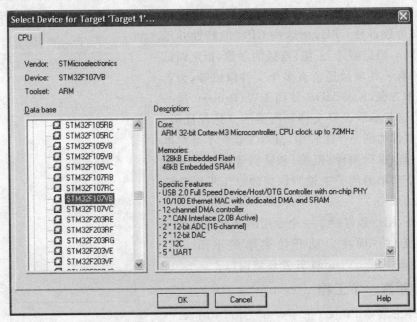

图 4 - 65　选择目标设备

可以根据自己使用的处理器来选择,如果所使用的处理器型号在列表中找不到,也可以找一款与自己使用的相兼容的型号来代替。这里我们选择 STMicroelectronics 公司开发的 STM32F107VB,如图 4 - 65 所示,右边一栏是对这个芯片的基本说明,然后单击 OK 按钮,选择目标设备完毕。有些芯片会提供启动代码,这时单击 Yes,如图 4 - 66 所示,至此一个工程就建立好了。

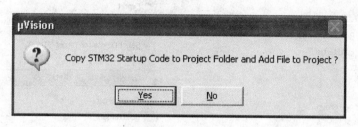

图 4 - 66　目标设备启动代码复制确认对话框

如图 4 - 67 所示,Keil uVision4 集成开发环境的工程栏中已经有了 STM32F10x.s 的汇编代码,该代码就是我们选择的目标设备的启动代码,这个启动代码系统已经帮我们自动生成,这使得软件开发更加简单,我们无需关注硬件底层的启动问题。

图 4 - 67　目标设备启动代码

2. 配置该工程

按照上述方法建立好一个工程之后,还要对工程进行进一步的设置,以满足工程的要求。

首先用鼠标右键单击左边工程栏中的项目 STM32,会出现一个菜单,选择 Options for Target 'STM32…',如图 4 - 68 所示;也可以从菜单栏中选择 Project→Options for Target 'STM32…',如图 4 - 69 所示;或者用快捷键 Alt+F7,即可出现工程配置对话框,如图 4 - 70 所示。

图 4 - 70 所示的工程属性对话框很复杂,其内容与所选择的芯片有关,这里共有 10 个页面,绝大多数选择默认配置即可,下面对一些常用的、需要注意的配置简单介绍一下。

1）Device 标签页

Device 标签页和新建工程时选择目标设备的标签页相同,可以在该标签页中修改目标设备,右边一栏是对这个芯片的基本说明,如图 4 - 71 所示。

2）Target 标签页

如图 4 - 72 所示,在该标签页中可以设置设备晶振频率,单位为 MHz,设备的晶振频率大部分基于 ARM 的微控制器使用片内 PLL 作为 CPU 时钟源。大多数情况下 CPU 时钟和晶振频率是不一致的,依据硬件设备不同设置其相应的值。

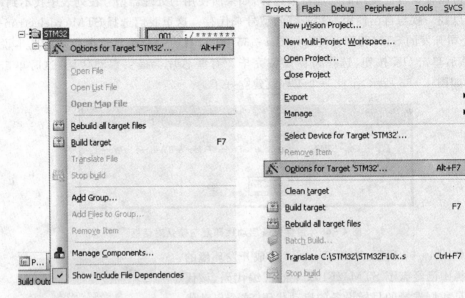

图 4-68　选择工程属性快捷菜单　　　　　　图 4-69　工程属性菜单

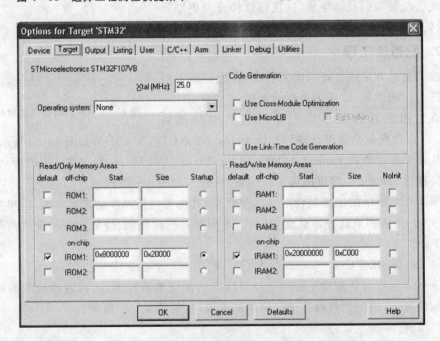

图 4-70　工程属性对话框

使用片内 ROM/RAM,可以定义片内的内存部分的地址空间以供链接器使用。
该标签页还允许为目标工程选择一个嵌入式实时操作系统。

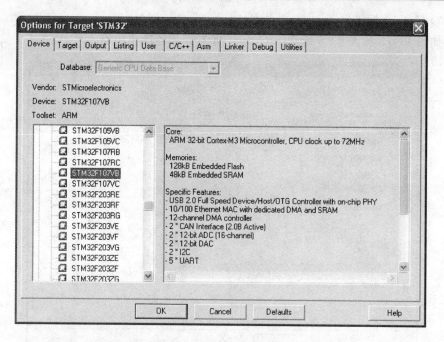

图 4 - 71　Device 标签页

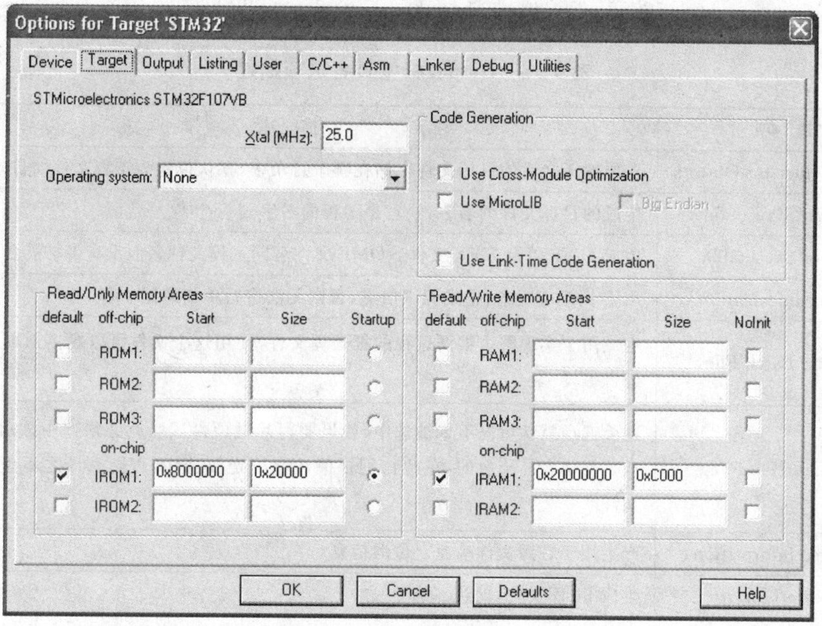

图 4 - 72　Target 标签页

3）Output 标签页

如图 4 - 73 和表 4 - 5 所示为 Output 标签页和各选项功能。

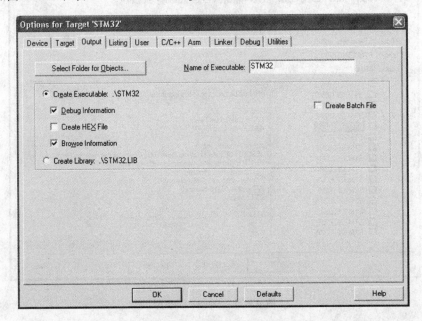

图 4 - 73　Output 标签页

表 4 - 4　Output 标签页各选项描述

选　项	描　述
Select Folder for Objects	选择编译之后的目标文件存储在哪个目录中,默认位置为工程文件的目录中
Name of Executable	生成的目标文件的名字,缺省是工程的名字
Create Executable	生成 OMF 以及 HEX 文件。OMF 文件名同工程文件名但没有带扩展名
Debug Information	用于 Debug 版本,生成调试信息,否则无法进行单步调试
Create Batch File	生成用于实现整个编译过程的批处理文件,使用这个文件可以脱离 IDE 对程序进行编译
Create Hex File	这个选项默认情况下未被选中,如果要写片做硬件试验就必须选中该项。这一点是初学者易疏忽的,在此特别提醒注意一定要选中,否则编译之不生成 Hex 文件
Browse Information	产生用于在源文件快速定位的信息
Create Library	生成 lib 库文件,默认不选

4）User 标签页

如图 4 - 74 所示为用户配置选项。

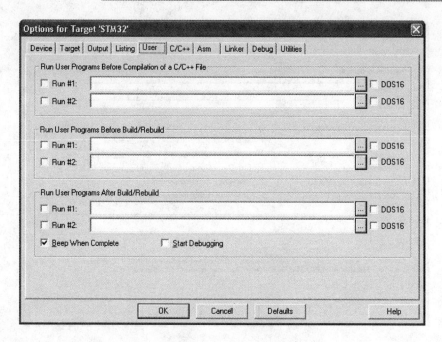

图 4-74 User 标签页

在改 User 标签页中允许在编译一个 C/C++文件之前、创建一个工程之前或之后加入两个用户程序,Run #1/#2,在编译过程结束后它们将会启动。

5) C/C++标签页

Include Paths:指定头文件的查找路径,可以添加多个。

Optimization:该选项可以对程序进行优化。

Strict ANSI C:选择该选项,严格按照 ANSI C 标准进行编译。

如图 4-75 所示,这里我们所有的选择保持默认选择就可以了。

6) Debug 标签页

如图 4-76 所示 Debug 标签页的左边是对应 Keil uVision4 的软件模拟环境,右边是针对仿真器选择,在这里我们选择右边的 Cortex-M3 J-Link 仿真器为例进行说明。

如果已经将 J-Link 仿真器连接到你的计算机,选择 Cortex-M3 J-Link 和 Run to main()选项,然后单击 Cortex-M3 J-Link 后面的 Settings 按钮将进入 jLink/jTrace Corex-M Target Driver Setup 界面,如图 4-77 所示,它又包括了 3 个标签页:Debug 标签页、Trace 标签页和 Flash Download 标签页。简单的设置及功能如下所述。

Debug 标签页。

➢ USB#:列出了当前连接到主机的所有 JLink 的 USB 接口号。

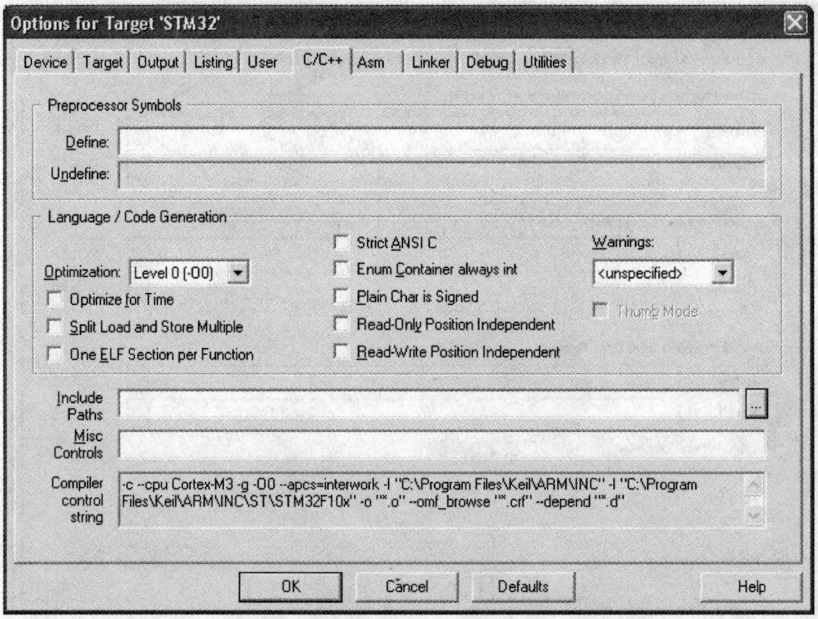

图 4－75　C/C++标签页

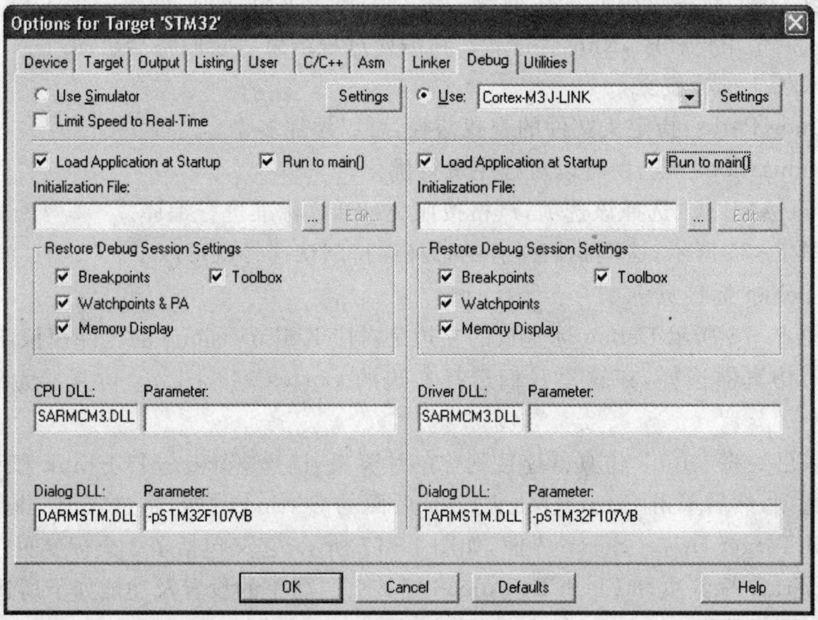

图 4－76　Debug 标签页

➢ Port：选择 JTAG 接口方式或者 SW 接口方式。

STM32F10X系列ARM微控制器入门与提高

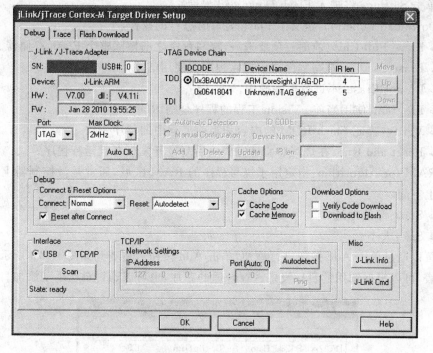

图 4 - 77　JLink 驱动设置

➤ Max Clock：指定和开发板的最高通信时钟。

➤ JTAG Device Chain：显示当前通过适配器连接上的开发板。

Flash Download 标签页如图 4 - 78 所示。

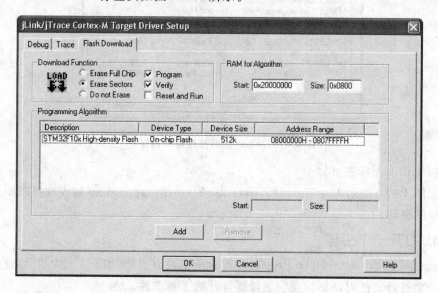

图 4 - 78　Flash Download 标签页

单击 Settings 将进入 Flash Download 界面。

Download Function：定义了 Flash 烧写时进行的操作。

➢ Erase Full Chip：前面三项要选一，烧写程序之前擦除整个 Flash 存储器。

➢ Erase Sectors：烧写程序之前擦除程序要使用的扇区。

➢ Do not Erase：不进行擦除操作。

➢ Program：使用当前 uVision 工程的程序烧写 ROM。

➢ Verify：验证 Flash ROM 的内容和当前工程中的程序一致。

➢ Reset and Run：在烧写和验证完成之后复位开发板并且运行程序。

RAM for Algorithm：指定用于烧写程序的 RAM 区域，通常是微控制器上的一段片上空间。

➢ Start：起始地址。

➢ Size：大小。

可以通过单击 Add 按钮进行添加，单击 Add 按钮后将看到如图 4-79 所示的选择列表，可以根据选用的目标设备选择合适的芯片，也可以通过自己手动添加。

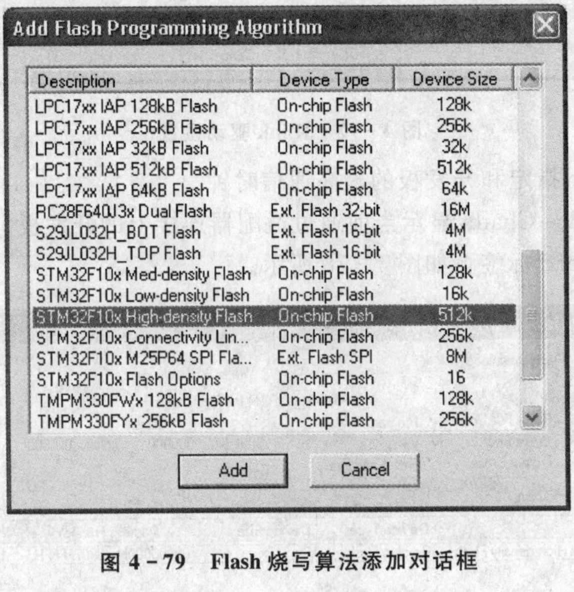

图 4-79　Flash 烧写算法添加对话框

7) Utilities 标签页

如图 4-80 所示 Use Target Driver for Flash Programming 列表选择和调试接口一致的驱动。

3. 打开一个工程

通过菜单 Project→Open Project 来打开一个现有工程，如图 4-81 所示，这时将弹出一个打开文件对话框让我们选择要打开的工程文件。

选择要打开的工程的路径，然后单击 Open 打开工程。我们还可以和打开其他

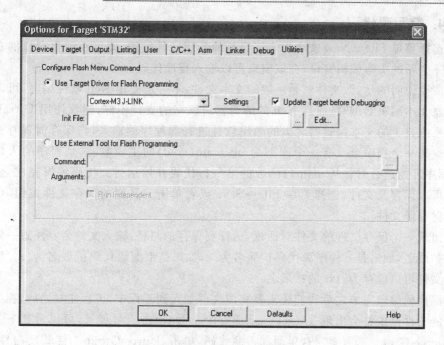

图 4-80　Utilities 标签页

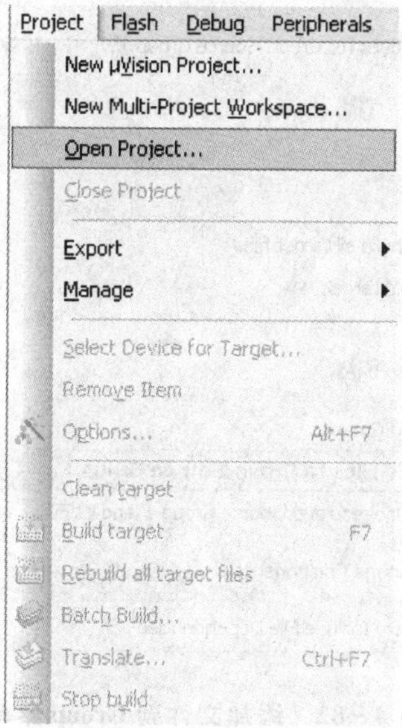

图 4-81　打开一个工程

文件一样,找到一个后缀为 uvproj 的 Keil uVision4 工程文件,直接双击,Windows 会自动调用 Keil uVision4 打开这个文件,前提是计算机已经安装了 Keil uVision4 并且和 uvproj 文件建立了关联。

4. 编写源代码

选择菜单 File→New 或者单击工具栏的新建文件按钮,即可在项目窗口的右侧打开一个新的文本编辑窗口,在该窗口可以输入程序代码。

需要说明的是,源文件就是一般的文本文件,不一定使用 Keil 软件编写,可以使用任意文本编辑器编写,而且 Keil 的编辑器对汉字的支持不好,建议使用 UltraEdit 或者系统自带的文本编辑器之类的编辑软件进行源程序的输入,当保存时保存成.c 文件。每一个程序至少有一个原型为 int main(void) 的主函数,这是程序的入口地址,程序开始运行时将从 main() 函数的第一行代码开始运行。代码编辑完成之后,我们可以保存源文件,选择菜单 File→Save 或者单击工具栏的保存文件按钮,可以用来保存源文件。

出现一个保存文件的文件对话框,选择要保存的路径,输入文件名。注意一定要输入扩展名,如果是 c 程序源代码扩展名为.c,如果是汇编源代码扩展名为.s。注解说明文件可以保存为.txt 的扩展名。

源代码编辑完成之后我们还需要将源文件加入到工程中,工程建好之后,在工程窗口的文件页中将会出现 Target 1,前面有个＋号,单击＋号展开,可以看到下一层的 Source Group 1,需要向这里面加入源代码,单击 Source Group 1 使其反白显示,然后单击鼠标右键,出现一个下拉菜单,如图 4-82 所示。

图 4-82　添加文件到 Group 菜单

注意,可以增加一个文件,也可以增加多个文件。

除了添加文件,我们还可以添加新的 Group,操作和添加文件类似,出现下拉菜单之后选择 New Group,这时就会在工程窗口看到新加的 Group。右键单击项目跳出快捷菜单中选择 Manage Components…,如图 4-83 所示。

图 4 - 83　选择 Manage Componets…

跳出如图 4 - 84 所示的组件和环境设置对话框。

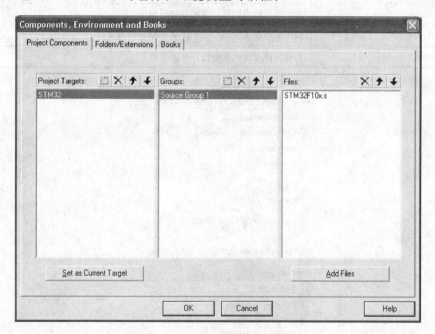

图 4 - 84　组件和环境设置对话框

双击列表中的项可以对该项进行重命名操作,单击空白处可以添加新的项,虚方框按钮也可以添加新的项,红叉表示删除选中的项,上、下箭头用于调整当前选中项在列表中的位置,Add Files 可以添加新的源文件,操作过程和前面添加文件的操作是一样的。

4.2.4　编译和链接程序

程序源代码写好之后就进入了编译程序的阶段，可以通过菜单、工具栏、快捷菜单和快捷键等多种方式来发起编译过程，也可以通过批处理文件进行，关于批处理文件在前面章节中"Output"标签页的设置中提到过，读者可自行查找。

1. 通过菜单栏进行代码编译

选择主菜单"Project"，如图 4 - 85 所示，编译用命令主要有 Clean target、Build target、Rebuild all target files、Batch Build、Translate ＊＊.＊、Stop build，各个功能如表 4 - 5 所列。

表 4 - 5　Project 菜单下的编译命令

命　令	描　述
Clean target	清除编译结果
Build target	编译被修改的文件并且编译应用程序
Rebuild all target files	重新编译所有的源文件并且编译应用程序
Batch Build	通过前面输出的批处理文件进行编译
Translate ＊＊.＊	编译某个源文件，＊＊.＊代表要编译的源文件
Stop build	只有编译进行过程中这一项才有效

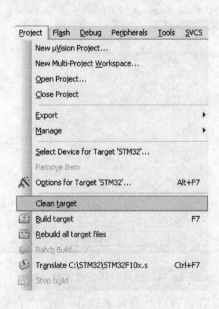

图 4 - 85　"Project"主菜单

2. 通过快捷菜单进行代码编译

右键单击工程栏下面的工程，跳出快捷菜单，选择相应的编译命令，如图 4 - 86

所示,其命令及功能与表 4 - 5 所列相同,请读者自行参照表 4 - 5。

图 4 - 86　快捷菜单下的编译命令

3. 通过工具栏进行代码编译

通过工具栏进行代码编译其编译命令图标为　　　　　　,其命令从左到右分别是 Translate、Build、Rebuild、Batch Build、Stop Build,其功能请参照表 4 - 5。

单击主菜单 Project→Rebuild all target files 进行编译,其编译的结果会在输出窗口显示,如图 4 - 87 所示。

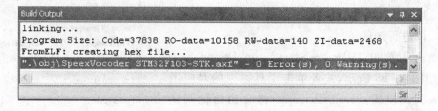

图 4 - 87　编译结果输出窗口

如果有错误编译程序将不能通过,当问题解决后,出现 0 Error(s), 0 Warning(s)时就意味着程序已经通过了语法检查,有时一些 Warning 也不影响程序执行,但是要慎重对待,仔细分析每一个 Warning。如果是源程序中有语法错误或者警告,可以通过双击输出窗口的该行,就会在 Keil uVision4 编辑窗口中打开并显示相应的出错的源文件,光标将快速定位到出错的行上,以方便用户快速定位出错位置。

也要注意,编译通过后不代表程序真正实现了控制或者算法的功能,还需要将程序下载到目标板中进行不断测试,或用 J-Link 或者 U-Link 等仿真器进行仿真,设置断点,查看某段内存或者寄存器中的数据,最终使得程序真正能够达到控制或者算法的目的。程序的下载、调试与仿真将在下面章节进行介绍,请读者自行阅读下面章节。

4.2.5　程序下载与调试

1. 程序编译与下载

编译通过只是说明我们的代码没有语法错误,至于源程序中存在的其他错误,必须通过调试才能发现并解决,事实上,除了极简单的程序以外,绝大部分程序都要通过反复调试才能得到正确的结果。要把编写的程序下载到目标板以验证程序运行时达到预期的目的。程序调试往往是程序开发过程中最难的阶段,尤其是对一些比较大型的程序。Keil uVision4 调试器提供了 2 种模式,可以在图 4 - 76 所示 Debug 标签页中选择操作模式。

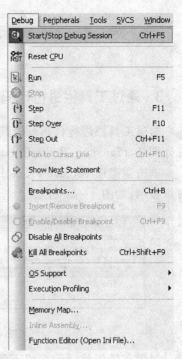

➢ 软件仿真模式:在没有目标硬件的情况下,可以使用软件仿真器(Simulator)将 Keil uVision4 调试器配置为软件仿真器。它可以仿真微控制器的许多特性,还可以仿真许多外围包括串口、外部 I/O 口及时钟等。在目标硬件准备好之前,可以用这种方式测试和调试编写的应用程序。

➢ 硬件调试模式:使用目标硬件和 J-Link、U-Link 等仿真器进行调试。其中,J-Link 和 U-Link 通过 USB 口与 PC 主机相连接,然后通过 JTAG 口与目标板设备相连接,就可以进行调试了。

单击主菜单 Debug→Start/Stop Debug Session,如图 4 - 88 所示,或者单击工具栏中的对应图标进入调试模式。Keil uVision4 将会初始化调试器并启动程序运行到主函数。

当进入调试模式后,界面与编辑状态相比有明显的变化,Keil uVision4 主界面上将出现调试用工具栏,Debug 菜单项中原来不能用的命令现在已经

图 4 - 88　Debug 主菜单

可以使用了,工具栏中大部分命令可以在 Debug 主菜单找到,调试工具栏如图 4 - 89 所示,各个命令功能如表 4 - 6 所列。

图 4 - 89　调试工具栏

表 4-6　调试模式下常用的调试命令

命　令	描　述
Start/Stop Debug Session	开始或者停止调试
Reset	重新启动目标设备
Run	一直执行下一个活动的断点
Step	单步执行
Step Over	过程单步执行,即将一个函数作为一个语句来执行
Step Out	跳出当前的函数
Run to Cursor line	执行到光标所在的行
Stop	停止运行
Show Next Statement	定位到当前执行行
Breakpoints	打开断点对话框
Insert/Remove Breakpoint	在当前行插入/删除一个断点
Enable/Disable Breakpoint	激活当前行的断点或者使断点无效
Disable All Breakpoints	使程序中所有的断点都无效
Kill all Breakpoints	删除程序中所有的断点

　　如图 4-90 所示为程序调试窗口,在该窗口中,可以看到一个黄色的调试箭头,该箭头是指,程序执行到箭头指向的行,红色的方点是断点,全速运行时,遇到断点程序立即停止。

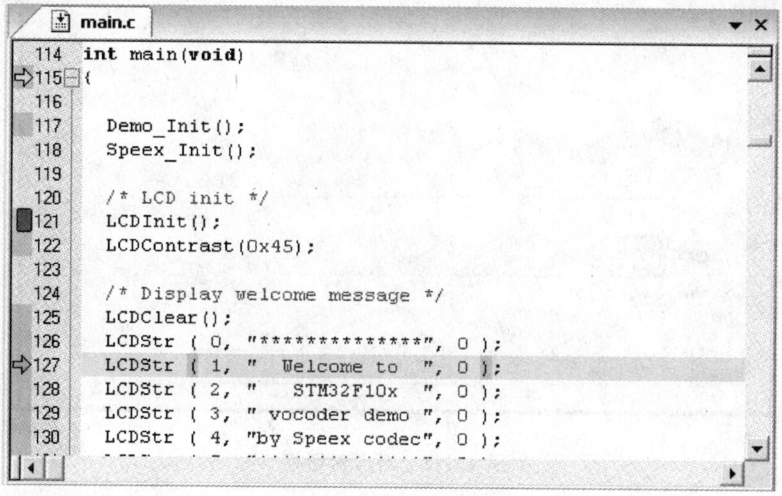

图 4-90　调试窗口

　　在程序调试中,必须要明确两个重要的基本概念,即单步运行与全速运行。全速运行是指一行程序执行完了以后紧接着执行下一行程序,中间不停止,直到整个程序执行完,一般程序中有个 while(1){};大循环,全速运行完整个程序后又从头开始循环执行。全速运行程序执行的速度很快,并可以看到该段程序执行的总体效果,即最终结果正确还是错误,但如果程序有错,则难以确认错误出现在哪些程序行。单步运行是每次执行一行代码,运行完该行代码即停止,等待命令运行下一行程序,此时可以观察该行程序执行完以后得到的结果,是否与写程序行所想要得的结果相同,借此可以找到程序中问题所在。程序调试中,这两种运行方式一般都要用到。灵活应用这两种程序调试方式,可以大大提高调试效率。

2. 断点设置

程序调试时,有些程序行往往很难确认什么时候能够执行到,这类问题就不适合单步调试,这时需要使用程序调试中另一种非常重要的方法——断点设置。断点设置的方法有多种,常用的是在某一程序行设置断点,设置好断点之后可以全速运行程序,一旦执行到该程序行即停止,可在此观察有关的变量值,以确定问题所在。

在 Keil uVision4 中设置断点的方法非常灵活,还可以在程序代码被编译前在源代码中设置断点。除了在某程序行设置断点的基本方法以外,Keil uVision4 还提供了断点对话框来设置断点。单击主菜单 Debug→Breakpoints,即出现断点对话框,该对话框用于对断点进行详细的设置,如图 4-91 所示。

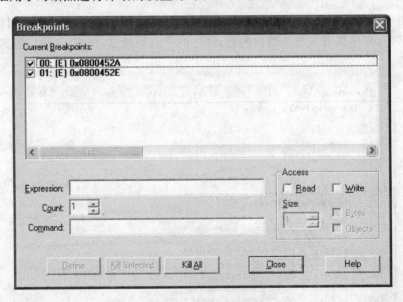

图 4-91　断点对话框

在图 4-91 所示的断点对话框中可以查看和修改断点,在 Current Breakpoints 列表框中通过单击复选框可以设置或者删除一个断点,也可以通过双击来修改断点。

在断点对话框中 Expression 文本框可以输入表达式,通过该表达式可以定义断点,用于确定程序停止运行的条件,功能强大,它涉及 Keil uVision4 内置的一套调试算法,这里不再作详细解释,想深入研究的读者请查阅相关帮助文档。

3. 建立 hex 文件

应用程序在调试通过后,有时需要生成 Intel hex 文件,Intel hex 文件是由一行行符合 Intel hex 文件格式的文本所构成的 ASCII 文本文件。在 Intel hex 文件中,每一行包含一个 hex 记录。这些记录由对应机器语言码和/或常量数据的十六进制编码数字组成。Intel hex 文件通常用于传输将被存于 ROM 或者 EEPROM 中的程序和数据。大多数 EPROM 编程器或模拟器使用 Intel hex 文件。

在图 4 - 73 所示的 Output 标签页中选择"Create HEX File"复选框,则程序编译通过后会生成 Intel hex 文件。

生成 Intel hex 文件后需要通过仿真器或者编程器下载到目标设备中,以完成嵌入式应用开发的最后一步。Keil uVision4 为 Flash 编程工具提供了一个命令接口,在如图 4 - 80 所示 Utilities 标签页中可以设置 Flash 下载选项,配置好 Flash 编程器后,编译生成的 Intel hex 文件就可以下载到 Flash 中了,如何配置 Flash 编程器前面章节有所介绍,此处不再介绍,请读者自行参阅。

4. 调试窗口

前面讲了调试的一些方法,里面多次提到检查程序的执行状态以及断点调试。调试窗口就是用于查看程序执行状态下的寄存器、内存、变量等的数值。Keil uVision4 提供了多种调试窗口,如寄存器窗口、存储器窗口、反汇编窗口、外设窗口等,下面将会一一作简单介绍。

1) 寄存器窗口

图 4 - 92 所示是工程窗口寄存器页,寄存器页包含了当前芯片所有的工作寄存器和系统寄存器,每当程序中执行到对某个寄存器的操作时,该寄存器会反色显示,也可修改某个寄存器的值,用鼠标单击要修改的寄存器,然后按 F2(鼠标连续单击两次)即可修改该值,输入想要的值即可。

2) 反汇编窗口

单击主菜单 View→Dissambly Window 即可打开反汇编窗口,该窗口可以显示反汇编后的代码、源代码和相应反汇编代码的混合代码,并且该反汇编代码与调试窗口中的代码相对应,可以在该窗口进行在线汇编、利用该窗口跟踪对应行的代码、在该窗口按汇编代码的方式单步执行。该窗口有两种显示模式,即 Mixed(模式混合方式显

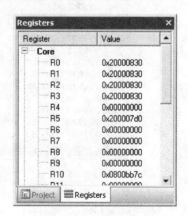

图 4 - 92　寄存器窗口

示)和 Assembly Mode(编码方式显示)。单击鼠标右键,出现快捷菜单,可以进行模

式切换。反汇编窗口如图 4-93 所示。

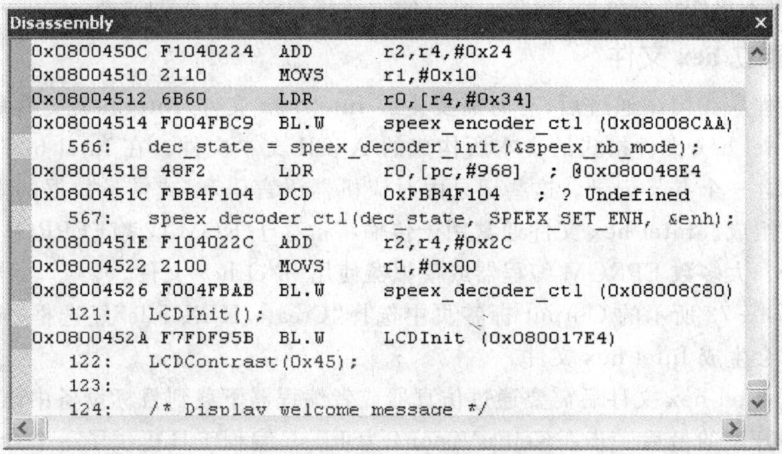

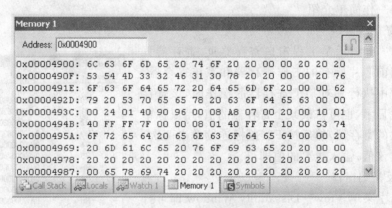

图 4-93　反汇编窗口

3）存储器窗口

如图 4-94 所示的存储器窗口可以显示系统中各种内存中的值，软件有 4 个存储器窗口，可以同时查看 4 段内存，通过在 Address 后的编辑框中输入 16 位地址如 0x20000830 即可显示相应内存值。该窗口的显示值可以以各种形式显示，如十进制、十六进制、字符型等。改变显示方式的方法是单击鼠标右键，在弹出的快捷菜单中选择。除了显示，还可以修改内存中的值。

图 4-94　存储器窗口

4）外设窗口

为了能够比较直观地了解芯片中各种外设的使用情况，Keil uVison4 提供了一个外围接口对话框。单击主菜单 Peripherals，这个菜单中的内容和选择的芯片有关，它会列出所选择的芯片上所有的外设。选择一项就可以进入查看或修改该外设的一些状态。如图 4-95 所示是 GPIOC 中的状态，图 4-96 是 USART1 的状态。

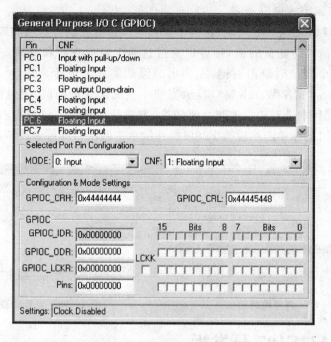

图 4 - 95　GPIO 外设对话框

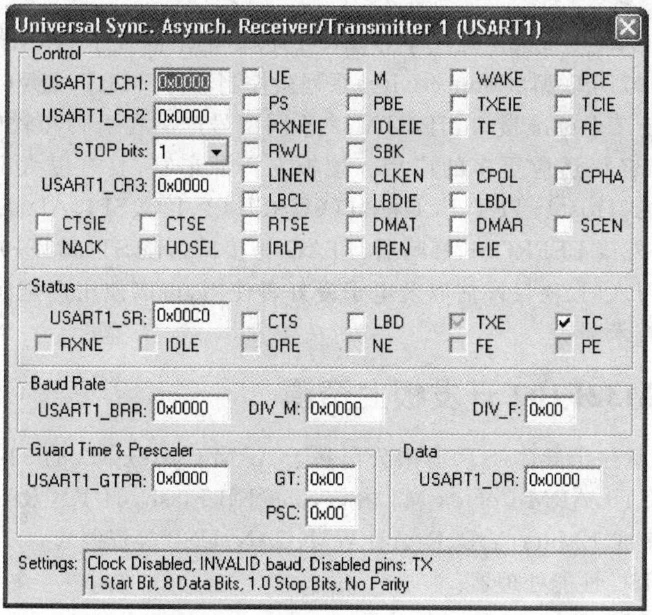

图 4 - 96　USART1 外设对话框

5) 查看和调用栈窗口

如图 4 - 97 和图 4 - 98 所示,这两个窗口可以帮助我们查看当前调用树的情况,和加入到查看窗口的变量的值,还可以通过这两个窗口查看和修改一些变量的值。鼠标停留在某个变量时单击右键,在弹出的浮动菜单中选择 Add * * * to Watch window,则 Local 或者 Watch 窗口显示当前一些局部变量的值,变量值的现实方式可以在十六进制、十进制和二进制之间切换,方式是在查看窗口单击右键,在某个变量的 Value 栏用鼠标单击然后按 F2(鼠标连续单击两次),即可修改该值。

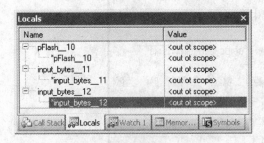

图 4 - 97　调用栈对话框

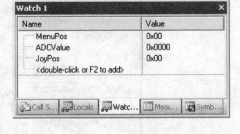

图 4 - 98　查看变量对话框

4.3　STM32F107 开发板

STM32F107 开发板采用意法半导体(ST)公司推出的基于 ARM Cortex-M3 内核的 STM32F107 互联型(Connectivity)系列微控制器 STM32F107VCT6,此芯片集成了各种高性能工业标准接口,且 STM32 不同型号产品在引脚和软件上具有完美的兼容性,可以轻松适应更多的应用。该板上资源丰富,具有以太网(Ethernet)、MP3、USB 主机(Host)、TFT LCD、串口(UASRT)、I2C、SPI、AD、DA、PWM、SD 卡、CAN 总线、外接 EEPROM、蜂鸣器、JTAG 等接口。该 STM32F107 开发板非常适合初学者学习入门、项目评估以及电子爱好者使用,可以使用户全面掌握 STM32 处理器的编程技术。

4.3.1　STM32F107 开发板上资源

(1) CPU:意法半导体(ST)有限公司基于 ARM Cortex-M3 的 32 位处理器芯片 STM32F107VCT6,ARM Cortex-M3 内核,256 KB Flash,64 KB RAM,LQFP 100 脚封装(片上集成 12 bits A/D、D/A、PWM、CAN、USB 等资源)。

> 32 位 RISC 性能处理器;

> 32 位 ARM Cortex-M3 结构优化;

> 72 MHz 运行频率,1.25 DMIPS/MHz;

> 硬件除法和单周期乘法;

> 快速可嵌套中断,6~12 个时钟周期;

➢ 具有 MPU 保护设定访问规则。

（2）支持一个 TFT 彩色液晶屏，搭配 2.8 in TFT 真彩触摸屏模块或 3.2 in TFT 真彩触摸屏模块（由用户选择）大屏幕 320×240、26 万色 TFT-LCD，支持 8/16 位总线接口，镜面屏，超高高度，模拟 I/O 控制，彩屏模块上配置 RSM1843 触摸控制器，支持一个 SD 卡（SPI 方式）可用于存储图片、数据等。

（3）板载 VS1003B 高性能 MP3 解码芯片，支持解码音乐格式包括 MP3、WMA、WAV、MIDI、P-MIIDI，录音编码格式 IMA ADPCM（单声道）。麦克风和线入（line input）两种输入方式，支持 MP3 和 WAV 流，低功耗，具有内部锁相环时钟倍频器，高质量的立体声数/模转换器（DAC），16 位可调片内模/数转换器（ADC），高质量的立体声耳塞驱动（30 Ω），单独的模拟、数字和 I/O 供电电源，串行的数据和控制接口（SPI）。

（4）一个 USB OTG 接口，支持 1.5 Mbits/s 低速和 12 Mbits/s 全速 USB 通信，兼容 USB V2.0，内置了 FAT16 和 FAT32 以及 FAT12 文件系统的管理固件，支持常用的 USB 存储设备（包括 U 盘/USB 硬盘/USB 闪存盘/USB 读卡器）。

➢ 支持 1.5 Mbits/s 低速和 12 Mbits/s 全速 USB 通信，兼容 USB V2.0；

➢ USB 从机接口（STM32F103VCT6 芯片内置）；

➢ 支持 USB 设备的控制传输、批量传输、中断传输；

➢ 自动检测 USB 设备的连接和断开，提供设备连接和断开的事件通知；

➢ 内置固件处理海量存储设备的专用通信协议（包括 U 盘/USB 硬盘/USB 闪存盘/USB 读卡器）；

➢ 内置 FAT16 和 FAT32 以及 FAT12 文件系统的管理固件，支持容量高达 32 GB 的 U 盘和 SD 卡；

➢ 提供文件管理功能：打开、新建或删除文件、枚举和搜索文件、创建子目录、支持长文件名；

➢ 提供文件读写功能：以字节为最小单位或者以扇区为单位对多级子目录下的文件进行读写；

➢ 提供磁盘管理功能：初始化磁盘、查询物理容量、查询剩余空间、物理扇区读写。

（5）一个 10 Mbits/100 Mbits 以太网接口（STM32F103VCT6 芯片内置），采用高性能的 DP83848 作为 10 Mbits/100 Mbits 以太网 PHY 芯片，支持全双工和半双工模式，使用带网络变压器和连接、收发指示 LED 的 RJ45 插座。DP83848 芯片是美国国家半导体公司的单路物理层器件，提供了低功耗性能，其包含一个智能电源关闭状态——能量检测模式，该 PHY 芯片根据精简介质无关接口 RMII 规范设计，RMII 提供了引脚数据更低的选择来替代 IEEE802.3 定义的介质无关接口。

（6）两路 CAN 通信接口，驱动器芯片 VP230。

（7）两路 RS-232 接口。

（8）一路 RS-485 通信接口，驱动芯片 SP3485。

（9）1 个以 SPI 方式控制的 SD 卡座。

（10）1 个 I^2C 存储器接口，标配 24C02（E^2 PROM）。

（11）1 个 SPI Flash 存储器 SST25VF016，16 Mbits。

（12）1 路 ADC 调节电位器输入。

（13）1 个 GSM 控制接口和 1 个 GPS 控制接口

（14）1 个蜂鸣器、4 个用户 LED 灯、1 个电源指示灯，1 个 USB 通信指示灯，3 个用户按键，1 个五向摇杆按键，1 个系统复位按键。

（15）电源选择跳线，支持外接 5 V 电源供电和 USB 供电。

（16）所有 I/O 口通过 2.54 mm 标准间距引出，方便二次开发。

（17）板子规格尺寸：15.5 cm×11 cm。

4.3.2　STM32F107 开发板电路及接口说明

电路及接口说明如图 4-99 所示（由于空间有限标注未能一一说明每个接口和 IC 的定义与功能，需详细接口定义资料请参考电路原理图）。

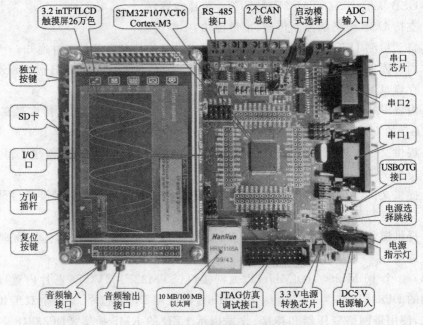

图 4-99　电路及接口图

1. 电源部分

STM32F107 开发板采用外部 5 V 电源输入或者 USB 接口提供 5 V 电源输入，如图 4-100 所示。CN2 电源插座为内芯是正极，外芯是负极；输入电压不得超过 5 V±5%。

> 5 V DC 电源适配器连接到 CN2,电源选择
> 跳线 J25 插到 2－3 号引脚。选择外部 5 V
> 电源供电。
> 把 USB 电缆连接到 USB 口 P2,电源选择
> 跳线 J25 插到 1－2 号引脚,选择 USB 5 V
> 电源供电(表 4－7)。

图 4－100　DC＋5 V 电源插座

表 4－7　电源选择跳线设置描述

跳　线	描　述
J25	J25 用于选择外部 5 V 电源座输入 5 V 电源供电,USB 供电。跳线短路帽在 1－2 处为 USB 口供电,2－3 处为外部 5 V 供电

2. 启动选项

开发板可以采用以下几种启动方式:

> Embedded user Flash(默认);
> System memory with boot loader for ISP ;
> Embedded SRAM for debugging。

启动方式通过配置 BOOT0(JP14)和 BOOT1(JP11)选择跳线设定(表 4－8)。

表 4－8　启动方式选择跳线设置描述

BOOT0(JP14)	BOOT1(JP11)	启动模式描述
2－3	Any(1－2、2－3 or open)	开发板设定 User Flash 启动方式。BOOT1 可以在任意位置,如插到 1－2,2－3 或是开路(即不插)默认是插到 2－3(Default setting)
1－2	2－3	开发板设定为 System Memory 启动方式
1－2	1－2	开发板设定为 Embedded SRAM 启动方式

　　默认设置是把 BOOT0(JP14)、BOOT1(JP11)都设置到 2－3,这样是运行用户烧进去的程序。当要进行串口烧写程序时,把 BOOT0(JP14)设置到 1－2,按一下复位键将串口线和 PC 连接后插到 J5(USART1)口上。用 ST 官方的 ISP 软件连接后就能对芯片进行程序烧写了,当烧好程序后记得把 BOOT0(JP11)设置回 2－3,这样才能运行刚刚烧好的用户程序。

3. 系统复位和时钟源

　　复位信号在开发板上是低电平复位,按 K4 会导致系统复位。
　　开发板有 4 个时钟源提供系统时钟、RTC 时钟、以太网时钟、MP3 时钟。
> Y4 是时钟频率为 25 MHz 的晶振,作为系统的时钟源。
> Y5 是时钟频率为 32.768 kHz 的晶振,作为 RTC 实时时钟的时钟源。

> Y1 是时钟频率为 25 MHz 的晶振,作为以太网 DP83848 芯片的时钟源。

> Y2 是时钟频率为 12.288 MHz 的晶振,作为 MP3 芯片的时钟源。

要想断电使用实时时钟,必须在 BT1 电池座中加入纽扣电池,以便给 STM32F107VCT6 芯片的 RTC 模块供电。

4. LCD 接口

STM32F107 开发板的 CN3 接口可以连接一个 2.8 in 或 3.2 in 的 320×240TFT 彩色 LCD,LCD 数据线连接到 STM32F107VCT6 的 PE 口。4 个红色 LED (LED1、LED2、LED3、LED4)连接到标准 I/O 口 PD2、PD3、PD4、PD7 用于显示。

彩屏模块上配置 RSM1843 触摸控制器,支持一个 SD 卡(SPI 方式)可用于存储图片、数据等。RSM1843 是四线电阻式触摸屏控制芯片。它是一个 12 bits 模/数转换器(ADC),内置同步串行数据接口和驱动触摸屏的低阻开关;基准电压(V_{ref})变化范围从 1 V 到 +V_{cc},相应的输入电压范围为 0 V 到 V_{ref};芯片提供了关断模式,功耗可降低至 0.5 W;RSM1843 工作电压能低至 2.7 V,是电池供电设备的理想选择,可适用于电阻式触摸屏的 PDA 等便携设备。

2.8 in/3.2 in LCD 触摸屏模块上还集成了 SPI FLASH 和 SPI 接口的 SD 卡座(表 4-9)。

表 4-9　TFT 屏接口描述

引　脚	信　号	I/O 口	引　脚	信　号	I/O 口
1	3.3 V	+3.3 V	17	DB14	PE14
2	GND	GND	18	DB15	PE15
3	DB00	PE0	19	LCD-CS	PC6
4	DB01	PE1	20	LCD-RS	PD13
5	DB02	PE2	21	LCD-WR	PD14
6	DB03	PE3	22	LCD-RD	PD15
7	DB04	PE4	23	RESET	RESET
8	DB05	PE5	24	NC	NC
9	DB06	PE6	25	MISO	PC11
10	DB07	PE7	26	INT	PC5
11	DB08	PE8	27	MOSI	PC12
12	DB09	PE9	28	DATA-LE	PB2
13	DB10	PE10	29	SCK	PC10
14	DB11	PE11	30	NC	NC
15	DB12	PE12	31	TP-CS	PC8
16	DB13	PE13	32	NC	NC

5. SD 卡

STM32F107 开发板上的 SD 卡接口连接到 STM32F106VCT6 的 SPI1 上。SD 卡共支持 3 种传输模式：SPI 模式（独立序列输入和序列输出），1 位 SD 模式（独立指令和数据通道，独有的传输格式），4 位 SD 模式（使用额外的针脚以及某些重新设置的针脚。支持 4 位宽的并行传输）；此处 SD 卡采用的是 SPI 模式（表 4.10）。

表 4 - 10　SD 卡接口描述

接　口	描　述
MISO	数据输出
SCK	时钟信号
MOSI	数据输入
CS	芯片选择

6. USB-OTG 接口

该 USB-OTG 是从接口（STM32F103VCT6 芯片内置）；支持 1.5 Mbits/s 低速和 12 Mbits/s 全速 USB 通信，兼容 USB V2.0；内置 FAT16 和 FAT32 以及 FAT12 文件系统的管理固件，支持容量高达 32 GB 的 U 盘和 SD 卡；提供文件管理功能，打开、新建或删除文件、枚举和搜索文件、创建子目录、支持长文件名；提供文件读写功能，以字节为最小单位或者以扇区为单位对多级子目录下的文件进行读写；提供磁盘管理功能，初始化磁盘、查询物理容量、查询剩余空间、物理扇区读写。

把 USB 电缆连接到 USB 口 P2，电源选择跳线 J25 插到 1—2 号引脚，选择 USB 5 V 电源供电（表 4 - 11）。

表 4 - 11　USB 链接器信号描述

引　脚	功　能	接　口	描　述
1	V_{BUS}	+5 V V_{cc}	USB 电源（4.4～5.25 V）
2	D−	PA11	USB 数据线（负）
3	D+	PA12	USB 数据线（正）
4	ID	PA10	用于协商主从角色
5	GND	GND	GND

OTG 就是 On The Go，正在进行中的意思。USB OTG 使 USB 装置摆脱了原来主从架构的限制，实现了端对端的传输模式。USB OTG 标准在完全兼容 USB2.0 标准的基础上，增添了电源管理（节省功耗）功能，它允许设备既可作为主机，也可作为外设操作（两用 OTG）。OTG 两用设备完全符合 USB2.0 标准，并可提供一定的主机检测能力，支持主机通令协议（HNP）和对话请求协议（SRP）。在 OTG 中，初始主机设备称为 A 设备，外设称为 B 设备。可用电缆的连接方式来决定初始角色。mini-AB 插座增添了 ID 引脚，以用于识别不同的电缆端点。当 OTG 设备检测到接地的 ID 引脚时表示默认的是 A 设备（主机），而检测到 ID 引脚浮空的设备则认为是 B 设备（外设）。系统一旦连接后，OTG 的角色还可以更换。主机与外设采用新的 HNP，A 设备作为默认主机提供 V_{BUS} 电源，并在检测到有设备连接时复位总线、枚举

并配置 B 设备。OTG 标准为 USB 增添的第 2 个新协议，称为对话请求协议（SRP）。SRP 允许 B 设备请求 A 设备打开 V_{BUS} 电源并启动一次对话。一次 OTG 对话可通过 A 设备提供 V_{BUS} 电源的时间来确定（注：A 设备总是为 V_{BUS} 供电，即使作为外设）。也可通过 A 设备关闭 V_{BUS} 电源来结束会话以节省功耗，这在电池供电产品中是非常重要的。

7. ADC 输入

P1 接口是 ADC 输入接口，连接到 STM32F106VCT6 的外部模拟输入引脚 PB1 上。

8. MP3 接口

STM32F107 开发板载 VS1003B 高性能 MP3 解码芯片，该芯片支持解码音乐格式包括 MP3、WMA、WAV、MIDI、P-MIIDI，录音编码格式 IMA ADPCM（单声道）。麦克风和线入（line input）两种输入方式，支持 MP3 和 WAV 流，低功耗，具有内部锁相环时钟倍频器，高质量的立体声数/模转换器（DAC），16 位可调片内模/数转换器（ADC），高质量的立体声耳塞驱动（30 Ω），单独的模拟、数字和 I/O 供电电源，串行的数据和控制接口（SPI）。MP3 控制器 SPI 接口连接到 STM32F107VCT6 的 SPI1 接口（表 4-12）。

表 4-12　MP3 接口描述

接　口	描　述
J3	外部声音输入插座，连接音源
J4	耳机输出插座，连接耳机

9. GPS 和 GSM

STM32F107 开发板的 P9 接口可以支持 GSM 模块和 GPS 模块。

GSM 模块采用 Wavecom 公司的 Q24PL002，该模块是双频 GSM/GPRS 模块，内嵌 TCP/IP 协议栈，内部集成 OpenAT 实时操作系统。OpenAT 是 Wavecom 公司为 GPRS/GSM 无线 CPU 开发的一款实时操作系统，集成了内存分配、Flash 管理、数据流管理、GPIO 管理、总线管理、定时器管理等多种功能。底层为嵌入式 API 应用层，它包括程序初始化 API、AT 指令 API、操作系统 API、标准 API、流控 API、总线 API 等，包含了建立在 OpenAT 基础之上的应用开发层函数库。应用开发层（简称 ADL）函数库为开发人员提供了上层应用接口，简化了嵌入式应用的开发；同时还提供了嵌入式应用程序框架，包括消息解析器和服务声明机制。

GPS（global positioning system）就是全球卫星导航与定位系统的缩写。该系统是美国国防部于 20 世纪 60 年代提出并研制的，目的是为美国陆、海、空三军提供统一的全球性精确、连续、实时的三维位置和速度的导航与定位服务。GPS 系统共由 21 颗实用卫星和 3 颗备用卫星组成，采取中高轨道，均匀分布在 6 个轨道面内，高度约 2 万 km。

10. CAN 总线

STM32F107 开发板板载两路 CAN 通信接口，驱动器芯片 VP230。所以可以在外部将 CAN1 和 CAN2 连接起来完成 CAN 总线试验。STM32F107VCT6 处理器集成了 CAN 总线接口,在开发板上我们使用了 TI 公司的 3.3 V 电压的 CAN 总线收发器来实现 CAN 物理层。

11. Enthernet 以太网

10 Mbits/100 Mbits 以太网接口(STM32F103VCT6 芯片内置),采用高性能的 DP83848 作为 10 Mbits/100 Mbits 以太网 PHY 芯片,支持全双工和半双工模式,使用带网络变压器和连接、收发指示 LED 的 RJ45 插座。DP83848 芯片是美国国家半导体公司的单路物理层器件,提供了低功耗性能,其包含一个智能电源关闭状态——能量检测模式,该 PHY 芯片根据精简介质无关接口 RMII 规范设计,RMII 提供了引脚数据更低的选择来替代 IEEE802.3 定义的介质无关接口。

内部集成的以太网模块符合以下标准:

> (IEEE802.3—2002)标准的以太网 MAC 协议;
> (IEEE1588—2002)的网路精确时钟同步标准;
> AMBA2.0 标准的 AHB 主/从端口;
> RMII 协会定义的 RMII 标准。

12. 24C02 EEPROM

STM32F107 开发板外接一个 24C02 EEPROM 连接到 STM32F107VCT6 的 I^2C 总线上,该芯片的容量为 2 kbits,也就是 256 个字节,对于普通应用来说是足够了。也可以选择大的芯片,因为在原理上是兼容 24C02-24C512 全系列的 EEPROM 芯片的。

13. RS-232 和 RS-485

STM32F107 开发板带 1 个 RS-485 通信接口 P4 和 2 个 RS-232 通信接口 J5、J6 连接到 STM32F103VC 的 USART1 和 USART2。两个控制信号 Bootloader_BOOT0 和 Bootloader_RESET 也同时连接到 J6 的 RS－232 接口上,用于自动 ISP 烧写(无需设置 BOOT0 跳线)。如需不设置 BOOT0 跳线就能 ISP,需用第三方串口下载软件。

STM32F107 开发板载有 RS－485 物理芯片 SP3485,它与处理器的 USART2 连接,与串口 2 复用。STM32F107 开发板默认是安装了 RS-485 接口的 120 Ω 终端匹配电阻。对应板上的 R67,请依据实际应用选择是否安装此匹配电阻。

14. 16 Mbits 大容量 Flash 存储器 SST25VF016

板载 2MB 的 SPI FLASH 采用 SPI 接口控制。该 Flash 存储器与 SD 卡共用 SPI1 接口,通过不同的 CS 片选信号进行选择,请读者不要同时使 SD 卡和 SST25VF016 芯片的 CS 引脚有效,以便引起 SD 卡或芯片读写访问失败。

第**5**章

高级应用实例

本章将以 STM32F107 开发板和 IAR EWARM 集成开发环境为开发工具,分别介绍 4 个 STM32F107VCT6 处理器的高级应用实例。

(1) MP3 播放器:利用 STM32F107VCT6 处理器实现简易的 MP3 播放器的设计实例。这个综合应用实例有助于读者全面掌握 SPI 接口的数据传输,SD 卡以及 TF 卡的数据存取,FAT16、FAT32 格式文件系统的进一步了解,VS1003 芯片的应用,TFT 屏幕显示和触摸屏的操控等。

(2) μC/OS II 操作系统:μC/OS II 是专门为单片机等嵌入式设备设计的实时操作系统。该节介绍了该实时操作系统的工作原理、任务调度、任务管理、时间管理、内存管理、任务间通信以及该实时操作系统移植。

(3) 以太网系统设计:以太网是当前广泛使用,采用共享总线型传输媒体方式的局域网。该节介绍了 STM32F107VCT6 处理器内部集成的以太网的各个功能模块、PHY 芯片 DP83848 和 LwIP 协议栈,并利用 STM32F107 开发板设计了简单的 Telnet 远程登录服务器应用实例,通过 Telnet 远程登录服务器来与 STM32F107 开发板进行数据交流。

(4) GSM 控制设计:GSM 系统是目前基于时分多址技术的移动通信体制中最成熟、最完善、应用最广的一种系统。本节针对 TC35 GSM 模块,详细介绍了通用的 AT 指令系统,实现了短信收发系统的设计实例。

5.1 MP3 播放器设计实例

STM32F107 开发板上 MP3 播放器的设计方案是采用 VS1003 音频解码芯片进行 MP3 解码的简易 MP3 播放器。它是将 SD 卡、TF 卡中的 MP3 文件通过 STM32F107VCT6 处理器的 SPI1 口读出,再通过 SPI2 口送到 VS1003 音频解码芯片中解码,最后通过扬声器将音频进行播放,其结构图如图 5-1 所示。

5.1.1 MP3 播放器概述

MP3 全称是动态影像专家压缩标准音频层面 3(moving picture experts group audio layer III),是当今较流行的一种数字音频编码和有损压缩格式。它的设计用

图 5 - 1　简易 MP3 播放器结构图

来大幅度降低音频数据量,而对于大多数用户来说重放的音质与最初的不压缩音频相比没有明显的下降。它是在 1991 年由位于德国埃尔朗根的研究组织 Fraunhofer-Gesellschaft 的一组工程师发明和标准化的。

　　简单地说,MP3 就是一种音频压缩技术,由于这种压缩方式的全称叫 MPEG Audio Layer3,所以人们把它简称为 MP3。MP3 是利用 MPEG Audio Layer 3(motion picture experts group)的技术,将音乐以 1∶10 甚至 1∶12 的压缩率,压缩成容量较小的文件,换句话说,能够在音质丢失很小的情况下把文件压缩到更小的程度,而且还非常好地保持了原来的音质。正是因为 MP3 体积小、音质高的特点使得 MP3 格式几乎成为网上音乐的代名词。每分钟音乐的 MP3 格式只有 1 MB 左右大小,这样每首歌的大小只有 3~4 MB。使用 MP3 播放器对 MP3 文件进行实时解压缩(解码),这样,高品质的 MP3 音乐就播放出来了。

　　根据 MPEG 规范的说法,MPEG-4 中的 AAC(advanced audio coding)将是 MP3 格式的下一代,尽管有许多创造和推广其他格式的重要努力。然而,由于 MP3 的空前流行,任何其他格式的成功在目前来说都是不太可能的。MP3 不仅有广泛的用户端软件支持,也有很多的硬件支持如便携式媒体播放器(指 MP3 播放器)DVD 和 CD播放器。

　　MP3 播放器,顾名思义也就是可播放MP3 格式的音乐播放工具。MP3 播放器的压缩率可以达到 1/4~1/40,但人耳听起来却并没有什么失真,因为它将超出人耳听力范围的声音从数字音频中去掉,而不改变最主要的声音。MP3 播放器播放的音频波特率一般为 32~320 kbits/s。MP3 播放器其实就是一个功能特定的小型计算机。在 MP3 播放器小小的机身里,拥有 MP3 播放器存储器(存储卡)、MP3 播放器显示器(LCD 显示屏)、MP3 播放器中央处理器[MCU(微控制器)或 MP3 播放器解码 DSP(数字信号处理器)]等。图 5 - 2 为 Apple 公司的 iPod nano(第三代) MP3 播放器。

图 5 - 2　iPod nano(第三代)MP3 播放器

5.1.2 SD 的结构与数据的存取

STM32F107 开发板上带有 SD 卡连接器,使用 SD 卡时,可以把 SD 卡直接插入 SD 卡连接器中。它使用的是 SPI 总线与 STM32F107VCT6 处理器连接,使 SD 卡工作在 SPI 模式下。如图 5-3 所示是 SD 卡连接器与 STM32F107VCT6 处理器连接图。

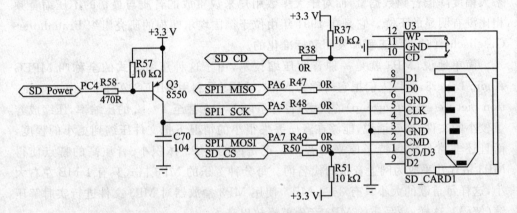

图 5-3 SD 卡连接器与 STM32F107VCT6 处理器连接图

SD 卡(secure digital memory card)中文翻译为安全数码卡,是一种基于半导体快闪记忆器的新一代记忆设备,它被广泛地在便携式装置上使用,如数码相机、个人数码助理(PDA)和多媒体播放器等。SD 卡由日本松下、东芝及美国 SanDisk 公司于 1999 年 8 月共同开发研制。大小犹如一张邮票的 SD 记忆卡,质量只有 2 g,但却拥有高记忆容量、快速数据传输率、极大的移动灵活性以及很好的安全性。SD 存储卡的安全系统使用双方认证和"新的密码算法"技术,防止卡的内容被非法使用。它还提供了一种无安全性的访问方法访问用户自己的内容。SD 存储卡的物理外形、引脚分配和数据传输协议都向前兼容多媒体卡(multiMediaCard),但也增加了一些内容。

SD 存储卡的通信基于一个高级的 9 引脚接口(时钟、命令、4 条数据线和 3 条电源线),可以在最高 25 MHz 频率和低电压范围内工作。通信协议也是本规范的一部分。SD 存储卡的主机接口支持常规的多媒体卡操作。实际上,SD 存储卡和多媒体卡的主要区别在初始化过程,如图 5-4 为 SD 卡结构图。

SD 卡支持两种总线方式:SD 方式与 SPI 方式。其中,SD 方式采用 6 线制,使用 CLK、CMD、DAT0-DAT3 进行数据通信;而 SPI 方式采用 4 线制,使用 CS、CLK、DataIn、DataOut 进行数据通信。SD 方式时的数据传输速度比 SPI 方式要快,采用

图 5-4 SD 卡结构图

单片机对 SD 卡进行读写时一般都采用 SPI 模式。采用不同的初始化方式可以使 SD 卡工作于 SD 方式或 SPI 方式,表 5 - 1 为 SD 卡两种工作模式的引脚功能。在这里我们选择的是 SPI 工作模式。

表 5 - 1　SD 卡引脚功能详述

引　脚	SD 卡模式			SPI 模式		
	名　　称	类　型	描　述	名　　称	类　型	描　述
1	CD/DAT3	IO 或 PP	卡检测/数据线 3	#CS	I	片选
2	CMD	PP	命令/回应	DI	I	数据输入
3	V_{SS1}	S	电源地	V_{SS}	S	电源地
4	V_{DD}	S	电源	V_{DD}	S	电源
5	CLK	I	时钟	SCLK	I	时钟
6	V_{SS2}	S	电源地	V_{SS2}	S	电源地
7	DAT0	IO 或 PP	数据线 0	DO	O 或 PP	数据输出
8	DAT1	IO 或 PP	数据线 1	RSV	—	—
9	DAT2	IO 或 PP	数据线 2	RSV	—	—

注:S 表示电源供给,I 表示输入,O 表示采用推拉驱动的输出,PP 表示采用推拉驱动的输入、输出。

1. SD 工作模式

SD 工作模式有一个主机(应用)、多个从机(卡)和同步的星形拓扑结构。所有卡共用时钟、电源和地信号。命令(CMD)和数据(DAT0 - DAT3)是卡的专用信号,为所有卡提供连续的点对点连接。

在初始化进程中,命令被分别发送到各张卡,允许应用程序检测到卡并向物理卡槽分配逻辑地址。各张卡的数据通常独立地发送(接收)。但是,为了简化卡的成批处理,在初始化进程后,所有命令可能同时发送到所有卡。命令包中提供地址信息。

SD 工作模式允许动态配置数据线的数量。在上电后,SD 存储卡默认只使用 DAT0 进行数据传输。初始化后,主机可以修改总线宽度(有效的数据线数量)。SD 主机在不使用 DAT1 - DAT3 时可以使自己的 DAT1 - DAT3 线处于三态(输入模式)。

SD 工作模式上的通信基于以起始位开始、以停止位结束的命令和数据位流。

➢ 命令:命令是启动一项操作的令牌。命令可以从主机发送到一张卡(寻址命令)或发送到连接的所有卡(广播命令)。命令在 CMD 线上串行传输。

➢ 响应:响应是从被寻址的卡或(同时)从所有连接的卡发送到主机,作为对接收到的命令的回答的令牌。响应在 CMD 线上串行传输。

➢ 数据:数据可以从卡发送到主机或者相反。数据通过数据线传输。

卡的寻址由会话地址实现,并在初始化阶段分配给卡。SD 总线的基本处理是命令/响应处理。这类型的总线处理直接在命令或响应结构中传输它们的信息。另外,某些操作还有数据令牌。

SD 存储卡的数据传输通过块的形式进行。数据块后面通常有 CRC 位。它定义了单块和多块操作。在快速写操作中使用多块操作模式最理想。当 CMD 线出现停止命令时，多块传输结束。主机可以配置数据传输是使用一条还是多条数据线。

2. SPI 工作模式

SD 存储卡兼容的 SPI 通信模式使 SD 存储卡可以通过 SPI 信道与市场上的许多微控制器通信。这个接口在上电后的第一个复位命令期间选择，而且在上电期间不能修改。SPI 标准只定义了物理链路而不是完整的数据传输协议。SD 存储卡的 SPI 功能使用相同的 SD 模式命令集。从应用的观点看来，SPI 模式的优点是能使用现成的主机，因此将设计工作量降至最低；但缺点是性能有损失，如不能像 SD 模式一样选择总线宽度。SD 存储卡的 SPI 接口与市场提供的 SPI 主机兼容。和其他 SPI 设备一样，SD 存储卡的 SPI 信道由以下 4 个信号组成：SD、CLK、DataIn 和 DataOut。另一个 SPI 共有的特性是字节传输，这种特性也能在 SD 卡实现。所有数据令牌都是字节（8 位）的倍数，而且字节通常与 CS 信号对齐。卡的识别和寻址由硬件片选（CS）信号代替；因此没有广播命令。对于每个命令来说，卡（从机）由低电平有效的 CS 信号选中。CS 信号在 SPI 处理（命令、响应和数据）期间必须连续有效。唯一的例外情况是卡的编程，在这个过程中主机可以使 CS 信号为高电平，但不影响卡的编程。SPI 接口使用 SD 总线 9 个 SD 信号中的 7 个（不使用 DAT1 和 DAT2，DAT3 是 CS 信号）。

(1) SPI 总线协定

SD 卡基于命令和数据流，这些命令和数据流以一个起始位开始，以停止位结束。SPI 通道是面向字节的。每个命令或数据块都是由多个 8 位字节构成，且每个字节与 CS 片选信号对齐。

类似于 SD 存储卡协议，SPI 短信是由命令、响应和数据块环组成。所有的通信都由主机控制，主机通过拉低 CS 来启动每个总线事务。

SPI 模式下的响应行为有 3 个方面，和 SD 模式不同：

➢ 被选择的卡总是回应命令。
➢ 使用附加的（8 位）响应结构。
➢ 当卡遇到一个数据检索问题时，它会用一个响应错误来回应（替换预期的数据块），而不是 SD 模式中的超时。

除了命令响应之外，每一个在写操作期间发送到卡的数据块将以一个特殊的数据响应令牌来被响应。一个数据块可能和一个写块一样大，也可能和一个信号字一样小。

(2) 模式选择

SD 卡从 SD 模式中唤醒。如果 CS 信号在复位命令（CMD0）被接收期间被拉低，并进入空闲模式，如果认为是 SD 模式被需求则不会响应此命令，仍在 SD 模式下。如果 SPI 模式被需求，则卡将会切换到 SPI，且用 SPI 模式 R1 响应。

唯一返回 SD 模式的方法是进入上电周期。在 SPI 模式下，SD 存储卡协议状态机不被遵守。所有的在 SPI 模式下被支持的 SD 存储卡命令总是可用的。

（3）读数据

SPI 模式支持单块和多块的读命令。但是为了遵守 SPI 工业标准，它只使用 2 个（单向）信号。SPI 支持单块读和多块读操作（在 SD 存储卡协议中的 CMD17 OR CMD18）。当接收一个有效的读命令后卡将在一个在（CMD16）定义了长度的数据令牌之后，用一个响应令牌作出回复。

（4）写数据

在 SPI 模式下，SD 存储卡支持单块和多块写命令。在接收到有效的写命令（CMD24、CMD25）之后，卡将以一个响应令牌响应，然后等待主机发来数据块。CRC 后缀、块长度和起始地址都与读操作相同。

单块写操作：

每一个数据有一个字节的"Start Block"令牌的前缀。在一个数据块被接收后，卡有一个数据响应令牌的响应。如果数据无误地接收，它将会被编程。只要卡忙于编程，一个忙令牌的连续流将会被发到主机（有效地使 DataOut 数据线为低电平）。

一旦编程操作完成，主机可用 CMD13 命令来检查编程的结果。在编程期间仅某些错误（如地址超出范围，写保护）被探测到。在多块写操作中，停止传输是通过发送"Stop Tran"令牌而不是在下一块开头的"Start Block"令牌。

多块写操作：

当卡正忙，复位 CS 信号不会终结编程过程。卡会释放 DataOut 并且继续编程。如果卡在编程完成之前重新选择，DataOut 线将会被强行拉回到低电平且所有的命令将会被拒绝。

复位一张（用 CMD0）将会终结任何悬而未决的或激活的编程操作。这样将会破坏卡上的数据格式。主机要有保护它的责任。

（5）擦除和写保护

在 SPI 模式下擦除和写保护管理程序与 SD 模式下的相同。当卡正在擦除或者正在改变预定扇区清单的写保护位时，它将会进入忙状态且使 DataOut 线为低电平。

（6）复位序列

SD 卡需要一个定义了的复位序列。上电复位或 CMD0 之后，卡进入了空闲模式。在这个模式中，合法的主机命令只有 CMD1、ACMD41、CMD58。在 SPI 模式下，CMD1 和 ACMD41 都有同样的行为。

在 SPI 模式下，正好与 SD 模式相反，CMD1 和 ACMD41 都没有操作数和不会返回 OCR 寄存器的内容，而是主机利用 CMD58（仅用于 SPI）去读 OCR 寄存器。此外，主机有责任避免访问那此不在允许电压范围内的卡。CMD58 的应用不仅限于初始化期间,且可以用于任何时候。

3. SD 卡寄存器(表 5-2)

表 5-2　SD 卡寄存器描述

名　称	宽　度	描　述
CID	128	卡的 CID,用于识别卡的 CID
RCA	16	相对的卡地址;卡的本地系统地址,由卡动态指出而且在初始化过程中被主机认可
DSR	16	驱动器级寄存器,配置卡的输出驱动器
CSD	128	卡的专用数据,卡的操作情况信息
SCR	64	SD 配置寄存器,SD 卡的专用特性信息
OCR	32	操作情况寄存器

5.1.3　FAT16/FAT32 文件系统的移植

1. 文件系统

文件系统就是对数据进行存储与管理的方式。文件系统是为了长久地存储和访问数据而为用户提供的一种基于文件和目录的存储机制。我们都知道,在使用硬盘存储数据之前,首先要进行分区(当然也可以不分区),然后对分区(或整个硬盘)进行格式化,其实格式化的过程就是在分区内建立文件系统的过程。一个文件系统由系统结构和按一定规则存放的用户数据组成。日常,我们都有这样的经历,在 Windows 下当我们要格式化一个分区或是其他存储介质时,Windows 会弹出一个对话框,上面有这样一些选择内容:容量、文件系统、分配单元大小、卷标等。其中,文件系统的下拉菜单中就有几种不同的文件系统供用户选择,一般我们都会选择默认、FAT32 或 NTFS 文件系统,当我们按下格式化按钮后,操作系统就开始为这个分区建立你所选择的文件系统。

文件系统种类繁多,但所有的文件系统都有一定的共性。

1) 数据单元

数据在写入磁盘或从磁盘读取数据时每次操作的数据量称为数据单元,它的大小在建立文件系统时确定。数据单元在不同的文件系统中有不同的称呼。例如,在 FAT 和 NTFS 文件系统中称作"簇(Cluster)",ExtX 中称作"块(Block)"等。一个数据单元由若干个连续的扇区组成,大小总是 2 的整数次幂个扇区。

2) 坏数据单元

坏数据单元也就是包含缺陷扇区的数据单元。

3) 逻辑文件系统地址

磁盘上的一个扇区在不同的情况下会有不同的地址表达形式。

➢ 每个扇区都会有一个 LBA 地址,也就是物理地址。

➢ 每个物理卷内的扇区又有一个物理卷地址。

➢ 在逻辑卷内部的扇区会有一个逻辑卷地址。

4)逻辑文件地址 a

对于每个文件来说,将它以所在文件系统中的数据单元大小为单位进行分割,分割后的每一个部分由 0 开始编号,这个编号就是其对应数据单元的逻辑文件地址。一个文件前后相邻的两个数据单元在物理上的存储地址可能是不连续的,但它的逻辑文件地址一定是连续的。

2. FAT 文件系统概述

FAT(file allocation table)是"文件分配表"的意思,顾名思义,就是用来记录文件所在位置的表格,是一种由微软公司发明并拥有部分专利的文档系统,它对于硬盘的使用是非常重要的,若丢失文件分配表,那么硬盘上的数据就会因无法定位而不能使用。不同的操作系统所使用的文件系统不尽相同,在个人计算机上常用的操作系统中,MS-DOS 6. x 及以下版本使用 FAT16。操作系统根据表现整个磁盘空间所需要的簇数量来确定使用多大的 FAT。FAT 文件系统的发展过程经历了 FAT12、FAT16、FAT32 3 个阶段。

FAT 文件系统用"簇"作为数据单元。一个"簇"由一组连续的扇区组成,簇所含的扇区数必须是 2 的整数次幂。簇的最大值为 64 个扇区,即 32 KB。所有簇从 2 开始进行编号,每个簇都有一个自己的地址编号。用户文件和目录都存储在簇中。

FAT 文件系统的数据结构中有两个重要的结构:文件分配表和目录项。

➢ 文件和文件夹内容储存在簇中,如果一个文件或文件夹需要多余一个簇的空间,则用 FAT 表来描述如何找到另外的簇。FAT 结构用于指出文件的下一个簇,同时也说明了簇的分配状态。FAT12、FAT16、FAT32 这 3 种文件系统之间的主要区别在于 FAT 项的大小不同。

➢ FAT 文件系统的每一个文件和文件夹都被分配到一个目录项,目录项中记录着文件名、大小、文件内容起始地址以及其他一些元数据。

在 FAT 文件系统中,文件系统的数据记录在"引导扇区(DBR)"中。引导扇区位于整个文件系统的 0 号扇区,是文件系统隐藏区域(也称为保留区)的一部分,我们称其为 DBR(DOS boot recorder,DOS 引导记录)扇区,DBR 中记录着文件系统的起始位置、大小、FAT 表个数及大小等相关信息。

在 FAT 文件系统中,同时使用"扇区地址"和"簇地址"两种地址管理方式。这是因为只有存储用户数据的数据区使用簇进行管理(FAT12 和 FAT16 的根目录除外),所有簇都位于数据区。其他文件系统管理数据区域是不以簇进行管理的,这部分区域使用扇区地址进行管理。文件系统的起始扇区为 0 号扇区。

3. FAT 文件包括 4 个部分

1) 保留扇区

保留扇区位于最开始的位置。第一个保留扇区是引导区（分区启动记录）。它包括一个称为基本输入/输出参数块的区域（包括一些基本的文件系统信息尤其是它的类型和其他指向其他扇区的指针），通常包括操作系统的启动调用代码。保留扇区的总数记录在引导扇区中的一个参数中。引导扇区中的重要信息可以被 DOS 和 OS/2 中称为驱动器参数块的操作系统结构访问。

2) FAT 区域

它包含有两份文件分配表，这是出于系统冗余考虑，尽管它很少使用，即使是磁盘修复工具也很少使用它。它是分区信息的映射表，指示簇是如何存储的。

3) 根目录区域

它是在根目录中存储文件和目录信息的目录表。在 FAT32 下它可以存在分区中的任何位置，但是在早期的版本中它永远紧随 FAT 区域之后。

4) 数据区域

这是实际的文件和目录数据存储的区域，它占据了分区的绝大部分。通过简单地在 FAT 中添加文件链接的个数可以任意增加文件大小和子目录个数（只要有空簇存在）。然而需要注意的是，每个簇只能被一个文件占有，这样的话如果在 32 KB 大小的簇中有一个 1 KB 大小的文件，那么 31 KB 的空间就浪费掉了。

4. FAT 文件系统整体布局

FAT 文件系统整体布局如下：

保留区	FAT1 FAT2	数据区

说明：

（1）保留区含有一个重要的数据结构——系统引导扇区（DBR）。FAT12、FAT16 的保留区通常只有一个扇区，而 FAT32 的保留扇区要多一些，除 0 号扇区外，还有其他一些扇区，其中包括了 DBR 的备份扇区。

（2）FAT 区由各个大小相等的 FAT 表组成—FAT1、FAT2，FAT2 紧跟在 FAT1 之后。

（3）FAT12、FAT16 的根目录虽然也属于数据区，但是它们并不由簇进行管理。也就是说，FAT12、FAT16 的根目录是没有簇号的，它们的 2 号簇从根目录之后开始。而 FAT32 的根目录通常位于 2 号簇。

5. FAT32 的保留区

利用 STM32F107 开发板制作的简易 MP3 中的 SD 卡采用 FAT32 文件格式。

位于 SD 卡最开始的位置。第一个保留区是引导区（分区启动记录）。它包括一个称为基本输入/输出参数块的区域(包括一些基本的文件系统信息尤其是它的类型和其他指向其他扇区的指针),通常包括操作系统的启动调用代码。保留区的总数记录在引导扇区中的一个参数中。引导区中的重要信息可以被 DOS 和 OS/2 中称为驱动器参数块的操作系统结构访问。

引导区是 FAT32 文件系统的第一个区,也称为 DBR 区。它包含这样一些文件系统的基本信息:

> 每扇区字节数;
> 每簇扇区数;
> 保留扇区数;
> FAT 表个数;
> 文件系统大小(扇区数);
> 每个 FAT 表大小(扇区数);
> 根目录起始簇号;
> 其他一些附加信息。

DBR 区中记录文件系统参数的部分也称为 BPB(BIOS parameter block)。

FAT 文件系统将引导代码与文件形同数据结构融合在一起,而不像 UNIX 文件系统那样各自存在,引导区的前 3 个字节为一个由机器代码构成的跳转指令,以使 CPU 越过跟在后面的配置数据跳转到配置数据后面的引导代码处。

FAT32 文件系统引导区的 512 B 中 90～509 B 为引导代码,而 FAT12/16 则是 62～509 B 为引导代码。同时,FAT32 还可以利用引导区后的空间存放附加的引导代码。一个 FAT 卷即使不是可引导文件系统,也会存在引导代码。

6. FAT32 的 FAT 表

位于保留区后的是 FAT 区,由两个完全相同的 FAT 文件分配表组成,FAT 文件系统的名字也是因此而来。对于文件系统来说,FAT 表有两个重要作用:描述簇的分配状态以及标明文件或目录的下一簇的簇号。通常情况下,一个 FAT 文件系统会有两个 FAT 表,但有时也允许只有一个 FAT 表,FAT 表的具体个数记录在引导扇区的偏移 0x10 字节处。由于 FAT 区紧跟在文件系统保留区后,所以 FAT1 在文件系统中的位置可以通过引导记录中偏移 0x0E～0x0F 字节处的"保留扇区数"得到。FAT2 紧跟在 FAT1 之后,它的位置可以通过 FAT1 的位置加上 FAT 表的大小扇区数计算出来。

FAT 表由一系列大小相等的 FAT 表项组成,FAT32 中每个簇的簇地址,是由 32 bits(4 B)记录在 FAT 表中。FAT 表中的所有字节位置以 4 B 为单位进行划分,并对所有划分后的位置由 0 进行地址编号。0 号地址与 1 号地址被系统保留并存储特殊标志内容。从 2 号地址开始,每个地址对应于数据区的簇号,FAT 表中的地址编号与数据区中的簇号相同。我们称 FAT 表中的这些地址为 FAT 表项,FAT 表项中记录的值称为 FAT 表项值。

当文件系统被创建,也就是进行格式化操作时,分配给 FAT 区域的空间将会被清空,在 FAT1 与 FAT2 的 0 号表项与 1 号表项写入特定值。由于创建文件系统的同时也会创建根目录,也就是为根目录分配了一个簇空间,通常为 2 号簇,所以 2 号簇所对应的 2 号 FAT 表项也会被写入一个结束标记。

如果某个簇未被分配使用,它所对应的 FAT 表项内的 FAT 表项值即用 0 进行填充,表示该 FAT 表项所对应的簇未被分配。当某个簇已被分配使用时,则它对应的 FAT 表项内的 FAT 表项值也就是该文件的下一个存储位置的簇号。如果该文件结束于该簇,则在它的 FAT 表项中记录的是一个文件结束标记,对于 FAT32 而言,代表文件结束的 FAT 表项值为 0x0FFFFFFF。

如果某个簇存在坏扇区,则整个簇会用 FAT 表项值 0xFFFFFF7 标记为坏簇,不再使用,这个坏簇标记就记录在它所对应的 FAT 表项中。

在文件系统中新建文件时,如果新建的文件只占用一个簇,为其分配的簇对应的 FAT 表项将会写入结束标记。如果新建的文件不只占用一个簇,则在其所占用的每个簇对应的 FAT 表项中写入为其分配的下一簇的簇号,在最后一个簇对应的 FAT 表象中写入结束标记。新建目录时,只为其分配一个簇的空间,对应的 FAT 表项中写入结束标记。当目录增大超出一个簇的大小时,将会在空闲空间中继续为其分配一个簇,并在 FAT 表中为其建立 FAT 表链以描述它所占用的簇情况。

一个文件的起始簇号记录在它的目录项中,该文件的其他簇则用一个簇链结构记录在 FAT 表中。如果要寻找一个文件的下一簇,只需要查看该文件的目录项中描述的起始簇号所对应的 FAT 表项,如果该文件只有一个簇,则此处的值为一个结束标记;如果该文件不止一个簇,则此处的值是它的下一个簇的簇号。

下面我们用一个形象的比喻来说明使用 FAT 表寻找簇地址的过程。

我们的寝室楼都有各自的标号,而且每个房间都依次进行了编号,只是没有使用 0 和 1 两个号码,直接从 2 号开始。公寓一楼大厅设立了一个大柜子(FAT 表),大柜子被分成了很多小格子(FAT 表项),所有的小格子(FAT 表项)从 0 开始编号,0 号和 1 号被楼下阿姨保留做特殊之用。从 2 号开始分配给每个房间(簇)作为信箱,信箱(FAT 表项)号与房间(簇)号一一对应,所有的房间(簇)都得到自己的信箱(FAT 表项)后,剩余的小格子就闲置不用。

现在呢,我们要来做一个寻宝的游戏:一个宝物被分成了几份放在了几个房间(簇)内,每个房间(簇)放置一份。然后在每个房间对应的信箱中(FAT 表项)记录了下一份宝物所在的房间(簇)号,现在我们就去把这件宝物找出来。

第 1 步:首先公寓管理处(目录项)告诉我们一条线索,宝物的第 1 份所在的房间(簇)号。假设这个房间(簇)号是 5,我们从 5 号房间(簇)取出第 1 份,然后去 5 号信箱(FAT 表项)查看一下下一份放在哪个房间(簇)。

第 2 步:5 号信箱(FAT 表项)内记录的数字是 6,我们就去 6 号房间(簇)取出第 2 份,然后去 6 号信箱(FAT 表项)查看。

第 3 步:6 号信箱(FAT 表项)内记录的数字是 7,我们就去 7 号房间(簇)取出第 3 份,然后去 7 号信箱(FAT 表项)查看。

第 4 步:7 号信箱(FAT 表项)内记录的数字是 8,我们就去 8 号房间(簇)取出第 4 份,然后去 8 号信箱(FAT 表项)查看。

第 5 步:8 号信箱(FAT 表项)内记录的数字是 9,我们就去 9 号房间(簇)取出第 5 份,然后去 9 号信箱(FAT 表项)查看。

第 6 步:这时发现 9 号信箱(FAT 表项)内的内容是一个结束标记,也就是说后面没有了。这时我们就把所有的宝物找出来了。

7. FATFS 文件系统模块

FATFS 是一种完全免费开源的 FAT 文件系统模块,专门为小型的嵌入式系统而设计。它完全用标准 C 语言编写,所以具有良好的硬件平台独立性,可以移植到 8051、PIC、AVR、SH、Z80、H8、ARM 等系列单片机上而只需作简单修改。它支持 FAT12、FAT16 和 FAT32,支持多个存储媒介;有独立的缓冲区,可以对多个文件进行读写,并特别对 8 位单片机和 16 位单片机作了优化,且支持长文件名。笔者写作时最新版本为 FATFS R0.08,本节以 FATFS R0.08 版本为例进行介绍。

(1) FATFS 模块概述

FATFS 一开始就是为了能在不同的单片机上使用而设计的,所以具有良好的层次结构,其层次结构如图 5-5 所示。最顶层是应用层,使用者无须理会 FATFS 的内部结构和复杂的 FAT 协议,只需要调用 FATFS 提供给用户的一系列应用接口函数,如 f_mkdir、f_opendir、f_readdir、f_open、f_read、f_write、f_close 等,就可以像在 PC 上读/写文件那样简单。

(2) FATFS 的主要接口函数

FATFS 模块是用 ANSI C 编写的中间件,它都是平台无关的,FATFS 的主要接口函数如下:

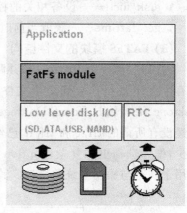

图 5-5　FatFs 层次结构图

- ➢ f_mount——注册/注销一个工作区域;
- ➢ f_open——打开/创建一个文件;
- ➢ f_close——关闭一个文件;
- ➢ f_read——读文件;
- ➢ f_write——写文件;
- ➢ f_lseek——移动文件读/写指针;
- ➢ f_sync——冲洗缓冲数据;
- ➢ f_opendir——打开一个目录;
- ➢ f_readdir——读取目录条目;

➤ f_getfree——获取空闲簇；

➤ f_stat——获取文件状态；

➤ f_mkdir——创建一个目录；

➤ f_unlink——删除一个文件或目录；

➤ f_chmod——改变属性；

➤ f_utime——改变时间戳；

➤ f_rename——重命名/移动一个文件或文件夹；

➤ f_mkfs——在驱动器上创建一个文件系统。

因为 FATFS 模块完全与磁盘 I/O 层分开，因此需要下面的函数来实现底层物理磁盘的读写与获取当前时间。底层磁盘 I/O 模块并不是 FATFS 的一部分，并且必须由用户提供。

➤ disk_initialize——初始化磁盘驱动器；

➤ disk_status——获取磁盘状态；

➤ disk_read——读扇区；

➤ disk_write——写扇区；

➤ disk_ioctl——设备相关的控制特性；

➤ get_fattime——获取当前时间。

(3) FATFS 模块的文件结构

FATFS 源代码 R0.08 版，共两个文件夹，doc 是说明，src 里就是源代码。src 里面有个文件夹 option 和 7 个文件。这 7 个文件夹分别是 00readme. txt、diskio. h、diskio. c、ff. c、ff. h、ffconf. h、integer. h。和以前阅读的代码版本相对比已经不同了，已经没有所谓的 tff. c 和 tff. h，已经采用条件编译解决这个内存小的问题，当然文件更少，编译选项更加复杂。option 文件夹里是字库，该文件夹中还多了 syscall. c 这个用于规范与操作系统的接口。其整体架构如图 5-6 所示。

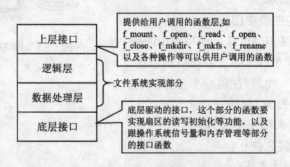

图 5-6　FATFS 整体架构

00readme 表示代码说明文件，diskio. h 表示底层接口代码头文件，diskio. c 表示底层驱动接口文件（模块移植修改该代码文件），ff. c 表示 FAT 文件系统数据结构和操作接口函数源代码，ff. h、ffconf. h 表示 FAT 文件系统配置头文件（模块移植修改该代码文件),integer. h 表示定义数据类型头文件。

R0.08 版代码阅读顺序:先读 integer. h,了解所用的数据类型,然后是 ff. h,了解文件系统所用的数据结构和各种函数声明,然后是 diskio. h,了解与介质相关的数据结构和操作函数。再把 ff. c 文件所实现的函数大致扫描一遍。最后根据用户应用层程序调用函数的次序仔细阅读相关代码。

(4) FATFS 的数据结构

(1) File system object structure。

文件系统最主要的数据结构用于存储文件系统的基本信息,如文件系统类型、扇区大小、簇的扇区数、FAT 表的位置及大小等一些重要信息。

```
    typedef struct {
BYTE    fs_type;        /* FAT sub - type (0:Not mounted) */
BYTE    drv;            /* Physical drive number */对应实际驱动号
BYTE    csize;          /* Sectors per cluster (1,2,4...128) */
BYTE    n_fats;         /* Number of FAT copies (1,2) */
BYTE    wflag;          /* win[] dirty flag (1:must be written back) */
BYTE    fsi_flag;       /* fsinfo dirty flag (1:must be written back) */
WORD    id;             /* File system mount ID */
WORD    n_rootdir;      /* Number of root directory entries (FAT12/16) */
# if _MAX_SS ! = 512
WORD    ssize;          /* Bytes per sector (512,1024,2048,4096) */
# endif
# if _FS_REENTRANT
_SYNC_t   sobj;         /* Identifier of sync object */
# endif
# if ! _FS_READONLY
DWORD    last_clust;    /* Last allocated cluster */
DWORD    free_clust;    /* Number of free clusters */
DWORD    fsi_sector;    /* fsinfo sector (FAT32) */
# endif
# if _FS_RPATH
DWORD    cdir;          /* Current directory start cluster (0:root) */
# endif
DWORD    n_fatent;      /* Number of FAT entries ( = number of clusters + 2) */
DWORD    fsize;         /* Sectors per FAT */
DWORD    fatbase;       /* FAT start sector */FAT 表起始扇区
DWORD    dirbase;       /* Root directory start sector (FAT32:Cluster#) */
DWORD    database;      /* Data start sector */数据起始扇区
DWORD    winsect;       /* Current sector appearing in the win[] */
BYTE     win[_MAX_SS];  /* Disk access window for Directory, FAT (and Data on tiny
                           cfg) */
```

} FATFS;

(2) File object structure。

这个结构体功能类似于 C 语言库函数的 FILE。要调用文件系统上层接口函数必须创建的一个实体。

```
typedef struct {
    FATFS *   fs;           /* Pointer to the owner file system object */
    WORD    id;           /* Owner file system mount ID */
    BYTE    flag;          /* File status flags */文件状态标志
    BYTE    pad1;          //未查到有何作用,以前版本此位:扇区偏移
    DWORD   fptr;          /* File read/write pointer */
    DWORD   fsize;         /* File size */
    DWORD   org_clust;     /* File start cluster (0 when fsize = = 0) */
    DWORD   curr_clust;    /* Current cluster */
    DWORD   dsect;         /* Current data sector */
#if ! _FS_READONLY
    DWORD   dir_sect;      /* Sector containing the directory entry */
    BYTE *   dir_ptr;       /* Ponter to the directory entry in the window */
#endif
#if _USE_FASTSEEK
    DWORD *   cltbl;         /* Pointer to the cluster link map table (null on file
open) */
#endif
#if _FS_SHARE
    UINT    lockid;        /* File lock ID (index of file semaphore table) */
#endif
#if ! _FS_TINY
    BYTE    buf[_MAX_SS]; /* File data read/write buffer */
#endif
} FIL;
```

(3) Directory object structure。

文件目录结构体,主要作用是在文件系统处理目录操作时所用到的结构体。

```
typedef struct {
    FATFS *   fs;                   /* Pointer to the owner file system object */
    WORD    id;               /* Owner file system mount ID */
    WORD    index;            /* Current read/write index number */
    DWORD   sclust;              /* Table start cluster (0:Root dir) */
    DWORD   clust;            /* Current cluster */
    DWORD   sect;             /* Current sector */
    BYTE *   dir;                 /* Pointer to the current SFN entry in the win[] */
```

```
    BYTE *     .fn;       /* Pointer to the SFN (in/out) {file[8],ext[3],status[1]} */
#if _USE_LFN
    WCHAR *    lfn;                 /* Pointer to the LFN working buffer */
    WORD    lfn_idx;               /* Last matched LFN index number (0xFFFF:No LFN) */
#endif
} DIR;
```

(4) File status structure (FILINFO)。

记录文件目录项信息的数据结构,这个结构主要描述文件的状态信息,包括文件名 13 个字符、属性、修改时间等。

```
typedef struct {
    DWORD    fsize;                    /* File size */
    WORD    fdate;                     /* Last modified date */
    WORD    ftime;                     /* Last modified time */
    BYTE    fattrib;                   /* Attribute */
    TCHAR    fname[13];                /* Short file name (8.3 format) */
#if _USE_LFN
    TCHAR *    lfname;                 /* Pointer to the LFN buffer */
    UINT    lfsize;                    /* Size of LFN buffer in TCHAR */
#endif
} FILINFO;
```

(5) FATFS 的上层接口和文件系统实现部分

文件系统提供的接口函数都在 ff.c 之中,有以下几个函数。使用文件系统就要了解文件系统的接口函数。其功能大致可以类似于 C 语言库函数提供的文件操作库函数。

```
    FRESULT f_mount (BYTE, FATFS *);
    FRESULT f_open (FIL *, const TCHAR *, BYTE);
    FRESULT f_read (FIL *, void *, UINT, UINT *)
    FRESULT f_lseek (FIL *, DWORD);
    FRESULT f_close (FIL *);
    FRESULT f_opendir (DIR *, const TCHAR *);
    FRESULT f_readdir (DIR *, FILINFO *);
    FRESULT f_stat (const TCHAR *, FILINFO *);
    FRESULT f_write (FIL *, const void *, UINT, UINT *);
    FRESULT f_getfree(const TCHAR *, DWORD *, FATFS **);
    FRESULT f_truncate (FIL *);
    FRESULT f_sync (FIL *);
    FRESULT f_unlink (const TCHAR *);
    FRESULT    f_mkdir (const TCHAR *);
    FRESULT f_chmod (const TCHAR *, BYTE, BYTE);
```

```
FRESULT f_utime (const TCHAR * , const FILINFO * );
FRESULT f_rename (const TCHAR * , const TCHAR * );
FRESULT f_forward (FIL * , UINT( * )(const BYTE * ,UINT), UINT, UINT * );
FRESULT f_mkfs (BYTE, BYTE, UINT);
FRESULT f_chdrive (BYTE);
FRESULT f_chdir (const TCHAR * );
FRESULT f_getcwd (TCHAR * , UINT);
int f_putc (TCHAR, FIL * );
int f_puts (const TCHAR * , FIL * );
```

文件系统的实现部分,一般不需要用户了解这些函数。以下是文件实现部分的几个函数原型。

```
FRESULT move_window (FATFS * fs,DWORD sector);
FRESULT sync (FATFS * fs);
BYTE check_fs (FATFS * fs,DWORD sect);
FRESULT chk_mounted (const TCHAR * * path, FATFS * * rfs,BYTE chk_wp);
DWORD clust2sect (FATFS * fs, DWORD clst);
DWORD get_fat (     FATFS * fs, DWORD clst);
FRESULT put_fat (FATFS * fs, DWORD clst, DWORD val);
FRESULT remove_chain (FATFS * fs,DWORD clst);
DWORD create_chain (FATFS * fs, DWORD clst);
int cmp_lfn (WCHAR * lfnbuf,BYTE * dir);
int pick_lfn (WCHAR * lfnbuf,BYTE * dir);
void fit_lfn(const WCHAR * lfnbuf,BYTE * dir, BYTE ord,BYTE sum);
void gen_numname(BYTE * dst,const BYTE * src,const WCHAR * lfn,WORD seq);
BYTE sum_sfn (const BYTE * dir);
FRESULT dir_sdi (DIR * dj,WORD idx);
FRESULT dir_next (DIR * dj,int stretch);
FRESULT dir_find (DIR * dj);
FRESULT dir_read (DIR * dj);
FRESULT dir_register (DIR * dj);
FRESULT dir_remove (DIR * dj);
FRESULT create_name (DIR * dj,const TCHAR * * path);
void get_fileinfo (DIR * dj,FILINFO * fno);
FRESULT follow_path (DIR * dj,const TCHAR * path);
FRESULT chk_lock (DIR * dj,int acc);
int enq_lock (FATFS * fs);
UINT inc_lock (DIR * dj, int acc);
FRESULT dec_lock (UINT i);
void clear_lock (FATFS * fs);
```

(6) FATFS 的数据处理层和底层接口函数

数据处理层主要包括大小端存储转换，数据复制比较等，这些函数主要在 ff. c 之中，也包括各国语言转换到 Unicode 码的转换库。FATFS 代码之中主要包含：cc932. c（日文到 Unicode 码的转换），cc936. c（中文 GBK 到 Unicode 的转换），cc949. c（韩文到 Unicode 的转换），cc950. c（繁体中文 Big5 到 Unicode 的转换），还有 ccsbcs. c 中主要是一些西文的转换，最大支持到 255，已经没有存在的价值。这些字库本不属于文件系统，用到时也只需要将对应的字库下载然后包含进去就行，文件系统留有配置接口。

文件系统驱动层接口：

驱动层接口函数全部都在 diskio. c 之中实现。

```
DSTATUS disk_initialize (BYTE);
DSTATUS disk_status (BYTE);
DRESULT disk_read (BYTE, BYTE * , DWORD, BYTE);
DRESULT disk_write (BYTE, const BYTE * , DWORD, BYTE);
DRESULT disk_ioctl (BYTE, BYTE, void * );
```

以上几个函数实现完成后，文件系统就可以真正工作起来。一般情况下实现读写便可，其他函数为空就行。上面函数架构基本类似，以下为具体实例。

```
DSTATUS disk_initialize ( BYTE drv  /* Physical drive nmuber */)
{
    DSTATUS stat;
    int result;
    switch (drv)
    {
    case ATA:
        result = ATA_disk_initialize();
        // translate the reslut code here
        return stat;
    case MMC:
        result = MMC_disk_initialize();
        // translate the reslut code here
        return stat;
    case USB:
        result = USB_disk_initialize();
        // translate the reslut code here
        return stat;
    }
    return STA_NOINIT;
}
```

syscall. c 之中主要是与操作系统相结合的一些接口，如信号量内存管理等。

BOOL ff_cre_syncobj(BYTE,_SYNC_t＊)；　创建同步对象

BOOL ff_del_syncobj(_SYNC_t)；　删除同步对象

BOOL ff_req_grant(_SYNC_t)；　申请同步对象

void ff_rel_grant(_SYNC_t)；　释放同步对象。

（7）FATFS 的文件系统接口函数的剪裁（表 5-3）

表 5-3　文件系统接口函数的裁剪

Fuction	_FS_MINIMIZE			_FS_READONLY	_USE_STRFUNC	_USE_MKFS	_USE_FORWARD
	1	2	3	1	0	0	0
F_mount							
F_open							
F_close							
F_read							
F_write				×			
F_sync				×			
F_lseek			×				
F_opendir		×	×				
F_readdir		×	×				
F_stat	×	×	×				
F_getfree	×	×	×	×			
F_truncate	×	×	×	×			
F_unlink	×	×	×	×			
F_mkdir	×	×	×	×			
F_chmod	×	×	×	×			
F_untime	×	×	×	×			
F_rename	×	×	×	×			
F_mkfs						×	
F_forward				×			×
f_putc				×	×		
f_puts				×	×		
f_printf					×		
f_gets					×		

　　通过配置_FS_MINIMIZE、_FS_READONLY、_USE_STRFUNC、_USE_MKFS、_USE_FORWARD 这些宏，来对文件系统进行裁剪。

　　（8）FATFS 的文件系统配置

文件系统的配置项都在 ffconf. h 头文件之中。

① _FS_TINY:这个选项在 R0.07 版本之后开始出现,在之前的版本都是以独立的 C 文件出现。现在通过一个宏来修改使用起来更方便。

② _FS_MINIMIZE、_FS_READONLY、_USE_STRFUNC、_USE_MKFS、_USE_FORWARD 这些宏是来对文件系统进行裁剪的,表 5-3 中有详细的介绍。

③ _CODE_PAGE:本选项用于设置语言码的类型,对应的字库可以在网上下载,其选项如下。

932 — Japanese Shift-JIS (DBCS, OEM, Windows)

936 — Simplified Chinese GBK (DBCS, OEM, Windows)

949 — Korean (DBCS, OEM, Windows)

950 — Traditional Chinese Big5 (DBCS, OEM, Windows)

1250 — Central Europe (Windows)

1251 — Cyrillic (Windows)

1252 — Latin 1 (Windows)

1253 — Greek (Windows)

1254 — Turkish (Windows)

1255 — Hebrew (Windows)

1256 — Arabic (Windows)

1257 — Baltic (Windows)

1258 — Vietnam (OEM, Windows)

437 — U. S. (OEM)

720 — Arabic (OEM)

737 — Greek (OEM)

775 — Baltic (OEM)

850 — Multilingual Latin 1 (OEM)

858 — Multilingual Latin 1 + Euro (OEM)

852 — Latin 2 (OEM)

855 — Cyrillic (OEM)

866 — Russian (OEM)

857 — Turkish (OEM)

862 — Hebrew (OEM)

874 — Thai (OEM, Windows)

1 — ASCII only(Valid for non LFN cfg.)

④ _USE_LFN:该处的值为 0-3,主要用于长文件名的支持及缓冲区的动态分配。

　　0:不支持长文件名。

1：支持长文件名存储的静态分配，一般是存储在 BSS 段。

2：支持长文件名存储的动态分配，存储在栈上。

3：支持长文件名存储的动态分配，存储在堆上。

⑤ _MAX_LFN：可存储长文件的最大长度，其值一般为（12－255），但是缓冲区一般占（_MAX_LFN ＋ 1）* 2 bytes。

⑥ _LFN_UNICODE：为 1 时才支持 unicode 码。

⑦ _FS_RPATH：R0.08 版本改动配置项，取值范围 0～2。

　　0：去除相对路径支持和函数。

　　1：开启相对路径并且开启 f_chdrive() 和 f_chdir() 两个函数。

　　2：在 1 的基础上添加 f_getcwd() 函数。

⑧ _VOLUMES：支持的逻辑设备数目。

⑨ _MAX_SS：扇区缓冲的最大值，其值一般为 512。

⑩ _MULTI_PARTITION：定义为 1 时，支持磁盘多个分区。

⑪ _USE_ERASE：R0.08 新加入的配置项，设置为 1 时，支持扇区擦除。

⑫ _WORD_ACCESS：如果定义为 1，则可以使用 word 访问。

⑬ _FS_REENTRANT：定义为 1 时，文件系统支持冲入，但是需要加上跟操作系统信号量相关的几个函数，函数在 syscall.c 文件中。

⑭ _FS_SHARE：文件支持的共享数目。

5.1.4　VS1003 音频解码的实现

1. VS1003 芯片

VS1003 由芬兰 VLSI 公司开发，它是一个单片 MP3/WMA/MIDI 音频解码器和 ADPCM 编码器。它包含一个高性能、自主产权的低功耗 DSP 处理器核 VS_DSP4，工作数据存储器，为用户应用提供 5 KB 的指令 RAM 和 0.5KB 的数据 RAM。串行的控制和数据接口，4 个常规用途的 I/O 口，一个 UART，也有一个高品质可变采样率的 ADC 和立体声 DAC，还有一个耳机放大器和地线缓冲器。

VS1003 通过一个串行接口来接收输入的比特流，它可以作为一个系统的从机。输入的比特流被解码，然后通过一个数字音量控制器到达一个 18 位过采样多位 ε－Δ DAC。通过串行总线控制解码器。除了基本的解码，在用户 RAM 中它还可以做其他特殊应用，如 DSP 音效处理。如图 5-7 所示为 VS1003 内部结构图和引脚图，表 5-4 为引脚功能表。

2. VS1003 特性

➤ 能解码 MPEG 1 和 MPEG2 音频层 III(CBR＋VBR＋ABR)，WMA 4.0/4.1/7/8/9 5－384 kbits/s 所有流文件；

➤ WAV(PCM＋IMA AD－PCM)，产生 MIDI/SP－MIDI 文件。

➤ 对话筒输入或线路输入的音频信号进行 IMA ADPCM 编码；

➤ 支持 MP3 和 WAV 流；

➤ 高低音控制；

➤ 单时钟操作 12～13 MHz；

➤ 内部 PLL 锁相环时钟倍频器；

➤ 低功耗；

➤ 内含高性能片上立体声数/模转换器，两声道间无相位差；

➤ 内含能驱动 30 Ω 负载的耳机驱动器；

➤ 模拟，数字，I/O 单独供电；

➤ 为用户代码和数据准备的 5.5 KB 片上 RAM；

➤ 串行的控制，数据接口；

➤ 可被用作微处理器的从机；

➤ 特殊应用的 SPI Flash 引导；

➤ 供调试用途的 UART 接口；

➤ 新功能可以通过软件和 4 GPIO 添加。

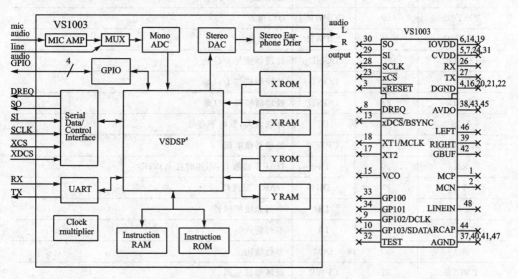

图 5-7　VS1003 内部结构图和引脚图

表 5-4　引脚功能

引脚名称	LQFP-48	引脚类型	引脚功能
MICP	1	AI	同相差分话筒输入，自偏压
MICN	2	AI	反相差分话筒输入，自偏压
XRESET	3	DI	低电平有效，异步复位端

STM32F10X系列ARM微控制器入门与提高

302

引脚名称	LQFP - 48	引脚类型	引脚功能
DGND0	4	DGND	处理器核与 I/O 地
CVDD0	5	CPWR	处理器核电源
IOVDD0	6	IOPWR	I/O 电源
CVDD1	7	CPEW	处理器核电源
DREQ	8	DO	数据请求,输入总线
GPIO2/DCLK	9	DIO	通用 I/O2/串行数据总线时钟
GPIO3/SDATA	10	DIO	通用 I/O3/串行数据总线数据
XDCS/BSYNC	13	DI	数据片选端/字节同步
IOVDD1	14	IOPWR	I/O 电源
VCO	15	DO	时钟压控振荡器 VCO 输出
DGND1	16	DGND	处理器核与 I/O 的地
XTALO	17	AO	晶振输出
XTALI	18	AI	晶振输入
IOVDD2	19	IOPWR	I/O 电源
IOVDD3		IOPWR	I/O 电源
DGND2	20	DGND	处理器核与 I/O 地
DGND3	21	DGND	处理器核与 I/O 地
DGND4	22	DGND	处理器核与 I/O 地
XCS	23	DI	片选输入,低电平有效
CVDD2	24	CPWR	处理器核电源
RX	26	DI	UART 接收口,不用时接 IOVDD
TX	27	DO	UART 发送口
SCLK	28	DI	串行总线的时钟
SI	29	DI	串行输入
SO	30	DO3	串行输出
CVDD3	31	CPWR	处理器核电源
TEST	32	DI	保留作测试,连接至 IOVDD
GPIO0/SPIBOOT	33	DIO	通用 I/O0/SPIBOOT,使用 100 kΩ 下拉电阻
GPIO1	34	DIO	通用 I/O1
AGND0	37	APWR	模拟地,低噪声参考地
AVDD0	38	APWR	模拟电源
RIGHT	39	AO	右声道输出
AGND1	40	APWR	模拟地

续表 5-4

引脚名称	LQFP-48	引脚类型	引脚功能
AGND2	41	APWR	模拟地
GBUF	42	AO	公共地缓冲器
AVDD1	43	APWR	模拟电源
RCAP	44	AIO	基准滤波电容
AVDD2	45	APWR	模拟电源
LEFT	46	AO	左声道输出
AGND3	47	APWR	模拟地
LINE IN	48	AI	线路输入

3. VS1003 的寄存器

VS1003 共有 16 个 16 位的寄存器,地址分别为 0x0～0xF;除了模式寄存器 (MODE,0x0)和状态寄存器(STATUS,0x1)在复位后的初始值分别为 0x800 和 0x3C 外,其余寄存器在 VS1003 初始化后的值均为 0。下面逐一介绍 VS1003 各寄存器。

1) MODE(地址 0x0;RW,可读写)

模式寄存器在 VS1003 中是一个较为重要的寄存器,其每一位都对应着 VS1003 的不同设置。

● bit0:SM_DIFF

SM_DIFF = 0 正常音频相位

SM_DIFF = 1 左声道反转

当 SM_DIFF 置位时,VS1003 将左声道反相输出,立体声输入将产生环绕效果,对于单声道输入将产生差分(反相)左/右声道信号。

● bit1:SM_SETTOZERO

置零。

● bit2:SM_RESET

SM_RESET = 1,VS1003 软复位。软复位之后该位会自动清零。

● bit3:SM _OUTOFWAV

SM _OUTOFWAV = 1,停止 WAW 解码。

当要中途停止 WAV、WMA 或者 MIDI 文件的解码时,置位 SM _OUTOF-WAV,并向 VS1003 持续发送数据(对于 WAV 文件发送 0)直到将 SM _OUTOF-WAV 清零;同时 SCI_HDAT1 也将被清零。

● bit4:SM_PDOWN

SM_PDOWN = 1,软件省电模式,该模式不及硬件省电模式(由 VS1003 的 xReset 激活)。

● bit5:SM_TESTS

SM_TESTS = 1,进入 SDI 测试模式。

● bit6:SM_STREAM

SM_STREAM = 1,使能 VS1003 的流模式,具体请参考应用笔记 VS10XX。

● bit7:SM_PLUSV

SM_PLUSV = 1,MP3 + V 解码使能。

● bit8:SM_DACT

SM_DACT = 0,SCLK 上升沿有效;SM_DACT = 1,SCLK 下降沿有效。

● bit9:SM_SDIORD

SM_SDIORD = 0,SDI 总线字节数据 MSB 在前,即需先发送 MSB;

SM_SDIORD = 1,SDI 总线字节数据 LSB 在前,即需先发送 LSB。

该位的设置不会影响 SCI 总线。

● bit10:SM_SDISHARE

SM_SDISHARE = 1,SDI 与 SCI 将共用一个片选信号(同时 SM_SDINEW = 1),即将 xDCS 与 xCS 这两根信号线合为一条,能省去一个 I/O 口。

● bit11:SM_SDINEW

SM_SDINEW = 1,VS1002 本地模式(新模式)。VS1003 在启动后默认进入该模式。

注:这里的模式指的是总线模式。

● bit12:SM_ADPCM

SM_ADPCM = 1,ADPCM 录音使能。

同时置位 SM_ADPCM 和 SM_RESET 将使能 VS1003 的 IMA ADPCM 录音功能。

● bit13:SM_ADPCM_HP

SM_ADPCM_HP = 1,使能 ADPCM 高通滤波器。

同时置位 SM_ADPCM_HP 、SM_ADPCM 和 SM_RESET 将开启 ADPCM 录音用高通滤波器,对录音时的背景噪声有一定的抑制作用。

● bit14:SM_LINE_IN

录音输入选择,SM_LINE_IN = 1,选择线入(line in);SM_LINE_IN = 0,选择麦克风输入(默认)。

2) SCI_STATUS(0x1,RW)

SCI_STATUS 为 VS1003 的状态寄存器,提供 VS1003 当前状态信息。

3) SCI_BASS(0x2,RW)

重音/高音设置寄存器。

VS1003 内置的重音增强器 VSBE 是种高质量的重音增强 DSP 算法,能够最大限度地避免音频削波。当 SB_AMPLITUDE(bit:7—4)不为零时,重音增强器将使能。可以根据个人需要来设置 SB_AMPLITUDE。例如,SCI_BASS = 0x00f6,即对 60 Hz 以下的音频信号进行 15 dB 的增强。当 ST_AMPLITUDE(bit:15—12)不为零时,高音增强将使能。例如,SCI_BASS = 0x7a00,即 10 kHz 以上的音频信号进行 10.5 dB 的增强。

4) SCI_CLOCKF(0x3,RW)

在 VS1003 中对该寄存器的操作有别于 VS10x1 和 VS1002。

● SC_MULT(bit:15—13)时钟输入 XTALI 的倍频设置,设置之后将启动 VS1003 内置的倍频器。

● SC_ADD(bit:12—11)

用于在 WMA 流解码时给倍频器增加额外的倍频值。

● SC_FREQ(bit:10—0)

当 XTALI 输入的时钟不是 12.288 MHz 时才需要设置该位段,其默认值为 0,即 VS1003 默认使用的是 12.228 MHz 的输入时钟。

5) SCI_DECODE_TIME(0x4,RW)

解码时间寄存器。当进行正确的解码时,读取该寄存器可以获得当前的解码时长(单位为 s)。可以更改该寄存器的值,但是新值需要对该寄存器进行两次写操作。在每次软件复位或是 WAV(PCM、IMA ADPCM、WMA、MIDI)解码开始与结束时 SCI_DECODE_TIME 的值将清零。

6) SCI_AUDATA(0x5,RW)

当进行正确的解码时,该寄存器的值为当前的采样率(bit:15~1)和所使用的声道(bit:0)。采样率需为 2 的倍数;bit0 = 0,单声道数据,bit0 = 1,立体声数据。写该寄存器将直接改变采样率。

7) SCI_WRAM(0x6,RW)

该寄存器用来加载用户应用程序和数据到 VS1003 的指令和数据 RAM 中。起始地址在 SCI_WRAMADDR 中进行设置,且必须先于读写 SCI_WRAM。对于 16 位的数据可以在进行一次 SCI_WRAM 的读写中完成;而对于 32 位的指令字来说则需要进行两次连续读写。字节顺序是大端模式,即高字节在前、低字节在后。在每一次完成全字读写后,内部指针将自动增加。

8) SCI_WRAMADDR(0x7,RW)

用于设置 RAM 读写的首地址。

9) SPI_HDAT0 和 SPI_HDAT1(0x8,0x9,R)

这两个寄存器用来存放所解码的音频文件的相关信息,为只读寄存器。

● 当为 WAV 文件时,SPI_HDAT0 = 0x7761,SPI_HDAT1 = 0x7665;

● 当为 WMA 文件时,SPI_HDAT0 的值为解码速率(B/s),要转换为位率的话则将 SPI_HDAT0 的值乘 8 即可,SPI_HDAT1 = 0x574D;

- 当为 MIDI 文件时，SPI_HDAT0 的值请参考 VS1003 数据手册，SPI_HDAT1 = 0x4D54；
- 当为 MP3 文件时，SPI_HDAT0 和 SPI_HDAT1 包含较为复杂的信息（来自于解压之后的 MP3 文件头），包括当前正在解码的 MP3 文件的采样率、位率等，具体请参考 VS1003 数据手册。复位后 SPI_HDAT0 和 SPI_HDAT1 将清零。

10) SCI_AIADDR(0xA,RW)

用户应用程序的起始地址，初始化先于 SCI_WRAMADDR 和 SCI_WRAM。如果没有使用任何用户应用程序，则该寄存器不应进行初始化，或是将其初始化为零，具体请参考应用笔记 VS10XX。

11) SCI_VOL(0xB,RW)

音量控制寄存器。高 8 位用于设置左声道，低 8 位用于设置右声道。设置值为最大音量的衰减倍数，步进值为 0.5 dB，范围为 0～255。最大音量的设置值为 0x0000，而静音为 0xFFFF。例如，左声道为 -2.0 dB，右声道为 -3.5 dB，则 SCI_VOL $=(4 \times 256)+7=0x0407$。

硬件复位将使 SCI_VOL 清零（最大音量），而软件复位将不改变音量设置值。

注：设置静音(SCI_VOL = 0xFFFF)将关闭模拟部分的供电。

12) SCI_AICTRL[x](0xC−0xF,RW)

用于访问用户应用程序。

4. VS1003 模块的初始化

上述两步完成后就可以通过 SPI 总线对 VS1003 进行初始化。初始化的一般流程如下：

- 硬复位，xReset = 0；
- 延时，xDCS、xCS、xReset 置 1；
- 等待 DREQ 为高；
- 软件复位：SPI_MODE = 0x0804；
- 等待 DREQ 为高（软件复位结束）；
- 设置 VS1003 的时钟：SCI_CLOCKF = 0x9800,3 倍频；
- 设置 VS1003 的采样率：SPI_AUDATA = 0xBB81,采样率 48 kHz,立体声；
- 设置重音：SPI_BASS = 0x0055；
- 设置音量：SCI_VOL = 0x2020；
- 向 vs1003 发送 4 个字节无效数据，用以启动 SPI 发送。

VS1003 可以作为一个微控制器的从机，通过串行 SPI 接口来接收输入的比特流，输入的比特流被解码后，可以通过一个数字音量控制器到达一个 18 位过采样多位 DAC。这样利用一个 VS1003 芯片与 STM32F107x 处理器配合，STM32 处理器读取 SD 卡中的 MP3 文件，将其通过 SPI 接口送往 VS1003 芯片播放，然后再利用

STM32F107x 处理器的一些 GPIO 口来控制 VS1003 即可实现一个 MP3 Player 的原形设计。

5.1.5 TFT 及 Touch pad 的实现

1. TFT 液晶显示器概述

TFT(thin film transistor)LCD 即薄膜场效应晶体管 LCD,是有源矩阵类型液晶显示器(AM-LCD)中的一种。液晶平板显示器,特别是 TFT-LCD,是目前唯一在亮度、对比度、功耗、寿命、体积和质量等综合性能上全面赶上和超过 CRT 的显示器件,它也是目前中高端彩屏手机中普遍采用的屏幕,分 65 536 色及 26 万色、1 600 万色 3 种,其显示效果非常出色。它的性能优良、大规模生产特性好,自动化程度高,原材料成本低廉,发展空间广阔,将迅速成为新世纪的主流产品,是 21 世纪全球经济增长的一个亮点。

和 TN 技术不同的是,TFT 的显示采用"背透式"照射方式——假想的光源路径不是像 TN 液晶那样从上至下,而是从下向上。这样的做法是在液晶的背部设置特殊光管,光源照射时通过下偏光板向上透出。由于上、下夹层的电极改成 FET 电极和共通电极,在 FET 电极导通时,液晶分子的表现也会发生改变,可以通过遮光和透光来达到显示的目的,响应时间大大提高到 80 ms 左右。因其具有比 TN-LCD 更高的对比度和更丰富的色彩,荧屏更新频率也更快,故 TFT 俗称"真彩"。

相对于 DSTN 而言,TFT-LCD 的主要特点是为每个像素配置一个半导体开关器件。由于每个像素都可以通过点脉冲直接控制,因而每个节点都相对独立,并可以进行连续控制。这样的设计方法不仅提高了显示屏的反应速度,同时也可以精确控制显示灰度,这就是 TFT 色彩较 DSTN 更为逼真的原因。

TFT 是如何工作的? TFT 实际上指的是薄膜晶体管(矩阵)——可以"主动"对屏幕上的各个独立的像素进行控制,这也就是所谓的主动矩阵 TFT(active matrix TFT)的来历。那么图像究竟是怎么产生的呢? 基本原理很简单:显示屏由许多可以发出任意颜色光线的像素组成,只要控制各个像素显示相应的颜色就能达到目的。在 TFT-LCD 中一般采用背光技术,为了能精确地控制每一个像素的颜色和亮度就需要在每一个像素之后安装一个类似百叶窗的开关,当"百叶窗"打开时光线可以透过来,而"百叶窗"关上后光线就无法透过来。当然,在技术上实际上实现起来不像刚才说的那么简单。LCD(liquid crystal display)就是利用了液晶的特性(当加热时为液态,冷却时就结晶为固态),一般液晶有 3 种形态:

类似黏土的层列(smectic)液晶

类似细火柴棒的丝状(nematic)液晶

类似胆固醇状的(cholestic)液晶

液晶显示器使用的是丝状,当外界环境变化时它的分子结构也会变化,从而具有不同的物理特性——就能够达到让光线通过或者阻挡光线的目的,也就是刚才比方的百叶窗。

随着20世纪90年代初TFT技术的成熟,彩色液晶平板显示器迅速发展,不到10年的时间,TFT－LCD迅速成长为主流显示器,这与它具有的优点是分不开的。其主要特点是:

(1) 使用特性好:低压应用,低驱动电压,固体化使用安全性和可靠性提高;平板化,又轻又薄,节省了大量原材料和使用空间;低功耗,它的功耗约为CRT显示器的1/10,反射式TFT-LCD甚至只有CRT的1/100左右,节省了大量的能源;TFT-LCD产品还有规格型号、尺寸系列化,品种多样,使用方便灵活,维修、更新、升级容易,使用寿命长等许多特点。显示范围覆盖了从1 in至40 in范围的所有显示器的应用范围以及投影大平面,是全尺寸显示终端;显示质量从最简单的单色字符图形到高分辨率、高彩色保真度、高亮度、高对比度、高响应速度的各种规格型号的视频显示器;显示方式有直视型、投影型、透视式,也有反射式。

(2) 环保特性好:无辐射、无闪烁,对使用者的健康无损害。特别是TFT-LCD电子书刊的出现,将把人类带入无纸办公、无纸印刷时代,引发人类学习、传播和记载文明方式的革命。

(3) 适用范围宽,从−20℃到＋50℃的温度范围都可以正常使用,经过温度加固处理的TFT-LCD低温工作温度可达到−80℃。既可作为移动终端显示、台式终端显示,又可以做大屏幕投影电视,是性能优良的全尺寸视频显示终端。

(4) 制造技术的自动化程度高,大规模工业化生产特性好。TFT-LCD产业技术成熟,大规模生产的成品率达到90%以上。

(5) TFT-LCD易于集成化和更新换代,是大规模半导体集成电路技术和光源技术的完美结合,继续发展潜力很大。目前有非晶、多晶和单晶硅TFT-LCD,将来会有其他材料的TFT,既有玻璃基板的又有塑料基板。

STM32F107开发板上搭配3.2 in TFT真彩触摸屏模块大屏幕320x240分辨率,26万色TFT－LCD,TFT－LCD采用ILI9320控制器。

ILI9320控制器是一款带有26万色的单芯片SOC驱动的晶体管显示控制器,320×240分辨率,包括720路源级驱动以及320路栅极驱动,自带显存,容量为172 800 B。由于该芯片支持26万色,也就是说,每一个点可以有26万种不同的颜色,那么要从数据总线上一次传输26万色的数据,需要18根并行数据线,但是一半的处理器数据线的位宽为2的幂次方,18接近16,ILI9320控制器支持在16位位宽的总线系统中分两次传输18位数据,以实现26万色的显示。

2. RSM1843四线电阻式触摸屏控制器

触摸屏一般氛围电阻、电容、表面声波、红外线扫描和矢量压力传感等,其中使用最多的是四线或无线电阻触摸屏。四线电阻触摸屏是由两个透明电阻膜构成的,在它的水平和垂直电阻网上施加电压,就可以通过A/D转换面板在触摸点测量出电压,从而对应出坐标值。一般液晶所用的触摸屏,最多的就是电阻式触摸屏。

电阻式触摸屏利用压力感应进行控制。电阻触摸屏的主要部分是一块与显示器表面非常配合的电阻薄膜屏，这是一种多层的复合薄膜，它以一层玻璃或硬塑料平板作为基层，表面涂有一层透明氧化金属（透明的导电电阻）导电层，上面再覆盖有一层外表面硬化处理、光滑防擦的塑料层，它的内表面也涂有一层涂层，在它们之间有许多细小（小于 1/1 000 in）的透明隔离点把两层导电层隔开绝缘。当手指触摸屏幕时，两层导电层在触摸点位置就有了接触，电阻发生变化，在 X 和 Y 两个方向上产生信号，然后送触摸屏控制器。控制器侦测到这一接触并计算出 (X,Y) 的位置，再根据获得的位置模拟鼠标的方式运作。这就是电阻技术触摸屏的最基本的原理。

电阻屏的特点有：

（1）是一种对外界完全隔离的工作环境，不怕灰尘、水汽和油污。

（2）可以用任何物体来触摸，可以用来写字画画，这是它们比较大的优势。

（3）电阻触摸屏的精度只取决于 A/D 转换的精度，因此都能轻松达到 4 096×4 096 分辨率。

RSM1843 是四线电阻式触摸屏控制芯片。电路是一个 12 bits 模/数转换器（ADC），内置同步串行数据接口和驱动触摸屏的低阻开关。基准电压（V_{ref}）变化范围从 1 V 到 +V_{cc}，相应的输入电压范围为 0 V 到 V_{ref}。电路提供了关断模式，功耗可降低至 0.5 W。RSM1843 工作电压能低至 2.7 V，是电池供电设备的理想选择，可适用于电阻式触摸屏的 PDA 等便携设备。SSOP 封装引脚功能如表 5-5 所列。

表 5-5　SSOP 封装引脚功能

引　脚	管脚名称	描　　述
1	V_{cc}	电源，2.7～5 V
2	$X+$	$X+$ 位置输入。ADC 通道 1 输入
3	$Y+$	$Y+$ 位置输入。ADC 通道 2 输入
4	$X-$	$X-$ 位置输入
5	$Y-$	$Y-$ 位置输入
6	GND	接地
7	IN3	附加输入 1，ADC 通道 3 输入
8	IN4	附加输入 2，ADC 通道 4 输入
9	Vref	基准电压输入
10	VCC	电源，2.7～5 V
11	PENIRQ	触摸笔中断，开漏输出（需要外接 10～100 kΩ 的上拉电阻）
12	DOUT	串行数据输出，数据在 DCLK 的下降沿移位输出。当 CS 为高时，该输出为高阻
13	BUSY	转换指示。当 CS 为高时，该输出为高阻

引　脚	管脚名称	描　述
14	DIN	串行数据输入,如果 CS 为低数据锁存于 DCLK 的上升沿
15	CS	片选输入,控制转换时间及使能串行输入/输出寄存器
16	DCLK	外部时钟输入,是 SAR 转换器及同步串口的工作时钟

RSM1843 四线电阻式触摸屏控制器的主要特点为:

➢ 四线触摸屏接口;

➢ 工作电压 2.7～5 V;

➢ 高达 125 kHz 的转换速率;

➢ 具有同步串行接口;

➢ 可编程的 8 bits 或 12 bits 输出;

➢ 2 个附加模拟输入端口;

➢ 全面的关断控制;

➢ SSOP-16、QFN-16 封装。

功能说明。

电路需要外部的基准和时钟,工作于 2.7～5 V 电源,外部基准电压为 1 V 到 V_{cc}。基准电压的值直接设置了转换器的输入范围,0～V_{ref}。转换器的模拟输入通过一个四通道的多路复用器。独特的低阻开关允许使用未选择的输入通道为触摸屏提供电源,相应的另一端提供地。通过使用差分输入及差分基准的结构,可以消除开关导通电阻引起的误差。

测量当前触摸设备 Y 方向位置,是通过打开 $Y+$ 和 $Y-$ 的驱动,连接 $X+$ 输入到转换器中,并数字化 $X+$ 的电压。

RSM1843 带有的数字接口,通过基本的串行接口提供数字信号。每一次处理器和转换器间的通信由 8 个时钟周期完成。一个完整的转换由 3 个串行通信实现,总共是 24 个 DCLK 端输入的时钟周期。RSM1843 输出数据是直接的二进制格式。

STM32F107 开发板的彩屏模块上配置 RSM1843 触摸控制器,采用电阻式触摸屏,且支持一个 SD 卡(SPI 方式)可用于存储图片、数据等。

5.1.6　MP3 播放器的实现

利用 STM32F107VCT6 处理器和 VS1003 单片 MP3/WMA/MIDI 音频解码器实现简易的 MP3 播放器,MP3 文件存放到 SD 卡中,读取 SD 卡中的 FAT32 格式的 MP3 文件,然后直接传输给 VS1003 进行音频解码,同时支持 3.2 in TFT 液晶显示器和电阻式触摸屏的配合。通过这个实例的学习有助于读者全面掌握 SPI 接口的数据传输,SD 卡以及 TF(Mini SD)卡的数据存取,FAT16、FAT32 格式文件系统的进一步了解,VS1003 芯片的应用,TFT 屏幕显示和触摸屏的操控等。

1. 硬件设计

STM32F107 开发板原理图如图 5-8 和图 5-9 所示，STM32F107VCT6 使用 SPI1 端口与 VS1003 芯片的 SI、SO、SCLK 连接；VS1003 芯片的控制引脚 xCS、xRESET、xDCS 分别与 STM32F107VCT6 的 PC1、NRST 和 PB11 连接，低电平有效；VS1003 的状态引脚 DREQ 与 STM32F107VCT6 处理器的 PB10 连接，低电平表示需要送数据，高电平表示正在处理数据。SD 卡部分电路图请参阅图 5-3。

STM32F107 开发板上 STM32F107VCT6 处理器将 SD 卡中 FAT32 格式的 MP3 文件读出后传送给 VS1003 音频解码器进行解码，解码后输出到 J4 音频座上，只要读者插上耳机或者扬声器就可以听音乐，VS1003 与 STM32F107VCT6 的 SPI1 口相连接，通过 SPI1 口实现对 VS1003 芯片的配置和控制。

读者如果没有条件制作硬件，可以使用一块 VS1003 的评估板和 STM32F107x 系列的开发板配置，只需要使用电缆实现上述连接及供电即可，试验成本也非常低。

2. 软件程序设计

简易 MP3 Player 的软件工作过程：通过 STM32F107VCT6 嵌入式处理器的 SPI1 接口从 SD 卡中读取 MP3 文件，将所读取的内容再通过 SPI1 发送到 VS1003 解码器中播放；SD 卡和 VS1003 解码芯片共用 SPI1 接口，通过 CS 引脚的片选信号进行分时操作。

由于 SPI1 读取 SD 卡的速度可以远超过 VS1003 播放声音的速度，因此 SPI1 从 SD 卡中读取数据时，一次性多读些数据，以免产生声音不连续的情况。读者也可以尝试采用更有效的中断方式，在内存中设置一个环形的缓冲区，SPI1 从 SD 卡读取的 MP3 文件数据存放在其中，当 VS1003 需要数据时其 DREQ 引脚将产生低电平，利用其产生中断，在中断服务程序中从缓冲区读取数据送至 VS1003，直至 DREQ 引脚恢复为高电平时退出中断。

该系统软件程序主要包含以下源文件，下面分别介绍其中主要的一些函数。限于篇幅这里不能给出工程的源代码，读者可在附件中下载所有源代码。

(1) VS1003.c 和 VS1003.h：该文件主要提供 VS1003 芯片的驱动，包含以下几个主要函数。

```
//VS1003 寄存器定义
# define SPI_MODE          0x00
# define SPI_STATUS        0x01
# define SPI_BASS          0x02
# define SPI_CLOCKF        0x03
# define SPI_DECODE_TIME   0x04
# define SPI_AUDATA        0x05
# define SPI_WRAM          0x06
```

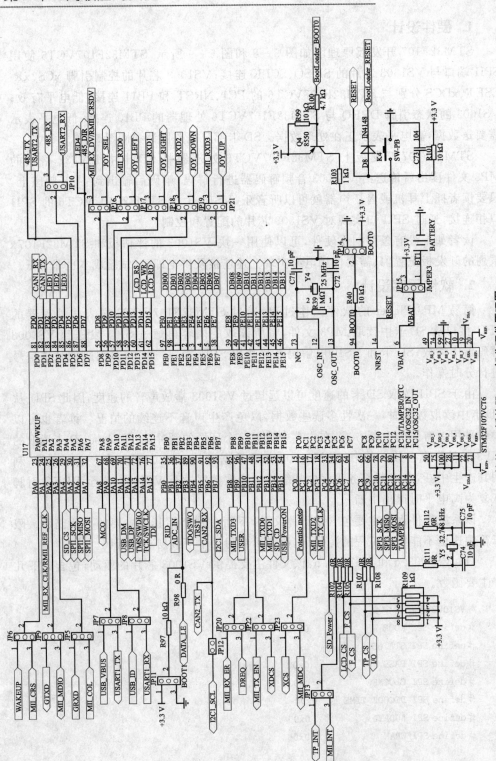

图 5-8　简单MP3播放器MCU部分硬件原理图

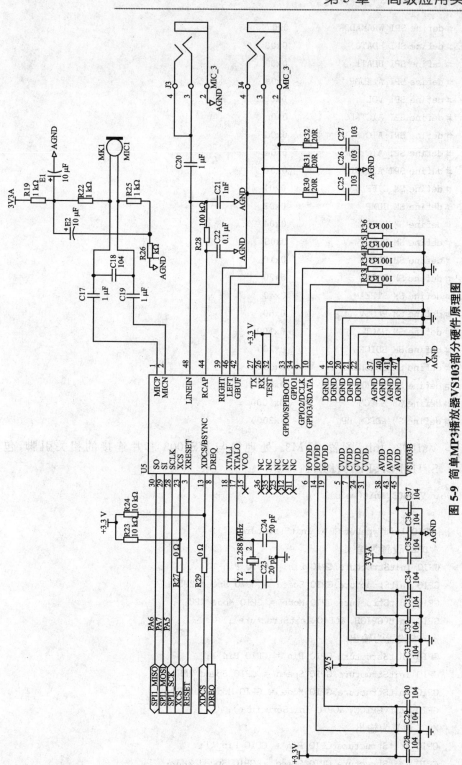

图 5-9 简单 MP3 播放器 VS103 部分硬件原理图

```
#define SPI_WRAMADDR        0x07
#define SPI_HDAT0           0x08
#define SPI_HDAT1           0x09
#define SPI_AIADDR          0x0a
#define SPI_VOL             0x0b
#define SPI_AICTRL0         0x0c
#define SPI_AICTRL1         0x0d
#define SPI_AICTRL2         0x0e
#define SPI_AICTRL3         0x0f
#define SM_DIFF             0x01
#define SM_JUMP             0x02
#define SM_RESET            0x04
#define SM_OUTOFWAV         0x08
#define SM_PDOWN            0x10
#define SM_TESTS            0x20
#define SM_STREAM           0x40
#define SM_PLUSV            0x80
#define SM_DACT             0x100
#define SM_SDIORD           0x200
#define SM_SDISHARE         0x400
#define SM_SDINEW           0x800
#define SM_ADPCM            0x1000
#define SM_ADPCM_HP         0x2000
```

➤ Vs1003_Init：配置 STM32 处理器与 VS1003 芯片连接的相关引脚，包括 SPI1、PC1、PB10、PB11；

```
void Vs1003_Init(void)
{
  GPIO_InitTypeDef GPIO_InitStructure;
  //DREQ 设置为输入
  GPIO_InitStructure.GPIO_Pin = GPIO_Pin_10;
  GPIO_InitStructure.GPIO_Speed = GPIO_Speed_2MHz;
  GPIO_InitStructure.GPIO_Mode = GPIO_Mode_IPU;
  GPIO_Init(GPIOB, &GPIO_InitStructure);
  //XCS 设置为输出
  GPIO_InitStructure.GPIO_Pin = GPIO_Pin_1;
  GPIO_InitStructure.GPIO_Speed = GPIO_Speed_2MHz;
  GPIO_InitStructure.GPIO_Mode = GPIO_Mode_Out_PP;
  GPIO_Init(GPIOC, &GPIO_InitStructure);
//XDCS 设置为输出
  GPIO_InitStructure.GPIO_Pin = GPIO_Pin_11;
  GPIO_InitStructure.GPIO_Speed = GPIO_Speed_2MHz;
```

```
GPIO_InitStructure.GPIO_Mode = GPIO_Mode_Out_PP;
GPIO_Init(GPIOB, &GPIO_InitStructure);
MP3_DCS_SET(1);    //数据片选
MP3_CCS_SET(1);    //命令片选
}
```

➢ SPI_ReadWriteByte：通过 SPI 从 VS1003 读取或向 VS1003 写入一个数据；采用硬件方式，其代码为：

```
u8 SPI_ReadWriteByte(u8 TxData)
{
    while((SPI1->SR&1<<1) = = 0);                //等待发送区空
    SPI1->DR = TxData;                           //发送 1 B
    while((SPI1->SR&1<<0) = = 0);                //等待接收完 1 B
    return SPI1->DR;                             //返回收到的数据
}
```

➢ Vs1003_CMD_Write：向 VS1003 写入命令，其函数代码如下。

```
void Vs1003_CMD_Write(u8 address,u16 data)
{
    while((GPIOB->IDR&MP3_DREQ) = = 0);          //等待空闲
    MP3_DCS_SET(1);                              //数据片选
    MP3_CCS_SET(0);                              //命令片选
    SPI_ReadWriteByte(VS_WRITE_COMMAND);         //发送 VS1003 的写命令
    SPI_ReadWriteByte(address);                  //地址
    SPI_ReadWriteByte(data>>8);                  //发送高 8 位
    SPI_ReadWriteByte(data);                     //第 8 位
    MP3_CCS_SET(1);                              //命令片选
}
```

➢ Vs1003_REG_Read：读取 VS1003 寄存器的值；

```
u16 Vs1003_REG_Read(u8 address)
{
    u16 temp = 0;
    while((GPIOC->IDR&MP3_DREQ) = = 0);          //非等待空闲状态
    MP3_DCS_SET(1);                              //数据片选
    MP3_CCS_SET(0);                              //命令片选
    SPI_ReadWriteByte(VS_READ_COMMAND);          //发送 VS1003 的读命令
    SPI_ReadWriteByte(address);                  //地址
    temp = SPI_ReadWriteByte(0xff);              //读取高字节
    temp = temp<<8;
    temp + = SPI_ReadWriteByte(0xff);            //读取低字节
    MP3_CCS_SET(1);                              //MP3_CMD_CS = 1;
```

315

```
        return temp;
    }
```

➤ Mp3Reset：VS1003 硬件复位；

```
void Mp3Reset(void)
{
    delay_ms(20);
    SPI_ReadWriteByte(0XFF);
    MP3_DCS_SET(1);                                    //取消数据传输
    MP3_CCS_SET(1);                                    //取消数据传输
    while((GPIOB->IDR & MP3_DREQ) = = 0);   //等待 DREQ 为高
    delay_ms(20);
}
```

➤ Vs1003SoftReset：VS1003 软件复位，设置时钟、采样率、重音、音量、立体声等
   参数。

```
void Vs1003SoftReset(void)
{
    u8 retry;
    while((GPIOC->IDR&MP3_DREQ) = = 0);                    //等待软件复位结束
    SPI_ReadWriteByte(0X00);                               //启动传输
    retry = 0;
    while(Vs1003_REG_Read(SPI_MODE)! = 0x0804)             //软件复位,新模式
    {
        Vs1003_CMD_Write(SPI_MODE,0x0804);                //软件复位,新模式
        delay_ms(2);                                      //等待至少 1.35 ms
        if(retry + + >100)break;
    }
    while ((GPIOC->IDR & MP3_DREQ) = = 0);                 //等待软件复位结束
    retry = 0;
    //设置 vs1003 的时钟,3 倍频,1.5xADD
    while(Vs1003_REG_Read(SPI_CLOCKF)! = 0X9800)
    {
        //设置 vs1003 的时钟,3 倍频 ,1.5xADD
        Vs1003_CMD_Write(SPI_CLOCKF,0X9800);
        if(retry + + >100)break;
    }
    retry = 0;
    //设置 vs1003 的时钟,3 倍频 ,1.5xADD
    while(Vs1003_REG_Read(SPI_AUDATA)! = 0XBB81)
    {
        Vs1003_CMD_Write(SPI_AUDATA,0XBB81);
```

```
        if(retry+ +>100)break;
    }
    set1003();                                   //设置 VS1003 的音效
    Vs1003_CMD_Write(11,0x2020);                 //音量
//向 vs1003 发送 4 B无效数据,用以启动 SPI 发送
    MP3_DCS_SET(0);                              //选中数据传输
    SPI_ReadWriteByte(0XFF);
    SPI_ReadWriteByte(0XFF);
    SPI_ReadWriteByte(0XFF);
    SPI_ReadWriteByte(0XFF);
    MP3_DCS_SET(1);                             //取消数据传输
}
```

> VsSineTest：VS1003 正弦测试函数

```
void VsSineTest(void)
{
    Mp3Reset();
    Vs1003_CMD_Write(0x0b,0X2020);              //设置音量
    Vs1003_CMD_Write(SPI_MODE,0x0820);         //进入 vs1003 的测试模式
    while ((GPIOC ->IDR & MP3_DREQ) = = 0);    //等待 DREQ 为高
    //向 vs1003 发送正弦测试命令:0x53 0xef 0x6e n 0x00 0x00 0x00 0x00
    //其中 n = 0x24,设定 vs1003 所产生的正弦波的频率值
    MP3_DCS_SET(0);                             //选中数据传输
    SPI_ReadWriteByte(0x53);
    SPI_ReadWriteByte(0xef);
    SPI_ReadWriteByte(0x6e);
    SPI_ReadWriteByte(0x24);
    SPI_ReadWriteByte(0x00);
    SPI_ReadWriteByte(0x00);
    SPI_ReadWriteByte(0x00);
    SPI_ReadWriteByte(0x00);
    MP3_DCS_SET(1);
    //退出正弦测试
    MP3_DCS_SET(0);                             //选中数据传输
    SPI_ReadWriteByte(0x45);
    SPI_ReadWriteByte(0x78);
    SPI_ReadWriteByte(0x69);
    SPI_ReadWriteByte(0x74);
    SPI_ReadWriteByte(0x00);
    SPI_ReadWriteByte(0x00);
    SPI_ReadWriteByte(0x00);
    SPI_ReadWriteByte(0x00);
```

```
    MP3_DCS_SET(1);
    //再次进入正弦测试并设置 n 值为 0x44,即将正弦波的频率设置为另外的值
    MP3_DCS_SET(0);                                    //选中数据传输
    SPI_ReadWriteByte(0x53);
    SPI_ReadWriteByte(0xef);
    SPI_ReadWriteByte(0x6e);
    SPI_ReadWriteByte(0x44);
    SPI_ReadWriteByte(0x00);
    SPI_ReadWriteByte(0x00);
    SPI_ReadWriteByte(0x00);
    SPI_ReadWriteByte(0x00);
    MP3_DCS_SET(1);
    //退出正弦测试
    MP3_DCS_SET(0);                                    //选中数据传输
    SPI_ReadWriteByte(0x45);
    SPI_ReadWriteByte(0x78);
    SPI_ReadWriteByte(0x69);
    SPI_ReadWriteByte(0x74);
    SPI_ReadWriteByte(0x00);
    SPI_ReadWriteByte(0x00);
    SPI_ReadWriteByte(0x00);
    SPI_ReadWriteByte(0x00);
    MP3_DCS_SET(1);
}
```

➢ VsRamTest:RAM 测试

```
void VsRamTest(void)
{
    u16 regvalue = 0;
    Mp3Reset();
    Vs1003_CMD_Write(SPI_MODE,0x0820);        //进入 vs1003 的测试模式
    while ((GPIOB - >IDR & MP3_DREQ) = = 0);  //等待 DREQ 为高
    MP3_DCS_SET(0);                           //xDCS = 1,选择 vs1003 的数据接口
    SPI_ReadWriteByte(0x4d);
    SPI_ReadWriteByte(0xea);
    SPI_ReadWriteByte(0x6d);
    SPI_ReadWriteByte(0x54);
    SPI_ReadWriteByte(0x00);
    SPI_ReadWriteByte(0x00);
    SPI_ReadWriteByte(0x00);
    SPI_ReadWriteByte(0x00);
    delay_ms(50);
```

```
    MP3_DCS_SET(1);
    regvalue = Vs1003_REG_Read(SPI_HDAT0);  //如果返回值为 0x807F,表明完好
}
```

➤ set1003:设定 vs1003 播放的音量和高低音

```
void set1003(void)
{
    u8 t;
    u16 bass = 0;                              //暂存音调寄存器值
    u16 volt = 0;                              //暂存音量值
    u8 vset = 0;                               //暂存音量值
    vset = 255 - vs1003ram[4];                 //取反一下,得到最大值,表示最大的表示
    volt = vset;
    volt << = 8;
    volt + = vset;                             //得到音量设置后大小
    for(t = 0;t<4;t + +)
    {
        bass << = 4;
        bass + = vs1003ram[t];
    }
    Vs1003_CMD_Write(SPI_BASS,bass);           //BASS
    Vs1003_CMD_Write(SPI_VOL,volt);            //设音量
}
```

(2) SD_driver. c:该文件是以 SPI 模式操作 SD 的底层驱动程序,包括 SPI 模块及相关 I/O 的初始化,SPI 读写 SD 卡等。

➤ SPI_Configuration:SPI 模块的初始化代码,配置成主机模式,用于分时访问 SD 卡和 VS1003。

```
void SPI_Configuration(void)
{
SPI_InitTypeDef   SPI_InitStructure;
GPIO_InitTypeDef GPIO_InitStructure;
RCC_APB1PeriphClockCmd(RCC_APB2Periph_SPI1, ENABLE);  //启动 SPI 时钟
//SPI1 模块对应的 SCK、MISO、MOSI 为 AF 引脚
GPIO_InitStructure.GPIO_Pin = GPIO_Pin_5 | GPIO_Pin_6 | GPIO_Pin_7;
GPIO_InitStructure.GPIO_Speed = GPIO_Speed_2MHz;
GPIO_InitStructure.GPIO_Mode = GPIO_Mode_AF_PP;
GPIO_Init(GPIOA, &GPIO_InitStructure);
GPIO_InitStructure.GPIO_Pin = GPIO_Pin_4;
GPIO_InitStructure.GPIO_Speed = GPIO_Speed_2MHz;
GPIO_InitStructure.GPIO_Mode = GPIO_Mode_Out_PP;
```

```
    GPIO_Init(GPIOA, &GPIO_InitStructure);        //一开始 SD 初始化阶段,SPI 时钟频率必须
<400 kHz
    SD_CS_DISABLE();
    SPI_InitStructure.SPI_Direction = SPI_Direction_2Lines_FullDuplex;
    SPI_InitStructure.SPI_Mode = SPI_Mode_Master;
    SPI_InitStructure.SPI_DataSize = SPI_DataSize_8b;
    SPI_InitStructure.SPI_CPOL = SPI_CPOL_High;
    SPI_InitStructure.SPI_CPHA = SPI_CPHA_2Edge;
    SPI_InitStructure.SPI_NSS = SPI_NSS_Soft;
    SPI_InitStructure.SPI_BaudRatePrescaler = SPI_BaudRatePrescaler_4;
    SPI_InitStructure.SPI_FirstBit = SPI_FirstBit_MSB;
    SPI_InitStructure.SPI_CRCPolynomial = 7;
    SPI_Init(SPI1, &SPI_InitStructure);
    SPI_Cmd(SPI1, ENABLE);
}
```

➤ SPI_ReadWriteByte:SPI 读写一个字节。

```
u8 SPI_ReadWriteByte(u8 TxData)
{
    /* Loop while DR register in not emplty */
    while (SPI_I2S_GetFlagStatus(SPI1, SPI_I2S_FLAG_TXE) = = RESET);
    /* Send byte through the SPI1 peripheral */
    SPI_I2S_SendData(SPI1, TxData);
    /* Wait to receive a byte */
    while (SPI_I2S_GetFlagStatus(SPI1, SPI_I2S_FLAG_RXNE) = = RESET);
    /* Return the byte read from the SPI bus */
    return SPI_I2S_ReceiveData(SPI1);
}
```

➤ ReadSingleBlock:读 SD 卡的一个数据块。

```
u8 SD_ReadSingleBlock(u32 sector, u8 * buffer)
{
    u8 r1;
    SPI_SetSpeed(SPI_SPEED_HIGH);                    //设置为高速模式
    //如果不是 SDHC,将 sector 地址转成 byte 地址
    sector = sector<<9;
    r1 = SD_SendCommand(CMD17, sector, 0);          //读命令
    if(r1 ! = 0x00)
    {
        return r1;
    }
    r1 = SD_ReceiveData(buffer, 512, RELEASE);
```

```
    if(r1 ! = 0)
    {
        return r1;                          //读数据出错
    }
    else
    {
        return 0;
    }
}
```

➤ SD_WriteSingleBlock：向 SD 卡中写入一个块。

```
u8 SD_WriteSingleBlock(u32 sector, const u8 * data)
{
    u8 r1;
    u16 i;
    u16 retry;
    SPI_SetSpeed(SPI_SPEED_HIGH);           //设置为高速模式
    //如果不是 SDHC,给定的是 sector 地址,将其转换成 Byte 地址
    if(SD_Type! = SD_TYPE_V2HC)
    {
        sector = sector<<9;
    }
    r1 = SD_SendCommand(CMD24, sector, 0x00);
    if(r1 ! = 0x00)
    {
        return r1;                          //应答不正确,直接返回
    }
    SD_CS_ENABLE();                         //开始准备数据传输
    //先放 3 个空数据,等待 SD 卡准备好
    SPI_ReadWriteByte(0xff);
    SPI_ReadWriteByte(0xff);
    SPI_ReadWriteByte(0xff);
    SPI_ReadWriteByte(0xFE);                //放起始令牌 0xFE
    for(i = 0;i<512;i + +)                   //放一个 sector 的数据
    {
        SPI_ReadWriteByte( * data + +);
    }
    SPI_ReadWriteByte(0xff);                //发 2 个 Byte 的 dummy CRC
    SPI_ReadWriteByte(0xff);
    r1 = SPI_ReadWriteByte(0xff);           //等待 SD 卡应答
    if((r1&0x1F)! = 0x05)
    {
```

```
            SD_CS_DISABLE();
            return r1;
        }
        retry = 0;                              //等待操作完成
        while(! SPI_ReadWriteByte(0xff))
        {
            retry+ +;
            if(retry>0xfffe)                    //如果长时间写入没有完成,报错退出
            {
              SD_CS_DISABLE();
                return 1;                       //写入超时返回1
            }
        }
        SD_CS_DISABLE();                        //写入完成,片选置1
        SPI_ReadWriteByte(0xff);
        return 0;
    }
```

SD 卡初始化函数,SD 卡读取多个块函数,SD 卡写入多个块等其他 SD 的底层驱动程序请读者自行查阅光盘中源代码。

322

(3) ff.c:该文件提供 FAT32 文件系统的支持程序。它是从 FATFS 文件系统移植过来,请查看 5.1.3 小节文件系统移植章节。

(4) ili9320.c 和 ili9320.h:3.2 in TFT 屏驱动程序,支持 QVGA 显示屏,使用 16 位并行数据传输,包括 LCD 初始化函数,LCD 硬件配置函数,LCD 写命令函数,LCD 光标起点定位函数,LCD 全屏擦除函数,LCD 写 ASCII、中文字符以及字符串函数等,请读者自行查阅光盘中的源代码,此处不再叙述。

(5) main.c:主函数,首先初始化系统时钟、串口、SPI1、液晶显示屏接口和触摸屏接口,初始化并启动 VS1003 芯片,检测 SD 卡的情况,启动 SD 卡,从 SD 卡的根目录下读取相应的 MP3 文件,并将其传送到 VS1003 芯片进行播放。

3. 运行过程

(1) 使用 IAR EWARM 集成开发环境通过 J-LINK 仿真器连接 STM32F107 开发板上并将开发板上电,将程序烧写到目标板上。

(2) 使用串口线烧写程序,将开发板的串口 USART1 与 PC 机连接,在 PC 机上运行意法半导体公司的 Flash loader Demo 程序(波特率 115 200、1 位停止位、无校验位、无硬件流控制)烧写代码。如果使用串口烧写程序,请用跳线帽分别连接 JP7和 JP8 的 2 号和 3 号引脚。

(3) MP3 播放器跳线接法如表 5-6 所列。

表 5－6　MP3 播放器跳线接法

跳线	MP3 播放器
JP20	2,3
JP22	2,3
JP23	1,2
JP13	1,2

（4）将 MP3 文件复制到 SD 卡的根目录中重命名为"1. mp3"，并将 SD 插入 STM32F107 开发板的 SD 连接器中。

（5）将耳机插入到 STM32F107 开发板的 J4 接口上。

（6）重新启动 STM32F107 开发板，如果程序运行正常，在耳机中将能听到高品质音乐。

5.2　嵌入式操作系统移植

操作系统（Operating System,OS）是一种系统软件。它在计算机硬件与计算机应用程序之间，通过提供应用程序接口（application programming interface,API），屏蔽了计算机硬件工作的一些细节，从而是应用程序的设计人员得以在一个友好的平台上进行应用程序的设计和开发，大大提高了应用程序的开发效率。

嵌入式操作系统 EOS（Embedded Operating System）又称实时操作系统（Real Time Operation System,RTOS）是一种支持嵌入式系统应用的操作系统软件，它是嵌入式系统（包括硬、软件系统）极为重要的组成部分，通常包括与硬件相关的底层驱动软件、系统内核、设备驱动接口、通信协议、图形界面、标准化浏览器 Browser 等。嵌入式操作系统具有通用操作系统的基本特点，如能够有效管理越来越复杂的系统资源；能够把硬件虚拟化，使得开发人员从繁忙的驱动程序移植和维护中解脱出来；能够提供库函数、驱动程序、工具集以及应用程序。嵌入式操作系统负责嵌入式系统的全部软硬件资源的分配、调度、控制、协调并发活动；它必须体现其所在系统的特征，能够通过装卸某些模块来达到系统所要求的功能。

5.2.1　嵌入式操作系统概述

计算机是一种由中央处理器、存储器、接口及外部设备等组成的一种数字运算装置。以上这些装置就是计算机的硬件系统。只具有硬件系统的计算机称为"裸机"。这种裸机只有配备相应的软件才能成为真正的计算机。操作系统就是一种为应用程序提供服务的系统软件，是一个完整计算机系统的有机组成部分。从层次来看，操作系统位于计算机硬件之上、应用软件之下。所以也把它叫做应用软件的运行平台。

操作系统的作用：它在计算机应用程序与计算机硬件系统之间，屏蔽了计算机硬件工作的一些细节，并对系统中的资源进行有效管理。通过提供函数［应用程序接口（application programming interface,API）］，从而使应用程序的设计人员得以在一个友好的平台上进行应用程序的设计和开发，很大地提高了应用程序的开发效率。

在嵌入式实时操作系统环境下开发实时应用程序，使程序的设计和扩展变得容易,不需要大的改动就可以增加新的功能。通过将应用程序分割成若干独立的任务模块,使应用程序的设计过程大为简化;而且对实时性要求苛刻的事件都得到了快速、可靠的处理。通过有效的系统服务,嵌入式实时操作系统使得系统资源得到更好的利用。但是,使用嵌入式实时操作系统还需要额外的 ROM/RAM 开销,2%~5%的 CPU 额外负荷。

到目前为止,商业化嵌入式操作系统的发展主要受到用户嵌入式系统的功能需求、硬件资源以及嵌入式操作系统自身灵活性的制约。而随着嵌入式系统的功能越来越复杂,硬件所提供的条件越来越好,选择嵌入式操作系统也就越来越有必要了。到了高端产品阶段,可以说采用商业化嵌入式操作系统是最经济可行的方案,而这个阶段的应用也为嵌入式操作系统的发展指出了方向。目前市场上流行的嵌入式操作系统介绍如下。

1. μC /OS-II

μC/OS-II 是一个简单、高效的嵌入式实时操作系统内核,已经被应用到各种嵌入式系统中。目前,它支持 x86、ARM、PowerPC、MIPS 等众多体系结构,并有上百个商业应用实例,其稳定性和可用性是经过实践验证的。同时,它的源代码公开,可以从官方网站上获得全部源码以及其在各种体系结构平台上的移植范例。

μC/OS-II 的前身是 μC/OS,最早出自于 1992 年美国嵌入式系统专家 Jean J. Labrosse 在《嵌入式系统编程》杂志的 5 月和 6 月刊上刊登的文章连载,并把 μC/OS 的源码发布在该杂志的 BBS 上。

μC/OS 和 μC/OS-II 是专门为计算机的嵌入式应用设计的,绝大部分代码是用 C 语言编写的。CPU 硬件相关部分是用汇编语言编写的,总量约 200 行的汇编语言部分被压缩到最低限度,为的是便于移植到任何一种其他 CPU 上。用户只要有标准的 ANSI 的 C 交叉编译器,有汇编器、连接器等软件工具,就可以将 μC/OS-II 嵌入到开发的产品中。μC/OSII 具有执行效率高、占用空间小、实时性能优良和可扩展性强等特点,最小内核可编译至 2 KB。

2. VxWorks

VxWorks 是目前嵌入式系统领域中使用最广泛、市场占有率最高的系统。它支持多种处理器,如 x86、i960、Sun Sparc、Motorola MC68xxx、MIPS RX000、POWER PC 等。大多数 VxWorks API 是专有的,采用 GNU 或 Diab 的编译和调试器。良好的持续发展能力、高性能的内核以及友好的用户开发环境,在嵌入式实时操作系统领域占据一席之地。它以其良好的可靠性和卓越的实时性被广泛地应用在通信、军事、航空、航天等高精尖技术及实时性要求极高的领域中,如卫星通信、军事演习、弹道制导、飞机导航等。在美国的 F-16、FA-18 战斗机、B-2 隐形轰炸机和爱国者导弹上,甚至连 1997 年 4 月在火星表面登陆的火星探测器上也使用到了 VxWorks。VxWorks 的实时性做得非常好,其系统本身的开销很小,进程调度、进程间通信、中断处理等系

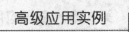

统公用程序精炼而有效,它们造成的延迟很短。VxWorks 提供的多任务机制中对任务的控制采用了优先级抢占(preemptive priority scheduling)和轮转调度(round-robin scheduling)机制,也充分保证了可靠的实时性,使同样的硬件配置能满足更强的实时性要求,为应用的开发留下更大的余地。由于它的高度灵活性,用户可以很容易地对这一操作系统进行定制或作适当开发,来满足自己的实际应用需要。

3. Nucleus

Nucleus 实时操作系统是 Accelerater Technology 公司开发的嵌入式 RTOS,产品只需一次性购买 Licenses 就可以获得操作系统的源码,并且免产品版税。Nucleus 的另一大好处是程序员不用写板级支持软件包 BSP,因为操作系统已经开放给程序员,不同的目标板在操作系统 BOOT 时可以通过修改源码进行不同的配置。Nucleus 对 CPU 的支持能力比较强,支持当前流行的大多数 RISC、CISC、DSP 处理器,如 80x86 实时保护模式 68xxx、PowerPC、i960、MIPS、SH、ARM、ColdFire 等几百种 CPU。

Nucleus 内核非常小巧,只有 4~20 KB,稳定性高。Nucleus 内核采用了软件组件的方法,每个组件具有单一而明确的目的,通常由几个 C 及汇编语言模块构成,提供清晰的外部接口,对组件的引用就是通过这些接口完成。除了少数一些特殊情况外,不允许从外部对组件内的全局进行访问。由于采用了软件组件的方法,Nucleus 各个组件非常易于替换和复用。Nucleus 除提供功能强大的内核外,还提供种类丰富的功能模块,如用于通信系统的局域和广域网络模块,支持图形应用的实时化 Windows 模块,支持 Internet 网的 WEB 产品模块,工控机实时 BIOS 模块,图形化用户接口以及应用软件性能分析模块等,用户可以根据自己的应用来选择不同的应用模块。另外,Nucleus 得到许多第三方工具厂商和方案提供商的支持,如 ARM、Lauterbach、TI、Infineon、高通、IAR、Tasking 等。

目前 Nucleus 在国内得到广泛应用,如终端设备、工控、医疗、汽车电子、导航、通信等领域。特别是在手机制造行业,几乎所有的手机厂商都采用了 Nucleus 解决方案。

4. Windows CE

Microsoft Windows CE 是从整体上为有限资源的平台设计的多线程、完整优先权、多任务的操作系统。它的模块化设计允许它对于从掌上电脑到专用的工业控制器的用户电子设备进行定制。它不是削减的 Windows95 版本,而是从整体上为有限资源的平台设计的多线程、完整优先权、多任务的操作系统。Windows CE 是一款模块化的操作系统,这个操作系统可以为特殊的产品进行定制。

Windows CE 操作系统的基本核心需要至少 200 KB 的 ROM(对系统硬件资源的要求较高),设计成能够在广阔的平台上运行。支持 Win32 API 的字集,同时提供熟悉的开发模式和工具。支持多种用户界面硬件,包括可以达到 32 bit 像素颜色深度的彩色显示器支持多种串行和网络通信技术；支持 COM/OLE、OLE 自动操作，和其他进程间通信的先进方法。反过来，许多模块被分割成更小的部件，这些部件允许模块自身被定制。定制包括选择一套支持需要设备的模块和部件，并且省略那些不需要的。OEMs 必须也执行 OEM Adaptation Layer（OAL），作为在核心和设备硬件及所需的任何内置的设备驱动程序之间的接口。

5. 嵌入式 Linux

Linux 是一个类似于 Unix 的操作系统。嵌入式 Linux 由于代码开放性以及强大的网络功能，在中低端的嵌入式网络设备中应用起来。

➢ 嵌入式 Linux 的主要特点：

Linux 层次结构且内核完全开放的系统。

Linux 由很多体积小且性能高的微内核系统组成。在内核代码完全开放的前提下，不同领域和不同层次的用户可以根据自己的应用需要方便地对内核进行改造，低成本地设计和开发出满足自己需要的嵌入式系统。

➢ 强大的网络支持功能。

Linux 诞生于因特网时代并具有 Unix 的特性，保证了它支持所有标准因特网协议，并且可以利用 Linux 的网络协议栈将其开发成为嵌入式的 TCP/IP 网络协议栈。此外，Linux 还支持 ext2、fat16、fat32、romfs 等文件系统，为开发嵌入式系统应用打

下了很好的基础。

➢ Linux 开发环境自成体系。

Linux 具备一整套工具链，容易自行建立嵌入式系统的开发环境和交叉运行环境，可以跨越嵌入式系统开发中仿真工具的障碍。Linux 也符合 IEEE POSIX.1 标准，使应用程序具有较好的可移植性。

传统的嵌入式开发的程序调试和调试工具是用在线仿真器（ICE）实现的。它通过取代目标板的微处理器，给目标程序提供一个完整的仿真环境，完成监视和调试程序；但一般价格比较高，只适合作非常底层的调试。使用嵌入式 Linux，一旦软、硬件能够支持正常的串口功能，即使不用仿真器，也可以很好地进行开发和调试工作，从而节省一笔不小的开发费用。嵌入式 Linux 为开发者提供了一套完整的工具链（tool chain）。它利用 GNU 的 gcc 做编译器，用 gdb、kgdb、xgdb 做调试工具，能够很方便地实现从操作系统到应用软件各个级别的调试。

➢ Linux 具有广泛的硬件支持特性。

无论是 RISC 还是 CISC、32 位还是 64 位等各种处理器，Linux 都能运行。Linux 通常使用的微处理器是 Intel X86 芯片家族，但它同样能运行于 Motorola 公司的 68K 系列 CPU 和 IBM、Apple、Motorola 公司的 PowerPC CPU 以及 Intel 公司的 StrongARM CPU 等处理器。Linux 支持各种主流硬件设备和最新硬件技术，甚至可以在没有存储管理单元（MMU）的处理器上运行。这意味着嵌入式 Linux 未来将具有更广泛的应用前景。

但嵌入式 Linux 也存在着一些不足。

➢ Linux 的实时性扩充。

实时性是嵌入式操作系统的基本要求。由于 Linux 还不是一个真正的实时操作系统,内核不支持事件优先级和抢占实时特性,所以在开发嵌入式 Linux 的过程中,首要问题是扩展 Linux 的实时性能。

➢ Linux 内核的体系结构。

Linux 的内核体系采用的是 Monolithic。在这种体系结构中,内核的所有部分都集中在一起,而且所有的部件在一起编译连接。这样虽然能使系统的各部分直接沟通,有效地缩短任务之间的切换时间,提高系统的响应速度和 CPU 的利用率,且实时性好;但在系统比较大时体积也比较大,与嵌入式系统容量小、资源有限的特点不符。

Linux 是一个需要占用存储器的操作系统。虽然这可以通过减少一些不必要的功能来弥补,但可能会浪费很多时间,而且容易带来很大的麻烦。许多 Linux 的应用程序都要用到虚拟内存,这在许多嵌入式系统中是没有价值的。所以,并不是一个没有磁盘的 Linux 嵌入式系统就可以运行任何 Linux 应用程序。

➢ Linux 的集成开发环境。

提供完整的集成开发环境是每一个嵌入式系统开发人员所期待的,Linux 在基于图形界面的特定系统定制平台的研究上,与 Windows 操作系统相比还存在差距。因此,要使嵌入式 Linux 在嵌入式操作系统领域中的优势更加明显,整体集成开发环境还有待提高和完善。

6. OSE

OSE 主要是由 ENEA Data AB 下属的 ENEA OSE Systems AB 负责开发和技术服务的。它是新生代实时操作系统,中国于 2000 年引进。OSE 集中了最先进的 RTOS 设计理念,OSE 相对于其他传统的操作系统具有显著不同的特点。

➢ 高处理能力。

内核中实时性严格的部分都由优化的汇编来实现,特点是使用信号量指针,使数据处理非常迅速、快捷。

➢ 真正适合开发复杂的分布式系统。

OSE 支持多种 CPU 和 DSP,为开发商开发不同种处理器组成的分布式系统提供了最快捷的方式。

传统的 RTOS 是基于单 CPU,它虽然可以改进成分布式系统,但用户需要在应用程序中做很多工作。而 OSE 不同于传统的 RTOS,首先是因为它的结构体系有了很大改变,它以消息传递作为主要手段完成 CPU 间的通信,还把传统的 RTOS 必须在应用程序中完成的工作做到了核心系统中。对于复杂的并行系统来说,OSE 提供了一种简单的通信方式,简化了多 CPU 的处理。

➢ 强大的容错功能。

系统支持不中断实时系统,允许从硬件或软件错误中恢复。OSE 是适用于有容错要求、非间断,以及有安全性要求的分布式系统。例如,在实时的情况下完成设备硬件的安装和软件的配置,系统错误的恢复等。

它的客户深入到电信、数据、工控、航空等领域,尤其在电信方面,被诸如爱立信、诺基亚、西门子等知名公司广泛采用。

本节将详细介绍 μC/OS-II 实时操作系统的工作原理、任务调度、任务管理、时间管理、内存管理、任务间通信以及该实时操作系统的移植。

5.2.2　μC/OS-II 概述

μC/OS-II 是一种源码公开的嵌入式实时系统,即当外界事件或数据产生时,能够接受并以足够快的速度予以处理,其处理的结果又能在规定的时间之内来控制生产过程或对处理系统作出快速响应,并控制所有实时任务协调一致运行的嵌入式操作系统。

1. μC/OS-II 的特点

➢ 可移植性(portable)。

绝大部分 μC/OS-II 的源码是用移植性很强的 ANSI C 写的。与微处理器硬件相关的那部分是用汇编语言写的。汇编语言写的部分已经压到最低限度,使得 μC/OS-II便于移植到其他微处理器上。μC/OS-II 可以在绝大多数 8 位、16 位、32 位以至于 64 位微处理器、微控制器、数字信号处理器(DSP)上运行。

➢ 可固化(romable)。

μC/OS-II 是为嵌入式应用而设计的,只要读者有固化手段,μC/OS-II 可以嵌入到读者的产品中成为产品的一部分。

➢ 可裁剪(scalable)。

可以只使用 μC/OS-II 中应用程序需要的那些系统服务。也就是说,某产品可以只使用很少几个 μC/OS-II 调用,而另一个产品则使用了几乎所有 μC/OS-II 的功能,这样可以减少产品中的 μC/OS-II 所需的存储器空间。这种可剪裁性是靠条件编译来实现的。

2. μC/OS-II 的组成部分

μC/OS-II 可以大致分成核心、任务处理、时间处理、任务同步与通信、CPU 的移植 5 部分。

➢ 核心部分(OSCore.c)。

它是操作系统的处理核心,包括操作系统初始化、操作系统运行、中断进出的前导、时钟节拍、任务调度、事件处理等多部分。能够维持系统基本工作的部分都在这里。

➢ 任务处理部分(OSTask.c)。

任务处理部分中的内容都是与任务的操作密切相关的。其包括任务的建立、删除、挂起、恢复等。因为 μC/OS－II 是以任务为基本单位调度的,所以这部分内容也相当重要。

➤ 时钟部分(OSTime. c)。

μC/OS－II 中的最小时钟单位是 timetick(时钟节拍)。任务延时等操作是在这里完成的。

➤ 任务同步和通信部分。

它为事件处理部分,包括信号量、邮箱、邮箱队列、事件标志等部分;主要用于任务间的互相联系和对临界资源的访问。

➤ 与 CPU 的接口部分。

它是指 μC/OS-II 针对所使用的 CPU 的移植部分。由于 μC/OS-II 是一个通用性的操作系统,所以对于关键问题上的实现,还是需要根据 CPU 的具体内容和要求作相应的移植。这部分内容由于牵涉 SP 等系统指针,所以通常用汇编语言编写。其主要包括中断级任务切换的底层实现、任务级任务切换的底层实现、时钟节拍的产生和处理、中断的相关处理部分等内容。

严格地说,μC/OS-II 只是一个实时操作系统内核,它仅仅包含了任务调度、任务管理、时间管理、内存管理和任务间的通信与同步等基本功能。没有提供输入/输出管理、文件系统、网络等额外的服务。但由于 μC/OS－II 良好的可扩展性和源码开放,这些非必需的功能完全可以由用户自己根据需要分别实现。

μC/OS-II 目标是实现一个基于优先级调度的抢占式实时内核,并在这个内核之上提供最基本的系统服务,如信号量、邮箱、消息队列、内存管理、中断管理等。

(1) 任务管理

μC/OS-II 中最多可以支持 64 个任务,分别对应优先级 0~63,其中 0 为最高优先级,63 为最低级。系统保留了 4 个最高优先级的任务和 4 个最低优先级的任务,所有用户可以使用的任务数有 56 个。

μC/OS-II 提供了任务管理的各种函数调用,包括创建任务、删除任务、改变任务的优先级、任务挂起和恢复等。

系统初始化时会自动产生两个任务:一个是空闲任务,它的优先级最低,该任务仅给一个整形变量作累加运算;另一个是系统任务,它的优先级为次低,该任务负责统计当前 CPU 的利用率。

时间管理:

μC/OS-II 的时间管理是通过定时中断来实现的,该定时中断一般为 10 ms 或 100 ms 发生一次,时间频率由用户对硬件系统的定时器编程来实现。中断发生的时间间隔是固定不变的,该中断也成为一个时钟节拍。

μC/OS-II 要求用户在定时中断的服务程序中,调用系统提供的与时钟节拍相关的系统函数,如中断级的任务切换函数、系统时间函数。

在任一给定的时刻,μC/OS-II 的任务状态只能是以下 5 种之一,μC/OS-II 控制下的任务状态转换图如图 5 - 10 所示。

> 睡眠态:指任务驻留在程序空间(ROM 或 RAM),还没有交给 μC/OS-II 来管理。通过创建任务将任务交给 μC/OS-II。任务被删除后就进入睡眠态。
> 就绪态:任务创建后就进入就绪态。任务的建立可以在多任务运行之前,也可以动态地由一个运行的任务建立。
> 运行态:占用 CPU 资源运行的任务,该任务为进入就绪态的优先级最高的任务。任何时刻只能有一个任务处于运行态。
> 等待状态:由于某种原因处于等待状态的任务。例如,任务自身延时一段时间,或者等待某一事件的发生。
> 中断服务态:任务运行时被中断打断,进入中断服务态。正在执行的任务被挂起,中断服务子程序控制了 CPU 的使用权。

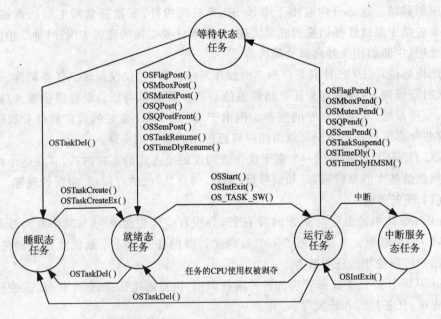

图 5 - 10　μC/OS-II 的任务状态转换图

μC/OS-II 可以管理最多 64 个任务。任务管理包括创建任务、删除任务、改变任务的优先级及挂起和恢复任务等。

> 建立任务,OSTaskCreate()、OSTaskCreateExt()。

OSTaskCreate()需要 4 个参数:void (* task)(void * pd),void * pdata, OS_STK * ptos,INT8U prio。

task 是指向任务函数的指针;

pdata 是任务开始执行时传递给任务的参数指针;

ptos 是分配给任务的堆栈的栈顶指针;

prio 是分配给任务的优先级。

OSTaskCreateExt()是 OSTaskCreate()的扩展,需要的参数比 OSTaskCreate()更多,共 9 个,前 4 个和 OSTaskCreate()的参数一样。其余的参数是为了系统进行堆栈检验和任务统计等扩展服务功能提供的参数。

➤ 任务堆栈。

每个任务都有自己的堆栈空间,为 OS_STK 类型,并且由连续的内存空间组成。可以静态分配堆栈空间,也可以动态分配。μC/OS-II 支持的处理器的堆栈既可以是递减的,也可以是递增的。在创建任务时必须知道堆栈是递减还是递增的,因为必须把堆栈的栈顶传递给 OSTaskCreate()和 OSTaskCreateExt()。可以在文件 OS_CPU.H 中的 OS_STK_GROWTH 进行堆栈方向的设置。

➤ 删除任务,OSTaskDel()。

删除任务是指任务处于休眠状态,不再被 RTOS 调用。

➤ 请求删除任务,OSTaskDelReq()。

为了避免删除任务时任务占用的资源因为没有被释放而丢失,可以调用 OSTaskDelReq(),让拥有这些资源的任务使用完资源后先释放资源,再删除自己。

➤ 改变任务优先级,OSTaskChangePrio()。

调用 OSTaskChangePrio(INT8U oldprio, INT8U newprio)可以动态改变任务的优先级。

➤ 挂起任务,OSTaskSuspend()。

调用 OSTaskSuspend(INT8U prio)可以挂起一个任务,被挂起的任务只有通过调用 OSTaskResume()函数来恢复。

➤ 恢复任务,OSTaskResume()。

恢复因为调用 OSTaskSuspend(INT8U prio)挂起的任务。

(2) 内存管理

在 ANSI C 中是使用 malloc 和 free 两个函数来动态分配和释放内存。但在嵌入式实时系统中,多次这样的操作会导致内存碎片,且由于内存管理算法的原因,malloc 和 free 的执行时间也是不确定。

μC/OS-II 中把连续的大块内存按分区管理。每个分区中包含整数个大小相同的内存块,但不同分区之间的内存块大小可以不同。用户需要动态分配内存时,系统选择一个适当的分区,按块来分配内存。释放内存时将该块放回它以前所属的分区,这样能有效解决碎片问题,同时执行时间也是固定的。

(3) 任务间通信与同步

对一个多任务的操作系统来说,任务间的通信和同步是必不可少的。μC/OS-II 中提供了 4 种同步对象,分别是信号量、邮箱、消息队列和事件。所有这些同步对象都有创建、等待、发送、查询的接口用于实现进程间的通信和同步。

➤ 信号量。

信号量由两部分组成：一部分是 16 位的无符号整型信号量的计数值，另一部分是由等待该信号量的任务组成的等待任务表。信号量用于对共享资源的访问，用钥匙符号，符号旁数字代表可用资源数，对于二值信号量该值为 1；信号量还可用于表示某事件的发生，用旗帜符号表示，符号旁数字代表事件已经发生的次数。

OSSemCreate()，建立一个信号量，对信号量赋予初始计数值。如信号量是用于表示一个或多个事件的发生，其初始值通常为 0；如信号量用于对共享资源的访问，则该值赋为 1；如信号量用于表示允许任务访问 n 个相同的资源，则该值赋为 n，并把该信号量作为一个可计数的信号量使用。

OSSemDel()，删除一个信号量，在删除信号量前必须首先删除操作该信号量的所有任务。

OSSemPend()，等待一个信号量。

OSSemPost()，发出一个信号量。

OSSemAccept()，无等待地请求一个信号量。

OSSemQuery()，查询一个信号量的当前状态。

不推荐任务和中断服务子程序共享信号量，因为信号量一般用于任务级。

如果确实要在任务和中断服务子程序中传递信号量，则中断服务子程序只能发送信号量；OSSemDel() 和 OSSemPend() 服务不能被中断服务子程序调用。

➢ 互斥型信号量（mutex）。

互斥型信号量用于处理共享资源；由于终端硬件平台的某些实现特性，如单片机管脚的复用，多个任务需要对硬件资源进行独占式访问。所谓独占式访问，指在任意时刻只能有一个任务访问和控制某个资源，而且必须等到该任务访问完成后释放该资源，其他任务才能对此资源进行访问。

操作系统进行任务切换时，可能被切换的低优先级任务正在对某个共享资源进行独占式访问，而任务切换后运行的高优先级任务需要使用此共享资源，此时会出现优先级反转的问题。即高优先级的任务需要等待低优先级的任务继续运行直到释放该共享资源，高优先级的任务才可以获得共享资源继续运行。

可以在应用程序中利用互斥型信号量（mutex）解决优先级反转问题。互斥型信号量是二值信号量。由于 μC/OS-II 不支持多任务处于同一优先级，可以把占有 mutex 的低优先级任务的优先级提高到略高于等待 mutex 的高优先级任务的优先级。等到低优先级任务使用完共享资源后，调用 OSMutexPost()，将低优先级任务的优先级恢复到原来的水平。

互斥型信号量（mutex）的操作：

```
OSMutexCreate (INT8U prio, INT8U * err)
//建立一个互斥型信号量
OSMutexPend (OS_EVENT * pevent, INT16U timeout, INT8U * err )
//等待一个互斥型信号量(挂起)
```

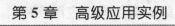

OSMutexPost (OS_EVENT * pevent)

//释放一个互斥型信号量

优先级反转问题发生于高优先级的任务需要使用某共享资源,而该资源已被一个低优先级的任务占用的情况。为了降解优先级反转,内核可以将低优先级任务的优先级提升到高于高优先级任务的优先级,直到低优先级的任务使用完占用的共享资源。优先级继承优先级 PIP,略高于最高优先级任务的优先级。

OSMutexDel(),删除互斥型信号量,在删除信号量之前应先删除可能用到该信号量的所有任务;

OSMutexPend(),等待一个互斥型信号量(挂起),定义超时值为 0 时则无限期等待;

OSMutexPost(),释放一个互斥型信号量;

OSMutexAccept(),无等待地获取互斥型信号量(不挂起);

OSMutexQuery(),获取互斥型信号量的当前状态。

所有服务只能用于任务与任务之间,不能用于任务与中断服务子程序之间。

➢ 消息邮箱。

一种通信机制,可以使一个任务或者中断服务子程序向另一个任务发送一个指针型的变量,通常该指针指向一个包含了消息的特定数据结构。

OS_EVENT * OSMboxCreate(void * msg),建立一个邮箱,并对邮箱须定义指针的初始值。一般情况下该值为 NULL,但也可以初始化一个邮箱,使其在最开始就包含一条消息。如使用邮箱的目的是通知一个事件的发生(发送一个消息),则初始化该邮箱为空,即 NULL,因为在开始时很有可能事件没有发生;如用邮箱共享某些资源,则要初始化该邮箱为一个非空的值,此时邮箱被当做一个二值信号量使用。

OSMboxDel(),删除一个邮箱,在删除邮箱前必须首先删除操作该邮箱的所有任务;

OSMboxPend(),等待邮箱中的消息;

OSMboxPost(),向邮箱发送一则消息;

OSMboxPostOpt(),向邮箱发送一则消息,增强功能,可以广播;

OSMboxAccept(),无等待地从邮箱得到一则消息;

OSMboxQuery(),查询一个邮箱的状态;

其中,OSMboxDel()、OSMboxPend()、OSMboxQuery()只有任务可以调用,中断不能调用;其他服务两者均可调用。

➢ 消息队列。

另一种通信机制,允许一个任务或者中断服务子程序向另一个任务发送以指针方式定义的变量或其他任务,因具体应用不同,每个指针指向的包含了消息的数据结构的变量类型也有所不同。

OSQCreate()，建立一个消息队列，并给它赋两个参数：指向消息数组的指针和数组的大小。

OSQDel()，删除一个消息队列，在删除一个消息队列前必须首先删除所有可能用到这个消息队列的任务；

OSQPend()，等待消息队列中的消息，返回消息指针；

OSQPost()，向消息队列发送一则消息（基于 FIFO，先进先出）；

OSQPostFront()，向消息队列发送一则消息（基于 LIFO，后进先出）；

OSQPostOpt()，向消息队列发送一则消息（FIFO 或 LIFO）；

OSQAccept()，无等待地从消息队列获得消息；

OSQFlush()，清空消息队列，清空队列中的所有消息以重新使用；

OSQQuery()，查询消息队列的状态。

其中，OSQDel()、OSQPend()、OSQQuery()只有任务可以调用，中断不能调用；其他服务两者均可调用。

使用消息队列的方式消耗的是消息队列指针指向的数据类型的变量，原来可以用信号量来管理的每个共享资源都需要占用一个队列控制块，因此消息队列与信号量相比，节省了代码空间，而牺牲了 RAM 空间；此外，当用计数型信号量管理的共享资源很多时，消息队列的方式效率非常低。

(4) 任务调度

μC/OS-II 采用的是可剥夺型实时多任务内核。可剥夺型的实时内核在任何时候都运行就绪了的最高优先级的任务。

μC/OS-II 的任务调度是完全基于任务优先级的抢占式调度，也就是最高优先级的任务一旦处于就绪状态，则立即抢占正在运行的低优先级任务的处理器资源。为了简化系统设计，μC/OS-II 规定所有任务的优先级不同，因为任务的优先级也同时唯一标志了该任务本身。

任务调度的功能是：在就绪表中查找最高优先级的任务，然后进行必要的任务切换，运行该任务。μC/OS-II 的任务调度有两种情况，即任务级的任务调度由 OS_Sched()完成，中断级的任务调度由 OSIntExt()完成。这两种任务调度情况调用的任务切换函数不同：任务级的任务调度 OS_Sched()调用了任务切换函数 OS_TASK_SW()，而中断级的调度 OSIntExt()调用了任务切换函数 OSIntCtxSw()。

任务级的任务调度是由于有更高优先级的任务进入就绪态，当前的任务 CPU 使用权被剥夺，发生了任务到任务的切换；中断级的调度是指当前运行的任务被中断打断，由于 ISR 运行过程中有更高优先级的任务被激活进入就绪态。而中断返回前 ISR 调用 OSIntExt()函数，该函数查找就绪表发现有必要进行任务切换，从而被中断的任务进入等待状态，运行被激活的高优先级的任务。

(5) 时钟节拍

μC/OS-II 要求用户提供一个周期性的时钟源，来实现时间的延迟和超时功能，时钟节拍应该每秒发生 10～100 次。时钟节拍率越高,系统的额外负荷就越重。

　　应该在多任务系统启动后,也就是调用 OSStart()后再开启时钟节拍器。系统设计者可以在第 1 个开始运行的任务中调用时钟节拍启动函数。假设用定时器 TA0 作为时钟中断源,那么,在移植过程中实现了函数 init_timer_ta0(),此函数用来初始化定时器 TA0,并将其打开。

　　μC/OS-II 中的时钟节拍服务是在 ISR 中调用 OSTimeTick()实现的。OSTime-Tick()跟踪所有任务的定时器以及超时时限。

3. μC/OS-II 的内核结构

　　μC/OS-II 是以源代码形式提供的实时操作系统内核,其包含的文件结构如图 5 – 11 所示。

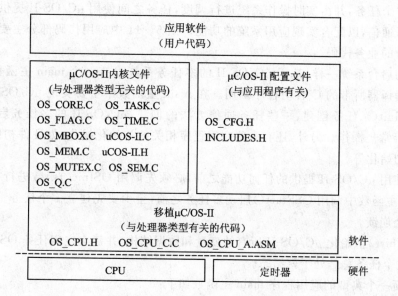

图 5 – 11　μC/OS-II 的文件结构

　　现在介绍各个方框内的部分。从上往下看,可以看到应用程序在整个 μC/OS-II 的构架的最上方。这点也很容易理解,因为 μC/OS－II 作为一个很优秀的嵌入式操作系统,它最基础的功能就在于底层驱动支持下屏蔽硬件的差异性,来为用户提供一个不需要考虑硬件的多任务平台。因此,和其他的操作系统一样,用户程序都是建立在 μC/OS-II 内核基础之上的。这样非常方便应用程序的编写。

　　中间层左边方框内的这些代码是与处理器及其他硬件都无关的代码。可以看到,这些代码占了整个 μC/OS-II 的绝大部分。作为嵌入式操作系统,易于移植是一个优秀操作系统必不可少的特性之一。为了使 μC/OS－II 易于移植,它的创始人花费了大量的心血,力求与硬件相关的代码部分占整个系统内核的比例降到最小。

　　中间层右边方框里列出的实际上是两个头文件。OS_CFG. H 是为了实现 μC/

OS-II 内核功能的裁剪。通过配置这个头文件，μC/OS-II 可以方便地实现裁剪，以适应不同的嵌入式系统。而 INCLUDES.H 则包含了所有的头文件，这样在应用程序包含头文件时只需将此头文件包括进去就能包含 μC/OS-II 所有的头文件。

最下面的一个方框列出的是与处理器相关的代码，这部分是移植的主角，重头戏都在这里面。在这一部分，主要是一些和处理器相关的函数或者宏定义。整个移植的代码都在这几个文件中，大概几百行。移植需要几小时到几星期不等，主要取决于对 μC/OS-II 和目标处理器的了解程度。

OS_CPU.H、OS_CPU_A.ASM 等文件是与移植 μC/OS-II 有关的文件，包含了与处理器类型有关的代码。

基于 μC/OS-II 操作系统进行应用系统时，设计任务的主要任务是将系统合理划分成多个任务，并由实时操作系统进行调度，任务之间使用 μC/OS-II 提供的系统服务进行通信，以配合实现应用系统的功能。图 5-11 中应用代码部分主要是设计人员设计的业务代码。

与前后台系统一样，基于 μC/OS-II 的多任务系统也有一个 main 主函数，main 函数由编译器所带的 C 启动程序调用。在 main 主函数中主要实现 μC/OS-II 的初始化 OSInit()、任务创建、一些任务通信方法的创建、μC/OS-II 的多任务启动 OSStart() 等常规操作。另外，还有一些应用程序相关的初始化操作，如硬件初始化、数据结构初始化等。

在使用 μC/OS-II 提供的任何功能之前，必须先调用 OSInit() 函数进行初始化。在 main 主函数中调用 OSStart() 启动多任务之前，至少要先建立一个任务。否则应用程序会崩溃。

OSInit() 初始化 μC/OS-II 所有的变量和数据结构，并建立空闲任务 OS_TaskIdle()，这个任务总是处于就绪态。

下面一个典型的应用程序 main 主函数如下：

```
void main(void)
{
    /* -----硬件初始化，等用户代码初始化 -----*/
    init_mcu();
    init_lcd();
    init_hdtimer();

    OSInit();        /* 初始化 μC/OS-II */
    ...
    /* 通过调用 OSTaskCreate()或 OSTaskCreateExt()创建至少一个任务；*/
    OSTaskCreate(sample_Task, (void * )0,&sample_TaskStk[TASK_STK_SIZE - 1],2);
    ...
    /* 通过调用 OSSemCreate() 创建信号量等任务通信方式；*/
```

```
    CalcSem = OSSemCreate(0);
    ...
    OSStart();     /* 开始多任务调度! OSStart()永远不会返回 */
}
```

调用 OSStart()后,μC/OS-II 就运行 main 函数所创建任务中优先级最高的一个就绪任务。用户应该在 μC/OS-II 启动运行后的第 1 个任务中调用时钟节拍启动函数。

5.2.3　μC/OS-II 具体移植实现

操作系统是一种与硬件相关的软件,根据某一种处理器来设计的操作系统一般是不能在其他种类的处理器上运行的。如果要在其他处理器上运行该操作系统,则必须对这个操作系统作相应的改造,即所谓的操作系统移植。

本书后附带的 μC/OS-II 源代码,是将 μC/OS-II 操作系统移植到 STM32F107 中,并在 STM32F107 开发板上实现了简单的流水灯功能。

软件的移植与用户所选择的处理器硬件结构相关。所以把一个软件往不同的处理器移植的方法也不完全相同,但其中还是有一些共同的特点。移植的过程中会遇到的一般性问题如下。

1) 能够产生可重入函数

系统提供的函数能被多个任务调用,而不会因为函数中变量的耦合引起任务之间的相互干扰,这样的函数就叫做可重入函数。通常情况下,可重入函数一般在函数中使用局部变量,因为函数的局部变量存储在任务堆栈中,这样可保证不同的任务在调用同一个函数时不会产生冲突。如果函数一定要使用全局变量,则需要对所使用的全局变量加以保护。用户使用的处理器 C 编译器应该具有产生可重入代码的能力,从而产生可重入函数。

2) 时钟节拍

μC/OS-II 是通过硬件中断来实现系统时钟,一些与时间相关的问题是在时钟中断服务程序中来处理。因此,用户所选的处理器必须具有响应中断的能力,并且同时具有开中断和关中断的指令。通常情况下使用硬件定时器作为时钟中断源,该定时器可以与微处理器集成在一个芯片上,也可以是分立的。

3) 设计任务堆栈

μC/OS-II 能够正常运行需要处理器支持一定数量的硬件堆栈,且应具有对堆栈指针进行读/写操作的指令。不同的处理器支持堆栈的增长方向不同,因此在对 μC/OS-II 移植时,要正确定义堆栈的格式。

有些处理器对堆栈的设置有特殊的要求,即要求堆栈必须设置在一个特定的区域。由于处理器芯片内的 RAM 极其有限,不可能把应用程序中所有任务的任务堆栈都设置在片内 RAM 中,只能把应用程序中各个任务堆栈的内容存放在片外 RAM

中,只在片内 RAM 中设置一个公用的堆栈。如果把片外 RAM 中用来存放任务堆栈内容的区域叫做任务堆栈映像,则片内 RAM 中的公用堆栈叫做系统堆栈。当系统运行某个任务时,就要把该任务的堆栈映像复制到系统堆栈中,而在终止这个任务时,再把系统堆栈中的内容复制回任务堆栈映像中。

μC/OS-II 在特定处理器上的移植工作绝大部分集中在多任务切换的实现上,因为这部分代码主要是用来保存和恢复处理器现场,许多操作如读/写寄存器操作不能用 C 语言,只能使用特定的处理器的汇编语言来完成。

μC/OS-II 大部分是用 C 语言编写的,通常情况下,这部分代码不需要修改就可以使用。因此,它的移植工作主要与 4 个文件相关:设置 OS_CPU.H 中与处理器和编译器相关的代码,用 C 语言编写 6 个操作系统相关的函数 OS_CPU_C.C,用汇编语言编写 4 个与处理器相关的函数 OS_CPU.ASM,OS_CPU.H 中定义了与编译器相关的数据类型。下面将分别说明。

1. OS_CPU.H 的移植

(1) 数据类型定义

该文件中定义了本系统中所使用的数据类型,μC/OS-II 不使用 C 语言中的 short、int、long 等数据类型的定义,因为它们与处理器类型有关,隐含着不可移植性。代之以移植性强的整数数据类型,这样,既直观又可移植,不过这就成了必须移植的代码。这部分的修改是和所用的编译器相关的,不同的编译器会使用不同的字节长度来表示同一数据类型,如 int,同样在 x86 平台上,如果用 GNU 的 GCC 编译器,则编译为 4 B,而使用 MS VC++ 则编译为 2 B。我们这里使用的是 IAR EWARM 集成开发环境。此外,该文件还定义了堆栈单位,它定义了在处理器现场保存和恢复时所使用的数据类型,它必须和处理器的寄存器长度一致。OS_CPU.H 中定义了与编译器相关的数据类型,如 INT8U、INT8S 等。相关的数据类型的定义如下:

```
typedef unsigned char    BOOLEAN;

typedef unsigned char    INT8U;        /* Unsigned  8 bit quantity        */

typedef signed   char    INT8S;        /* Signed    8 bit quantity        */

typedef unsigned short   INT16U;       /* Unsigned 16 bit quantity        */

typedef signed   short   INT16S;       /* Signed   16 bit quantity        */

typedef unsigned long    INT32U;       /* Unsigned 32 bit quantity        */

typedef signed   long    INT32S;       /* Signed   32 bit quantity        */

typedef float            FP32;         /* Single precision floating point */

typedef double           FP64;         /* Double precision floating point */

typedef unsigned int     OS_STK;       /* Each stack entry is 16 - bit wide */


/* Define data types for backward compatibility ...     */
#define BYTE             INT8S
/* ... to uC/OS V1.xx.  Not actually needed for ...     */
```

```
# define UBYTE              INT8U
/ * ... uC/OS - II.                                    * /
# define WORD               INT16S
# define UWORD              INT16U
# define LONG               INT32S
# define ULONG              INT32U
```

(2) STM32 处理器相关宏定义

μC/OS-II 定义了函数 OS_ENTER_CRITICAL 和 OS_ EXIT _CRITICAL 来实现开中断和关中断。设置堆栈的增长方向：堆栈由高地址向低地址增长。μC/OS-II 使用结构常量 OS_STK_GROWTH 中指定堆栈的生长方式：

置 OS_STK_GROWTH 为 0 表示堆栈从低往高长；

置 OS_STK_GROWTH 为 1 表示堆栈从高往低长。

```
# define    OS_ENTER_CRITICAL()        ARMDisableInt()
# define    OS_EXIT_CRITICAL()         ARMEnableInt()
```

函数 OS_ENTER_CRITICAL() 和 OS_ EXIT _CRITICAL()，关中断和开中断是为了保护临界段代码。这些代码与处理器有关，是需要移植的代码。在 STM32 处理器核中关中断和开中断时通过改变程序状态寄存器 CPSR 中的相应控制位实现。由于使用了软件中断，程序状态寄存器 CPSR 保存到程序状态保存寄存器 SPSR 中，软件中断退出时会将 SPSR 恢复到 CPSR 中，所以程序只要改变程序状态保存寄存器 SPSR 中的相应的控制位就可以了。

关中断宏 OS_ENTER_CRITICAL() 的实现代码如下：

```
    __asm
{
    MRS     R0,SPSR
    ORR     R0,R0,# NoInt
    MSR     SPSR_c,R0
}
OsEnterSum + + ;
```

开中断宏 OS_EXIT_CRITICAL() 的实现代码如下：

```
if ( - -OsEnterSum = = 0)
{
    __asm
    {
    MRS     R0,SPSR
    BIC     R0,R0,# NoInt
    MSR     SPSR_c,R0
    }
```

}

(3) 堆栈增长方向

堆栈增长方向也由该文件定义,堆栈由高地址向低地址增长,这个也是和编译器有关的,当进行函数调用时,入口参数和返回地址一般都会保存在当前任务的堆栈中,编译器的编译选项和由此生成的堆栈指令就会决定堆栈的增长方向。

```
#define OS_STK_GROWTH    1
```

2. OS_CPU_C. C 的移植

移植 μC/OS-II 需要用 C 语言写 6 个非常简单的函数:

OSTaskStkInit()

OSTaskCreateHook()

OSTaskDelHook()

OSTaskSwHook()

OSTaskStatHook()

OSTimeTickHook()

其中,只有一个函数 OSTaskStkInit()是必不可少的;其他 5 个只需定义,而不包括任何代码。

(1) 任务堆栈初始化函数

任务堆栈初始化函数 OSTaskStkInit:首先必须根据处理器的结构和特点确定任务的堆栈结构。该函数由 OSTaskCreate()或 OSTaskCreateExt()调用,用来初始化任务的堆栈并返回新的堆栈指针 stk。初始状态的堆栈模拟发生一次中断后的堆栈结构。在 ARM 体系结构下,任务堆栈空间由高至低依次将保存着 pc、lr、r12、r11、r10、… r1、r0、CPSR、SPSR,以下代码说明了 OSTaskStkInit()初始化后的也是新创建任务的堆栈内容。堆栈初始化工作结束后,OSTaskStkInit()返回新的堆栈栈顶指针,OSTaskCreate()或 OSTaskCreateExt()将指针保存在任务的 OS_TCB 中。

以下为函数 OSTaskStkInit 的代码清单:

```
void * OSTaskStkInit(void ( * task)(void * pd),void * pdata,void * ptos,INT16U opt)
{
    OS_STK * stk;
    (void)opt;    /* 'opt' is not used, prevent warning */
    stk = ptos;   /* Load stack pointer              */
    /* Registers stacked as if auto - saved on exception */
    *(stk)      = (INT32U)0x01000000L;   /* xPSR           */
    *( - - stk) = (INT32U)task;          /* Entry Point */
    *( - - stk) = (INT32U)0xFFFFFFFEL;   /* R14 (LR) */
    *( - - stk) = (INT32U)0x12121212L;   /* R12      */
    *( - - stk) = (INT32U)0x03030303L;   /* R3      */
```

```
    *(--stk)  =  (INT32U)0x02020202L；      /* R2           */
    *(--stk)  =  (INT32U)0x01010101L；      /* R1           */
    *(--stk)  =  (INT32U)p_arg；            /* R0           */
/*  Remaining registers saved on process stack    */
    *(--stk)  =  (INT32U)0x11111111L；      /* R11          */
    *(--stk)  =  (INT32U)0x10101010L；      /* R10          */
    *(--stk)  =  (INT32U)0x09090909L；      /* R9           */
    *(--stk)  =  (INT32U)0x08080808L；      /* R8           */
    *(--stk)  =  (INT32U)0x07070707L；      /* R7           */
    *(--stk)  =  (INT32U)0x06060606L；      /* R6           */
    *(--stk)  =  (INT32U)0x05050505L；      /* R5           */
    *(--stk)  =  (INT32U)0x04040404L；      /* R4           */

    return (stk)；
}
```

（2）系统 hook 函数

在这个文件中还需要实现几个操作系统规定的 hook 函数，这些函数为用户定义函数，它将在相应的操作系统调用后执行由用户定义的这些 hook 函数，执行特定的用户操作，如果没有特殊需求，则只需要简单地将它们都实现为空函数即可。这些函数包括：

OSSTaskCreateHook( )

OSTaskDelHook( )

OSTaskSwHook( )

OSTaskStatHook( )

OSTimeTickHook( )

（3）中断级任务切换函数

该函数由 OSIntExit( )和 OSExIntExit( )调用。它是在时钟中断 ISR（中断服务例程）中发现有高优先级任务等待的时钟信号到来，则需要在中断退出后并不返回被中断任务，而是直接调度就绪的高优先级任务执行。这样做的目的主要是能够尽快地让高优先级的任务得到响应，保证系统的实时性能。该函数通过设置一个全局变量 need_to_swap_context 标志以表示在中断服务程序中进行任务切换，然后在 OS-TickISR( )中判断该变量以进行正确的动作。其函数如下：

```
void OSIntCtxSw(void)
{
    need_to_swap_context = 1；
}
```

（4）处理器模式转换函数 ChangeToSYSMode( )和 ChangeToUSRMode( )

它们可以在任何情况下使用。并且其改变程序状态保留寄存器 SPSR 的相应位段,而程序状态保留寄存器会在软件中断退出时复制到程序状态寄存器 CPSR,任务的处理器模式就改变了。

处理器模式转换函数 ChangeToSYSMode()和 ChangeToUSRMode()使用软件中断功能 0x80 和 0x81 实现。其中,函数 ChangeToSYSMode()把当前任务转换到系统模式。

```
__asm
{
    MRS      R0,SPSR
    BIC      R0,R0,#0x1f
    ORR      R0,R0,#SYS32Mode
    MSR      SPSR_c,R0
}
```

函数 ChangeToUSRMode()把当前任务转换到用户模式。

```
__asm
{
    MRS      R0,SPSR
    BIC      R0,R0,#0x1f
    ORR      R0,R0,#USR32Mode
    MSR      SPSR_c,R0
}
```

(5) 设置任务的初始指令集函数 TaskIsARM()和 TaskIsTHUMB()

任务可以使用 ARM 的两种指令集的任意一种运行,但是任务建立时默认的只是一种指令集。如果任务使用的第一条指令与默认的指令集不同,则程序运行错误。所以增加两个函数 TaskIsARM()和 TaskIsTHUMB()用于改变任务建立时默认的指令集。

指定用户初始指令集为 ARM 指令集的函数 TaskIsARM()在软中断服务程序中对应的代码段如下:

```
if (Regs[0] < = OS_LOWEST_PRIO)
{
    ptcb = OSTCBPrioTbl[Regs[0]];
    if (ptcb ! = NULL)
    {
        ptcb - > OSTCBStkPtr[1] & =
        ~(1 << 5);
    }
}
```

指定用户初始指令集为 THUMB 指令集的函数 TaskIsTHUMB()在软中断服

务程序中对应的代码段如下：

```
if (Regs[0] < = OS_LOWEST_PRIO)
{
    ptcb = OSTCBPrioTbl[Regs[0]];
    if (ptcb ! = NULL)
    {
        ptcb - > OSTCBStkPtr[1] | =
        (1 << 5);
    }
}
```

3. OS_CPU_A. ASM 的移植

开、关中断和任务级任务调度使用了 STM32 内核的软中断资源，μC/OS-II 的时钟节拍使用了 STM32 内核的 SysTick 资源，它们分别占用最高优先级（0）和最低优先级（255），所以在使用其他中断时，要避免使用这两个优先级。移植后的主要代码如下：

```
;// 引用外部变量的声明
EXTERN  OSRunning
EXTERN  OSPrioCur
EXTERN  OSPrioHighRdy
EXTERN  OSTCBCur
EXTERN  OSTCBHighRdy
EXTERN  OSIntNesting
EXTERN  OSTaskSwHook
EXTERN  OSRdyGrp
EXTERN  OSRdyTbl
EXTERN  OSPrioHighRdy
;// 外部可以调用的函数
PUBLIC  OS_CPU_SR_Save
PUBLIC  OS_CPU_SR_Restore
PUBLIC  OSStartHighRdy
PUBLIC  OSCtxSw
PUBLIC  OSIntCtxSw ;//以上 5 个函数在 os_cpu_c.c 文件下有声明
PUBLIC  PendSVC
;// ***********************************************************
;//PendSV 所使用的几个寄存器
;// ***********************************************************
NVIC_INT_CTRL EQU 0xE000ED04          ;//中断控制及状态寄存器
NVIC_SYSPRI14 EQU 0xE000ED22          ;//控制 PendSV 优先级的寄存器
NVIC_PENDSV_PRI EQU 0xFF              ;//PendSV 异常优先级（最低）
```

```
NVIC_PENDSVSET EQU 0x10000000              ;//PendSV 异常触发位掩码
```

(1) OSStartHighRdy();运行优先级最高的就绪任务。

```
OSStartHighRdy
    LDR R0, = NVIC_SYSPRI14                 ;//设置 PendSV 优先级
    LDR R1, = NVIC_PENDSV_PRI
    STRB R1, [R0]
    MOVS R0, #0                             ;//初始化线程 PSP
    MSR PSP, R0
    LDR R0, = OSRunning                     ;//OSRunning = TRUE
    MOVS R1, #1
    STRB R1, [R0]
    LDR R0, = NVIC_INT_CTRL                 ;//触发 PendSV 异常,让 PendSv 任务切换开始
    LDR R1, = NVIC_PENDSVSET
    STR R1, [R0]
    CPSIE I                                 ;//打开总中断
OSStartHang
    B OSStartHang                           ;//while(1);
```

(2) PendSVC 代码。

在 STM32 内核下,真正的任务文本切换是靠本函数实现。

```
PendSVC
    CPSID I                                 ;//任务 context 切换是关闭中断
    MRS R0, PSP                             ;//获取 PSP
    CBZ R0, OS_CPU_PendSVHandler_nosave     ;//在多任务初始化时,PSP 被初始化为 0
    SUBS R0, R0, #0x20                      ;//调整 PSP 指针,R4 - R11 共 32 B
    STM R0, {R4 - R11}          ;//压栈 R4 - R11,其他 8 个寄存器是在异常时自动压栈的
    LDR R1, = OSTCBCur                      ;//获取 OSTCBCur - >OSTCBStkPtr
    LDR R1, [R1]
    STR R0, [R1]                            ;//将当前任务的堆栈保存到自己的任务控制块
                                ;//程序运行此位置,已经保存了当前任务的 context
OS_CPU_PendSVHandler_nosave
    LDR R0, = OSPrioCur                     ;//当前任务优先级 = 就绪任务优先级
    LDR R1, = OSPrioHighRdy                 ;//OSPrioCur = OSPrioHighRdy;
    LDRB R2, [R1]
    STRB R2, [R0]
    LDR R0, = OSTCBCur                      ;//当前任务控制块 = 就绪任务控制块;
    LDR R1, = OSTCBHighRdy                  ;//OSTCBCur = OSTCBHighRdy;
    LDR R2, [R1]
    STR R2, [R0]                            ;//此时[R2] = 新任务的 PSP
    LDR R0, [R2]                            ;//R0 = 新任务的 PSP
    LDM R0, {R4 - R11}                      ;//出栈 R4 - R11
```

```
ADDS R0,R0,#0x20                      ;//调整 PSP
MSR PSP,R0
ORR LR,LR,#0x04                       ;//修改 LR 的 BIT2 = 1,确保异常退出时堆栈使用 PSP
CPSIE  I
BX LR                                 ;//异常返回
END
```

在引用头文件中需要包含宏定义 #define OS_GLOBALS。

4. 用户应用程序编写

中断发生时肯定是允许中断的,所以如果用户在清除中断源之前调用 μC/OS-Ⅱ 的系统服务函数就很可能会造成芯片的中断系统工作异常而使程序工作异常。因此,在函数开始处关闭中断,或者直接给变量 OSEnterSum 赋 1。如果用户程序没有这种情况,则不需要这个操作。在执行 OS_EXIT_CRITICAL() 后,中断重新打开,如果在接下来的用户处理程序中发生中断,就可以实现中断嵌套。

```
void ISR(void)
{
    OS_ENTER_CRITICAL()或直接给变量 OsEnterSum 赋 1;
    清除中断源;
    通知中断控制器中断结束:
    开中断: OS_EXIT_CRITICAL();
    用户处理程序;
}
```

各个任务的结构:

```
void YourTask (void * pdata)
{
    for (;;) {
      /* 用户代码 */
      调用 μC/OS-Ⅱ 的服务例程之一:
          OSMboxPend();
          OSQPend();
          OSSemPend();
          OSTaskDel(OS_PRIO_SELF);
          OSTaskSuspend(OS_PRIO_SELF);
          OSTimeDly();
          OSTimeDlyHMSM();
      /* 用户代码 */
    }
}
```

在任务启动函数执行完后,系统会切换到最高优先级的任务去执行,此时,可以将系统硬件部分的启动放在该任务的最前边,仅仅是启动时执行一次,主要是启动系统的节拍中断,或者一些必须在多任务系统调度后才能初始化的部分,使系统真正开始工作,达到软件、硬件的基本同步。

```
void  HighestPrioTask(void)
{
    OSStartHardware();
    For (;;)
    {
        用户代码
        调用的系统服务
    }
}
```

5. μC/OS-II KA 插件

μC/OS-II KA (Kernel Awareness 插件)允许用户在一系列方便的窗口中显示内部数据结构,这些窗口把 C-SPY 调试器和 IAR Embedded Workbench 结合在一起。它为用户提供了目标应用系统中的活动任务,每个信号量、互斥信号量、邮箱,队列和事件标志组和一个等待这些内核对象的所有任务的列表等,这对嵌入式开发者在测试和调试应用程序时很有帮助。

下面通过 IAR C-SPY 的 I/O 窗口和 μC/OS-II KA 插件窗口观察运行状态、任务列表和输出结果。将 μC/OS-II 源代码移植到 IAR 中,随书附带的光盘中已经有移植好的 μC/OS-II,如果读者计算机中安装了 IAR EWARM 集成开发环境,可以直接打开光盘中相应的工作空间文件(* . eww),如图 5 - 12 所示。

依次单击下拉菜单 Project→Options…或者用快捷键 Alt+F7 跳出 Options 对话框,如图 5 - 13 所示,在 Category 栏中选择 Debugger,然后在 Setup 页面的 Driver 选项中选择 Simulator。

如图 5 - 14 所示,单击 Plugins 页面,该页面进行 μC/OS-II KA 选项配置,在 Select plugins to load 选项中选择 μC/OS-II。

点击下拉菜单 Project→Rebuild All,编译完成后,单击 Download and Debug,将程序加载到 Simulator 中。此时菜单栏将多来一个 μC/OS-II 下拉菜单,如图 5 - 15 所示。

单击下拉菜单 μC/OS-II→Status,将跳出 Status 对话框,此对话框显示当前 μC/OS-II RTOS 运行的状况,如图 5 - 16 所示。

单击下拉菜单 μC/OS－II→Task List 将在 Task List 对话框中显示当前运行的任务列表,如图 5 - 17 所示。μC/OS-II 下拉菜单还有其他功能:Timer List、Semaphore List、Mutex List、Mailbox List、Queue List、Event Flag Groups、Memory Partitons、Config. Constants、Options、About μC/OS-II。由于篇幅问题,其他功能请读

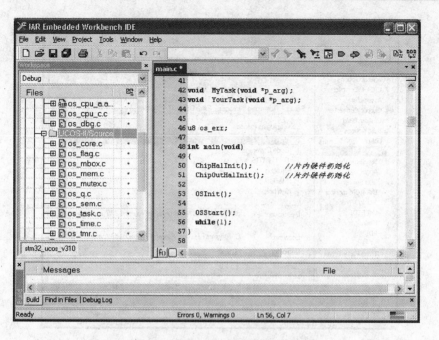

图 5 - 12　移植的 μC/OS-II 工程

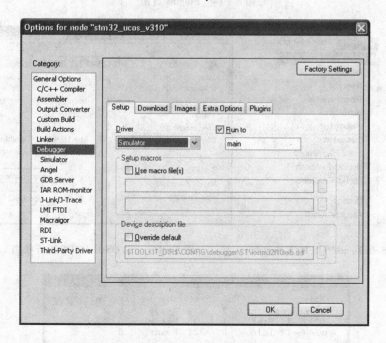

图 5 - 13　Setup 页面

者自行试验,在这里不再进行详细介绍。

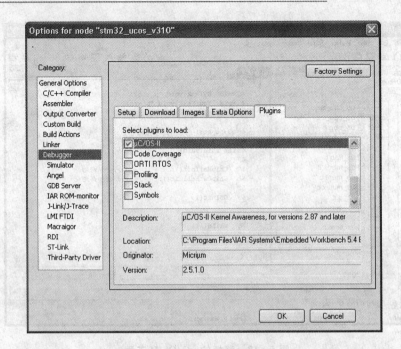

图 5 - 14　Plugins 页面

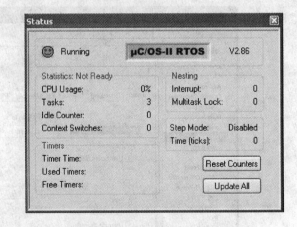

图 5 - 15　μC/OS-II 下拉菜单　　　　图 5 - 16　μC/OS-II RTOS 运行状态

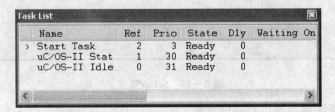

图 5 - 17　Task List

在 Kernel Awareness 中为 μC/OS-II 提供的调试器还有:Lauterbach and Nohau

μC/FS 是 FAT 型文件系统,它适用于所有的存储介质,用户可以提供这些储存介质的基本硬件访问函数。μC/FS 在速度、多功能性和内存封装上都作了优化,是一个高性能的函数库。μC/FS 是为与各种类型的硬件兼容而设计的。为了在 μC/FS 中使用特定的硬件,需要这种硬件的设备驱动程序。驱动程序中包括访问硬件的底层 I/O 函数和全局表,全局表中存放了这些 I/O 函数的指针。μC/FS 的代码是用 AN-SI C 写的,适用于所有的处理器。μC/FS 具有如下一些特点:支持与 MS－DOS/Windows 兼容的 FAT12、FAT16、FAT32 文件系统。

同时,Micriμm 公司还提供 μC/GUI、μC/FS、μC/USB、μC/FL、μC/ModBus、μC/Probe、μC/TCP-IP 等基于 μC/OS-II 的嵌入式软件产品。

μC/GUI:一个软件模块集合,通过该模块可以在我们的嵌入式产品中加入用户图形接口(GUI)。μC/GUI 具有很高的执行效率,并且与处理器和 LCD 控制器相独立。该模块可以工作在单任务或者多任务环境,可以支持不同大小的显示方式。

μC/GUI 是嵌入式应用中通用的图形软件,是为带 LCD 的图形应用系统提供高效的图形用户接口而设计的,它不依赖于处理器和 LCD 控制器。μC/GUI 在多任务环境下工作与在单任务环境下工作性能同样卓越,任何尺寸的显示设备,不管是物理的或是虚拟的,只要具备 LCD 控制器和处理器,都可以运用 μC/GUI。μC/GUI 产品包中包含所有的源代码。实际上,在所有的嵌入式图形用户接口中,μC/GUI 提供的源代码是最整洁、最统一的。μC/GUI 提供的所有服务都以该模块相关的前缀开始(如 GUI、WM),这将易于理解应用程序中与 μC/GUI 相关的函数。同时,μC/GUI 所有的服务都有很明晰的分类:GUI 表示二维图形,GUI_AA 表示反锯齿等。

μC/GUI 适用于所有处理器,与那些需要 C＋＋编译器的 GUI 不同的是,μC/GUI 完全用标准 C 编写。8～32 位的处理器都可以运行 μC/GUI;处于性能方面的考虑,推荐使用 16 位及其以上的 CPU。μC/GUI 产品包中包含开发工具包,以方便用户的项目开发。它可以用于在 PC 上编写和测试所有的用户接口(不管采用什么CPU 和 LCD,所有的例程都与嵌入式应用完全等同)。这将方便调试和开发。产生在 LCD 上的截屏可以作为截图直接加入文档中。

μC/TCP-IP 是一个经过压缩的、可靠的、高性能的 TCP/IP 协议栈。它是在遵从 Micrium 公司高质量、可裁剪和高可靠性的声誉的原则下构建的,因而可以快速地配置所需的网络选项。μC/TCP-IP 遵从无冗余设计,它不是来自于可以公开获取的 Unix 协议栈,但是仍然与 Berkeley 4.4 套接层接口兼容。与所有 Micrium 的产品一样,μC/TCP-IP 用 ANSI C 编写,可以在一系列优秀的交叉开发工具下广泛使用。μC/TCP-IP 可以用于 16 位、32 位甚至是一些 64 位的 CPU 上。

高性能 μC/TCP-IP 是特别为嵌入式系统的要求设计的。临界段被设置到最小,同时可以禁止选择运行时间确认来提高性能。μ/TCP-IP 通过零复制缓存管理来实现最高效率。μC/TCP-IP 目前支持以太网 NICs,可以方便地移植到任何一种以太网控制器上。需要 RTOS μC/TCP-IP 运行一个实时操作系统(RTOS)或者一个执行任务调度和互斥的内核。μC/TCP-IP 包括所有与 μC/OS-II 接口的源代码,但是可以方便地移植到其他 RTOS 上。

μC/USB 已经在任何嵌入式系统上通过 USB 客户端控制器设计工作。该协议栈可以应用于 USB1.1 或者 USB2.0 设备。这个协议栈包括嵌入式系统部分和 PC 的驱动程序。嵌入式系统部分以源码形式发布;PC 驱动程序通常提供可执行文件(.sys),但是也可以提供源代码。这个 USB 协议栈的目标是让开发者快速顺利地开发嵌入式设备与 PC 通过 USB 通信软件。这个通信像一个单一的、高速的、可靠的通道(跟 TCP 连接很类似)。这个协议基本能够允许 PC 发送数据给嵌入式目标机,目标机接收这些数据并且应答几个字节。PC 是 USB 主设备,目标机是 USB 从设备。这个 USB 标准定义了 4 种通信方式:控制,等时,中断和批量。经验说明,绝大多数嵌入式设备选择批量通信模式。它可以利用 USB 总线的最大带宽。其速度为 USB1.1(12 Mbits/s)设备的最大可能传输速率大约 1.1 Mbits/s。

5.3　以太网系统设计实例

以太网是当前广泛使用,采用共享总线型传输媒体方式的局域网。该节介绍了 STM32F107VCT6 处理器内部集成的以太网的各个功能模块、PHY 芯片 DP83848 和 LwIP 协议栈,并利用 STM32F107 开发板设计了简单的 Telnet 远程登录服务器应用实例,通过 Telnet 远程登录服务器来与 STM32F107 开发板进行数据交流。

5.3.1　以太网系统设计概述

1. 以太网概述

以太网是由 Xerox 公司创建并由 Xerox、Intel 和 DEC 公司联合开发的基带局域网规范,是当今现有局域网采用的最通用的通信协议标准。以太网络使用 CSMA/CD(载波监听多路访问及冲突检测)技术,并以 10 Mbits/s 的速率运行在多种类型的电缆上。以太网与 IEEE802.3 系列标准相类似。

以太网技术最初来自于施乐帕洛阿尔托研究中心。1976 年,梅特卡夫和他的助手发表了一篇名为《以太网:局域计算机网络的分布式包交换技术》的文章。1977 年底,梅特卡夫和他的助手获得了"具有冲突检测的多点数据通信系统"的专利,从此标志以太网的诞生。1979 年,梅特卡夫为了开发个人计算机和局域网离开了施乐帕洛阿尔托研究中心,成立了 3Com 公司。3Com 对迪吉多、英特尔、施乐帕洛阿尔托研究中心进行游说,希望与他们一起将以太网标准化、规范化。最终,这个通用的以太网标准于 1980 年 9 月 30 日出台。而在此过程中,3Com 也成了一个国际化的大公司。

以太网不是一种具体的网络,是一种技术规范。该标准定义了在局域网(LAN)

中采用的电缆类型和信号处理方法。它在互联设备之间以 10～100 Mbits/s 的速率传送信息包,双绞线电缆 10 Base T 以太网由于其低成本、高可靠性以及 10 Mbits/s 的速率而成为应用最为广泛的以太网技术。直扩的无线以太网可达 11 Mbits/s,而许多制造供应商提供的产品都能采用通用的软件协议进行通信,具有很强的开放性。

随着网络的发展,传统标准的以太网技术已难以满足日益增长的网络数据流量速度的需求。在 1993 年 10 月以前,对于要求 10 Mbits/s 以上数据流量的 LAN 应用,只有光纤分布式数据接口(FDDI)可供选择,但它是一种价格非常高的、基于 100 Mbits/s光缆的 LAN。1993 年 10 月,Grand Junction 公司推出了世界上第一台快速以太网集线器 Fastch10/100 和网络接口卡 FastNIC100,快速以太网技术正式得到应用。随后 Intel、SynOptics、3COM、BayNetworks 等公司也相继推出自己的快速以太网装置。

与此同时,IEEE802 工程组也对 100 MB/s 以太网的各种标准,如 100BASE—TX、100BASE—T4、MII、中继器、全双工等标准进行了研究。1995 年 3 月 IEEE 宣布了 IEEE802.3u 100BASE—T 快速以太网标准,就这样进入了快速以太网的时代。快速以太网与原来在 100 MB/s 带宽下工作的 FDDI 相比具有许多优点,最主要体现在快速以太网技术可以有效地保障用户在布线基础实施上的投资,它支持 3、4、5 类双绞线以及光纤的连接,能有效地利用现有的设施。快速以太网的不足其实也是以太网技术的不足,那就是快速以太网仍是基于 CSMA/CD 技术,当网络负载较重时,会造成效率的降低,当然这可以使用交换技术来弥补。100 MB/s 快速以太网标准又分为 100BASE—TX、100BASE—FX、100BASE—T4 3 个子类。

100BASE—TX:是一种使用 5 类数据级无屏蔽双绞线或屏蔽双绞线的快速以太网技术。它使用两对双绞线,一对用于发送,一对用于接收数据。在传输中使用 4B/5B 编码方式,信号频率为 125 MHz。其符合 EIA586 的 5 类布线标准和 IBM 的 SPT 1 类布线标准。使用同 10BASE—T 相同的 RJ—45 连接器。它的最大网段长度为 100 m。它支持全双工的数据传输。

100BASE—FX:是一种使用光缆的快速以太网技术,可使用单模和多模光纤(62.5 μm 和 125 μm)。多模光纤连接的最大距离为 550 m。单模光纤连接的最大距离为 3000 m。在传输中使用 4B/5B 编码方式,信号频率为 125 MHz。它使用 MIC/FDDI 连接器、ST 连接器或 SC 连接器。它的最大网段长度为 150 m、412 m、2 000 m 或更长至 10 km,这与所使用的光纤类型和工作模式有关,它支持全双工的数据传输。100BASE—FX 特别适合于有电气干扰的环境、较大距离连接或高保密环境等情况下。

100BASE—T4:是一种可使用 3、4、5 类无屏蔽双绞线或屏蔽双绞线的快速以太网技术。100Base—T4 使用 4 对双绞线,其中的 3 对用于在 33 MHz 的频率上传输数据,每一对均工作于半双工模式。第 4 对用于 CSMA/CD 冲突检测。在传输中使用 8B/6T 编码方式,信号频率为 25 MHz,符合 EIA586 结构化布线标准。它使用与

10BASE-T 相同的 RJ－45 连接器,最大网段长度为 100 m。

往后,随着时间的推移,又出现了千兆以太网、万兆以太网等。

2. 以太网的拓扑结构

(1) 星型:每个节点都由一条单独的通信线路与中心节点连接。它管理方便、容易扩展、需要专用的网络设备作为网络的核心节点、需要更多的网线、对核心设备的可靠性要求高。采用专用的网络设备(如集线器或交换机)作为核心节点,通过双绞线将局域网中的各台主机连接到核心节点上,这就形成了星型结构。星型网络虽然需要的线缆比总线型多,但布线和连接器比总线型的要便宜。此外,星型拓扑可以通过级联的方式很方便地将网络扩展到很大的规模,因此得到了广泛应用,被绝大部分的以太网所采用。

(2) 总线型:是将网络中的所有设备通过相应的硬件接口直接连接到公共总线上,节点之间按广播方式通信,一个节点发出的信息,总线上的其他节点均可"收听"到。它所需的电缆较少、价格低、管理成本高,不易隔离故障点、采用共享的访问机制,易造成网络拥塞。早期以太网多使用总线型的拓扑结构,采用同轴缆作为传输介质,连接简单,通常在小规模的网络中不需要专用的网络设备,但由于它存在的固有缺陷,已经逐渐被以集线器和交换机为核心的星型网络所代替。

(3) 环型拓扑结构:各节点通过通信线路组成闭合回路,环中数据只能单向传输。其优点是结构简单、容以是线,适合使用光纤,传输距离远,传输延迟确定;缺点是环网中的每个节点均成为网络可靠性的瓶颈,任意节点出现故障都会造成网络瘫痪,另外故障诊断也较困难。最著名的环型拓扑结构网络是令牌环网(token ring)。

(4) 树型拓扑结构:是一种层次结构,节点按层次连接,信息交换主要在上、下节点之间进行,相邻节点或同层节点之间一般不进行数据交换。其优点是连接简单,维护方便,适用于汇集信息的应用要求;缺点是资源共享能力较低,可靠性不高,任何一个工作站或链路的故障都会影响整个网络的运行。

(5) 网状拓扑结构:又称作无规则结构,节点之间的连接是任意的,没有规律。其优点是系统可靠性高,比较容易扩展,但是结构复杂,每一节点都与多点进行连接,因此必须采用路由算法和流量控制方法。目前广域网基本上采用网状拓扑结构。

以太网可以采用多种连接介质,包括同轴缆、双绞线和光纤等。其中双绞线多用于从主机到集线器或交换机的连接,而光纤则主要用于交换机间的级联和交换机到路由器间的点到点链路上。同轴缆作为早期的主要连接介质已经逐渐趋于淘汰。

3. 以太网的工作模式

以太网卡可以工作在两种模式下:半双工和全双工。

半双工:半双工传输模式实现以太网载波监听多路访问冲突检测。传统的共享LAN 是在半双工下工作的,在同一时间只能传输单一方向的数据。当两个方向的数据同时传输时,就会产生冲突,这会降低以太网的效率。

全双工：全双工传输是采用点对点连接，这种安排没有冲突，因为它们使用双绞线中两个独立的线路，这等于没有安装新的介质就提高了带宽。例如，在上例的车站间又加了一条并行的铁轨，同时可有两列火车双向通行。在双全工模式下，冲突检测电路不可用，因此每个双全工连接只用一个端口，用于点对点连接。标准以太网的传输效率可达到 50%～60% 的带宽，双全工在两个方向上都提供 100% 的效率。

4. 以太网的工作原理

以太网采用带冲突检测的载波帧听多路访问（CSMA/CD）机制。以太网中节点都可以看到在网络中发送的所有信息，因此，我们说以太网是一种广播网络。

以太网的工作过程如下。

当以太网中的一台主机要传输数据时，它将按如下步骤进行：

（1）监听信道上是否有信号在传输。如果有的话，表明信道处于忙状态，就继续监听，直到信道空闲为止。

（2）若没有监听到任何信号，就传输数据。

（3）传输的时候继续监听，如发现冲突则执行退避算法，随机等待一段时间后，重新执行步骤（1）（当冲突发生时，涉及冲突的计算机会发送会返回到监听信道状态。注意，每台计算机一次只允许发送一个包，一个拥塞序列，以警告所有的节点）。

（4）若未发现冲突则发送成功，所有计算机在试图再一次发送数据之前，必须在最近一次发送后等待 9.6 μs（以 10 Mbits/s 运行）。

5. 本系统概述

STM32F107 开发板的处理器 STM32F107VCT6 内部集成有高性能以太网模块，支持通过以太网收发数据，符合 IEEE 802.3－2002 标准。该以太网模块灵活可调，使之能适应各种不同的客户需求。该模块支持两种标准接口，连接到外接的物理层（PHY）模块：IEEE 802.3 协议定义的独立于介质的接口（MII）和简化的独立于介质的接口（RMII）。其适用于各类应用，如交换机、网络接口卡等。

内部集成的以太网模块符合以下标准：

➢（IEEE802.3—2002）标准的以太网 MAC 协议。

➢（IEEE1588—2002）的网路精确时钟同步标准。

➢ AMBA2.0 标准的 AHB 主/从端口。

➢ RMII 协会定义的 RMII 标准。

STM32F107 开发板的处理器 STM32F107VCT6 内部集成的以太网结构图如图5-18 所示。

STM32F107 开发板的处理器 STM32F107VCT6 内部集成 MAC 控制器功能如下：

➢ 通过外接的 PHY 接口，支持 10/100 Mbits/s 的数据传输速率。

➢ 通过兼容 IEEE 802.3 标准的 MII 接口，外接高速以太网 PHY。

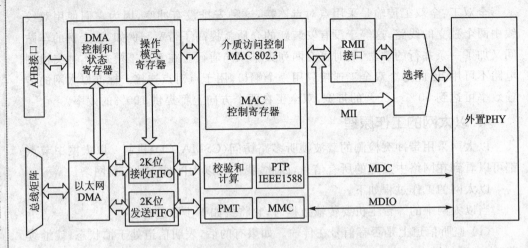

图 5 - 18　内部以太网结构图

➢ 支持全双工和半双工操作：

◇ 支持符合 CSMA/CD 协议的半双工操作。

◇ 支持符合 IEEE 802.3 流控的全双工操作。

◇ 在全双工模式下，可以选择性地转发接收到的 PAUSE 控制帧到用户的应用程序。

◇ 支持背压流控的半双工操作。

◇ 在全双工模式下当输入流控信号失效时，会自动发送 PAUSE 帧。

➢ 在发送时插入前导符和帧开始数据(SFD)，在接收时去掉这些域。

➢ 以帧为单位，自动计算 CRC 和产生可控制的填充位。

➢ 在接收帧时，自动去除填充位/CRC 为可选项。

➢ 可对帧长度进行编程，支持最长为 16 KB 的标准帧。

➢ 可对帧间隙进行编程(40～96 bits，以 8 bits 为单位改变)。

➢ 支持多种灵活的地址过滤模式：

◇ 多达 4 个 48 bits 完美的目的地址(DA)过滤器，可在比较时屏蔽任意字节。

◇ 多达 3 个 48 bits 源地址(SA)比较器，可在比较时屏蔽任意字节。

◇ 64 bits Hash 过滤器(可选的)用于多播和单播(目的)地址。

◇ 可选的令所有的多播地址帧通过。

◇ 混杂模式，支持在作网络监测时不过滤，允许所有的帧直接通过。

◇ 允许所有接收到的数据包通过，并附带其通过每个过滤器的结果报告。

➢ 对于发送和接收的数据包，返回独立的 32 bits 状态信息。

➢ 支持检测接收到帧的 IEEE 802.1Q VLAN 标签。

➢ 应用程序有独立的发送、接收和控制接口。

➢ 支持使用 RMON/MIB 计数器(RFC2819/RFC2665)进行强制性的网络统计。

➢ 使用 MDIO 接口对 PHY 进行配置和管理。

➢ 检测 LAN 唤醒帧和 AMD 的 Magic Packet™帧。

➢ 对 IPv4 和由以太网帧封装的 TCP 数据包的接收校验和卸载分流功能。

➢ 对 IPv4 报头校验和以及对 IPv4 或 IPv6 数据格式封装的 TCP、UDP 或 ICMP 的校验和进行检查的高级接收功能。

➢ 支持由（IEEE 1588—2002）标准定义的以太网帧时间戳，在每个帧的接收或发送状态中加上 64 bits 的时间戳。

➢ 两套 FIFO：一个 2 KB 的传输 FIFO，带可编程的发送阈值，和一个 2 KB 的接收 FIFO，带可编程的接收阈值（默认值是 64 B）。

➢ 在接收 FIFO 的 EOF 后插入接收状态信息，使得多个帧可以存储在同一个接收 FIFO 中，而不需要开辟另一个 FIFO 来储存这些帧的接收状态信息。

➢ 可以滤掉接收到的错误帧，并在存储/转发模式下不向应用程序转发错误的帧。

➢ 可以转发"好"的短帧给应用程序。

➢ 支持产生脉冲来统计在接收 FIFO 中丢失和破坏（由于溢出）的帧数目。

➢ 对于 MAC 控制器的数据传输，支持存储/转发机制。

➢ 根据接收 FIFO 的填充程度（阈值可编程），自动向 MAC 控制器产生 PAUSE 帧或背压信号。

➢ 在发送时，如遇到冲突可以自动重发。

➢ 在迟到冲突、冲突过多、顺延过多和欠载（underrun）情况下丢弃帧。

➢ 软件控制清空发送 FIFO。

➢ 在存储/转发模式下，在要发送的帧内计算并插入 IPv4 的报头校验和及 TCP、UDP 或 ICMP 的校验和。

➢ 支持 MII 接口的内循环，可用于调试。

　　STM32F107 开发板的处理器 STM32F107VCT6 内部集成的以太网模块与外部 PHY 芯片采用的是 RMII 接口，如图 5-19 所示为 RMII 规范的接口信号图。

　　STM32F107 开发板采用高性能的 DP83848 作为 10 Mbits/100 Mbits 以太网 PHY 芯片，采用 RMII 接口与 STM32F107VCT6 相连接，标准 RJ45 接口输出，支持平行线及交叉线自适应。如图 5-20 所示是以太网模块与 PHY 芯片采用 RMII 接口的原理图。

　　精简的独立于介质接口（RMII）规范减少了与 10 Mbits/100 Mbits 通信时，STM32F107xx 以太网模块和外部以太网之间的引脚数。根据 IEEE802.3u 标准，MII 接口需要 16 个数据和控制信号引脚，而 RMII 标准则将引脚数减少到了 7 个（减少了 62.5%的引脚数目）。RMII 模块用于连接 MAC 和 PHY，该模块将 MAC 的 MII 信号转换到 RMII 接口上。RMII 模块具有以下特性：

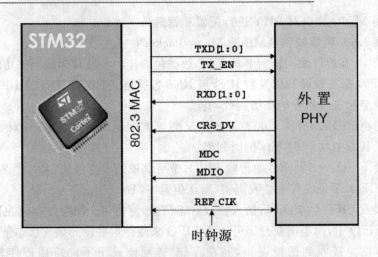

图5-19　RMII规范的接口信号

> 支持 10 Mbits/s 和 100 Mbits/s 的通信速率。
> 时钟信号需要提高到 50 MHz。
> MAC 和外部的以太网 PHY 需要使用同样的时钟源。
> 使用 2 bits 宽度的数据收发。

DP83848 是美国国家半导体公司根据精简介质无关接口 RMII 规范设计的 10/100 Mbits/s 单端网络物理层器件,在 10 Mbits/100 Mbits 系统中将 DP83848 的物理(PHY)层连接到媒体存取控制(MAC)层,RMII 提供了引脚数目更低的选择来替换 IEEE802.3 定义的介质无关接口(MII)。同时,它还包含一个智能电源关闭状态——能量检测模式。

RJ-45 对于网线的线序排序有两种,一种是橙白、橙、绿白、蓝、蓝白、绿、棕白、棕,另一种是绿白、绿、橙白、蓝、蓝白、橙、棕白、棕。因此,使用 RJ-45 接头的线也有两种,即平行线(直通线)和交插线,如图5-21所示为网线 RJ-45 接头排线示意图,STM32F107 开发板使用的 DP83848 芯片支持平行线网线和交叉线网线自适应,所以两种网线都可以连接到 STM32F107 开发板。

5.3.2　以太网芯片概述

以太网芯片是将微控制器、以太网媒体接入控制器(MAC)和物理接口收发器(PHY)整合进同一芯片,这样能去掉许多外接元器件。这种方案可使 MAC 和 PHY 实现很好的匹配,同时还可减小引脚数、缩小芯片面积。同时,以太网芯片还能降低功耗。

以太网 MAC 是由 IEEE-802.3 以太网标准定义,实现了一个数据链路层。最新的 MAC 同时支持 10 Mbits/s 和 100 Mbits/s 两种速率。

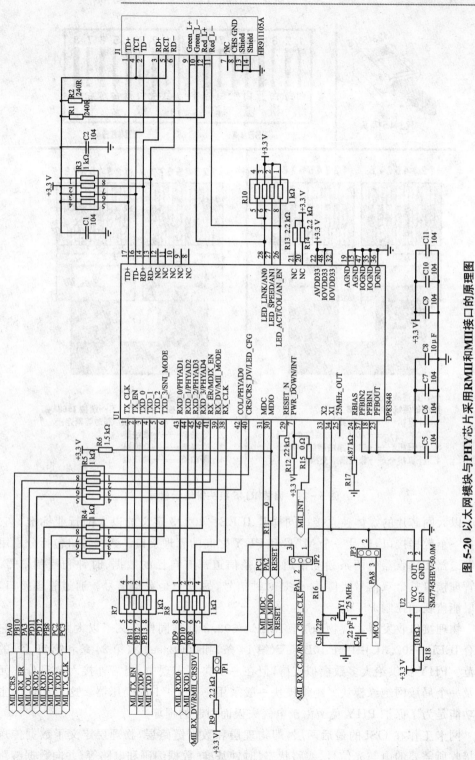

图 5-20 以太网模块与 PHY 芯片采用 RMII 和 MII 接口的原理图

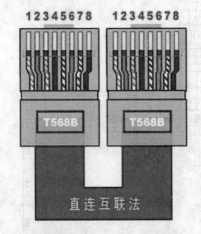

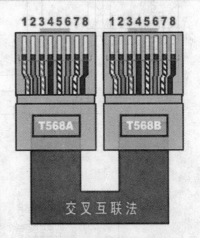

一、直连线互连

网线的两端均按 T568B 接

1. 计算机 ←——→ ADSL 猫
2. ADSL 猫 ←——→ ADSL 路由器的 WAN 口
3. ADSL 猫 ←——→ ADSL 路由器的 LAN 口
4. 计算机 ←——→ 集线器或交换机

二、交叉互连

网线的一端按 T568B 接，另一端按 T568A 接

1. 计算机 ←——→ 计算机　即对等网连接
2. 集线器 ←——→ 集线器
3. 交换机 ←——→ 交换机
4. 路由器 ←——→ 路由器

图 5 – 21 　 网线 RJ45 接头排线示意图

　　以太网芯片的媒体独立接口同样是 IEEE – 802.3 定义的以太网行业标准。它包括一个数据接口，以及一个 MAC 和 PHY 之间的管理接口。数据接口包括分别用于发送器和接收器的两条独立信道。每条信道都有自己的数据、时钟和控制信号。而管理接口是个双信号接口：一个是时钟信号，另一个是数据信号。通过管理接口，上层能监视和控制 PHY。

　　物理接口收发器实现物理层。IEEE – 802.3 标准同样定义了以太网 PHY。它符合 IEEE – 802.3k 中用于 10BaseT（第 14 条）和 100BaseTX（第 24 条和第 25 条）的规范。PHY 提供绝大多数模拟支持，但在一个典型实现中，仍需外接六七只分立元件及一个局域网绝缘模块。绝缘模块一般采用一个 1：1 的变压器。这些部件的主要功能是为了保护 PHY 免遭由于电气失误而引起的损坏。

　　网卡工作在 OSI 的最后两层，即物理层和数据链路层，物理层定义了数据传送与接收所需要的电与光信号、线路状态、时钟基准、数据编码和电路等，并向数据链路层设备提供标准接口,物理层的芯片称为 PHY。数据链路层则提供寻址机构、数据帧的构建、数据差错检查、传送控制、向网络层提供标准的数据接口等功能。以太网卡中数据链路层的芯片称为 MAC 控制器。很多网卡的这两个部分是做到一起的。它们之间的关系是 pci 总线接 mac 总线,mac 接 phy,phy 接网线。

STM32F107 开发板采用高性能的 DP83848 作为 10 Mbits/100 Mbits 以太网PHY 芯片,采用 RMII 接口与 STM32F107VCT6 相连接,标准 RJ-45 接口输出,支持平行及交叉线自适应。

DP83848 是美国国家半导体公司根据精简介质无关接口 RMII 规范设计的 10 Mbits/100 Mbits/s 单端网络物理层器件,在 10 Mbits/100 Mbits 系统中将 DP83848 的物理(PHY)层连接到媒体存取控制(MAC)层,RMII 提供了引脚数目更低的选择来替换 IEEE802.3 定义的介质无关接口(MII)。同时,它还包含一个智能电源关闭状态——能量检测模式。

1. DP83848 网络物理层芯片的低成本系统设计

以太网标准(IEEE802.3u)定义 MII 为每个端口具有 16 根引脚,用于数据和控制应用(8 位数据和 8 位控制)。RMII 规范将数据接口从 4 位数据减少为 2 位数据。此外,将控制减少到 3 个信号(其中之一是可选项,另一个是时钟信号)。因此,所有的时钟连接被减少到 7 个引脚(如果 MAC 需要 RE_ER,则是 8 个引脚)。

在结合许多 MAC/PHY 接口,诸如交换机或者端口切换中继器系统中,由于端口数增加而造成大量的引脚会增加可观的成本。例如,在一个典型的 24 端口交换机结构中,RMII 模式能够将 MAC 引脚的数目从平均每端口 16 个减少到 6 个(加上一个单独的时钟),总共可以节省 239 个引脚。然而最初创建 RMII 标准是为了定位在多端应用,在 RMII 中精简连接有助于减少引脚数目以及其他应用中的信号布线。附加的器件是一个交换机或者其他带有嵌入式 MAC 的器件。

2. DP83848 网络物理层芯片的 RMII 模式特性

RMII 模式降低了 PHY 的互联同时保持了在物理层器件中现有的特性:

➤ 802.3u MII 的所有功能性。

➤ 10 Mbits/s 或者 100 Mbits/s 的工作数据速率。

➤ 实现源自 MAC(或者来自一个外部源)至 PHY 的单个同步时钟基准可以简化时钟接口。

➤ 支持已有特性,如在交换机中的全双工性能。

➤ 简化的电路板布局(采用更少的高速布线)。

除了 RMII 定义的信号之外,DP83848 提供一个 RX_ DV 信号(接收数据有效)使得恢复接收数据的方法更加简单而无须从 CRS_ DV 分离出 RX_ DV 信号。这对于不需要 CRS 的系统而言特别有帮助,如只支持全双工操作的系统。正如文中稍后所述,RX_ DV 也会有助于远程回环和全双工扩展操作。

3. DP83848 芯片 RMII 相关引脚说明(表 5－7)

表 5－7　DP83848 芯片 RMII 相关引脚说明

信号名称	类型	编号	RMII 描述
X1/REF_CLK	Input	34	时钟输入
TX_EN	Input	2	RMII 发送使能
TXD[0]	Input	3	RMII 发送数据
TXD[1]	Input	4	RMII 发送数据
RX_ER	Output	41	RMII 接收错误
RXD[0]	Output	43	RMII 接收数据
RXD[1]	Output	44	RMII 接收数据
CRS_DV	Output	40	RMII 载波感应/接收数据有效

可以用两个 DP83848 器件来实现一个简单的全双工扩展器。一个全双工扩展器为实现比标准的 100 m 更长距离的电缆提供了一种简单的方法。通过在 RMII 模式下以背靠背的方式连接两个 DP83848,使得从一个 DP83848 接收到的信息包可以由另一个 DP83848 直接发送,而无需任何额外的缓冲或者控制。该方法不适用于半双工模式,因为半双工模式下不存在相关的 MAC 来从冲突中处理恢复信号。此外,所有的器件必须工作在相同的数据速率下。

4. DP83848 能量检测模式

能量检测模式提供了当器件未连接到激活的链接对象时节约能量的机理。当没有电缆存在或者电缆连接到电源处于关闭状态对象时,能够设置 DP83848 自动进入低功耗状态。一旦插上电缆器件即可继续工作,或者尝试与远端对象建立活动链接时,DP83848 能够自动上电进入全功能工作状态。

当进入到低功耗能源检测状态时,DP83848 通过禁止除能量检测电路以外的所有接收电路来减少其功率消耗。能量检测模式的特性为 DP83848 提供了一个智能节能工作模式。通过一个灵活而稳定可靠的实现方法,能量检测模式为需要考虑功耗的应用提供了重要的价值。能量检测是一个链路可控制节能模式。其目的是当在双绞线上检测不到活动时,器件能够进入到休眠的低功耗状态。能量检测功能是通过寄存器设定来控制的。当在电源状态之间发生转换时,电源上电/重置算法遵循其正常流程。能量检测模式并不会影响之前设定的工作模式。

当在电源状态之间发生转换时,器件将会保留它原先的模式(强制模式或者自动协商,MDI 或者 MDIX)。能量检测算法能够在不同的电源状态之间自动或者手动转换。当一个电源状态的改变未决或者发生太多误差事件时,能量检测逻辑能够发出中断信号。能量检测逻辑在采取动作之前需要多倍数据和/或误差事件来调节一些噪声。计数器深度由寄存器设置来确定,并默认其为包含数据和误差的一个事件。

通过实现 RMII 标准接口,DP83848 提供了一个连接选项,从而可以降低 MAC 至 PHY 接口所需要的引脚数目。这使得设计工程师在保持 IEEE 802.3 规范中所有特性的同时,可以使系统设计的成本最低。

5.3.3　μC/OS-Ⅱ 及 LwIP 移植

LwIP 是瑞典计算机科学院的一个开源的 TCP/IP 协议栈实现(LwIP is a lightweight implementation of the TCP/IP protocol stack)。它的目的是减少内存使用率和代码大小,使 LwIP 适用于资源受限系统如嵌入式系统。为了减少处理和内存需求,LwIP 使用不需要任何数据复制的经过裁剪的 API。LwIP 实现的重点是在保持 TCP 协议主要功能的基础上减少对 RAM 的占用,一般它只需要几百字节的 RAM 和 40 KB 左右的 ROM 就可以运行,这使 LwIP 协议栈适合在低端的嵌入式系统中使用。

1. LwIP 概述

LwIP 是 Light Weight IP 协议,有无操作系统的支持都可以运行。LwIP 的主要目的是减少存储器利用量和代码尺寸,使 LwIP 适合应用于小的、资源有限的处理器。为了减少处理器和存储器要求,lWIP 可以通过不需任何数据复制的 API 进行裁剪。其主要特性如下:

➤ 支持多网络接口下的 IP 转发;
➤ 支持 ICMP 协议;
➤ 包括试验性扩展的 UDP(用户数据报协议);
➤ 包括阻塞控制、RTT 估算、快速恢复和快速转发的 TCP(传输控制协议);
➤ 提供专门的内部回调接口(Raw API),用于提高应用程序性能;
➤ 可选择的 Berkeley 接口 API(在多线程情况下使用)。
➤ 在最新的版本中支持 ppp。
➤ 新版本中增加了的 IP fragment 的支持。
➤ 支持 DHCP 协议,动态分配 IP 地址。
➤ 支持 IPv6。

在 LwIP 结构中,通常一个协议可作为一个模块来实现。同时,LwIP 结构中还提供了几个函数作为协议的入口点。尽管这些协议是被独立实现的,但是并不是所有的子层都是这样的,这样做的目的是为了在处理速度与内存占用率等方面提升性能。例如,当验证一个到达的 TCP 段的校验和并分解这个 TCP 段时,TCP 模块必须知道该 TCP 段的源及目的 IP 地址。因为 TCP 模块知道 IP 头的结构。因此它可以自己提取这个信息,从而取代通过函数调用传递 IP 地址信息的方式。

LwIP 一般由几个模块组成。除 TCP/IP 协议的实现模块外(IP,ICMP,UDP,TCP),还有许多相关支持模块。这些支持模块包括:操作系统模拟层、缓冲与内存管理子系统、网络接口函数及一组 Internet 校验和计算函数。此外,LwIP 还包括一个

API 概要说明。

2. LwIP 的内存管理

通信系统中的存储和缓冲管理必须能够适应大小变化的缓冲区。其范围应从包含几百字节的完全大小 TCP 段缓冲区到仅仅包含几个字节的短的 ICMP 回报。而且，为了避免复制，还应当尽可能让缓冲区的数据内容驻留在内存中。LwIP 的网络子系统不管理像应用存储或 ROM 这样的内存。

LwIP 用 pbufs 来管理数据包。为了满足最小限度协议栈的特殊需求，pbufs 采用了和 BSD 的 mbufs 相似的结构。pbuf 结构既能在动态内存分配下保存信息包的数据，也能够让信息包数据驻留在静态存储区。pbufs 可以在一个链表中链接在一起，并被称作一个 pbuf 链，这样，一个信息包就可以穿越几个 pbufs。

pbufs 具有 PBUF RAM、PBUF ROM 和 PBUF POOL 3 种类型。这 3 种类型拥有不同的使用目的。PBUF POOL 主要用于网络设备驱动层，由于分配一个 pbuf 的操作可以快速完成，所以，非常适合用于中断处理。PBUF ROM 类型的 pbufs 用于应用程序时；要发送的数据应放置在应用程序管理的存储区。PBUF RAM 类型的 pbuf 还可用于应用程序发送的数据被动态生成的情况。在这种情况下，pbuf 系统不仅可为应用数据分配内存，还应给为这些数据预置的包头分配内存。

在运行 TCP/IP 协议栈的嵌入式系统中，一般可以把整个系统的存储区域分为协议栈管理的存储器和应用程序管理的存储器两部分。协议栈管理存储器是指 TCP/IP 内核能够操作的内存区域，主要用于装载待接收和发送的网络数据分组。当接收到分组或者有分组要发送时，TCP/IP 协议栈便为这些分组分配缓存；而接收到的分组交付给应用程序或者分组已经发送完毕后，则将分配的缓存回收重用。

应用程序管理存储器是指应用程序管理、操作的存储区域。一般在该区域为应用程序发送数据分配缓存。虽然该存储区域不由 TCP/IP 协议栈管理。但在不严格分层的协议栈中，该存储区域必须与 TCP/IP 管理的存储器协同工作。为了节省内存，LwIP 一般不采取分级访问模式，而是通过指针访问数据。这样就不需要为数据的传递分配存储空间。应用程序发送的数据在交付 LwIP 后，LwIP 就认为这些数据是不能改动的，因此，应用程序的数据被认为是永远存在并且不能被改变的。这一点与 ROM 很相似，其类型的名称 PBUF_ROM 也由此而来。

3. LwIP 的层次结构

在 LwIP 中，物理网络硬件的设备驱动可通过一个与 BSD 相似的网络接口结构来表示。网络接口保存在一个全局链表中，它们可通过结构体中的 next 指针连接。下面的数据结构是 LwIP 用来保存硬件相关接口的结构体代码：

```
struct netif{
struct netif * next;
charname[2];
```

```
    int num;
    struct ip_addr ip_addr;
    struct ip_addr netmask;
    struct ip_addr gw;
    void( * input) (struct pbuf * p,struct netif  * inp);
    int( * output) (struct netif * netif,struct pbuf * p,struct ip_addr * ipaddr);
    void * state;
};
```

当发送和接收包时,3 个 IP 地址 ip_addr、netmask 和 gw 由 IP 层使用。给网络接口配置多于一个 IP 地址是不允许的,一个网络接口应当为每一个 IP 地址创建。当包接收到时,设备驱动应当调用 input 指针指向的函数。

网络接口通过 output 指针连接到设备驱动。这个指针指向设备驱动中的一个函数,它在物理网络上传送一个包,当一个包被发送时它由 IP 层调用。这个字段由设备驱动初始化函数填充。output 函数的第 3 个参数 ipaddr 是主机的 IP 地址,它可以接收实际链路层的帧。它不应和 IP 包的目的地址相同。特别地,当发送一个 IP 包到不在本地网络的主机时,链路层帧被发送到网络上一个路由。这种情况下,给 output 函数的 IP 地址将是路由的 IP 地址。最后,state 指针指向设备驱动中网络接口的特定状态,由设备驱动设置。

LwIP 仅仅实现 IP 最基本的功能,它可以发送、接收和转发包,但不能发送或接收分割的 IP 包,也不能处理带 IP 选项的包。对于大多数应用来说这不会引起任何问题。

(1) LwIP 接收包

对于接收的 IP 若干包,处理从 ip_input()函数被设备驱动程序调用开始。在这里,初始化工作将检查 IP 版本,同时确定报头长度,还会计算和检查报头 checksum 域。期望的情况是,自从 Proxy 服务器重组所有碎片(fragmented)包以来,堆栈就再也没有收到碎片(fragments),这样任何 IP 碎片的包都会被默默地丢弃。带有 IP 选项的包同样会被指定为由代理处理,并因此被丢掉。

接下来,函数通过网络接口的 IP 地址检验目的地址以确定包是否去往主机。网络接口已在链表中排序,可以线性查找。网络接口的序号指定为是小的号,因为比线性查找更巧妙的查找方法还没实现。如果接收的包是主机指定的包,将使用 protocol 域来决定该包应该传给哪个更高层协议。

(2) LwIP 发送包

一个要发送的包由函数 ip_output( )处理,它使用函数 ip_route( )寻找适当的网络接口来上传包。当发送包的网络接口被确定后,包被传递到 ip_output_if()函数,该函数把发送网络接口作为一个函数自变量。在这里,所有 IP 报头域被填补并且 IP 报头 checksum 被计算。IP 包的源和目的地址作为变量传递给 ip_output_if()函数。源地址可能被略去(left out),然而,在这种情况下要发送的网络接口的 IP 地址将被用作包的来源 IP 地址。

ip_route()函数通过线性查找网络接口列表找到适合的网络接口。在查找 IP 包的目的 IP 地址期间,用网络接口的网络掩码进行掩码。如果目的地址等于经掩码的接口 IP 地址,则选择这个接口。如果找不到匹配的,则使用缺省网络接口。缺省网络接口由人工操作在启动时或运行时配置。如果缺省接口的网络地址和目的 IP 地址不匹配,则选择网络接口结构中的 gw 字段作为链路层帧的目的 IP 地址(注意,这种情况下 IP 包的目的地址和链路层帧的 IP 地址是不同的)。路由的原始形式忽略了这个事实:一个网络可能有许多路由器依附它。而工作时,对于一般情况下,一个本地网络只有一个路由器。

因为运输层协议 UDP 和 TCP 在计算运输层校验和时需要有目的 IP 地址,所以在包传给 IP 层前外发网络接口在某些情况下必须已确定。这可让运输层函数直接调用 ip_route()函数完成,因为在包到达 IP 层时外发网络接口已经知道,没必要再查找网络接口列表,而是那些协议直接调用 ip_output_if()函数。由于这个函数把网络接口作为参数,可避免外发接口的查找。运行期间,LwIP 的手工配置要有一个能配置栈的应用程序,LwIP 中不包含这样的程序。

(3) UDP 处理

UDP 是一个简单的协议,用来完成不同处理过程间的包分离。每一个 UDP 会话(session)的状态都被保留在一个 PCB 结构中。如下程序所示 UDP PCBs 保存在一个链表中,当 UDP datagram 到达,则搜索该链表并进行匹配。

UDP PCB 结构体中包含有一个指向 UDP PCBs 全局链表中下一个 PCB 的指针。一个 UDP 会话可由终端 IP 地址和端口号来定义。这些信息保存在 local_ip、dest_ip、local_port 以及 dest_port 字段中。flags 字段标识的 UDP 校验和策略应该用于这个会话,当然,也可以完全关闭 UDP 校验和,或者使用 UDP 简化版(UDP Lite)。

```
struct udp_pcb{
    struct udp_pcb * next;
    struct ip_addr local_ip,dest_ip;
    u16_t local_port,dest_port;
    u8_t flags;
    u16_t chksum_len;
    void( * recv) (void * arg,struct udp_pcb * pcb,struct pbuf * p);
    void * recv_arg;
};
```

(4) TCP 处理

TCP 为传输层协议,它为应用层提供可靠的二进制数据流服务。TCP 协议比这里描述的其他协议都要复杂,并且 TCP 代码占 LwIP 总代码的 50%。基本 TCP 处理被划分成 6 个函数：函数 tcp_input()、tcp_process()、tcp_receive()与 TCP 输入处理有关，tcp_write()、tcp_enqueue()、tcp_output()对输出进行处理。

当应用程序想要发送 TCP 数据，函数 tcp_write()将被调用。函数 tcp_write()将控制权交给 tcp_enqueue()，该函数将数据分成合适大小的 TCP 段（如果必要），并放进发送队列。接下来函数 tcp_output()将检查数据是否可以发送。也就是说，如果接收器的窗口有足够的空间并且拥塞窗口足够大，则使用 ip_route()和 ip_output_if()两个函数发送数据。

当 ip_input()对 IP 报头进行检验且把 TCP 段移交给 tcp_input()函数后，输入处理开始。在该函数中将进行初始检验（也就是 ,checksumming 和 TCP 剖析）并决定该段属于哪个 TCP 连接。该段于是由 tcp_process()处理，它实现 TCP 状态机和其他任何必需的状态转换。如果一个连接处于从网络接收数据的状态，函数 tcp_receive()将被调用。如果那样，tcp_receive()将把段上传给应用程序。如果段构成未应答数据（先前放入缓冲区的）的 ACK，数据将从缓冲区被移走并且收回该存储区。同样，如果接收到请求数据的 ACK，接收者可能希望接收更多的数据，这时 tcp_output()将被调用。

由于小型嵌入式系统内存的限制，LwIP 所使用的数据结构被故意缩小。这是在数据结构复杂度与使用数据结构代码的复杂度之间的一个折中。这样就因为要保证数据结构的小巧而使代码复杂性增加。

tcp_pcb 占用资源相当大，因为 TCP 连接在处于监听（listen）和时间等待（TIME-WAIT）状态时比处于其他状态的连接需要保留较少状态信息，对于这些连接使用了一种更小的 PCB 数据结构。这种数据结构镶嵌在完整的 PCB 结构中，在 PCB 结构中的排列持续，因此有些笨拙。

```
/* the TCP protocol control block */
struct tcp_pcb {
/* * common PCB members */
IP_PCB;
/* * protocol specific PCB members */
  TCP_PCB_COMMON(struct tcp_pcb);

  /* ports are in host byte order */
  u16_t remote_port;

  u8_t flags;
# define TF_ACK_DELAY   ((u8_t)0x01U)   /* Delayed ACK. */
# define TF_ACK_NOW     ((u8_t)0x02U)   /* Immediate ACK. */
# define TF_INFR        ((u8_t)0x04U)   /* In fast recovery. */
# define TF_TIMESTAMP   ((u8_t)0x08U)   /* Timestamp option enabled */
# define TF_RXCLOSED    ((u8_t)0x10U)   /* rx closed by tcp_shutdown */
```

```
#define TF_FIN            ((u8_t)0x20U)    /* Connection was closed locally (FIN seg-
ment enqueued). */
    #define TF_NODELAY        ((u8_t)0x40U)    /* Disable Nagle algorithm */
    #define TF_NAGLEMEMERR ((u8_t)0x80U)       /* nagle enabled, memerr, try to output to
prevent delayed ACK to happen */

    /* the rest of the fields are in host byte order
       as we have to do some math with them */
    /* receiver variables */
    u32_t rcv_nxt;    /* next seqno expected */
    u16_t rcv_wnd;    /* receiver window available */
    u16_t rcv_ann_wnd; /* receiver window to announce */
    u32_t rcv_ann_right_edge; /* announced right edge of window */

    /* Timers */
    u32_t tmr;
    u8_t polltmr, pollinterval;

    /* Retransmission timer. */
    s16_t rtime;

    u16_t mss;    /* maximum segment size */

    /* RTT (round trip time) estimation variables */
    u32_t rttest; /* RTT estimate in 500ms ticks */
    u32_t rtseq;  /* sequence number being timed */
    s16_t sa, sv; /* @todo document this */

    s16_t rto;    /* retransmission time-out */
    u8_t nrtx;    /* number of retransmissions */

    /* fast retransmit/recovery */
    u32_t lastack; /* Highest acknowledged seqno. */
    u8_t dupacks;

    /* congestion avoidance/control variables */
    u16_t cwnd;
    u16_t ssthresh;

    /* sender variables */
    u32_t snd_nxt;    /* next new seqno to be sent */
    u16_t snd_wnd;    /* sender window */
```

```
    u32_t snd_wl1, snd_wl2; /* Sequence and acknowledgement numbers of last
                               window update. */
    u32_t snd_lbb;        /* Sequence number of next byte to be buffered. */

    u16_t acked;

    u16_t snd_buf;      /* Available buffer space for sending (in bytes). */
#define TCP_SNDQUEUELEN_OVERFLOW (0xffffU - 3)
    u16_t snd_queuelen; /* Available buffer space for sending (in tcp_segs). */

#if TCP_OVERSIZE
    /* Extra bytes available at the end of the last pbuf in unsent. */
    u16_t unsent_oversize;
#endif /* TCP_OVERSIZE */

    /* These are ordered by sequence number: */
    struct tcp_seg * unsent;     /* Unsent (queued) segments. */
    struct tcp_seg * unacked;    /* Sent but unacknowledged segments. */
#if TCP_QUEUE_OOSEQ
    struct tcp_seg * ooseq;      /* Received out of sequence segments. */
#endif /* TCP_QUEUE_OOSEQ */

    struct pbuf * refused_data; /* Data previously received but not yet taken by upper
layer */

#if LwIP_CALLBACK_API
    /* Function to be called when more send buffer space is available. */
    tcp_sent_fn sent;
    /* Function to be called when (in-sequence) data has arrived. */
    tcp_recv_fn recv;
    /* Function to be called when a connection has been set up. */
    tcp_connected_fn connected;
    /* Function which is called periodically. */
    tcp_poll_fn poll;
    /* Function to be called whenever a fatal error occurs. */
    tcp_err_fn errf;
#endif /* LwIP_CALLBACK_API */

#if LwIP_TCP_TIMESTAMPS
    u32_t ts_lastacksent;
    u32_t ts_recent;
#endif /* LwIP_TCP_TIMESTAMPS */
```

```
    /* idle time before KEEPALIVE is sent */
    u32_t keep_idle;
#if LwIP_TCP_KEEPALIVE
    u32_t keep_intvl;
    u32_t keep_cnt;
#endif /* LwIP_TCP_KEEPALIVE */

    /* Persist timer counter */
    u32_t persist_cnt;
    /* Persist timer back - off */
    u8_t persist_backoff;

    /* KEEPALIVE counter */
    u8_t keep_cnt_sent;
};
```

TCP PCBs 被保留在一份链表中,并且 next 指针把 PCB 列表连接在一起。状态变量包含当前连接的 TCP 状态。另外,辨认连接的 IP 地址和端口号被保存。mss 变量保存连接所允许的最大段大小。

当接收数据时,rcv_nxt 和 rcv_wnd 域被使用。rcv_nxt 域包含期望从远端的下个顺序编号,因而当发送 ACKs 到远程主机时被使用。接收器的窗口被保留在 rcv_wnd 中,并且在将要发出的 TCP 段中被告知。tmr 被作为定时器使用,在经过一特定时间后连接应该被取消,如连接在 TIME-WAIT 状态。连接所允许的最大段大小被存放在 mss 域中。Flags 域包含连接的附加状态信息,如连接是否为快速恢复或被延迟的 ACK 是否被发送。

域 rttest、rtseq、sa 和 sv 被使用为 round-trip 时间估计。用于估计的段顺序号存储在 rtseq,该段被发送的时间存放在 rttest。平均 round-trip 时间和 round-trip 时间变化分别存放在 sa 和 sv。这些变量被用来计算存放在 rto 域中的转播暂停(re-transmission time-out)。两个域 lastack 和 dupacks 被用来实现快速转播和快速重发。lastack 包含由最后接收到的 ACK 应答的顺序编号,dupacks 对接收到多少关于存储在 lastack 的顺序编号的 ACK 进行计数。当前连接的阻塞窗口被存放在 cwnd 域,缓慢起动的门限被保留在 ssthresh。

6 个域 snd_ack、snd_nxt、snd_wnd、snd_wl1、snd_wl2 和 snd_lbb 在发送数据时使用。由接收器应答的最高顺序编号被存放在 snd_ack,并且下个被发送的顺序编号保存在 snd_nxt。接收器的广告窗口(advertised window)保存在 snd_wnd,两域 snd_wl1 和 snd_wl2 在更新 snd_wn 时使用。snd_lbb 域包含发送队列最后字节的顺序编号。

当传递接收的数据到应用层时将使用函数指针 recv 和 recv_arg。3 个队列 un-sent、unacked 和 ooseq 当发送和接收数据时被使用。已经从应用接收但未被发送的数据由队列 unsent 进行排队,已发送但还没有被远程主机应答(acknowledged)的数据由 unacked 存储。接收的序列外面的数据由 ooseq 进行缓冲。

TCP 叫做传输控制协议,它为上层提供一种面向连接的、可靠的字节流服务。TCP 通过下面的一系列机制来提供可靠性:应用数据被分割成 TCP 认为最适合发送的数据块;当 TCP 发出一个段后,它启动一个定时器,等待目的端确认收到这个报文段,如果不能及时收到一个确认,将重发这个报文段;当 TCP 收到发自 TCP 连接另一端的数据,它将发送一个确认,这个确认不是立即发送,通常将推迟几分之一秒;TCP 将保持它首部和数据的检验和,如果收到段的检验和有差错,TCP 将丢弃这个报文段并且不发送确认收到,以使发送端超时并重发;IP 数据包的到达可能会失序,因此 TCP 报文段的到达也可能会失序,如果必要,TCP 将对收到的数据进行重新排序,将收到的数据以正确的顺序交给应用层;IP 数据包会发生重复,TCP 的接收端必须丢弃重复的数据;TCP 还能提供流量控制。

(5) 栈接口

使用由 TCP/IP 协议栈提供的服务有两种方式:一种是直接调用在 TCP 和 UDP 模块中的函数,另一种就是使用 LwIP API。TCP 和 UDP 模块提供一个网络服务的基本接口。该接口基于回调,因此使用它的应用程序可能因此不必以连续方式进行操作,使应用程序的编程更加困难并且应用代码更难理解。为了接收数据,应用程序登记一个协议栈的回调函数。回调函数同一个特定的连接联系在一起,当该连接的包到达时,回调函数被协议栈调用。

此外,与 TCP 和 UDP 模块直接接口地应用程序,必须(至少部分地)保留在像 TCP/IP 协议栈这样的处理过程中。这归结于回调函数无法横跨处理界限调用的事实。这既有好处也有不足。其好处是应用程序和 TCP/IP 协议是在同一个处理过程中,发送和接收包时不用上、下文切换;主要不足是,在任何长的连续计算过程中应用程序无法介入计算本身,因为 TCP/IP 处理无法与计算平行发生,因而丧失通信性能。通过把应用程序分成两部分可以克服这一缺点,一部分应付通信、一部分应付计算。负责通信的部分驻留在 TCP/IP 过程中,负责计算的部份分是一个单独的过程。在下一节介绍的 LwIP API 提供了一个结构化的方式,用这样方式来划分应用程序。

TCP/IP 的处理不应该与其他运算并行处理,这样将会降低通信的性能,所以我们把应用程序分解为两个部分,一部分专注于处理通信,另一部分作其他运算。通信的部分将包含在 TCP/IP 进程中,而其他繁杂运算则作为一个独立的进程。

(6) 应用程序接口 API

使用 TCP/IP 协议栈提供的服务有两种方法:一是直接调用 TCP 与 UDP 模块的函数,二是使用 LwIP API 函数。对于第一种方法,由于调用要涉及回调函数问题,而要求编程者具有比较高的编程技巧,所以使用最多的是第二种方法。在第二种方法下,LwIP API 通常使用两种数据类型,其一是 netbuf(描述网络缓存的数据类型),二是 netconn(描述网络连接的数据类型)。

每一种数据类型均可以 C 结构体的方式实现。由于应用程序不能直接使用结构体的内部构造,因此,作为替代,API 提供了编辑和提取结构体内必要字段的函数。

常用的 netbuf 相关的 API 函数有:netbuf_delete(),netbuf_len(),nbetbuf_data(),netbur_next(),netbuf_frist(),netbuf_alloc(),netbuf_copy()。常用的 netconn 相关的 API 函数有:netconn_bind (),netconn_new(),netconn listen (),netconn__recv(),netconn_write()。

4. LwIP 具体移植过程

LwIP 是一套用于嵌入式系统的开放源代码 TCP/IP 协议栈。在嵌入式处理器不是很强大,内部 Flash 和 RAM 不是很强大的情况下,用它很合适。要想完成相应的功能使用者需要完成以下几方面内容。

(1) LwIP 协议内部使用的数据类型的定义,如 u8_t、s8_t、u16_t、u32_t 等。由于所移植平台处理器的不同和使用的编译器的不同,这些数据类型必须重新定义。在 32 位 STM32F107x 处理器上为 4 B,而在 16 位处理器上就只有 2B 了。因此,这部分需要使用者根据处理器位数和使用的编译器的特点来编写。

(2) 实现如建立、删除、等待、释放等与信号量和邮箱操作相关的函数。如果在处理器上直接运行 LwIP,这点实现起来比较麻烦,使用者必须自己去建立一套信号量和邮箱相关的机制。一般情况下,在使用 LwIP 的嵌入式系统中都会有操作系统的支持,而在操作系统中信号量和邮箱往往是最基本的进程通信机制。μC/OSII 能够提供信号量和邮箱机制,也是最简单的嵌入式操作系统,我们需要将 μC/OSII 中的相关函数作相应封装,可以满足 LwIP 协议栈的需求。LwIP 协议栈使用邮箱和信号量来实现上层应用与协议栈间、下层硬件驱动与协议栈间的信息交互。

LwIP 中需要使用信号量进行通信,所以在 sys_arch 中应实现相应的信号量结构体 struct sys_semt 和处理函数 sys_sem_new()、sys_sem_free()、sys_sem_signal()与 sys_arch_sem_wait()。由于 μC/OS 已经实现了信号量 OSEVENT 的各种操作,并且功能和 LwIP 上面几个函数的目的功能是完全一样的,所以只要把 μC/OS 的函数重新包装成上面的函数,便可直接使用。LwIP 使用消息队列来缓冲、传递数据报文,因此要实现消息队列结构 sys_mbox_t,以及相应的操作函数:sys_mbox_new()、sys_mbox_free ()、sys_mbox _post ()和 sys_arch_mbox_fetch()。μC/OS 实现了消息队列结构及其操作,但是 μC/OS 没有对消息队列中的消息进行管理,因此不能直接使用,必须在 μC/OS 的基础上重新实现。具体实现时,对队列本身的管理利用 μC/OS 自己的 OSQ 操作完成,然后使用 μC/OS 中的内存管理模块实现对消息的创建、使用、删除和回收,两部分综合起来形成了 LwIP 的消息队列功能。LwIP 中每个和 TCP/IP 相关的任务的一系列定时事件组成一个单向链表,每个链表的起始指针存在 lwip_timeouts 的对应表项中。移植时需要实现 struct sys_timeouts * sys_arch_timeouts（void）函数，该函数返回目前正处于运行态的线程所对应的 time-out 队列指针。在 μC/OS 中，没有线程（thread）的概念，只有任务。它提供了创建新任务的系统 API 调用 OSTaskCreate，因此只要把 OSTaskCreate 封装一下，就可以实现 sys_thread_new。需要注意的是，LwIP 中的 thread 并没有 μC/OS 中优先级的概念，实现时要由用户事先为 LwIP 中创建的线程分配好优先级。

　　LwIP 协议栈模拟了 TCP/IP 协议的分层思想，表面上看 LwIP 协议栈是有分层思想的，但其实 LwIP 协议栈只是在一个进程内实现了各个层次的所有工作。LwIP 完成相关初始化后，会阻塞在一个邮箱上，等待接收数据进行处理。这个邮箱内的数据可能来自底层硬件驱动接收到的数据包，也可能来自应用程序。如果该邮箱内得到数据，LwIP 会对数据进行解析，然后再依次调用协议栈内部上层相关处理函数进行处理。数据处理结束后，LwIP 继续阻塞在邮箱上以等待下一批数据的到来。当应用程序要发送数据时，协议栈先把数据发到 LwIP 阻塞的邮箱上，然后它挂起在一个信号量上；LwIP 从邮箱上取得数据处理后，释放一个信号量，告诉应用程序，要发的数据已经完成；此后，应用程序得到信号量继续运行，而 LwIP 继续阻塞在邮箱上等待下一批处理数据的到来。

　　操作系统模拟层（sys_arch）存在的目的主要是为了方便 LwIP 的移植，它在底层操作系统和 LwIP 之间提供了一个接口。这样，我们在移植 LwIP 到一个新的目标系统时，只需修改这个接口即可。不过，不依赖底层操作系统的支持也可以实现这个接口。下面将详细讲述 sys_arch 及头文件的实现。

　　在 sys.h 和 arch.h 文件中，我们指定数据类型"sys_sem_t"表示信号量，"sys_mbox_t"表示邮箱。至于 sys_sem_t 和 sys_mbox_t 如何表示这两种不同类型，LwIP 没有任何限制。

　　以下函数必须在 sys_arch 中实现：

➢ void sys_init(void)

初始化 sys_arch 层。

➢ sys_sem_t sys_sem_new(u8_t count)

建立并返回一个新的信号量。参数 count 指定信号量的初始状态。

➢ void sys_sem_free(sys_sem_t sem)

释放信号量。

➢ void sys_sem_signal(sys_sem_t sem)

发送一个信号。

➢ sys_mbox_t sys_mbox_new(void)

建立一个空的邮箱。

➢ void sys_mbox_free(sys_mbox_t mbox)

释放一个邮箱。

等待指定的信号并阻塞线程。timeout 参数为 0,线程会一直被阻塞至收到指定的信号;非 0,则线程仅被阻塞至指定的 timeout 时间(单位为 ms)。

在 timeout 参数值非 0 的情况下,返回值为等待指定的信号所消耗的毫秒数。如果在指定的时间内并没有收到信号,返回值为 SYS_ARCH_TIMEOUT。如果线程不必再等待这个信号(也就是说,已经收到信号),返回值也可以为 0。

➢ sys_mbox_t sys_mbox_new(int size)

创建一个最大元素为 size 的空邮箱。存储在邮箱中的元素为指针。用户必须在 lwipopts. h 文件中定义"_MBOX_SIZE"宏定义,或者在实现时忽略该参数并使用默认值。

(3) 系统初始化取决于编译配置(lwipopts. h)及运行环境(如定时器)的附加初始化,系统没有给出一个真实、完整、通用的初始化 LwIP 堆栈的顺序;而是给出一些使用原始 API 的处理方法。假定我们使用单网络 netif、UDP 和 TCP、IPv4 及 DHCP 客户端的配置。以下为初始化调用顺序:

➢ stats_init()

清除收集运行统计信息的结构。

➢ sys_init()

由于我们在 lwipopts. h 文件中将 NO_SYS 置 1,所以该函数没太大的用处。对于简单配置的改变应调用此函数。

➢ mem_init()

初始化由 MEM_SIZE 定义的内存堆。

➢ memp_init()

初始化由 MEMP_NUM_x 定义的内存池。

➢ pbuf_init()

初始化由 PBUF_POOL_SIZE 定义的 pbuf 内存池。

➢ etharp_init()

初始化 ARP 表和队列。

➢ ip_init()

初始化 IP。

➢ udp_init()

清除 UDP 的 PCB 列表。

➢ tcp_init()

清除 TCP 的 PCB 列表,并且清除某些内部的 TCP 定时器。

(4) 如果底层操作系统支持多线程并且 LwIP 中需要这样的功能,那么,以下函数也必须实现:

sys_thread_t sys_thread_new(char * name, void (* thread)(void * arg), void * arg, int stacksize, int prio)

启动一个由函数指针 thread 指定的命名为"name"的新线程,arg 将作为参数传递给 thread()函数,prio 指定这个新线程的优先级,"stacksize"参数为该线程所需堆栈的大小。返回值为这个新线程的 ID 和优先级由底层操作系统决定。

sys_prot_t sys_arch_protect(void)

这是一个可选函数,它负责快速完成临界区域保护并返回先前的保护状态。该函数只有在小的临界区域需要保护时才会被调用。支持基于 ISR 驱动的嵌入式系统可以通过禁止中断来实现这个函数。基于任务的系统可以通过互斥量或禁止任务来实现这个函数。该函数应该支持来自于同一个任务或中断的递归调用。也就是说,当该区域已经被保护,sys_arch_protect()函数依然能被调用。这时,函数的返回值会通知调用者该区域已经被保护。

(5)实现与等待超时相关的函数。上面说到 LwIP 协议栈会阻塞在邮箱上等待接收数据的到来。这种等待在外部看起来是一直进行的,但其实不然。一般在初始化 LwIP 进程的同时,也会初始化一些超时函数,也就是当某些事件等待超时后,它们会自动调用一些超时处理函数作相应处理,以满足 TCP/IP 协议栈的需求。所以,当 LwIP 协议栈阻塞等待邮箱之前,它会计算到底应该等待多久,等待过程中到底做什么事。如果 LwIP 进程中没有初始化任何超时函数,那么程序将永远挂起进程。如果 LwIP 进程中有初始化的超时函数,那么当超时后将按照一定的规则执行相应的程序。一般 LwIP 是这样做的,等待邮箱的时间设置为第一个超时的时间长度,如果时间到了还没接收到数据,那么直接跳出邮箱等待直接执行超时相应函数;当执行完成超时相应函数后,再按照上述方法继续阻塞邮箱。所以对于一个 LwIP 进程,需要用一个链表来管理这些超时事件。这个链表的大部分工作已经被 LwIP 的设计者完成,使用者只需要实现的仅有一个超时函数,该函数能够返回当前进程超时函数链表的首地址。LwIP 内部协议要利用该首地址来查找完成相关超时函数。

(6)底层网络驱动函数的实现。部分代码取决于嵌入式处理器所使用的网络接口芯片,我们使用的是 STM32F107VCT6 内部集成的网络功能。我们只要将这些发送接收接口函数作相应封装,将接收到的数据包封装为 LwIP 协议栈熟悉的数据结构、将发送的数据包分解为 STM32F107VCT6 芯片熟悉的数据结构。

(7)LwIP 是建立在支持多线程的 μC/OSII 操作系统之上,一个典型的 LwIP 应用系统包括这样的 3 个进程:

➤ 上层应用程序进程;
➤ LwIP 协议栈进程;
➤ 底层硬件数据包接收发送进程。

通常 LwIP 协议栈进程是在应用程序中调用 LwIP 协议栈初始化函数来创建的。LwIP 协议栈进程一般具有最高的优先级,以便实时正确地对数据进行响应。

(8)还要注意其他一些细节之处。例如,临界区保护函数,用于 LwIP 协议栈处理某些临界区时使用,一般通过进临界区关中断、出临界区开中断的方式来实现;结构体定义时用到的结构体封装宏,LwIP 的实现基于这样一种机制,即上层协议已经明确知道了下层所传上来的数据的结构特点,上层直接使用相关取地址计算得到想要的数据,而避免了数据递交时的复制与缓冲,所以定义结构体封装宏,禁止编译器的地址自动对齐是必需的。

5.3.4 网络编程实例

利用 STM32F107VCT6 处理器的网络功能和 PHY 芯片 DP83848 来完成 Telnet 远程登录服务器的功能,通过 Telnet 远程登录服务器来与 STM32F107 开发板进行数据交流。该实例可以使读者深入了解利用 STM32F107VCT6 处理器的以太网功能,以及网络的具体操作方法。

1. 硬件设计

本网络编程实例的硬件环境是 4.3 节提到的 STM32F107 开发板,其硬件环境请参阅 4.3 节。要想运行网络实例,需进行跳线,表 5-8 所列为介质无关接口 MII 模式跳线接法,本开发板 PHY 芯片采用 DP83848。DP83848 是根据 MII 规范设计的 10 Mbits/100 Mbits/s 单端网络物理层器件,在 10 Mbits/100 Mbits 系统中将 DP83848 的物理(PHY)层连接到媒体存取控制(MAC)层,MII 提供了 16 根引脚数目 IEEE802.3 定义的介质无关接口(MII)。图 5-21 为以太网模块与 PHY 芯片采用 RMII 接口和 MII 接口的原理图。

表 5-8 MII 模式跳线接法

跳线	MII 模式配置	跳线	MII 模式配置
JP1	Not connected	JP17	2,3
JP2	2,3	JP18	2,3
JP3	1,2	JP19	2,3
JP5	2,3	JP20	1,2
JP6	2,3	JP21	2,3
JP9	2,3	JP22	1,2
JP13	2,3	JP23	2,3
JP16	2,3	—	—

2. 软件设计

在开始菜单运行中输入命令 telnet 192.168.0.8,连接如果成功会跳出如图 5-22 所示的对话框,并显示消息 Hello. What is your name? 输入 name 后按 Enter 键,这里输入 STM32F107,将返回消息 Hello STM32F107。该实例用的 TCP 端口号为 23,是标准的 Telnet 端口号。

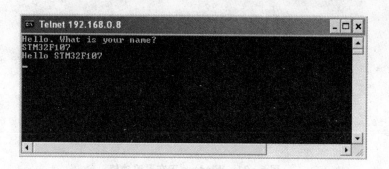

图 5 - 22　Telnet 远程登录服务器

Windows 7 操作系统要 Telnet 远程登录须启动 Telnet 客户端,在控制面板中单击"打开或关闭 Windows 功能",跳出如图 5 - 23 所示对话框,勾选 Telnet 客户端,单击确定按钮。

图 5 - 23　打开或关闭 Windows 功能

跳出如图 5 - 24 所示的对话框,等待一段时间,Windows 配置好 Telnet 客户端后即可运行 Telnet。

（1）lwipopts. h,该文件进行一些网络参数的配置。

```
# define NO_SYS          1      //1 表示使用最小系统功能,0 表示使用 LwIP 全部功能
# define LWIP_DHCP        0      //定义 IP 地址获取方式,1 表示自动获得,0 表示静态 IP
# define MEMP_NUM_UDP_PCB 6      //UDP 最大连接数
```

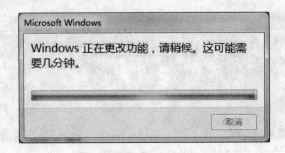

图 5 - 24　Windows 正在更改功能

```
#define MEMP_NUM_TCP_PCB 10        //TCP 最大连接数
#define PBUF_POOL_SIZE    10       //定义缓冲区的数量
#define PBUF_POOL_BUFSIZE  1500    //定义缓冲区大小
```

(2) netconf.c,该文件进行网络参数初始化,网络设置。

➢ LwIP_Init:初始化 LwIP 函数,对网络参数进行初始化,可以采用 DHCP 方式自动获得 IP 地址,也可以通过设置来获得静态 IP,该函数静态 IP 设置为 192.168.0.8。

```
void LwIP_Init(void)
{
    struct ip_addr ipaddr;
    struct ip_addr netmask;
    struct ip_addr gw;
    uint8_t macaddress[6] = {0,0,0,0,0,1};        //设置 MAC 地址

    /* Initializes the dynamic memory heap defined by MEM_SIZE. */
    mem_init();

    /* Initializes the memory pools defined by MEMP_NUM_x. */
    memp_init();

#if LWIP_DHCP
    ipaddr.addr = 0;
    netmask.addr = 0;
    gw.addr = 0;
#else
    IP4_ADDR(&ipaddr, 192, 168, 0, 8);
    IP4_ADDR(&netmask, 255, 255, 255, 0);
    IP4_ADDR(&gw, 192, 168, 0, 1);
#endif
    Set_MAC_Address(macaddress);
```

```
netif_add(&netif,&ipaddr,&netmask,&gw,NULL,&ethernetif_init,&ethernet_input);
/* Registers the default network interface. */
netif_set_default(&netif);
# if LWIP_DHCP
dhcp_start(&netif);
# endif
/* When the netif is fully configured this function must be called. */
netif_set_up(&netif);
}
```

➤ LwIP_Periodic_Handle：LwIP 周期任务句柄函数

```
void LwIP_Periodic_Handle(__IO uint32_t localtime)
{
  /* TCP periodic process every 250 ms */
  if (localtime - TCPTimer >= TCP_TMR_INTERVAL)
  {
    TCPTimer = localtime;
    tcp_tmr();
  }
  /* ARP periodic process every 5s */
  if (localtime - ARPTimer >= ARP_TMR_INTERVAL)
  {
    ARPTimer = localtime;
    etharp_tmr();
  }
# if LWIP_DHCP
  /* Fine DHCP periodic process every 500ms */
  if (localtime - DHCPfineTimer >= DHCP_FINE_TIMER_MSECS)
  {
    DHCPfineTimer = localtime;
    dhcp_fine_tmr();
  }
  /* DHCP Coarse periodic process every 60s */
  if (localtime - DHCPcoarseTimer >= DHCP_COARSE_TIMER_MSECS)
  {
    DHCPcoarseTimer = localtime;
    dhcp_coarse_tmr();
  }
# endif
}
```

（3）stm32f107.c：硬件相关参数及函数。

```
#define DP83848_PHY                        //PHY 相关设置
#define PHY_ADDRESS 0x01                   //PHY 相关设置
#define MII_MODE                           //采用 MII 模式
```

➤ GPIO_Configuration：以太网 GPIO 管脚配置函数，采用 MII 接口共 16 跟引脚需进行配置。

```
void GPIO_Configuration(void)
{
  GPIO_InitTypeDef GPIO_InitStructure;

  /* ETHERNET pins configuration */
  /* AF Output Push Pull:
  - ETH_MII_MDIO / ETH_RMII_MDIO: PA2
  - ETH_MII_MDC / ETH_RMII_MDC: PC1
  - ETH_MII_TXD2: PC2
  - ETH_MII_TX_EN / ETH_RMII_TX_EN: PB11
  - ETH_MII_TXD0 / ETH_RMII_TXD0: PB12
  - ETH_MII_TXD1 / ETH_RMII_TXD1: PB13
  - ETH_MII_PPS_OUT / ETH_RMII_PPS_OUT: PB5
  - ETH_MII_TXD3: PB8 */

  /* Configure PA2 as alternate function push-pull */
  GPIO_InitStructure.GPIO_Pin = GPIO_Pin_2;
  GPIO_InitStructure.GPIO_Speed = GPIO_Speed_50MHz;
  GPIO_InitStructure.GPIO_Mode = GPIO_Mode_AF_PP;
  GPIO_Init(GPIOA, &GPIO_InitStructure);

  /* Configure PC1, PC2 and PC3 as alternate function push-pull */
  GPIO_InitStructure.GPIO_Pin = GPIO_Pin_1 | GPIO_Pin_2;
  GPIO_InitStructure.GPIO_Speed = GPIO_Speed_50MHz;
  GPIO_InitStructure.GPIO_Mode = GPIO_Mode_AF_PP;
  GPIO_Init(GPIOC, &GPIO_InitStructure);

  /* Configure PB5, PB8, PB11, PB12 and PB13 as alternate function push-pull */
  GPIO_InitStructure.GPIO_Pin = GPIO_Pin_5 | GPIO_Pin_8 | GPIO_Pin_11 |
                                GPIO_Pin_12 | GPIO_Pin_13;
  GPIO_InitStructure.GPIO_Speed = GPIO_Speed_50MHz;
  GPIO_InitStructure.GPIO_Mode = GPIO_Mode_AF_PP;
  GPIO_Init(GPIOB, &GPIO_InitStructure);
```

```
/********************************************************/
/*                 For Remapped Ethernet pins          */
/********************************************************/
/* Input (Reset Value):
 - ETH_MII_CRS CRS: PA0
 - ETH_MII_RX_CLK / ETH_RMII_REF_CLK: PA1
 - ETH_MII_COL: PA3
 - ETH_MII_RX_DV / ETH_RMII_CRS_DV: PD8
 - ETH_MII_TX_CLK: PC3
 - ETH_MII_RXD0 / ETH_RMII_RXD0: PD9
 - ETH_MII_RXD1 / ETH_RMII_RXD1: PD10
 - ETH_MII_RXD2: PD11
 - ETH_MII_RXD3: PD12
 - ETH_MII_RX_ER: PB10 */


/* ETHERNET pins remapp: RX_DV and RxD[3:0] */
GPIO_PinRemapConfig(GPIO_Remap_ETH, ENABLE);


/* Configure PA0, PA1 and PA3 as input */
GPIO_InitStructure.GPIO_Pin = GPIO_Pin_0 | GPIO_Pin_1 | GPIO_Pin_3;
GPIO_InitStructure.GPIO_Speed = GPIO_Speed_50MHz;
GPIO_InitStructure.GPIO_Mode = GPIO_Mode_IN_FLOATING;
GPIO_Init(GPIOA, &GPIO_InitStructure);


/* Configure PB10 as input */
GPIO_InitStructure.GPIO_Pin = GPIO_Pin_10;
GPIO_InitStructure.GPIO_Speed = GPIO_Speed_50MHz;
GPIO_InitStructure.GPIO_Mode = GPIO_Mode_IN_FLOATING;
GPIO_Init(GPIOB, &GPIO_InitStructure);


/* Configure PC3 as input */
GPIO_InitStructure.GPIO_Pin = GPIO_Pin_3;
GPIO_InitStructure.GPIO_Speed = GPIO_Speed_50MHz;
GPIO_InitStructure.GPIO_Mode = GPIO_Mode_IN_FLOATING;
GPIO_Init(GPIOC, &GPIO_InitStructure);


/* Configure PD8, PD9, PD10, PD11 and PD12 as input */
GPIO_InitStructure.GPIO_Pin = GPIO_Pin_8 | GPIO_Pin_9 | GPIO_Pin_10
                                         | GPIO_Pin_11 | GPIO_Pin_12;
GPIO_InitStructure.GPIO_Speed = GPIO_Speed_50MHz;
GPIO_InitStructure.GPIO_Mode = GPIO_Mode_IN_FLOATING;
GPIO_Init(GPIOD, &GPIO_InitStructure);
```

```
}
```

➢ NVIC_Configuration：以太网中断 NVIC 配置函数

```
void NVIC_Configuration(void)
{
  NVIC_InitTypeDef    NVIC_InitStructure;

  /* Set the Vector Table base location at 0x08000000 */
  NVIC_SetVectorTable(NVIC_VectTab_FLASH, 0x0);

  /* 2 bit for pre - emption priority, 2 bits for subpriority */
  NVIC_PriorityGroupConfig(NVIC_PriorityGroup_2);

  /* Enable the Ethernet global Interrupt */
  NVIC_InitStructure.NVIC_IRQChannel = ETH_IRQn;
  NVIC_InitStructure.NVIC_IRQChannelPreemptionPriority = 2;
  NVIC_InitStructure.NVIC_IRQChannelSubPriority = 0;
  NVIC_InitStructure.NVIC_IRQChannelCmd = ENABLE;
  NVIC_Init(&NVIC_InitStructure);
}
```

➢ Ethernet_Configuration：以太网配置函数，包括相关的时钟、MAC 参数以及 DMA 等。

```
void Ethernet_Configuration(void)
{
  ETH_InitTypeDef ETH_InitStructure;

  /* MII/RMII Media interface selection -------*/
# ifdef MII_MODE /* Mode MII */
  GPIO_ETH_MediaInterfaceConfig(GPIO_ETH_MediaInterface_MII);

  /* Get HSE clock = 25MHz on PA8 pin (MCO) */
  RCC_MCOConfig(RCC_MCO_HSE);

# elif defined RMII_MODE    /* Mode RMII */
  GPIO_ETH_MediaInterfaceConfig(GPIO_ETH_MediaInterface_RMII);

  /* Set PLL3 clock output to 50MHz (25MHz /5 * 10 = 50MHz) */
  RCC_PLL3Config(RCC_PLL3Mul_10);
  /* Enable PLL3 */
  RCC_PLL3Cmd(ENABLE);
  /* Wait till PLL3 is ready */
```

```
while (RCC_GetFlagStatus(RCC_FLAG_PLL3RDY) = = RESET)
{}


/ * Get PLL3 clock on PA8 pin (MCO) * /
RCC_MCOConfig(RCC_MCO_PLL3CLK);
# endif


/ * Reset ETHERNET on AHB Bus * /
ETH_DeInit();


/ * Software reset * /
ETH_SoftwareReset();


/ * Wait for software reset * /
while (ETH_GetSoftwareResetStatus() = = SET);


/ * ETHERNET Configuration ----------------- * /
/ * Call ETH_StructInit if you dont like to configure all ETH_InitStructure parameter * /
ETH_StructInit(&ETH_InitStructure);


/ * Fill ETH_InitStructure parametrs * /
/ * --------------------- MAC --------------------- * /
ETH_InitStructure.ETH_AutoNegotiation = ETH_AutoNegotiation_Enable;
ETH_InitStructure.ETH_LoopbackMode = ETH_LoopbackMode_Disable;
ETH_InitStructure.ETH_RetryTransmission = ETH_RetryTransmission_Disable;
ETH_InitStructure.ETH_AutomaticPadCRCStrip = ETH_AutomaticPadCRCStrip_Disable;
ETH_InitStructure.ETH_ReceiveAll = ETH_ReceiveAll_Disable;
ETH_InitStructure.ETH_BroadcastFramesReception =
ETH_BroadcastFramesReception_Enable;
ETH_InitStructure.ETH_PromiscuousMode = ETH_PromiscuousMode_Disable;
ETH_InitStructure.ETH_MulticastFramesFilter =
ETH_MulticastFramesFilter_Perfect;
ETH_InitStructure.ETH_UnicastFramesFilter = ETH_UnicastFramesFilter_Perfect;
# ifdef CHECKSUM_BY_HARDWARE
ETH_InitStructure.ETH_ChecksumOffload = ETH_ChecksumOffload_Enable;
# endif


/ * --------------------- DMA --------------------- * /
/ * When we use the Checksum offload feature, we need to enable the Store and Forward
mode:
the store and forward guarantee that a whole frame is stored in the FIFO, so the MAC can
insert/verify the checksum,
```

```
if the checksum is OK the DMA can handle the frame otherwise the frame is dropped */
   ETH_InitStructure.ETH_DropTCPIPChecksumErrorFrame =
ETH_DropTCPIPChecksumErrorFrame_Enable;
   ETH_InitStructure.ETH_ReceiveStoreForward = ETH_ReceiveStoreForward_Enable;
   ETH_InitStructure.ETH_TransmitStoreForward = ETH_TransmitStoreForward_Enable;

   ETH_InitStructure.ETH_ForwardErrorFrames = ETH_ForwardErrorFrames_Disable;
   ETH_InitStructure.ETH_ForwardUndersizedGoodFrames =
ETH_ForwardUndersizedGoodFrames_Disable;
   ETH_InitStructure.ETH_SecondFrameOperate = ETH_SecondFrameOperate_Enable;
   ETH_InitStructure.ETH_AddressAlignedBeats = ETH_AddressAlignedBeats_Enable;
   ETH_InitStructure.ETH_FixedBurst = ETH_FixedBurst_Enable;
   ETH_InitStructure.ETH_RxDMABurstLength = ETH_RxDMABurstLength_32Beat;
   ETH_InitStructure.ETH_TxDMABurstLength = ETH_TxDMABurstLength_32Beat;
   ETH_InitStructure.ETH_DMAArbitration = ETH_DMAArbitration_RoundRobin_RxTx_2_1;

   /* Configure Ethernet */
   ETH_Init(&ETH_InitStructure, PHY_ADDRESS);

   /* Enable the Ethernet Rx Interrupt */
   ETH_DMAITConfig(ETH_DMA_IT_NIS | ETH_DMA_IT_R, ENABLE);
}
```

（4）stm32_eth.c：该文件是网络相关的函数。

（5）helloworld.c：该文件是 Telnet 远程登录服务函数。

➢ HelloWorld_init：Telnet 远程登录初始化函数，申请资源并向协议栈注册函数，通过 pcb＝tcp_new()；产生一个新的 PCB 控制块；tcp_bind(pcb，IP_AD-DR_ANY，23)；和 pcb ＝ tcp_listen(pcb)；将新申请的 PCB 与 23 端口绑定也就是在 23 端口监听网络数据。

```
void HelloWorld_init(void)
{
  struct tcp_pcb * pcb;
  /* Create a new TCP control block   */
  pcb = tcp_new();
  /* Assign to the new pcb a local IP address and a port number */
  /* Using IP_ADDR_ANY allow the pcb to be used by any local interface */
  tcp_bind(pcb, IP_ADDR_ANY, 23);
  /* Set the connection to the LISTEN state */
  pcb = tcp_listen(pcb);
  /* Specify the function to be called when a connection is established */
  tcp_accept(pcb, HelloWorld_accept);
```

}

（6）client.c：客户端相关函数及参数配置。

➤ client_init：客户端初始化函数。

```
void client_init(void)
{
    struct udp_pcb * upcb;
    struct pbuf * p;
    /* Create a new UDP control block   */
    upcb = udp_new();
    /* Connect the upcb   */
    udp_connect(upcb, IP_ADDR_BROADCAST, UDP_SERVER_PORT);
    p = pbuf_alloc(PBUF_TRANSPORT, 0, PBUF_RAM);
    /* Send out an UDP datagram to inform the server that we have strated a client appli-
cation */
    udp_send(upcb, p);
    /* Reset the upcb */
    udp_disconnect(upcb);
    /* Bind the upcb to any IP address and the UDP_PORT port */
    udp_bind(upcb, IP_ADDR_ANY, UDP_CLIENT_PORT);
    /* Set a receive callback for the upcb */
    udp_recv(upcb, udp_client_callback, NULL);
    /* Free the p buffer */
    pbuf_free(p);
}
```

（7）server.c：服务器相关函数及参数配置。

➤ server_init：服务器初始化函数。

```
void server_init(void)
{
    struct udp_pcb * upcb;
    /* Create a new UDP control block   */
    upcb = udp_new();
    /* Bind the upcb to the UDP_PORT port */
    /* Using IP_ADDR_ANY allow the upcb to be used by any local interface */
    udp_bind(upcb, IP_ADDR_ANY, UDP_SERVER_PORT);
    /* Set a receive callback for the upcb */
    udp_recv(upcb, udp_server_callback, NULL);
}
```

由于篇幅问题，其他代码不再详述，请参阅本书自带的光盘中的整个项目。

5.4　GSM 控制设计实例

随着通信事业的发展,移动通信应用领域的不断扩大,移动终端的设计也逐渐受到关注。在传统的单片机无线数据传输系统中最常见的是无线模块的应用。无线模块的特点是应用简单、成本低、距离短、可靠性差,所以只能用在一般简单的应用场合,对于要求远距离、高可靠性的应用场合则不能适用。在这种场合,应用得最多的就是 GSM 模块,它就是我们日常生活中手机的核心。GSM 模块可以完成短消息收发、语音传输、与 PC 机进行数据传输等功能。

GSM 系统是目前基于时分多址技术的移动通信体制中最成熟、最完善、应用最广的一种系统。GSM 的短消息业务,由于其方便、快捷、廉价等特点而受到用户的青睐,它作为 GSM 网络的一种基本业务,已得到越来越多的系统运营商和系统开发商的重视。目前,很多网络公司就是靠短消息业务生存和发展的。随着短消息业务的不断发展,它在移动终端上的应用也越来越广。

5.4.1　GSM 概述

GSM 又称全球移动通信系统(global system of mobile communication)。欧洲电信标准化协会提出 GSM 概念,后来成为全球性标准的蜂窝无线电通信系统,它含有 GSM、DCS1800、PCS1900 3 种系统。GSM 标准的设备占据当前全球蜂窝移动通信设备市场的 80% 以上,全球超过 200 个国家和地区的超过 10 亿人正在使用 GSM 电话。而所有用户可以在签署了"漫游协定"后在移动电话运营商之间自由漫游。另外,GSM 较之它以前的标准最大的不同是信令和语音信的数字化,因此 GSM 也被看做是第二代(2G)移动电话系统。

用户可以在高质量数字语音服务和低费用的 SMS 之间作出选择;而网络运营商们可以根据不同的客户定制他们的设备配置。GSM 标准还允许网络运营商提供漫游服务,方便用户在全球范围使用他们的移动电话。GSM 作为一种持续开发的标准,可以向后兼容原始的 GSM 电话,如报文交换能力在 Release'97 版本的标准才加入 GSM 标准,这就是 GPRS;高速数据交换则在 Release'99 版标准发布时才被引入,主要是 EDGE 和 UMTS 标准。

GSM 是一种蜂窝网络,就是移动电话必须连接到它能搜索到的最近的蜂窝单元区域。GSM 网络一共有 4 种不同的蜂窝单元尺寸:巨蜂窝,微蜂窝,微微蜂窝,伞蜂窝。覆盖面积随环境的不同而不同。巨蜂窝是基站天线安装在天线杆或者建筑物顶上的单元。微蜂窝是天线高度低于平均建筑高度的单元,一般用于市区内。微微蜂窝则是很小的蜂窝,只覆盖几十米的范围,主要用于室内的淡云。伞蜂窝则是用于覆盖更小的蜂窝网的盲区,填补蜂窝之间的信号空白区域的单元。而蜂窝半径范围根据天线高度、增益和传播条件可以从百米以下至数十公里不等。实际使用的最长距离的 GSM 规范可以支持到 35 km 以外。另外,还有扩展蜂窝的概念,它可以使蜂窝半径增加一倍甚至更多。GSM 同样支持室内覆盖,通过功率分配器可以把室外天线的功率分配到室内天线分布系统。这种典型的配置方案,可以满足室内高密度通话要求,以提高信号质量,减少干扰和回声,在购物中心和机场十分常见。

5.4.2 TC35 芯片简述

在单片机控制 GSM 的领域用得最多的模块就是西门子的 GSM 模块——TC35。TC35 可以快速、安全、可靠地实现系统方案中的数据、语音传输、短消息服务(short message service)和传真。模块的工作电压为 3.3~5.5 V,可以工作在 900 MHz 和 1 800 MHz 两个频段,所在频段功耗分别为 2 W(900 MHz)和 1 W(1 800 MHz)。模块有 AT 命令集接口,支持文本和 PDU 模式的短消息、第三组的二类传以及 2.4k、4.8k、9.6k 的非透明模式。此外,该模块还具有电话簿功能、多方通话、漫游检测功能。常用工作模式有省电模式、IDLE、TALK 等。通过独特的 40 引脚的ZIF 连接器,实现电源连接、指令、数据、语音信号及控制信号的双向传输。通过 ZIF连接器及 50 Ω 天线连接器,可分别连接 SIM 卡支架和天线。图 5 - 25 就是一块传统布局的西门子 TC35。

图 5 - 25 西门子 TC35

TC35 模块主要由 GSM 基带处理器、GSM 射频模块、供电模块(ASIC)、闪存、ZIF 连接器、天线接口 6 部分组成。作为 TC35 的核心,基带处理器主要处理 GSM终端内的语音、数据信号,并涵盖了蜂窝射频设备中的所有模拟和数字功能。在不需要额外硬件电路的前提下,可支持 FR、HR 和 EFR 语音信道编码。图 5 - 26 为TC35 的功能框图。

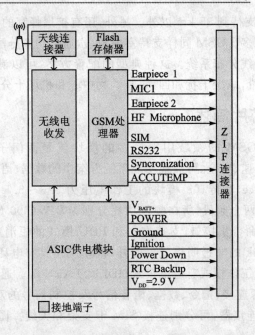

图 5 - 26　西门子 TC35 的功能框图

5.4.3　AT 指令概述

TC35 模块的通信全部采用 AT＋xxx 完成。基本的 AT 指令如表 5 - 9～表 5 - 11所列。

表 5 - 9　常用 AT 命令

ASCI 码指令	功能	手机回答
AT 回车	握手	OK
ATE	简化显示	OK
AT＋CLCC	来电显示	OK　　来电话时串口输出： RING
AT＋CLCC		＋CLCC： 1,1,4,0,0,"05133082087",129
AT＋CNMI＝1,1,2	设置收到短消息提示	OK ＋CMTI："SM",4 4 表示手机内短消息数量
ATD05133082087；	拨打 05133082087 电话	
AT＋CMGL＝0	读取电话上全部未读过的 SMS 消息	

ASCI 码指令	功能	手机回答
AT+CMGL＝2	列出已有的短信息	
AT+CMGL＝4	读取全部 SMS 消息	
AT+CMGR＝X 回车	读取第 X 条短消息	
AT+CMGF＝0 回车	用 PDU 格式	
AT+CMGD＝X 回车	删除第 X 条短消息	
AT+CLIP＝1,1	来电自动显示的指令	ERROR
来电话!		RING　+CLIP：13306285091,129
AT+CMGS＝6	发送短消息的字节数	＞
0891683108503105F011000B8131032 65890F10008A90C665A4E0A597D00 3100320033	1A　结束符号 十六进制大写	＋CMGS：45 OK 第 45 条短信发送成功!!!!!!
AT+CMGR＝1	读取第 1 条短信	0：未读过,新的短信息 1：已读过
1 表示读取第几条短信	+CMGR：1,1,150	第 2 个 1 表示已读 150 表示 PDU 数据的长度

387

表 5 - 10　一般命令

AT+CGMI	给出模块厂商的标识。SONY ERICSSON
AT+CGMM	获得模块标识。这个命令用来得到支持的频带(GSM900,DCS1800 或 PCS1900)。当模块有多频带时,回应可能是不同频带的结合。AAB-1021011-CN
AT+CGMR	获得改订的软件版本。R6C005　　CXC125582◀CHINA◀1
AT+CGSN	获得 GSM 模块的 IMEI(国际移动设备标识)序列号。351254004238596
AT+CSCS	选择 TE 特征设定。这个命令报告 TE 用的是哪个状态设定上的 ME。ME 于是可以转换每一个输入的或显示的字母。这个是用来发送、读取或者撰写短信 AT+CSCS? +CSCS：GSM
AT+WPCS	设定电话簿状态。这个特殊的命令报告通过 TE 电话簿所用的状态的 ME。ME 于是可以转换每一个输入的或者显示的字符串字母。这个用来读或者写电话簿的入口 NONE
AT+CIMI	获得 IMSI。此命令用来读取或者识别 SIM 卡的 IMSI(国际移动签署者标识)。在读取 IMSI 之前应该先输入 PIN(如果需要 PIN 的话)460001711603161

续表 5-10

AT+CCID	获得 SIM 卡的标识。这个命令使模块读取 SIM 卡上的 EF－CCID 文件 NONE
AT+GCAP	获得能力表。(支持的功能)＋GCAP：＋FCLASS，＋CGSM，＋DS
A/	重复上次命令。只有 A/命令不能重复。此命令重复前一个执行的命令
AT+CPOF	关机。这个特殊的命令停止 GSM 软件堆栈和硬件层。命令 AT+CFUN＝0 的功能 与＋CPOF 相同
AT+CFUN	设定电话机能。这个命令选择移动站点的机能水平
AT+CPAS	返回移动设备的活动状态
AT+CMEE	报告移动设备的错误。这个命令决定允许或不允许用结果码"＋CMEERROR："或 者"＋CMSERROR："代替简单的"ERROR"
AT+CKPD	小键盘控制。仿真 ME 小键盘执行命令
AT+CCLK	时钟管理。这个命令用来设置或者获得 ME 真实时钟的当前日期和时间 AT+CCLK？ +CCLK: "04/08/12,17:00:42+32"
AT+CALA	警报管理。这个命令用来设定在 ME 中的警报日期/时间(闹铃) AT+CALA＝? +CALA: (1－2),(),(),(13),()
AT+CRMP	铃声旋律播放。这个命令在模块的蜂鸣器上播放一段旋律。有两种旋律可用：到来 语音、数据或传真呼叫旋律和到来短信声音
AT+CRSL	设定或获得到来的电话铃声的声音级别。NONE

表 5-11　呼叫控制命令

ATD	拨号命令。这个命令用来设置通话、数据或传真呼叫
ATH	挂机命令
ATA	接电话
AT+CEER	扩展错误报告。这个命令给出当上一次通话设置失败后中断通话的原因
AT+VTD	给用户提供应用 GSM 网络发送 DTMF(双音多频)双音频。这个命令用来定义双音 频的长度(默认值是 300 ms)
AT+VTS	给用户提供应用 GSM 网络发送 DTMF 双音频。这个命令允许传送双音频
ATDL	重拨上次电话号码
AT%Dn	数据终端就绪(DTR)时自动拨号
ATS0	自动应答
AT+CICB	来电信差
AT+CSNS	单一编号方案

续表 5 - 11

AT+VGR AT+VGT	增益控制。这个命令应用于调节喇叭的接收增益和麦克风的传输增益
AT+CMUT	麦克风静音控制
AT+SPEAKER	喇叭/麦克风选择。这个特殊命令用来选择喇叭和麦克风
AT+ECHO	回音取消
AT+SIDET	侧音修正
AT+VIP	初始化声音参数
AT+DUI	用附加的用户信息拨号
AT+HUI	用附加的用户信息挂机
AT+RUI	接收附加用户信息

5.4.4　短信系统的实现

1. 外围应用电路

TC35 模块的正常运行需要相应的外围电路与其配合。TC35 共有 40 个引脚，通过 ZIF 连接器分别与电源电路、启动与关机电路、数据通信电路、语音通信电路、SIM 卡电路、指示灯电路等连接，如图 5-27 所示。

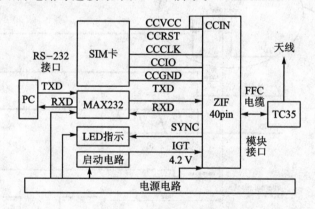

图 5 - 27　TC35 外围应用电路

电源及启动电路：

电源电路分为充电电池和稳压电源模块两部分：充电电池主要为整个系统提供 3.6 V 工作电电压；稳压电源部分将输入电压降压到合适的值，并连接到 ZIF 连接器的 11、12 引脚在充电模式下，为 TC35 提供 +6 V、500 mA 的充电电压。图 5-28 为电源及启动电路。

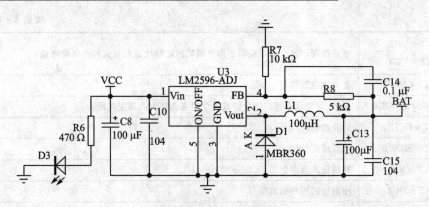

图 5 - 28　电源及启动电路

启动电路由开漏极三极管和上电复位电路组成。模块上电 10 ms 后(电池电压须大于 3 V),为使之正常工作,必须在 15 脚(/IGT)加时长至少为 100 ms 的低电平信号,且该信号下降沿时间小于 1 ms。启动后,15 脚的信号应保持高电平。图 5 - 29 所示为启动电路产生的信号,从中可以看出 10 ms 的延时和 100 ms 的低电平。从图 5 - 29 也可看出启动电路信号。

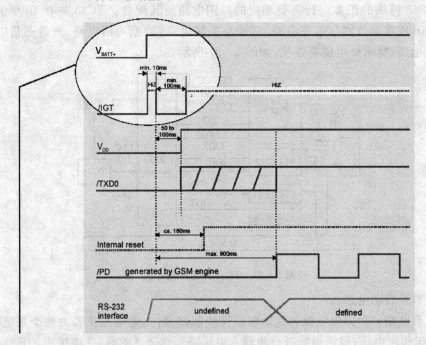

图 5 - 29　采集启动信号波形图

数据通信电路:

数据通信电路主要完成短消息收发、与 PC 机通信、软件流控制等功能。TC35 的数据接口采用串行异步收发通信,符合 ITU-T、RS-232 接口电路标准,工作在

CMOS 电平(2.65 V)。数据接口配置为 8 位数据位、1 位停止位、无校验位,可以在 300～115 kbits/s 的波特率下运行,支持的自动波特率为 4.8～115 kbits/s(14.4 kbits/s 和 28.8 kbits/s 除外)。

TC35 模块还支持 RTS0/CTS0 的硬件握手和 XON/XOFF 的软件流控制。数据通信电路以 TI 公司的 MAX3238 芯片为核心,实现电平转换及串口通信功能。TI 公司的 MAX3238 芯片供电电压为 3～5.5 V,符合 TIA/EIA-232-F 和 ITU v.28 标准。具有独特的±15 kV 人体静电保护措施,兼容 5 V 逻辑输入,内含 3 路接收、5 路发送串行通信接口,最大数据传输速率可达 250 kbits/s。该芯片的最大特点是,在串行口无数据输入的情况下,可以灵活地进行电源管理,即当 FORCEON(13 脚)为低电平、FORCEOFF(14 脚)为高电平时,Auto-Powerdown Plus 功能有效。在正常运行模式下,约 30 s 事件内若芯片在接收和发送引脚没有检测到有效信号,将自动进入 Powerdown 模式,此时耗电 1 μA。如果 FORCEON 和/FORCEOFF 引脚均为高电平,那么 Auto-Powerdown Plus 功能失效。在 Auto-Powerdown Plus 功能有效时,如果检测到接收或发送引脚有信号输入,该芯片自动被激活,转入正常工作状态。如果任一接收通道的输入电压高于 2.7 V 或小于－2.7 V,或者位于－0.3～0.3 V 的时间小于 30 μs,则 INVALID(15 脚)引脚为高电平(数据有效)。如果所有接收通道的输入电压位于－0.3～0.3 V 的时间大于 30 μs,则 INVALID(15 脚)引脚为低电平(数据无效)。

该芯片的以上特性,满足了 TC35 作为移动终端的 3 路接收、5 路发送电路连接要求。在 MAX3238 与 ZIF 连接器相应引脚连接时,要注意发送、接收引脚连接正确。MAX3238 还需要连接 4 个 0.1 μF 的电容配合,才能完成电平转换功能。TC35 模块通过 RS-232 接口各引脚输出的信号有 RxD0、CTS0、DSR0、DCD0、RING0,输入的信号为 TxD0、RTS0、DTR0。

由于 TC35 的接口电路使用了 9 针串口的全部引脚,使 TC35 可以获得 DTR0、DSR0、DCD0 和 RING0 控制信号。信号 RING0 用来向蜂窝设备指示接收到 Unsolicited Result Code (URC)。通过 AT 指令,可以设置 TC35 的不同运行模式。

语音通信电路:

由于 TC35 的 GSM 基带处理器内集成了音频滤波、ADC、DAC、语音合成等部分,所以模块语音接口的外围电路连接相对简单。TC35 有两个语音接口,每个接口均有模拟麦克输入和模拟耳机输出。为了适合不同的外设,模块共有 6 种语音模式,可通过指令 AT^SNFS 选择。第 1 个语音接口的默认配置为 Votronic HH-SI-30.3/V1.1/0 手持话筒,语音模式为 1(默认)、4、5,其中模式 1 参数固定。第 2 个语音接口为头戴式耳机和麦克风设置,语音模式为 2、3、6。

为了防止从麦克风和耳机导线引入高频干扰,影响 TC35 的正常运行,设计电路时,在麦克风、耳机以及手持听筒的插孔处都接有电感。此外,考虑到静电保护的因素,所有语音信号输入端都通过电容与 GND 耦合。图 5－30 为模拟语音电路。

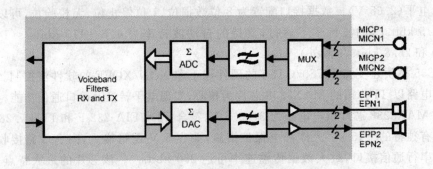

图 5 - 30　模拟语音电路

SIM 卡电路：

基带处理器集成了一个与 ISO7816－3IC Card 标准兼容的 SIM 接口。为了适合外部的 SIM 接口，该接口连接到主接口（ZIF 连接器）。在 GSM11.11 为 SIM 卡预留 5 个引脚的基础上，TC35 在 ZIF 连接器上为 SIM 卡接口预留了 6 个引脚，所添加的 CCIN 引脚用来检测 SIM 卡支架中是否插有 SIM 卡。当插入 SIM 卡，该引脚置为高电平，系统方可进入正常工作状态。但是目前移动运营商所提供的 SIM 卡均无 CCIN 引脚，所以在设计电路时将引脚 CCIN 与 CCVCC 相连。

在设计中为 SIM 卡布线时，发现了一个值得注意的问题：如果将 SIM 卡的第 4 脚 CCGND 直接与印刷电路板的 GND 相连，不作任何信号的隔离保护，则通话时音量很小。考虑到设计中的电磁兼容和静电保护等因素，为了达到最佳的通话效果，采用在 SIM 支架下，即印刷电路板的顶层敷设一层铜隔离网，该层敷铜与 SIM 卡的 CCGND 引脚相连，CCGND 和电路板的 GND 之间通过两个并联的电容和电感耦合。此举为 SIM 卡构成了一个隔离地，屏蔽了其他信号线对 SIM 卡的干扰，再进行语音通话时，话音清晰，如图 5 - 31、表 5 - 10 所示。

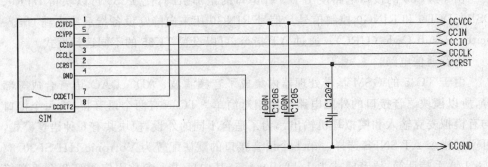

图 5 - 31　SIM 卡电路图

表 5 - 10　SIM 卡座引脚功能表

引脚序号	引脚名称	I/O	功　能
1	CCVCC	I	SIM 卡电源,由 GSM 模块提供
2	CCRST	I	复位脚,由模块产生
3	CCCLK	I	时钟信号
4	CCGND		地
5	CCVPP		SIM 卡编程电源脚(空)
6	CCIO	I/O	串行数据引脚
7	CCDET1		连到 CCVCC
8	CCDET2		连到 CCIN,用于检测 SIM 卡是否存在

2. TC35 联机方法

任何一个 TC35 模块首次使用时,必须要测试其工作是否正常,由于其自带 RS-232 接口,所以我们可以用 PC 机的串口调试软件进行调试。

1) 启动串口调试软件(图 5 - 32)

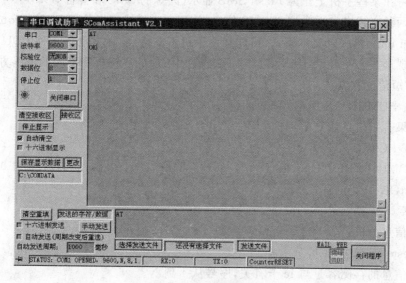

图 5 - 32　调试窗口

串口调试软件有许多,可以使用任意一款软件,也可以使用 WINDOWS 自带的"超级终端"。设置波特率 19.2 kHz,这是 TC35 的默认波特率,首次连机可以从 2400~57.6 kHz 不断测试,直到 TC35 有应答。

2) 发送"AT"

AT 回车。

3) 改变波特率"AT＋IPS＝XXXX"

TC35 的默认波特率是 19.2 kHz，实际使用时，可以改成 9 600 kHz 或 38.4 kHz，方法如下：

AT＋IPR＝9600 回车。

4）短信模式的设置

（GSM 模块的短信模式有 2 种。第 1 种是 TEXT 模式，第 2 种是 PDU 模式。PDU 模式可以采用 unicode 编码发送英文、汉字。但合成 PDU 码比较复杂，而 TEXT 模式只能发送英文，但无须编码。实际使用时可以采用 TEXT 模式。

设置如下：

AT＋CMFG＝1 回车

5）短信模式简介

SMS 是由 Etsi 所制定的一个规范（GSM 03.40 和 GSM 03.38）。当使用 7 bits 编码时它可以发送最多 160 个字符；8 bits 编码，它最多可以发送 140 个字符。通常无法直接通过手机显示；通常被用来作为数据消息，如 smart messaging 中的图片和铃声与 OTA WAP 设置。16 bits 信息（最多 70 个字符）被用来显示 Unicode（UCS2）文本信息，可以被大多数的手机所显示。一个以 class 0 开头的 16 bits 的文本信息将在某些手机上作为 Flash SMS 显示（闪烁的 SMS 和警告 SMS）。

有两种方式来发送和接收 SMS 信息：使用文本模式或者使用 PDU（protocol description unit）模式。文本模式（可能某些手机不支持）实际上也是一种 PDU 编码的一种表现形式。在显示 SMS 信息时，可能使用不同的字符集和不同的编码方式。

6）短信读取方法

AT＋CMGR＝X 回车

如果有短信息，TC35 回应：

AT＋CMGR＝1

＋CMGR："REC UNREAD"，"13307496548"，，"04/08/17，22：24：32＋02

testOK

OK

短信息分析：

"test OK"就是短信息内容。

短信息的存储容量与 Ic 卡有关，序号从 1 到 N。

REC UNREAD"：代表短信息未读过。

REC READ"：已读过。

13307496548"：接收的手机号码。

04/08/17，22：24：32＋02"：短信息发送的时间。

无短信息，TC35 回应：

AT＋CMGR＝3

＋CMGR：0，0

7）短信的删除方法

AT＋CMGD＝1 回车

8）短信的发送方法

短信息的发送分成两步。

1：发送接收的手机号码，等待应答："＞"。

AT＋CMGS＝"13307496548"回车（目的地址）

TC35 回应：

AT＋CMGS＝"13307496548"＞

2：输入短信息的内容（只能是英文）：Test 回车。

硬件电路：

本 GSM 模块电路既可以与 STM32F107 开发板的 USART1 串口相连。开发板上需将跳线 JP7 和 JP8 的 2、3 引脚短接，TC35 的 SIM 卡插槽中插入有一定金额的 SIM 卡。

3. 程序设计

```
# include "stm32f10x_lib. h"
# include "stdio. h"

void   RCC_Configuration(void);
void   GPIO_Configuration(void);
void   Usart_Configuration(void);
void   Sendate(u8 * pa,u32 length);
void   delay(vu32 nTime);
vu32 Timingdelay = 0;

int main(void)
{
  RCC_Configuration();
  GPIO_Configuration();
  Usart_Configuration();
  while(1)
  {
   Sendate("AT\n",sizeof("AT\n"));
   Sendate("AT + IPR = 9600\n",sizeof("AT + IPR = 9600\n"));
   Sendate("AT + CMFG = 1\n",sizeof("AT + CMFG = 1\n"));
   Sendate("AT + CMGS = 15967127440\n",sizeof("AT + CMGS = 15967127440\n"));
   Sendate("www.zjarm.com\n",sizeof("www.zjarm.com\n"));
   while(1){}
  }
}
```

```
void RCC_Configuration(void)
{
  ErrorStatus HSEStartUpStatus;
  RCC_DeInit();
  RCC_HSEConfig(RCC_HSE_ON);
  HSEStartUpStatus = RCC_WaitForHSEStartUp();
  if(HSEStartUpStatus = = SUCCESS)
  {
    RCC_HCLKConfig(RCC_SYSCLK_Div1);
    RCC_PCLK2Config(RCC_HCLK_Div1);
    RCC_PCLK1Config(RCC_HCLK_Div2);
    FLASH_SetLatency(FLASH_Latency_2);
    FLASH_PrefetchBufferCmd(FLASH_PrefetchBuffer_Enable);
    RCC_ADCCLKConfig(RCC_PCLK2_Div8);
    RCC_PLLConfig(RCC_PLLSource_HSE_Div1, RCC_PLLMul_9);
    RCC_PLLCmd(ENABLE);
    while(RCC_GetFlagStatus(RCC_FLAG_PLLRDY) = = RESET){}
    RCC_SYSCLKConfig(RCC_SYSCLKSource_PLLCLK);
    while(RCC_GetSYSCLKSource() ! = 0x08){ }
    RCC_APB2PeriphClockCmd(RCC_APB2Periph_GPIOA|RCC_APB2Periph_USART1,ENABLE);
  }
}


void  GPIO_Configuration(void)
{
  GPIO_InitTypeDef GPIO_InitStructure;
  GPIO_PinRemapConfig(GPIO_Remap_USART1, ENABLE);
  GPIO_InitStructure.GPIO_Pin = GPIO_Pin_10;
  GPIO_InitStructure.GPIO_Speed = GPIO_Speed_50MHz;
  GPIO_InitStructure.GPIO_Mode = GPIO_Mode_IN_FLOATING;
  GPIO_Init(GPIOA,&GPIO_InitStructure);
  GPIO_InitStructure.GPIO_Pin = GPIO_Pin_9;
  GPIO_InitStructure.GPIO_Speed = GPIO_Speed_50MHz;
  GPIO_InitStructure.GPIO_Mode = GPIO_Mode_AF_PP;
  GPIO_Init(GPIOA,&GPIO_InitStructure);
}


void Usart_Configuration(void)
{
  USART_InitTypeDef USART_InitStructure;
  USART_InitStructure.USART_BaudRate = 9600;
```

```
  USART_InitStructure.USART_WordLength = USART_WordLength_8b;
  USART_InitStructure.USART_StopBits = USART_StopBits_1;
  USART_InitStructure.USART_Parity = USART_Parity_No ;
  USART_InitStructure.USART_HardwareFlowControl USART_HardwareFlowControl_None;
  USART_InitStructure.USART_Mode = USART_Mode_Rx | USART_Mode_Tx;
  USART_Init(USART1, &USART_InitStructure);
  USART_Cmd(USART1, ENABLE);
}

void Sendate(u8 * pa,u32 length)
{
  u8 temp,ncount = 0;
  while(ncount<length)
  {
    temp = * pa;
    USART_SendData(USART1,temp);
    while(USART_GetFlagStatus(USART1, USART_FLAG_TXE) = = RESET);
    pa + + ;
    ncount + + ;
  }
}

void delay(vu32 nTime)
{
  Timingdelay = nTime;
  while(Timingdelay! = 0)
  {
    Timingdelay - - ;
  }
}
```

参考文献

[1] 王永虹,等.STM32 系列 ARM Cortex-M3 微控制器原理与实践[M].北京:北京航空航天大学出版社,2008.

[2] 邵贝贝.嵌入式实时操作系统 μC\OS-Ⅱ[M].2 版.北京:北京航空航天大学出版社,2003.

[3] 姚文详,宋岩.ARM Cortex-M3 权威指南[M].北京:北京航空航天大学出版社,2008.

[4] 意法半导体有限公司.STM32F10xxx 参考手册(RM008)[OL].2010.

[5] 徐爱钧.IAR EWARM V5 嵌入式系统应用编程与开发[M].北京:北京航空航天大学出版社,2009.

[6] 李宁.基于 MDK 的 STM32 处理器开发应用[M].北京:北京航空航天大学出版社,2008.

[7] 任哲.嵌入式实时操作系统 μC/OS-II 原理及应用[M].2 版.北京:北京航空航天大学出版社,2009.

[8] 范书瑞等.Cortex-M3 嵌入式处理器原理与应用[M].北京:电子工业出版社,2011.

[9] 陈瑶,李佳,宋宝华.Cortex-M3＋μC/OS-II 嵌入式系统开发入门与应用[M].北京:人民邮电出版社,2010.

[10] 李宁.ARM 开发工具 RealView MDK 使用入门[M].北京:北京航空航天大学出版社,2008.

[11] 刘波文.ARM Cortex-M3 应用开发实例详解[M].北京:电子工业出版社,2011.

[12] 喻金钱,喻斌.STM32F 系列 ARM Cortex-M3 核微控制器开发与应用[M].北京:清华大学出版社,2011.

[13] 刘军.例说 STM32[M].北京:北京航空航天大学出版社,2011.

[14] 周航慈.基于嵌入式实时操作系统的程序设计技术[M].北京:北京航空航天大学出版社,2011.

[15] 马忠梅,徐琰,叶青林.ARM Cortex 微控制器□□□□京:北京航空航天大学出版社,2010.

[16] 杨宗德,张兵.μC/OSⅡ标准教程[M].北京:□□□□□□□□社,2009.